U0348182

贵州林下生态种养模式与技术

贵州省农业科学院　编著

中国农业科学技术出版社

图书在版编目（CIP）数据

贵州林下生态种养模式与技术 / 贵州省农业科学院
编著. -- 北京：中国农业科学技术出版社，2021.8
ISBN 978-7-5116-5443-4

Ⅰ.①贵…　Ⅱ.①贵…　Ⅲ.①生态农业-农业模式-
研究-贵州　Ⅳ.① S-0

中国版本图书馆 CIP 数据核字（2021）第 153475 号

责任编辑　王惟萍
责任校对　马广洋
责任印制　姜义伟　王思文

出 版 者　中国农业科学技术出版社
　　　　　北京市中关村南大街 12 号　　邮编：100081
电　　话　（010）82106643（编辑室）（010）82109702（发行部）
　　　　　（010）82109709（读者服务部）
传　　真　（010）82106643
网　　址　http:// www.castp.cn
经 销 者　各地新华书店
印 刷 者　北京中科印刷有限公司
开　　本　170mm×240mm　1/16
印　　张　23
字　　数　420 千字
版　　次　2021 年 8 月第 1 版　2021 年 8 月第 1 次印刷
定　　价　86.80 元

编　委　会

前　言

　　2021年，牛年立春，习近平总书记视察贵州时提出，贵州要在新时代西部大开发上闯新路，在乡村振兴上开新局，在实施数字经济战略上抢新机，在生态文明建设上出新绩。要牢固树立生态优先、绿色发展的导向，统筹山水林田湖草系统治理，加大生态系统保护力度，科学推进石漠化、水土流失综合治理，不断做好绿水青山就是金山银山这篇大文章。

　　总书记殷殷嘱托，贵州大地春潮涌动。以高质量发展统揽全局，新型工业化、新型城镇化、农业现代化、旅游产业化掀开崭新一页。

　　绿水青山就是金山银山，优良的生态环境是贵州最大的发展优势和竞争优势。贵州生态资源得天独厚，生物资源种类繁多，全省林地面积占国土面积的60%。一座座森林山峰，一座座生态屏障，一座座绿色银行。

　　贵州省委省政府明确提出，林下经济是"三农"工作的重要内容，是农民增收的重要来源，是巩固拓展脱贫攻坚成果的重要支撑，具有重要的生态价值、经济价值、社会价值和旅游价值。要加快推动林下经济高质量发展，进一步扩规模、优品种、调结构、提质量、强品牌、拓市场，提高综合效益。

　　贵州省委书记谌贻琴同志强调，坚决守好发展和生态两条底线，不能"有眼不识荆山玉"，要强化生态自信，推进产业生态化、生态产业化，把发展林下经济作为推进农业现代化的重大突破口，大力发展林下种植、林下养殖、林产品采集加工和森林景观利用等为主的林特产业，把贵州良好的生态转化为经济优势。

　　"学党史、悟思想、办实事、开新局"，献礼党的百年华诞。贵州省农业科学院在党史学习教育中，开展农科专家进乡村、农科成果进乡村、农科课堂进乡村的"三进乡村"办实事活动，联合贵州省林业局、贵州科学院、贵州师范大学等单位，组织专家编写《贵州林下生态种养模式与技术》一书，集成众多学科农业科技工作者的最新成果，结合贵州林下生态特质，全面分析全省林下经济发展条件，坚持理论联系实际，认真总结林菌、林药、林茶、林果蔬、林花、竹笋、林草、林畜、林禽、林蜂等模式与技术，最大限度考量发展与生态、保护与利用、质量和安全等因素，以期通过技术推广普及、实用操作，为广大农民群众、"三农"工作者乃至地方政府、涉农企业和科研教学单位提供参考。

贵山贵水，山清水秀。林下经济，蓄势待发。希望本书的编写出版能够助力乡村振兴，助力现代农业，助力高质量发展，助力开创百姓富、生态美的多彩贵州新未来。

编著者

2021 年 5 月

目 录

第一章

贵州林下经济发展条件和产业概况

第一节　贵州自然生态条件

贵州处于长江和珠江两大水系上游交错地带，是长江、珠江上游地区的重要生态屏障，其中长江流域覆盖面积 11.75 万 km²，珠江流域覆盖面积 6.04 万 km²。全省地貌分为高原山地、丘陵和盆地 3 种基本类型，其中高原山地和丘陵占 92.5%，属亚热带湿润季风气候区，森林资源种类繁多，其中东部和中部广大地区为湿润性常绿阔叶林带，西南部为偏干性常绿阔叶林带，西北部为北亚热带常绿阔叶林带。全省年平均气温 15.6℃，无霜期 260～280 天，大部分地区降水量 1 100～1 300 mm，日照时数 1 100～1 300 小时，常年相对湿度在 70% 以上，光、热、水同季且有效性高，有利于大多数动植物的繁衍生长。

贵州生物资源繁多，动植物种类丰富。全省共有维管束植物 8 612 种（包括亚种、变种和变型），隶属 252 科 1 781 属，其中蕨类植物 37 科 120 属 850 种、裸子植物 12 科 39 属 117 种、被子植物 203 科 1 622 属 7 645 种，包括原生种 8 011 种，引种 601 种。列入国家重点保护植物名录的野生植物 79 种，其中，国家 I 级保护野生植物有银杏、银杉、珙桐、红豆杉等 18 种；II 级保护野生植物有桫椤、连香树、马尾树、水青树等 61 种。贵州药用植物资源种类繁多，已有统计记载的药用植物达 3 700 余种，占全国中草药品种的 80%，是全国四大道地中药材产区之一，素有"夜郎无闲草，黔地多良药"之美誉，尤其是天麻、杜仲、灵芝、黄连、吴茱萸、石斛等道地药材享誉国内外。同时，已有报道的真菌 739 种，其中子囊菌 112 种，担子菌 627 种，涉及 2 门、10 纲、26 目、81 科、251 属；有食用菌 370 种，药用菌 334 种，毒菌 211 种，食药菌 188 种，药毒菌 77 种。此外，全省有野生脊椎动物 1 053 种，其中兽类 141 种，鸟类 509 种，爬行类 104 种，两栖类 74 种，鱼类 225 种；黔金丝猴、黑叶猴等 16 种野生动物列为国家 I 级重点保护野生动物，猕猴、穿山甲等 71 种野生动物列为国家 II 级保护动物。

第二节　贵州林下经济产业发展的意义与现状

一、发展林下经济的重要意义

林下经济是指以森林环境和林地资源为依托，在不破坏林地生态系统和林地资源的前提下，发展林下种植、林下养殖、林产品采集加工和森林旅游、康养等经济模式。发展林下经济，是守好发展和生态两条底线，实现"绿水青山就是金山银山"的重要路径。贵州森林资源丰富，森林覆盖率达 60%，森林面积是耕地面积的两倍，在人口多耕地少的山区、林区，发展林下经济具有巨大的发展潜力和广阔的市场前景。在保护森林资源和生态系统功能的前提下，适度发展以林下种植、林下养殖、野生食用菌保育、林产品采集加工和森林景观利用等为主的林下经济是贵州乡村振兴的重要突破口。

二、贵州林下经济发展现状

在贵州省委省政府"生态立省"战略目标指导下，经过十多年努力，全省森林覆盖率从 2005 年的 34.95% 提高到 2020 年的 60%，林地面积达 1.55 亿亩（1 亩 ≈ 667 m^2，15 亩 =1 hm^2，全书同），是耕地面积的 2 倍以上。其中适宜发展林下种植和养殖的林地面积在 3 450 万亩以上，林下产品采集加工 700 万亩，全省森林景观利用林地面积 859 万亩。

2019 年以来，全省着力实施"建立林下经济项目库、建设林下经济示范基地、完善利益联结机制、实施品牌战略、强化科技服务"五大行动。各地因地制宜发展林下经济，加大林地空间利用力度，以林草、林茶、林药、林菌、林蜂、林禽、林畜、森林产品采集、野生动物驯养繁殖等为主，发展周期短、见效快的绿色富民产业。到 2020 年底，全省林下经济利用林地面积达 2 203 万亩，实现总产值 400 亿元，现有国家级林下经济示范基地 22 个，参与经营林下经济的企业、专业合作社等经济实体达 1.7 万余个，联结农村人口 285 万人，其中贫困人口 86.7 万人。

第三节 林下经济发展的原则、目标和重点任务

一、发展原则

（一）坚持生态优先，绿色发展

应将保护林地生态系统质量和稳定性作为发展林下经济产业的重要前提，严格保护生态环境。按照"规模适度、水平较高、效益显著"的原则，充分考虑当地生态承载能力，适度、适量、科学发展林下经济，坚持产业发展与生态建设良性互动，绝不以破坏森林资源和牺牲生态为代价换取短期经济利益。要协调好环境保护和林下资源开放的关系，尽量减少林下资源使用对生物多样性、野生动植物生境、生态脆弱区、自然景观、森林领域水质、林地土壤等环境的影响，在确保生态安全的前提下，优先开发使用人工林和商品林。在维持和提高生态系统功能的前提下，利用二级国家公益林和地方公益林适当发展林下经济，依法科学合理利用生态天然林和公益林。不提倡在水源林、特种用途林和国家一级公益林下发展林下经济。协同推进生态保护与绿色富民，促进"产业生态化、生态产业化"。

（二）坚持因地制宜，规划先行

尊重自然规律和市场规律，充分发挥市场配置资源的决定性作用，充分发掘贵州资源禀赋和比较优势，按照"宜种则种、宜养则养"的原则，编制具有地方特色、具有前瞻性和可操作性的区域林下经济发展专项规划，分区域确定林下经济发展的重点产业和目标，明确产业定位、产业布局和发展规模，避免盲目开发和无序竞争，科学合理确定林下经济种养模式和发展方向。

（三）坚持深化政府引导，市场主导

要实现林下经济健康有序发展，需要政府的正确引导和政策支持，要围绕释放林地资源潜力，着力完善资源管理政策，落实财税金融投资等支持政策，释放稳定政策预期，提高林下经济产业对市场主体的吸引力。政府通过抓试点示范、树典型，发挥以点带面的示范带动作用，通过推广先进的发展模式和适用技术，推动林下经济的快速发展。同时激发林下产品

市场主体活力，发挥市场主导作用。

（四）坚持科技引领，加快林下产业提质增效

加强林下光、温、水、气、热等气象指标的实时监测，总结林下环境的气象和林下土壤养分变化规律。加快林下种养新品种、新技术、新模式的研发步伐。在适宜区域选择最佳的种养模式，选用最适合的品种按照最实用的新技术运用在林下产业发展上。通过加快技术创新、产品创新、组织方式创新和推广应用创新，促进林下经济产业由分散布局向集聚发展、由规模向质量提升、由要素驱动向创新驱动转变。

二、发展目标

（一）科学合理利用林下空间

在保障森林生态系统质量前提下，紧密结合市场需求，积极发展林菌、林药、林菜、林果、林花、林茶、林草等多种森林复合经营模式，有序发展林下种植业。挖掘猪、牛、羊、鸡、鹅、蜂等优良地方品种资源潜力，将林下养殖统筹纳入畜禽良种培育推广、动物防疫、加工流通和绿色循环发展体系，促进林禽、林畜、林蜂等林下养殖业向标准化、特色化方向发展，更好满足人民群众对特色畜禽产品的消费需求。统筹推进林下产品采集、经营加工、森林游憩、森林康养等多种森林资源利用方式，推动产业规范发展。提高优质生态产品供给能力，促进形成各具特色的、可持续的绿色产业体系。

（二）推动林下经济产业高质量发展

根据贵州森林资源状况和农民种养传统，合理确定林下经济发展的产业类别、规模以及利用强度。在不影响森林生态功能的前提下，鼓励利用各类适宜林地和退耕还林地等资源，因地制宜高质量发展"多品种、适规模、高品质、好价钱"的林下特色经济产业。

三、重点任务

（一）科学制定发展规划

贵州要充分结合自然条件、林业资源、农村发展水平和市场需求等实际情况，科学编制林下经济发展规划，明确区域布局、重点产业和发展目标。林下经济发展要因地制宜，突出特色，尊重农民意愿，与市场需求、生态环境建设、农业产业结构调整、巩固拓展脱贫攻坚和乡村振兴相结

合，合理确定林下经济发展模式和规模。

（二）创建示范点和示范基地

充分发挥种植养殖大户、林下经济合作组织以及龙头企业的资金、技术和管理优势，采取"龙头企业＋专业合作社＋基地＋农户"等多种运作模式，建设一批不同类型、独具特色的林下种植养殖、林下产品采集加工和森林景观利用等示范点和示范基地，积极创建旅游景区和现代山地特色高效农业示范园区。

（三）大力发展特色产业

合理利用林地资源、森林景观和自然文化环境，着力发展林下食用菌（野生菌）、林下中药材、林下花卉种苗、林下地方猪牛、林下土鸡鹅、林下产品加工、森林旅游、森林康养、休闲旅游、生态疗养等特色产业，开发具有地方特色的林下经济产品。

（四）推进产品的精深加工

推动各类经济实体参与林下经济产品的加工和精深加工，提高林下经济产品的附加值。引导林下经济龙头企业进入园区，形成产业规模聚集效应。鼓励农村集体经济组织、农民参与投资林下经济产品加工业。鼓励各类经营主体打造一批具有贵州特色的"特色品牌""生态品牌""原产地品牌"，不断提高林下产品核心竞争力和市场占有率。

（五）建设产品流通体系

加快林业产品市场体系建设，逐步发展林产品期货市场、拍卖市场、租赁市场。加快林下经济产品产地储藏库和冷藏、运输等基础设施建设，在林下经济产品重要集散地和交通枢纽建立集加工、保鲜、流通为一体的大型林产品物流配送中心。打造林下经济产品互联网交易平台，提供信息发布、市场营销等经营性服务，搞好产加销对接。

（六）强化科技支撑

积极搭建科研院所、高等院校、技术推广单位与各类经营主体之间的合作平台，推进科技协作攻关，形成政产学研一体化的林下产业发展机制。积极推广适宜林下种植、养殖的新品种、新技术。支持建立林下产品产前、产中、产后的技术服务体系，加强对林下经济专业合作社、示范户和农民技术骨干的信息咨询、技术培训和指导服务。

第四节　贵州常见的林下种养模式

一、林菌模式

以红托竹荪、冬荪、茯苓、猪苓、灵芝等菌类为重点，选择交通方便、水源可供的林地，在林下重点推广覆土仿野生种植。大方、织金、赫章、纳雍、威宁等县重点发展红托竹荪、冬荪等，册亨、望谟、晴隆等县重点发展灵芝、木耳等，剑河、锦屏、从江、榕江等县重点发展香菇、木耳等，黎平重点发展茯苓、猪苓等。

二、林药模式

以天麻、钩藤、半夏、黄精、白及、党参、灵芝等黔药优势品种为重点，根据中药材品种的不同习性，选择在林下或疏林地、经果林、幼林中种植贵州道地药材。大方、赫章、纳雍、威宁、黎平等县主推天麻、天麻—黄精等生态循环种植，榕江、册亨、锦屏、水城等县重点发展黄精产业。

三、林菜模式

在水城、正安、紫云、赫章、纳雍、威宁、沿河、册亨、晴隆、望谟、从江、剑河、锦屏、榕江、罗甸、三都等县区，选择条件适宜的疏林地和密度较小的经果林地、幼林地，种植豆类、瓜类、蔬菜等矮秆作物，开展林农复合经营，以耕代抚，以短养长。

四、林（竹）笋模式

抓住竹产业发展的机遇，在正安等大娄山"金佛山方竹"主产区，通过新建和改造方竹林，大力推进育笋、采笋和配套加工，打造食用笋高端品牌。

五、林花模式

适宜的林花模式，可充分发挥贵州省林地资源、旅游资源等优势，打造林地花海景观，推动花卉产业与生态旅游、森林康养融合发展。目前的林花模式主要有林下种植月季、杜鹃、绣球、百合、黄花石蒜、金钗石斛等。

六、林茶模式

目前已有的林—茶群落类型包括：茶树与林木复合园，茶树与观赏树复合园，茶树与果树复合园，茶树与经济林复合园。贵州现有的林—茶生态种植模式主要包括：茶—杉、茶—板栗、茶—杜仲、茶—梨、茶—柑橘、茶—桂花、茶—樱花、茶—葡萄、茶—杨树、林—茶—花生（豆类、薯类、绿肥、牧草）、杜仲—茶—食用菌—天麻等。

七、林草模式

以林下放牧草地建植、林下刈割草地建植和林下天然草地改良为主的林草复合改良模式，为实现林、草、畜禽立体种养融合发展和资源循环利用提供重要支持。

八、林畜模式

以柯乐猪、黔北黑猪和香猪 3 个特色猪种的林下生态养猪模式，以关岭牛、思南牛、黎平牛、威宁牛、吴川牛等 5 个地方肉牛品种的林下养牛模式和以贵州黑山羊、贵州白山羊、黔北麻羊 3 个地方山羊品种的林下养羊模式。

九、林禽模式

以瑶山鸡、黔北乌骨鸡、黔东南小香鸡、长顺绿壳蛋鸡等地方特色优质肉蛋鸡品种为主，在林下放养鸡、鸭、鹅等禽类，并科学安排轮牧地，推进种养循环。剑河、榕江、锦屏、赤水、习水、仁怀、桐梓、绥阳、播州、纳雍、威宁、正安、紫云、三都、荔波、独山、水城等县市区重点发展林下肉鸡养殖，长顺、惠水、紫云、赫章、册亨、望谟、从江等县重点发展林下蛋鸡养殖。

十、林蜂模式

在水城、习水、正安、绥阳、紫云、赫章、纳雍、威宁、沿河、册亨、晴隆、望谟、从江、剑河、锦屏、榕江、罗甸、三都等县区，根据乔灌草及农作物蜜源资源情况，合理确定养殖密度，在林中、林缘放养中华蜜蜂等蜂种，发展养蜂产业。

第二章

林—菌生态种植技术

贵州得天独厚的自然条件孕育了丰富的菌种资源，已发现的食药用菌有22科72属268种，主要特色品种有红托竹荪、冬荪、松乳菇、香菇、羊肚菌、木耳等。近年来，贵州省委省政府把食用菌列入农村产业革命12大重点产业之一，持续做优做强大宗食用菌产业，做特做精特色珍稀食用菌，因地制宜发展野生食用菌。2020年全省食用菌规模44.8亿棒（万亩），产量147.6万 t，产值184.9亿元，增速位列全国第二，产量和产值位列全国第十。目前，全省有85个县发展食用菌产业，其中重点县30余个，规模化栽培食用菌30多种，调度企业800余家，带动大量农户就业增收。

随着《国务院办公厅关于加快林下经济发展的意见》（国办发〔2012〕42号）等一系列文件的出台，贵州林下食用菌产业得到不断发展，截至2020年，黔西南州发展林下食用菌6.3万亩，林下食用菌经营主体33家；毕节市发展林下食用菌4.1万亩，产量8 205 t；黔东南州发展林下种植食药用菌8.7万亩，其中林下食用菌2.1万亩、林下药用菌6.6万亩；安顺市发展林下食用菌7 000余亩；铜仁市发展林下食用菌5万亩；遵义市发展林下段木香菇2 000余亩，大脚菇（牛肝菌）保护抚育基地4 000余亩。林下食用菌以生态循环为原则，以高品质和高附加值为目标，挖掘林下气候条件适当错季差异化发展，进一步提高产品附加值，增强市场竞争力。目前，全省林下食用菌，第一是以仿野生种植高附加值的覆土种植品种或保护抚育高附加值的野生菌为主，以不破坏生态环境和解决连作障碍为原则，采用间伐材、采伐剩余物及从外引进菌棒，实现可持续发展，如红托竹荪、天麻、冬荪、茯苓、猪苓、灵芝等林下仿野生种植，松乳菇和牛肝菌的保护抚育等；第二是易管理、可错季的袋料林下种植品种，如林下层架种植猴头菇和平菇，可利用林下温凉特点，适当错季发展，提高产品附加值，但林下袋料地摆种植黑木耳导致木耳袋料菌棒杂菌污染严重，产品品质一般，需慎重选择；第三是适度规模的传统大宗食用菌林下段木种植，如段木香菇和段木黑木耳，段木种植抗逆性强且易管理、产品品质好、附加值高，具有一定的市场竞争力。

第一节 红托竹荪林下种植技术

红托竹荪隶属真菌门、担子菌亚门、腹菌纲、鬼笔目、鬼笔科、鬼笔属真菌。我国的红托竹荪人工种植起源于贵州省织金县。2000年8月，中国食用菌协会授予贵州织金"中国竹荪之乡"，2010年9月，贵州"织金竹荪"获得国家地理标志保护产品。目前，贵州已经形成以织金县为集散地，以毕节市、安顺市、黔西南州等为主产区，并向全省其他市州辐射的竹荪产业。红托竹荪已列入《贵州省发展食用菌产业助推脱贫攻坚三年行动方案（2017—2019年）》和《贵州省食用菌产业发展规划（2020—2022年）》重点发展品种。

一、红托竹荪主要种植品种

（一）黔优1号

为目前主栽品种。野生菌株驯化选育，竹荪蛋散生为主，数量稍少，个大，表面粗糙呈荔枝皮状，早期变红，单个竹荪蛋重66~113 g；菌盖高5.1~6.4 cm，最宽处直径4.8~6.0 cm，倒钟形，底部稍直、白色、较厚、有韧性，网格稍稀、少、大、较深，网格底部纹路较多，孢子墨绿色、清香味，稍难清洗；菌柄棒状、顶部略小，菌柄长18~21 cm，最粗处直径3.9~4.7 cm，厚度9.1~10.8 mm，由3层不规则网孔构成，弹性好；菌裙长度为菌柄长度的2/3，长11.5~15.9 cm，烘干不易变形；菌盖、菌柄和菌裙总重占竹荪蛋鲜重的58%~66%，菌托表皮和胶质较厚，单个重16.2~31.3 g。出菇适宜温度为14~28℃，最适温度为18~22℃，覆土含水量25%~30%，空气湿度85%~95%。郁闭度0.6~0.8或光照度控制在100~200 lx，菌棒覆土后25~30天形成原基，15~20天原基生长成成熟竹荪蛋，40~50天完成出菇。鲜品产量为200~300 g/棒，折干率10%~11.1%。

（二）yzs020

野生菌株驯化选育，竹荪蛋群生或丛生，数量多，个小，早期乳白色到粉色，后期变红，单个竹荪蛋重35~60 g；菌盖高4.0~4.5 cm，最宽处直径4.5~5.5 cm，倒钟形底部稍收缩、乳白色、薄、有韧性，网格密、多、小、浅，网格底部纹路多，成熟孢子墨绿色、清香味，易液化、易清洗；菌柄棒状、顶部略小，长12~18 cm，最粗处直径3.0~4.5 cm，厚度6~7 mm，由3层不规则网孔构成，弹性好；菌裙网眼密、不规则多边形或圆形，长度为菌柄长度的 40%~60%，长 5~7 cm，烘干不易变形；菌盖、菌柄和菌裙总重占竹荪蛋鲜重的 55%~60%，菌托表皮和胶质薄。出菇温度 10~28℃，最适宜温度为 18~22℃，覆土含水量 25%~30%，空气湿度 85%~95%。郁闭度 0.6~0.8 或光照度控制在 100~200 lx，适合秸秆发酵料种植，播种后 50~55 天菌丝长满机质料并爬土形成原基，30~35 天原基生长成成熟竹荪蛋，40~45 天完成出菇。鲜品产量为 5 000~6 000 g/m²，折干率 9%~11%。

（三）黔丰 1 号

为目前主栽品种。野生菌株驯化选育，竹荪蛋多数群生或丛生，数量多，个小，表面光滑，后期变红，单个竹荪蛋重 44~55 g；菌盖高 4.2~4.6 cm，最宽处直径 4.4~5.2 cm，倒钟形底部稍收缩，乳白色、薄、有韧性，网格密、多、小、浅、网格底部纹路多，孢子墨绿色、易液化、易清洗；菌柄棒状、顶部略小，菌柄长 13~15 cm，最粗处直径 3.4~4.7 cm，厚度 7.7~8.8 mm，由 3 层不规则网孔构成，弹性好；菌裙长度为菌柄长度的 2/3，长 8.6~10.2 cm，烘干不易变形；菌盖、菌柄和菌裙总重占竹荪蛋鲜重的 56%~62%，菌托表皮和胶质薄，单个重 9.7~13.3 g。出菇适宜温度为 14~28℃，覆土含水量 25%~30%，空气湿度 85%~95%。郁闭度 0.6~0.8 或光照度控制在 100~200 lx，菌棒覆土后 25~30 天形成原基，15~20 天原基生长成成熟竹荪蛋，40~50 天完成出菇。鲜品产量为 200~300 g/棒，折干率 9.5%~11.1%。

二、适宜种植区

贵州红托竹荪野生资源主要分布在乌蒙山区、大娄山区、武陵山区、雷公山区等海拔 800~1 500 m 区域，且主要分布于竹林下，如毛竹、苦竹、慈竹、平竹、麻竹、楠竹、金竹、水竹、桂竹、箭竹等林分下。竹荪菌丝多生长在竹林和其他林地 20~60 cm 土层内，此土层内布满了腐烂和半腐烂的竹根、竹鞭和其他树蔸。竹林砍伐后的 4~6 年是竹荪大量发生期，以后采集量急剧下降，生长旺盛的竹林内竹荪少，衰败的竹林中竹荪易发生。正常季节可在海拔 800~1 500 m 的林下种植，冬季可以在黔西南、黔南和黔东南南部各县的低热河谷区域种植。不同海拔高度的山区，也可以通过选择一些小气候条件，如低山区宜选温度较低湿度较大的阴坡或有遮阴条件的树林种植，中山区宜选择半阴半阳的山坡，高山区宜选阳坡。

三、种植环境条件

（一）温度

红托竹荪为中温型菌类，菌丝生长温度范围为 5 ~ 30℃，16℃以上生长明显加快，22 ~ 24℃最适宜，超过 26℃菌丝开始衰弱，超过 30℃菌丝体发黄老化，0℃以下和 35℃以上，菌丝即由白色变成红色或暗红色，很快衰退或死亡；子实体形成和生长发育温度范围为 16 ~ 28℃，20 ~ 22℃最适。

（二）湿度

菌丝生长阶段适宜的培养基相对湿度为 60% ~ 70%，空气湿度 65% ~ 75%，土壤含水量 15% ~ 20%；子实体形成和生长发育阶段适宜的培养基含水量为 70% ~ 75%，空气湿度 75% ~ 80%，土壤含水量在 25% ~ 30%，湿度不适宜会抑制菌丝生长和子实体分化、生长，甚至引起菌丝和子实体干死或缺氧窒息死亡；菌球处于球形期和桃形期适宜的相对空气湿度为 80% 以上，成熟到破口期 85% 以上，破口到菌柄伸长期 90% 以上，撒裙期为 95% 以上。

（三）通风透气

红托竹荪属好气性食用菌，菌丝生存的基料、土壤和子实体生存的空间需氧气充足，菌丝生长和子实体形成及生长才健康，如氧气不足，菌丝生长和子实体形成及生长缓慢甚至死亡。土壤宜选择呈团粒结构的腐殖土，粗细土搭配要适宜，有助于透气。林下种植场地选择要防止积水，做好排水，防止淹水导致缺氧。

（四）光照

菌丝体生长和原基形成阶段不需要光，无光菌丝生长健壮洁白，有光会导致菌丝变红老化；散射光有助于子实体生长发育，种植场地光照度可控制在 100 ~ 200 lx；直射光往往导致子实体变成紫红色，甚至萎缩死亡；林下种植时，如郁闭度过高，光线不足，会导致温度、湿度和通风不适宜，菌丝和子实体适宜生长时间缩短，产量降低。

（五）酸碱度（pH 值）

菌丝生长的适宜 pH 值为 5.5 ~ 6.5，最佳 pH 值为 6.0 左右，培养基物和覆盖培养基 pH 值在 5 ~ 6 均有利于原基形成和子实体生长发育。

四、种植基地选择及整地

（一）种植基地选择

宜选择坡度为 6°～10° 的缓坡林地或沟谷林地，山脊林地处不宜；郁闭度 0.6～0.8 的阔叶林、针叶林、混交林或竹林，以有箭竹生长的树林为佳、通风透光良好，夏季地表无太多阳光直射，郁闭度过高和大森林的深处不宜。夏季较凉爽，最高地温一般不超过 28℃；空气湿度一般为 70%～90%，土壤一般含水量 25%～30%；土层厚 50 cm 以上、土壤肥沃、微酸性、富含腐殖质、具有良好团粒结构、土质疏松、排水良好且不易干旱、喷水后土表不易板结的腐殖土或沙壤土。栽过红托竹荪的窝需休闲 4～5 年后才可再栽红托竹荪，但也可以采用未栽过红托竹荪的土壤换掉老窝中的土壤连续种植红托竹荪，年种植 40～50 m²/ 亩，采用小窝化栽培，可有效减少病虫害，实现林地内的轮作。同时要求无大型野生动物出没，也不宜选择白蚁活动频繁的地方。红托竹荪种植场地要求有水源（必要时建固定水池），排灌方便（必要时建立灌溉设施）；自然灌溉用水和人工灌溉用水符合饮用水水质要求，产地大气无污染。

（二）整地

红托竹荪林下种植面积以"窝"为单位计算，森林覆盖率 50% 以上的地区，每亩林地间伐量或利用枝杈量可种植 40 m²；其种植场地可据实际布置"窝"，不一定连接成片，整地时，应砍掉种植点过密的杂草、灌木和散生竹挖掉大块石头，把土表渣滓清除干净，直接挖穴栽种；陡坡的地方可稍整理成小梯田，开穴栽培，穴底稍加挖平，也应有一定的斜度，便于排水；雨水多的地方，种植场不宜过平，应保持一定的坡度，有利于排水。

五、林下种植方法

菌棒脱袋覆土种植是目前林下种植竹荪采用的方法，将木材、秸秆等粉碎，添加营养物质，通过堆料发酵，装袋、灭菌、接种、发菌等工序制作成菌棒，培养发好菌后脱袋覆土种植。种植流程为：种植季节确定→菌棒选择→挖窝→摆放菌棒→覆土与覆盖物。

（一）种植季节

红托竹荪林下种植主要采用菌棒脱袋种植，全省海拔 800～1 500 m 的区域可采用正常季节 3—5 月种植，一般菌棒覆土后 20～40 天即可产生原基，3 个月完成第一茬菇的采收，再 2 个月完成第二茬菇的采收，所以菌棒种植后要确保有 6 个月的温度适宜红托竹荪生长发育和出菇。在低海拔、低纬度、热量条件好的地区，可 8—9 月种植，翌年 5 月之前完成采收，实现错季种植，效益较高。

（二）菌棒选择

选择菌龄低于 120 天、无污染、无虫害、菌丝洁白粗壮的菌棒。要求菌棒外观菌丝白色、浓密，长满或接近长满，无老化和萎缩现象。购买菌种时须选择技术条件较好的菌种公司生产的菌种。

（三）挖窝

在选好的地块上先把地块表面上的枯枝烂叶及表层的腐殖层刮到一旁，然后进行挖窝。林下挖窝要求：每窝坑深 12 cm、宽 40 cm、长 60 cm，亦可根据林下实际情况对尺寸适当调整，但宽度不宜超过 60 cm，长度不宜超过 1 m，窝之间间隔至少 30 cm。要求坑底平整，底层留 3～4 cm 的疏松土壤。

（四）摆放菌棒

提前 2～3 天将种植窖整平消毒，菌棒脱袋后，首尾相接并列平铺在种植窖上，间距 10 cm，由于红托竹荪具有显著的边际效益，边缘要比中部出菇好，一般红托竹荪种植窖制作时采用小厢种植法，即菌床宽度为 2 个菌棒为适宜，覆土 45～50 cm。

（五）覆土与覆盖物

菌棒脱袋平铺于种植窖后即开始覆盖土 3～5 cm，喷洒大水 1 次，覆盖松针等覆盖物 1～2 cm 厚。

六、生长期管理

（一）人畜管理

仿野生林下种植需防止野生动物破坏，以及蚂蚁、老鼠等动物的破坏。

（二）湿度管理

种植红托竹荪的湿度非常关键，要控制菌棒的湿度，土层内及其土层表面不能发白、变干，也不能水分含量过高，才能确保菌棒的湿度适宜以及菌丝生长粗壮密集。若覆土发白、变干时，可洒少量水，加盖木叶，但下雨时节不能让太多的水流入种植窖内，以免造成湿度过大淹死菌丝。

（三）光照管理

红托竹荪喜欢在阴凉潮湿的环境中生长，菌丝生长时不需要光照，以半阴半阳的条件下生长为最佳，红托竹荪菌蕾生长期间不能有长期暴晒，否则菌蕾皱缩失水后很难开伞或开伞菌柄会折断影响品质，因此需要经常关注覆盖物，防止菌蕾直接暴露在光照下失水皱缩。

（四）温度管理

红托竹荪林下种植要做好温度调控，低温时要盖膜保温，以避免低温导致的生长缓慢或休眠；高温时要加盖覆盖物隔热，防止高温度导致休眠或灼伤。

七、采收、加工和储藏

（一）采收

竹荪多于每天清晨5—6时破蕾而出，到9—10时菌裙张开，孢子开始自溶，到下午子实体开始萎缩倒闭，要及时采收。菌柄较脆，易断，采收时需特别小心。采收时要不影响到旁边的竹荪蛋，避免自溶孢子将菌柄弄脏后难以清洗。

（1）竹荪蛋采收。商品竹荪蛋采集期为尖顶期竹蛋，采摘时间为上午10—12时，采摘时一只手托住竹荪蛋，另一只手用小刀将竹荪蛋从基部割下，采收过程中，尽量不要破坏下面的菌丝和周围的菌蕾。采收时应保持清洁，外观形态完整。

（2）竹花采收。竹花采收期为破壳后，子实体开始或已经撒裙时，采摘时间一般为上午，采摘时一般分步：第一步揭盖；第二步割花；第三步去托。

（二）清洗

将菌盖摘下用 50~70℃ 的温水浸泡 5~6 小时后清水冲洗即可。如果有充足的时间可以用冷水浸泡过夜后清洗，这样能较好地保持菌盖的品质，其他部位不用清洗。

（三）烘干

红托竹荪子实体采收后应及时烘干，延长干制时间将直接影响品质，一般采收后 2 小时内烘干。烘干不能用煤火直接烘烤，需用热风烘干或者电热烘箱烘干。采用低温烘干法即可保持红托竹荪的原形与色泽，即先 55℃烘 4 小时后再用 45℃烘 6 小时即可。烘烤过程中，需要注意排湿，避免在高温高湿条件下引起红托竹荪发黄现象。红托竹荪以菌柄无严重皱缩、颜色洁白，菌盖灰白色，菌柄与菌盖完整为佳。

（四）储藏

烘干后回潮 10 分钟进行装袋，可放置在较厚的不透气大塑料袋里保存，回潮太久不易保存。塑料袋置于阴凉干燥的冷库储存，一般要求仓库湿度低于 30%，避免干品红托竹荪吸湿后发黄。暂时销售不了的红托竹荪应每月打开塑料袋晒一下太阳或者排湿，如果湿度过高，红托竹荪会变黄甚至腐烂，影响价值。

第二节　冬荪林下种植技术

冬荪又称竹下菌、男荪、无裙荪等，为担子菌亚门、腹菌纲、鬼笔目、鬼笔科、鬼笔属真菌。冬荪自然条件下于林下腐殖质层中单生或群生，其出菇温度较低，子实体开伞在秋冬季节。冬荪喜温凉湿润环境，适合林下种植，在贵州毕节市已有较大面积的人工种植，2016 年 11 月，贵州"大方冬荪"获得国家地理标志保护产品，现已辐射到德江、雷山等天麻产区。冬荪已列入《贵州省发展食用菌产业助推脱贫攻坚三年行动方案（2017—2019 年）》和《贵州省食用菌产业发展规划（2020—2022 年）》重点发展品种。

一、冬荪主要种植品种

（一）黔密 1 号

为目前主栽品种。冬荪黔密 1 号为野生种驯化选育，营养菌丝洁白、气生菌丝不发达；子实体菌盖灰白色，菌柄白色。单个子实体鲜重 145.8 ~ 190 g，平均重 167.9 g；单个竹花（单花）鲜重 86.1 ~ 110.7 g，平均重 98.5 g；单花折干率 5.3% ~ 6.6%，平均 5.9%；菌柄长 140.7 ~ 158.4 mm，平均为 149.5 mm；菌柄直径最大处直径 31.1 ~ 35.8 mm，平均为 33.5 mm、腔体横切分为 3 ~ 4 层孔状海绵质、肉质较致密、柄网孔较小，口感细腻。传统林下木块种植，黔密 1 号干品产量为 200～250 g/m²。

（二）黔壮 1 号

为目前主栽品种。冬荪黔壮 1 号为野生种驯化选育，营养菌丝白色，易形成粗壮的菌丝束；子实体菌盖灰白色，菌柄白色。单个子实体鲜重 242.1～520.3 g，平均重 381.2 g；单花鲜重 171.4～218.2 g，平均重 194.8 g；单花折干率 2.8%～12.3%，平均 7.6%。菌柄长 188.5～207.8 mm，平均为 198.2 mm；菌柄直径最大处直径 39.5～44.9 mm、平均为 42.22 mm、腔体横切分为 2～3 层孔状海绵质、肉质一般、柄网孔较大、口感较粗。传统林下木块种植，黔壮 1 号干品产量为 200～300 g/m²。

（三）黔黄 1 号

为目前主栽品种。冬荪黔黄 1 号为重脉鬼笔野生种驯化，营养菌丝白色、粗壮。子实体菌盖淡黄色，菌柄黄色，颜色向下渐淡。单个子实体鲜重 216.4～251.6 g，平均重 234 g；单花鲜重 127.6～147.4 g，平均重 137.6 g；单花折干率 3.3%～4.6%，平均 4%；菌柄长 196.9～214.9 mm，平均为 205.9 mm；菌柄直径最大处直径 38.2～40.8 mm，平均为 39.5 mm；腔体横切分为 2～3 层孔状海绵质、肉质致密、口感较细腻。传统木块种植，黔黄 1 号干品产量为 200～350 g/m²。

二、冬荪适宜种植区

贵州省内乌蒙山区、大娄山区、武陵山区、雷公山区等海拔 1 400 m 以上的区域为最适宜种植冬荪区，海拔 1 000～1 400 m 为次适宜区，海拔 1 000 m 以下的区域为不适宜区，其中乌蒙山区的大方县和百里杜鹃为全省冬荪的原产地。以竹林下最为常见，如毛竹林、苦竹林、金竹林，也常见于青冈栎等阔叶树混交林，松和栎等针阔叶混交林。冬荪菌丝多生长在林地下 20～60 cm 土层内，此土层内布满了腐烂和半腐烂的竹根、竹鞭和其他树蔸。竹林砍伐后的 4～6 年是竹荪大量发生期，以后采集量急剧下降，生长旺盛的竹林内冬荪少，衰败的竹林冬荪易发生。

三、冬荪种植环境条件

（一）温度

冬荪生长发育的温区为 5～30℃，不同品种、不同生长时期的最适温度皆不相同。冬荪菌丝生长温度 10~30℃，最适温度 20~22℃，菌种培养时需要避免温差，防止冷凝水形成；播种时需避开低温期和高温期。若是高海拔地区，由于有效积温低，尽量提前播种。冬荪原基分化温度 12~30℃，最适温度 15~25℃，适当的温差刺激利于原基的扭结形成。冬荪菌蕾生长温度为 8~30℃，最适温度为 18~25℃，温度过低菌蕾生长缓慢，温度过高容易导致菌蕾不可逆失水干瘪或死亡。子实体开伞期温度 1~30℃，最适温度 15~25℃，冬荪开伞耐受温度范围广，只要没有结冰都可以开伞，温度过高会使子实体失水难以开伞。温度越低，开伞速度越慢，开伞时间越长。

（二）湿度

冬荪菌蕾和子实体的含水量较大，子实体的含水量 92% 左右，菌托含水量高达 97%。冬荪菌种培养料的含水量 55%~63% 为宜，水分过少不发菌，水分过大容易在瓶底积水缺氧，菌丝无法生长。菌丝培养空气湿度保持在 50%~65% 即可，湿度过高易感染杂菌。在子实体原基分化和生长阶段，空气相对湿度 80%~90% 为宜，低于 50% 原基不分化，即使分化也会缺水枯萎死亡。子实体开伞湿度 70%~90% 为宜，湿度过低菌蕾容易失水不开伞，湿度过高菌蕾顶端容易发霉感染。

（三）空气

冬荪属好气性食用菌，菌丝培养用的基料、覆盖用的土壤和子实体出菇的空间均需要保证透气性。空气中氧含量正常（21% 左右），菌丝生长和子实体生长发育才健康，缺氧条件下，菌丝生长和子实体生长发育缓慢甚至死亡。土壤宜选择呈团粒结构的腐殖土，粗细土搭配要适宜，有助于透气。林下种植场地选择要防止积水，做好排水，防止淹水导致缺氧。

（四）光照

冬荪同普通食用菌一样，菌丝生长不需要强光，强光会抑制菌丝生长，因此菌种培养室需要遮光。光线对冬荪的原基分化影响不大，一般原基形成于遮盖物下方，光照度 100~200 lx。冬荪菌蕾生长和开伞不需要光照，黑暗条件下菌蕾皆能正常生长和开伞，有光线反而降低菌蕾生长和开伞速度，因此冬荪在夜间开伞较多，白天开伞较少，自然采摘也一般选在早上采摘。

（五）酸碱度

冬荪比较适宜微酸性条件，培养基物和覆盖土壤的 pH 值在菌丝生长阶段为 5.5 ~ 6.5，子实体发育阶段为 4.6 ~ 5.5，过酸和过碱都不利于冬荪的生长发育。在冬荪菌丝生长过程中菌料 pH 值会逐渐降低，因此菌种制作过程中不建议使用过多石灰；同时种植场地多选择微酸性土壤场地。

四、种植场地选择及整地

（一）种植场地选择

坡度为 6° ~ 10° 的缓坡林地或沟谷林地为好，山脊林地处不宜；郁闭度 0.6 ~ 0.8 的阔叶林或竹林，以有箭竹生长的森林为佳、通风透光良好。夏季较凉爽，最高地温一般不超过 28℃；空气湿度一般为 70% ~ 90%，土壤一般含水量 40% ~ 60%；土层厚 50 cm 以上、团粒结构好、土壤肥沃、土质疏松、排水良好且不易干旱、微酸性、富含腐殖质、具有良好团粒结构、喷水后土表不易板结的腐质土、沙壤土；栽过冬荪的窝需休闲 4 ~ 5 年后才可再栽冬荪，但也可以采用未栽过冬荪的土壤换掉老窝中的土壤连续种植冬荪，年种植 40 ~ 50 m²/ 亩，采用小窝化栽培，可有效减少病虫害，实现林地内的轮作；夏季地表无太多阳光直射，如阳光过强需搭建遮阳网，郁闭度过高和大森林的深处不宜；无大型野生动物出没，不宜选择白蚁活动频繁的地方。冬荪种植场地要求有水源且排灌方便；自然灌溉用水和人工灌溉用水符合饮用水水质要求，产地大气无污染。不同海拔高度的山区，也可以通过选择一些小气候条件，如低山区宜选温度较低、湿度较大的阴坡或有遮阴条件的树林种植，中山区宜选择半阴半阳的山坡，高山区宜选择阳坡。

（二）整地

冬荪林下种植面积以"窝"为单位计算，森林覆盖率达 50% 以上的地区，每亩林地间伐量或利用枝杈量可种植 40 m²；其种植场地可据实际布置"窝"，不一定连接成片，对于经果林地，林下面积较大，可采用畦床栽培；整地时，应砍掉种植点过密的杂草、灌木和散生竹挖掉大块石头，把土表渣滓清除干净，直接挖穴栽种；陡坡的地方可稍整理成小梯田，开厢种植，厢底稍加挖平，也应有一定的斜度，便于排水；雨水多的地方，种植场不宜过平，应保持一定的坡度，有利于排水。

五、林下种植方法

冬荪林下种植一般采用小窝式种植方法，主要因为林下空间有限，难以挖沟做畦或开厢，传统种植方法有木块种植法、木块木屑种植法、木块秸秆种植法等，种植流程为：种植季节确定→菌种选择→材料准备→挖窝→铺放下层菌材→摆放菌种→铺放竹叶 / 撒白糖→上层菌材→覆土及覆盖物。

（一）种植季节

3—5 月为冬荪菌丝生长期，6—7 月冬荪原基分化形成菌蕾，8—9 月为菌蕾生长期，10—11 月菌蕾开伞长出子实体即采收期。冬荪种植在每年 3—5 月，10—12 月，尽量避免霜雪天气种植，以免冻坏菌丝。10—12 月种植可采用木块种植法，3—4 月可采用木块 + 木屑种植法，4—5 月可采用纯木屑种植法。

（二）菌种选择

需选用菌龄 3~4 个月的优质冬荪种植种，菌种无杂菌污染，外观菌丝白色、浓密或成束状，长满或接近长满，无老化和萎缩现象。

（三）材料准备

主要种植材料为阔叶树木材、树枝，其中以青冈树、毛栗树为优。辅料可采用林中常见的竹枝、竹叶、阔叶树叶等。覆盖物一般以第一年干松针、阔叶树叶或蕨类植物为优，并且比较常见。另外还可用木屑、农作物秸秆、火麻秆、果树修剪枝、枯枝落叶等代替纯木材种植。

参考配方：①阔叶树木块 35 kg/m^2，冬荪种植种 2 kg/m^2，白糖或麦麸 0.15 kg/m^2，竹叶或阔叶树叶 1 kg/m^2；②阔叶树木块 18 kg/m^2，冬荪种植种 2 kg/m^2，白糖或麦麸 0.15 kg/m^2，箭竹叶或阔叶树叶 1 kg/m^2，玉米秆 5 kg/m^2 或火麻秆 12 kg/m^2 或果树修剪枝 15 kg/m^2；③阔叶树木块 18 kg/m^2，冬荪种植种 2 kg/m^2，白糖或麦麸 0.15 kg/m^2，箭竹叶或阔叶树叶 1 kg/m^2，粗木屑 10 kg/m^2。

种植材料预处理：将新鲜的阔叶树木材切割成长 5~10 cm，厚度 2~5 cm 大小的块。新鲜的箭竹用铡刀切成 5~8 cm 长度，随用随切。不能使用存放时间长而发霉的箭竹和木材，长时间存放过干的木材要提前浸泡 1 天，然后拿出沥水至不再有大量水滴渗出时后使用。其他材料如农作物秸秆、火麻秆、果树修剪枝，除了切割成 5~10 cm 长度外，需要提前浸泡 1 天，然后拿出沥水至不再有大量水滴渗出时后使用。

（四）挖窝

在选好的场地上先把地块表面上的枯枝烂叶及表层的腐殖层刮到一旁，然后进行挖窝。林下挖窝要求：每窝坑深 12 cm、宽 40 cm、长 60 cm，亦可根据林下实际情况对尺寸适当调整，但宽度不宜超过 60 cm，长度不宜超过 1 m，窝之间间隔至少 30 cm。要求坑底平整，底层留 3 ~ 4 cm 的疏松土壤。

（五）铺放下层菌材

将准备好的木材块整齐铺放在底层并压实，以看不到土壤为宜，厚度 6 ~ 9 cm，铺材时尽量均匀，下层菌材以木材为主。

（六）摆放菌种

将称好的菌种掰成猕猴桃大小的菌种块并摆放在铺好的木材上，菌种块间距为 4 ~ 6 cm。

（七）铺放竹叶、撒白糖、摆放上层菌材

摆好菌种后再铺上一层箭竹，用量以盖住底材为准，再撒上少许白糖或麦麸，接着再铺 3 ~ 5 cm 的上层菌材，上层可用木材块，也可用农作物秸秆、火麻秆、木屑、果树修剪枝、枯枝落叶等代替。

（八）覆土与覆盖物

菌材放完后盖上疏松、干净的土壤，覆土约 5 cm 为宜，覆土形状呈微弧形隆起，最后再覆上 1 cm 左右厚度的松针或枯蕨草。覆盖物厚度应适宜，太厚菌丝直接长在覆盖物上，分化形成原基和无效菌蕾，影响产量，太薄会导致冬荪蛋易受到太阳灼伤。覆土不能用容易板结的土，并且土中不能有杂菌、太多杂草根（如蒿草），若有需要清理后才能利用。

六、生长期管理

（一）人畜管理

冬荪林下种植需做防护措施，避免牛、羊等家畜破坏，严防蚂蚁、老鼠等小动物的破坏。

（二）湿度管理

种植冬荪的湿度非常关键，在湿度管理过程中要控制栽种材料的湿

度，菌丝生长阶段土层内及其土层表面不能出现发白、变干的情况，确保内层材料的湿润以及菌丝生长粗壮密集。若覆土发白、变干时，可洒少量水，加盖木叶，但下雨时不能让太多的水流入材料内，以免造成湿度过大淹死菌丝。

（三）空气

冬荪属好气性食用菌，菌丝培养用的基料、覆盖用的土壤和子实体出菇的空间均需要保证透气性。空气中氧含量正常，菌丝生长和子实体生长发育才健康；缺氧条件下，菌丝生长和子实体生长发育缓慢甚至死亡。土壤宜选择呈团粒结构的腐殖土，粗细土搭配要适宜，有助于透气。林下种植场地选择要防止积水，做好排水，防止淹水导致缺氧。

（四）光照管理

冬荪喜欢在阴凉潮湿的环境中生长，菌丝生长时不需要光照，以半阴半阳的条件下生长为最佳，林下种植模式成为冬荪高产的较佳选择。另外冬荪菌蕾生长期间也不能有长期的暴晒，否则菌蕾皱缩失水后很难开伞或开伞菌柄会折断影响品质，因此需要经常关注覆盖物，防止菌蕾直接暴露在光照下失水皱缩。

（五）温度管理

冬荪林下种植要做好温度调控，低温时要盖膜保温，以避免低温导致的生长缓慢或休眠；高温时要加盖覆盖物隔热，防止高温度导致休眠或灼伤。

七、采收、加工和储藏

（一）采收

冬荪采收期一般在每年10—12月，由于冬荪菌柄较脆，易断，采收时需特别小心。另外不同品种的特征不同，采摘方式也有区别。菌托菌柄难以分离的品种需先将菌托去掉得到菌柄，一般品种可直接轻旋菌柄即可将菌柄完整取出。另外，若是孢子较多的品种可将菌盖单独放置集中清洗，以免孢子自溶将菌柄弄脏后难以清洗。

（二）清洗

不同品种有不同的清洗方法，菌盖较容易清洗的品种可直接用水枪冲洗，菌盖难以洗净的品种可将菌盖摘下用冷水浸泡过夜后单独清洗。

（三）烘干

冬荪子实体采收后应及时进行烘干，延迟干制将直接影响品质。冬荪的烘干不能用煤火直接烘烤，需用热风烘干或者电热烘箱烘干。先 70℃ 烘干 1 小时杀青，然后将温度降低至 40℃ 持续烘干至恒重。烘烤过程中，需要注意排湿，避免在高温高湿条件下，引起冬荪发黄、发黑现象。冬荪以菌柄无严重皱缩、颜色洁白或淡黄色，菌盖灰白色或金红色，菌柄与菌盖完整为佳。烘干后回潮 10 分钟进行装袋，可放置在较厚的不透气大塑料袋里保存，回潮太久不易保存。

（四）储藏

置于阴凉干燥的冷库储存，一般要求仓库湿度低于 30%，避免干品冬荪吸湿后发黄发黑。暂时销售不了的冬荪需每月打开塑料袋晒一下太阳或者排湿，否则冬荪会变黄甚至腐烂。

第三节　茯苓林下种植技术

茯苓为药食同源菌类，性味甘淡平，入心、肺、脾经，具有渗湿利水，健脾和胃，宁心安神的功效。医药行业及日常生活中所提到的茯苓是其菌核，农户种植茯苓也是以获得其菌核为主。贵州黎平和湖南靖州及周边区域为我国南方最重要的茯苓产区，其中"黎平茯苓"已获国家地理标志保护产品。

一、品种选择

（一）5.78

由中国科学院微生物研究所从野生种分离，是种植利用最多与使用最早的品种，也是贵州种植最多的品种。折干率 54%，出品率 42%，皮肉比 0.32，氨基酸含量高。PDA 琼脂管：菌丝浓密、均匀，呈厚平茸状，菌丝爬壁力强。麦粒管：菌丝致密，菌束一般。菌核：外皮色较深，褐或黑褐，质坚硬；苓肉洁白致密。菌核呈不规则状，有泡苓现象。

（二）湘靖 28

靖州县茯苓专业协会在靖州境内采集野生资源选育的湘靖 28 新菌株，

适宜袋料栽培和不需断根栽培，与 5.78 比较，具有遗传性状稳定、抗杂菌感染能力强，菌丝传引快，菌丝锁状联合体粗壮，结苓早，苓体均匀结实，皮薄，生物学效率高，产量高，质量好等特点。PDA 琼脂管：菌丝浓密、均匀，呈厚平茸状。菌丝爬壁力强。麦粒管：菌丝致密，菌束一般。菌核：形状不定，坚实、苓肉纯白致密。

（三）川杰 1 号 –A5

以茯苓野生菌株闽苓为亲本，应用原生质体紫外诱变技术选育而成的茯苓新品种，抗逆性强，萌发性好，松蔸接种的成活率与茯苓 5.78 对照品种相比高出 3 ~ 5 个百分点，且丰产性好。

二、适宜种植区

茯苓适应能力较强，野生茯苓分布较广，海拔在 50 ~ 2 800 m 均可生长，以海拔 600 ~ 900 m 种植为宜。贵州省黔东南州、黔南州、黔西南州、铜仁市、遵义市等海拔 1 000 m 以下区域最适宜种植区，凡是能生长马尾松、云南松、赤松的地方，均能种植茯苓。

三、生长发育条件

（一）营养条件

茯苓是一种腐生真菌，自生或人工种植于马尾松、黄山松、云南松、赤松等松属的简木（段木）或树蔸（树桩）上。

（二）温度

菌丝生长最适温度在 25 ~ 28℃，茯苓菌核的形成和发育需要较高的温度，适宜温度为 28 ~ 30℃。

（三）水分

茯苓生长的段木基质中含水量以 35% ~ 40% 为宜；菌种培养时，培养料含水量在 50% ~ 55%。阴雨季节必须注意防水排涝，避免烂窖；干旱季节应加强培土，适当灌溉。

（四）光照

茯苓菌核生长发育不需要光照，但光照可以通过影响环境温度和病虫害，间接影响茯苓菌核形成。选择苓场，要求苓场向阳，阳光主要起到提高土壤温度的作用，随着温度的上升，促进土壤水分的蒸发，使土壤得以通风透气，对于好气性的茯苓同样重要。

（五）通风透气

茯苓是一种好气性的腐生真菌，适宜选择土壤通气性和保水性比较好的地块，覆土一般在 5~7 cm 为宜。

四、种植场地的选择及处理

适宜选择干燥、通风、向阳、排水良好的坡地，以东、南、西向为好，北向较差，坡度以 10°~25° 为宜。微酸性、土层深厚疏松、利于排水、含沙量达七成的沙质土壤、黄壤土为宜，一般土深度为 50~80 cm。茯苓忌连作，种植过茯苓的土壤在 2~4 年内不宜再种植茯苓，连作易发生瘟窖，而且白蚁危害严重，白蚁危害严重的土壤也不宜种植茯苓。

五、栽培方式与技术

（一）段木种植技术

1. 树种选择

选用松属的树种，如马尾松、华山松、湿地松等，不用其他杂树种。松树树龄 20 年左右，胸径 10~20 cm 的中龄树为好，松树的树干、树蔸、树枝等均能用于种植茯苓。

2. 季节选择

因气候及种植习惯不同，一般分为冬伐和夏伐 2 种。

（1）冬伐。一般在立冬前后进行，其好处是冬季气温低，松树形成层活动缓慢，树皮与木质部结合紧密，不易脱落，同时树内积蓄的营养较为丰富；气候干燥，树内的水分和油脂容易挥发、干燥，虫害、杂菌的侵染也较少；冬季农活较少，有利于劳力的安排。

（2）夏伐。时间一般安排在小暑前后（7 月初）进行，此时气温高，阳光充足，树料也容易干燥。

3. 备料方法

（1）伐料。一般用砍斧对侧砍伐。

（2）剔枝留梢。松树砍倒后，立即剔去较大的树枝，就地或搬运到空旷场地，树顶部分小枝及树叶应予保留，以加快树内水分的蒸发。

（3）削皮留筋。松树剔枝后经几天略微干燥，随即用板斧纵向从蔸至梢削去宽约 3 cm 的树皮，每间隔 3 cm，再纵向削去一道树皮。

（4）拢料。在茯苓种植场地选好后，及时将削皮留筋处理后的松树收拢到苓场附近，集中管理。

（5）锯筒。锯成长 45 cm 左右的段木备用。

（6）码晒。段木放置通风向阳处，进行日晒干燥。

4. 接种

在挖好的种植窖内，先将窖底土壤挖松，然后将段木分 2 层摆放在窖底，使"留筋"部位靠紧，周围用沙土填实。将菌种袋顶端打开或将侧面划破，接种后立即用沙土填实、封窖。

（1）斗引法。将菌种暴露的部位紧紧斗放在段木顶端。

（2）贴引法。将菌种暴露出的部位紧紧贴放在段木顶端侧面。

（3）垫引法。将菌种暴露出的部位紧紧垫放在段木顶端下面。

（二）松蔸种植

用松树蔸种植茯苓可变废为宝，既丰产又节省大量松木，其种植方法主要是：

1. 选蔸

松树砍伐后留下的树蔸，直径在 16 cm 以上都可用于种植茯苓。一般是用前一年秋季或者当年春季砍伐的树蔸，要求树皮没有脱落，木质无虫蚁蛀蚀、不腐朽。因为松蔸不能随意挪动，所以要选择背风向阳、土质疏松、排水良好的地方接种种植。

2. 剥皮

在冬季或翌年 3—6 月，把松蔸周围 1 m 范围内的杂草铲除，对树桩和粗侧根进行"削皮留筋""削条"，有利于树蔸干燥和排掉松脂，"留条"有利于结苓。

3. 挖地

将树蔸周围 1 m 内的土壤挖松，深 40 cm 以上，捡净杂草根和石头，使树蔸主根及侧根露出地面，并把直径 3 cm 以下的侧根砍掉，留下的侧根在 0.7～1 m 处砍断，以防跑苓。

4. 接种

在松树蔸周围撒下防白蚁药粉，盖一层薄土，再接菌种。接种方法主要有 2 种。

（1）高桩接种法。松树蔸较高的，在树蔸近根处锯一个高 10 cm 的缺口，将菌种木片放在缺口内，捆紧，用湿草纸包裹后盖土。

（2）矮桩接种法。此法适用于矮树桩松蔸。在粗根茎部侧面削去树皮，并将一根松段木（直径 10 cm，长 80 cm，留一条一指宽树皮，其余削皮至木质部）晒干后靠在该侧面处，然后把菌种木片紧靠粗根的去皮处和松段木上，用小松木片覆盖压实。凡松蔸粗大者要接 3 ~ 4 个点。

5. 覆土

矮桩树蔸接种后覆土 4 ~ 7 cm 厚，堆成馒头状；高桩树蔸接种后堆土至接菌种处上面 4 ~ 7 cm，蔸顶部露出地面。四周要开好排水沟，并撒一圈防白蚁药粉。

6. 田间管理

接种后 10 天，菌丝已开始长入树桩内，此时应检查是否上菌，不上菌的要及时补接种。此外，要经常检查，防止雨水冲走覆土，以保证茯苓菌丝生长。茯苓的主要虫害是白蚁，严重者往往把松段蛀空，致使茯苓菌丝生长得不到足够营养，形成不了菌核或形成的菌核不大，甚至干腐，使产量大减。为此，要经常检查茯苓种植地有无蚁路，段木是否被蚁蛀。一旦发现白蚁要及时用药喷撒，使其带药回到蚁窝内互相传染中毒死亡，这是防治白蚁的一种有效方法。

（三）复式种植

茯苓复式种植方法主要是利用茯苓生长的适宜气候和段木营养物质，缩短了从菌丝体到形成菌核的时间，使茯苓子实体在适宜生长发育的气温条件下，得以充分吸收段木的营养物质，快速生长。

种植方法：选用上年种植形体饱满、皮色浅红、有裂纹、肉色洁白、细嫩的鲜茯苓作为种苓。在菌种下窖后 15 ~ 20 天，在菌丝体交织形成白棉绒状的菌丝体，有液化水珠作为接口部位；将选好的种苓用利刀划进肉质少许转动，掰成 100 ~ 150 g 的小块，以泌出黄褐色露珠多的一面作为接种面，将选择的接口处菌膜用竹刀剥掉，用苓块接触面贴紧段木接口，使苓块与段木紧密契合，用土压实，再覆土恢复苓窖，疏通排水沟。

该种植方法使茯苓直接由茯苓菌丝生长阶段进入茯苓生长发育的菌核生长阶段，相对缩短了茯苓的生长过程，使原料菌丝营养得到充分利用，从而提高松材的利用率，实现茯苓种植产丰质优。还可以用枝条种植，在不砍松树的情况下，实现茯苓产业可持续发展。

（四）袋料种植

茯苓袋料种植方法，主要是以松树枝条粉碎料为主料，与松木屑、米糠、蔗糖、熟石膏等混匀，制成菌袋，菌袋灭菌后接种茯苓菌种，置于温室内培养茯苓菌丝，当茯苓菌丝体生长发育并充满菌袋时，埋入种植窖内，选择菌袋茯苓菌丝体密集处，接种一小块幼嫩的鲜茯苓菌核块，然后覆土封窖，待鲜菌核块内的茯苓菌丝恢复其生活力，并与种植菌袋内的菌丝体相互聚合，形成菌核"原基"，进而发育形成新生菌核。

使用富含纤维素、半纤维素的松树枝条、松木屑与米糠、蔗糖等制成种植菌袋，代替松材，不但变废为宝，有效保护了松林资源，而且采收期只需3~4个月，从而有利于种植场地的循环综合利用，扩大茯苓生产。

六、管理技术

茯苓种植管理主要注意有以下3点：

——及时补接种，茯苓接种后一般7~10天，菌种菌丝便可长入松木（称上引），这期间及时检查，如未长入要及时重新接种；

——随时防白蚁危害，接种前后必须放置防白蚁的药，以防白蚁或其他害虫损坏菌丝上引；

——覆土保苓，当茯苓露地后，要及时覆土地，以防日晒雨淋，影响茯苓品相及品质。

七、采收

（一）采收时间

茯苓接种后，经过6~7个月生长，菌核便可成熟。一般春栽茯苓（即4月下旬至5月中旬接种），10月下旬至12月初陆续进行采收，秋栽茯苓（即8月末至9月初接种），翌年4月末至5月中下旬采收。

（二）茯苓菌核成熟标志

主要有3个标志：一是培养料营养基本耗尽，颜色有淡黄色变为黄褐色，材质呈腐朽状；二是菌核外皮颜色开始变深，有淡棕色变为褐色，裂纹渐趋弥合（俗称"封顶"）；三是茯苓场已不再出现新的龟裂纹。

（三）采收方法

采收前，要准备好用于起挖和盛放菌核的工具；采收时，先将窖面挖开，掀起段木，轻轻取出菌核；采收后的茯苓菌核要及时集并、运输、以备加工。

八、加工

采挖的茯苓鲜菌核称为潮苓，含水量 40%～50%，必须去除水分才能进行加工。

（一）潮苓分类

首先将采收、集并的潮苓按个体大小、重量进行分类。

（二）发汗

将潮苓按不同的采收时间、个体等，每隔 4～5 天翻动 1 次潮苓，表面出现的白色绒毛等是菌丝体，不要随意用手抹掉，待变成淡棕色时，用竹刷轻轻刷去，不要撕破茯苓皮。

（三）剥皮

切割前，用剥皮刀，层层剥离苓皮。

（四）切制

去皮后，切制加工的顺序是"先破后整""先小后大"，即先切制破损潮苓，然后再以由小至大的顺序进行切制。

（五）干燥

白天在晒场内暴晒，夜间收回屋内，经过 4～5 天的翻晒后，送入烘房内烘烤，烘房内控温 60～65℃，烘烤时间 8～9 小时。

第四节　灵芝林下种植技术

灵芝为贵州三宝之一。我国灵芝人工种植始于 20 世纪 50 年代，兴起于 20 世纪 90 年代。除樟树、桉树、松树、杉树等含油脂或芳香类物质的树种外，其他阔叶树都可用于生产灵芝，但多数使用的是树皮厚且木质紧密的壳斗科、桦木科植物，如青冈、赤杨、白栎。灵芝林下种植主要采用段木熟料种植法，段木林下仿野生种植不但能提高灵芝产量，而且在很大程度上能确保灵芝质量接近野生灵芝，达到野生灵芝的价值。

一、品种选择

我国种植的灵芝品种有为赤芝、紫芝、松杉灵芝、薄树芝等，赤芝和紫芝最为常见，贵州主要栽培品种为赤芝和紫芝，赤芝主要用于生产灵芝孢子粉，紫芝主要使用子实体。

二、适宜林下种植区域

赤芝和紫芝为喜热品种，高海拔、低气温地区不宜规模种植，适宜种植区域包括黔东南黎平、榕江、从江、锦屏，黔南州的罗甸、荔波，黔西南州的册亨、望谟，铜仁和遵义等海拔 1 000 m 以下区域。

三、种植场地选择

宜选择交通便利、树木资源丰富、避风向阳、水源方便、水质优良、排水方便的场地，要求土质疏松、肥沃、偏酸性、沙质。按半阴半阳的光照要求选择种植场地，林地郁闭度 0.5 左右，坡度 16° 左右，通风良好。

四、灵芝生长发育环境条件

灵芝菌丝生长温度范围 4 ~ 35℃，最适宜的温度范围为 24 ~ 30℃；温度低于 15℃时，菌丝的生长速度减慢；当温度上升到 33℃以上时，菌丝停止生长；若环境温度长时间处于 35℃以上，菌丝会衰老、死亡。子实体生长、形成的温度范围为 20 ~ 30℃，最适温度范围为 25 ~ 28℃；当温度超过 32℃时，长出的灵芝子实体小而品质差；当温度低于 25℃时，形成的子实体质地紧密，灵芝个体和商品性状好。灵芝菌丝生长所需培养料中的含水量为 50% ~ 60%，空气中的空气湿度为 90% 左右，灵芝子实体具有敏感的趋光性。

五、林下种植技术

（一）栽培季节的选择

灵芝属中高温性菌类，因此灵芝栽培的接种日期应根据栽培方式和当地的气候条件而定。林下种植宜选择段木熟料栽培，可以依据选择原木的最佳日期及段木内菌丝长满的时间来选择接种日期，短段木接种后要培养 60 ~ 75 天才能达到生理成熟。贵阳地区 6—9 月平均温度 15 ~ 28℃是野生灵芝自然发生的时期。因此，贵阳地区应在前一年冬季 10—12 月砍树，灭菌接种，培养菌丝；待菌丝长满芝木后，于翌年 3—5 月将培养好的芝木适时移至已准备就绪的芝场，进行覆土出芝管理。

（二）短段木熟料菌棒制作

1. 栽培材料

栽培灵芝的树种有壳斗科、金缕梅科、桦木科等科的树种。一般段木以选择树皮较厚、不易脱离、材质较硬、心材少、髓射线发达、导管丰富、树胸径 8 ~ 13 cm 为宜，在落叶初期砍伐，不超过惊蛰。

2. 灭菌

选用对折径（15 ~ 24）cm × 55 cm × 0.04 mm 的低压聚乙烯筒。生产上大多选用 3 种规格的塑料筒，以便适合不同口径的短段木栽培使用。将截断后的短段木套入塑料筒内，两端撮合，弯折，折头系上小绳，扎紧。使用大于段木直径 2 ~ 3 cm 的塑料筒装袋，30 cm 长的段木每袋 1 段，15 cm 长的段木每袋 2 段，亦可数段扎成一捆装入大袋灭菌。随后立即进行常规常压灭菌，温度 97 ~ 103℃，维持 10 ~ 12 小时。

3. 接种

段木接种时，将冷却后的短段木塑料筒预处理，用气雾消毒盒熏蒸消毒 30 分钟后，将菌种表皮弃之，采用双头接种法。两人配合，一人将塑料扎口绳一端解开，另一人在酒精火焰口附近将捣成花生仁大小的菌种撒入，并立即封口扎紧。另一端再用同样的方法接种，以此类推。随后分层堆放在层架上。接种过程应尽可能缩短开袋时间，加大接种量，封住截断面，减少污染，使菌丝沿着短段木的木射线迅速蔓延开来。

4. 发菌期管理

使用前两天对培养室做好消毒灭菌处理，每立方米用 20 g 硫磺放入瓷碗用纸点燃，关闭门窗一昼夜。将接种后的菌袋移到消毒灭菌好的培养室进行发菌培养，搬运过程要轻拿轻放，防止损坏塑料袋。菌袋分层放在床架上，袋口朝外，一般每层床架放 6 ~ 8 层接种好的段木袋，袋与上层架之间应留有适当空隙，以利于气体交换。发菌期间，室温保持在 22 ~ 30℃，空气相对湿度保持在 40% ~ 60%，每天通风半小时，检查并防治杂菌污染，室内有散光即可，避免强光照射。25 ~ 30 天（低温时菌丝生长缓慢）后，菌丝便可长满菌袋。

培养 15 ~ 20 天后即可稍微解松绳索。培养 45 ~ 55 天满筒，满筒后还要再经过 15～20 天才进入生理成熟阶段，此时方可下地。接种 5 天后开始检查袋口两端及菌袋四周是否有杂菌污染。凡出现红色、绿色、黑色菌丝的即是杂菌，应及时进行防治。防治方法：取 70% 酒精装入注射器中，注入袋子有杂菌的位置，然后贴胶布封住针口。也可用其他杀菌剂或 10% 新鲜石灰水液注射，石灰膏封口。

5. 整地作畦

翻耕、除草、灭虫，做成宽 140 cm、高 25 cm 的畦块、长度根据地势定，每两畦留专用管理道路，也可根据段木大小直接挖窖。

6. 排场

春末夏初，温度为 15～25℃，选择晴天，挖（18～20）cm×40 cm×40 cm 的窖，最好在窖底撒些灭蚁药物，有灵芝原基出现的断面向上，菌木长度 28～30 cm 的横排，14～15 cm 的以竖排为好，段间隙填充干净表土或沙土，菌木上盖 1～2 cm 细土，土上覆盖稻草或松针，喷水保湿。

（三）出菇期管理

前期：以保温为主，可加盖黑膜与草帘，保持窖内温度 22℃以上，约半个月原基即露出土表，注意通风并保持空气相对湿度控制在 85% 左右。中期：气温上升，控温 28℃ 左右，这时子实体生长较快，可除去黑膜与草帘，提高湿度控制在 90%～95%，可常向空中喷雾保湿。后期：气温逐渐下降，空气也趋干燥，着重保温，减少喷雾次数。第一年菌棒埋土后 20 多天便可陆续看到原基露土，原基露土后至 6 月中旬灵芝陆续成熟，部分菌棒在 10 月还会再出一轮。接下来每年都会出芝 1～2 轮，第一批 6—7 月成熟，第二批 10 月成熟。成熟灵芝采收后 10 天之后继续喷水，使菌柄再次出现灵芝幼芽。具体管理措施如下。

1. 光照

灵芝生长要求光线均匀，光照强度 500～1 000 lx。光照不足，灵芝子实体柄长盖小；光照增强，芝盖形成快，芝柄短。光线控制的原则是前期光线弱，有利于菌丝的恢复和子实体的形成；后期提高光强，有利于灵芝菌盖的增厚和干物质的积累。

2. 温度

灵芝出芝前无须进行昼夜温差刺激，温度保持在 25～28℃，一般 7～10 天可形成白色原基。高于 30℃ 或低于 22℃，芝体生长明显减慢，出现减产趋势。盛夏高温季节，温度过高时，采取降温措施。

3. 水分管理

可安装微喷装置保持空气相对湿度为 80%~95%，晴天多喷，阴天少喷，下雨天不喷。喷水时应将喷头对空、对地、对四周，避免喷头直接对灵芝喷水，保持空气湿度和地面潮湿。

4. 通风

子实体生长发育需较强通风，二氧化碳浓度对菌盖发育有极大影响。据测定，二氧化碳含量超过 0.1% 时菌盖不发育，含量在 0.1%~2.0% 时子实体长成分枝极多的鹿角状。

5. 疏蕾、除草

料面有多个芝蕾出现时用消毒剪刀剪去一些，一般每个出芝面只保留 1 个位置好、个体大的芝蕾，最多留 2 个，这样使养分集中，长出盖大朵厚的子实体。同时，及时清除杂草，防止杂草嵌入菌盖内。

六、采收

当灵芝菌盖边缘颜色与中间相同，菌盖底部变为灰褐色；或菌盖上有孢子粉出现时即成熟，终止喷水，并正常通风，采收。灵芝采收后剪去过长菌柄，清除杂物，轻轻地将灵芝从菌柄上切下，之后分两层安放灵芝。其中，第一层放置的灵芝白色面朝上，红褐色面朝下，第二层正好相反，即白色面朝下，红褐色面朝上。采摘后，切勿用水清洗，以免降低灵芝的市场价格。采收后的灵芝置于竹帘上晒干，也可烘干，一时不能烘烤或在雨天时，设法在较强的通风条件下阴干，干燥后用聚丙烯袋外套包装，以防受潮、虫蛀、霉变。也可直接加工成灵芝片、灵芝粉和灵芝盆景等进行销售。灵芝成熟时散发出孢子，采用套纸的办法收集孢子，将收集的孢子置于密封瓶内避光保存。

第五节　猪苓林下种植技术

猪苓为多孔菌科多孔菌属真菌，以菌核入药，常用于治疗小便不利、水肿胀满、脚气、泄泻、淋、浊、带下等病。早在《本草纲目》《伤寒论》等著作中对其用途已有详细记载。现代医学研究表明，猪苓主要化学成分为多糖、麦角甾醇类、氨基酸、微量元素等，对调节人体免疫功能、慢性肝炎、肿瘤等病具有很好的疗效。随着猪苓药效成分的开发和应用，猪苓的需求日渐增加，已经形成了相当规模的产业。贵州毕节的赫章、大方等地也有一定规模的种植，但是产业链条尚未完全形成。

一、品种选择

（一）猪苓品种

目前，猪苓尚未选育出审定的品种。猪苓根据其形状分为猪屎苓、鸡屎苓和铁蛋苓。根据不同成熟度分为白苓、灰苓和黑苓。种植时，一般选择生命力强、抗逆能力强、断面菌丝白色、含水率大、具有弹性、萌发新点多的灰苓。

（二）蜜环菌品种

一般选择对木材侵染力强，抗干旱和污染力强，与猪苓亲和性高的菌种。目前，贵州种植区主要用的蜜环菌是中国医学科学院药用植物研究所选育的 A9 菌株和贵州省农业科学院农作物品种资源研究所选育的 46 号菌株。

二、适宜种植区域

野生猪苓多分布于海拔 1 000 ~ 2 000 m 的山区，以 1 200 ~ 1 600 m 半阴半阳的二阳坡地区的阔叶林、混交林、次生林、竹林，次生林中分布较多，并生于山林地下的树根周围。猪苓在贵州境内分布的最适宜区为黔西北乌蒙山区域的赫章、威宁、七星关、大方、黔西等；黔北大娄山区域的遵义、习水、赤水、湄潭等地；黔东武陵山区域的德江、印江、江口、松桃等地；黔东南苗岭区域的台江、天柱、剑河、雷山等地。上述区域海拔较高，气候温和，常年阴雨多雾，降雨充沛，日照短，且资源丰富，蜜环菌分布较广，非常适宜猪苓的生长。

三、猪苓的种植

（一）选地整地

猪苓适宜在疏松透气、有机质丰富、腐殖质含量高、肥沃的沙壤土、沙砾土、沙土或腐殖土，不宜选择黄泥土、白黏土和盐碱土。一般按照"高山阳、低山阴"的原则选址。可依据当地气候选择郁闭度 0.3 ~ 0.6、含水量 25% ~ 30%、pH 值 5 ~ 7。

（二）菌材培植

蜜环菌为猪苓的伴生菌，是猪苓的营养来源。菌材培植的关键环节如下。

1. 菌种准备

选择或购买活力旺盛、无杂菌污染、长势良好的蜜环菌菌种。

2. 树种选择

一般选择耐腐性强，皮层厚、木质硬、且不易脱落的树种，如壳斗科的青冈、板栗，蔷薇科的野樱桃、桦木科的华榛和漆树科的漆树等树种。

3. 木材准备

一般在秋、冬收集和储备木材。选直径 10 ~ 15 cm 的树木间伐和采伐剩余物，暴晒 10 ~ 15 天，将暴晒后的木材锯成长 20 cm 的木段。若树木直径在 10 cm 以上，应将木段劈成 2 ~ 4 块，在木段的一面或两面每隔 3 ~ 4 cm 砍一个鱼鳞口，深度至木质部为宜。

4. 菌材培养

根据菌材培植后是否移动分为固定菌床培植法和活动菌床培植法（又称窖培法）。

（1）固定菌床培植法。根据地形和土层厚度挖坑，一般宽 0.5 ~ 1 m、深 15 ~ 30 cm，长度根据地形可适当延长（如箱栽）。将坑底挖松、整平，铺一层 1 cm 厚的枯树叶，平放一层木材，干木段应提前用清水或石灰水浸泡 24 小时，在木材鱼鳞口或端头放入菌种，一般菌种量为 2 瓶 /m^2。然后用沙土或腐殖土填满木材间的空隙，并略高于木材为宜，一般覆土 10 ~ 15 cm。一般放 1 ~ 2 层，为便于迅速上菌，在木材之间一般会放入若干 3 ~ 5 cm 的枝条。

（2）活动菌床培植法。在交通、水源便利的地方根据地形和土层厚度挖坑，一般长 2 ~ 3 m、宽 1 m、深 30 ~ 40 cm；其木材的放置和固定菌床相同。菌种用量为 2 瓶 /m^2。然后用沙土或腐殖土填满木材间空隙，并略高于木材为宜，一般覆土 10 ~ 15 cm。一般木材放置 4 ~ 5 层。为便于迅速上菌，在木材之间一般会放入若干 3 ~ 5 cm 长的细枝条。

5. 培植时间

菌材培植时间一般安排在种植时间前 6 个月。

（三）播种

人工种植猪苓多在春、秋两季进行。

1. 固定菌床

当菌材表面布满菌索，菌材皮层下浸染菌丝后，刨开菌床表面覆盖土，使其露出已经培植好的菌材，轻轻地清理菌材之间的填充土，将猪苓种均匀放置于蜜环菌旺盛的菌材处。一般种子用量在 600~750 g/m²。在其上用腐殖土填充间隙（厚度 5 cm 左右），轻轻压实，不留空隙。如种植 2 层，则按同样的方式种第二层，然后盖土 10~15 cm，形成龟背状，以利排水。为保持湿度，可在其上覆盖 5~10 cm 的枯枝落叶。

2. 活动菌床

当菌材表面布满菌索，菌材皮层下浸染菌丝后，将菌材搬运至所选择的种植地点，按照固定菌床培植方法中的木材放置方式将已经培植好的菌材平铺于预先挖好的坑中，将猪苓种均匀放置于蜜环菌旺盛的菌材之间。放置好猪苓种。其后方法与固定菌床种植方法相同。

四、种植管理

（一）水分管理

猪苓喜欢凉爽湿润的环境，应经常保持土壤含水量在 30%~40%、地温 8~25℃，干旱高温对其生长影响很大，夏季干旱时，应及时补水或加厚覆盖。夏秋季汛期来临，雨水频繁且雨量较大时，应注意及时排水并将坑面盖好，防止雨水冲刷、水土流失而造成菌棒外露。

（二）温度控制

猪苓在地温 5~25℃ 条件下均可生长，其中最适生长温度为 15~24℃。蜜环菌在温度 5~28℃ 条件下均可生长。适宜温度 12~26℃。所以夏季要根据实际情况，采用遮阴降温将猪苓生长的土层温度控制在 28℃ 以下，即可满足猪苓的生长需求。冬季可在种植坑（箱）面上覆盖树叶、农膜等方法进行增温。

五、采收与加工

（一）采收时间

利用蜜环菌菌种和猪苓菌种进行人工种植时，一般 3~4 年即可收获。一般在每年 4 月或 11 月前后采收，最好在成熟或休眠期，应选择晴好天气采收。

（二）采收的感官标准

开穴检查，黑猪苓上不再分生小（白）苓或分生量很少，甚至猪苓已散架时，可及时采收。如果蜜环菌菌材的木质较硬或使用的段木较粗，可以只收获老苓、黑苓及灰苓，留下的白苓继续生长，如因段木已被充分腐解、不能继续为蜜环菌提供营养，则必须全部取出，重新进行种植。

（三）加工

收获后的猪苓，首先必须进行分级，猪苓可直接用于无性种植播种。老苓、黑苓则按其个体大小分级，利于统一安排加工；其次将黑苓用清水冲洗干净，最后晾晒。根据气候状况一般晒 5～10 天即可晒干，使含水率达 10%～12% 时，即可作为商品出售或保存。

第六节　猴头菇林下种植技术

猴头菇是食用菌类的珍品之一，猴头、熊掌、燕窝、海参被称为"四大名菜"。猴头菇具有营养、食疗、保健功能，它所含有的猴头素对消化道有很好的保健作用，可预防和治疗胃溃疡、十二指肠溃疡等消化道疾病，有滋补强身作用。近来研究表明猴头素还具有抗肿瘤作用。

一、品种选择

2009 年以来，上海市农业科学院等科研单位和企业对猴头菇进行的新品种认定有沪猴 3 号、沪猴 8 号、庆猴 1602、兴安猴头 1 号、黑威 9910、牡育猴头 1 号、蕈谷猴头菇 1 号、猴杂 19 号等。涵盖中低温型、中温型和广温型；有长刺型和短刺型（刺的长短与栽培技术与出菇环境有关）；有早熟型和晚熟型等。

近年来，猴头菇在贵州进行了大量林下种植及推广，根据贵州气候特征，中高温型和广温型品种、早熟品种比较适合贵州林下种植，如庆猴 1602 和猴杂 19 号。

二、适宜种植区

在贵州全省境内均适合开展猴头菇的林下种植，在低热河谷地带选择中高温型品种，在高海拔冷凉地区选择中低温型品种或广温型品种。

三、种植场地的选择及处理

（一）场地选择

交通水源方便，远离养殖场、木材加工场的原生林、退耕林或经果林等均可。海拔 300～1 500 m、坡度 25° 以下、郁闭度 0.6～0.8 的针叶林、阔叶林、混交林等林地环境最佳。

（二）场地处理

将林地里的沙石、树枝、地被物等杂物清除林地，坚持不砍伐树木、不破坏环境的原则，但是对于不成行、不成林的个别妨碍作业的小灌木也可以砍掉。并用石灰粉均匀撒施进行消毒，石灰粉用量为每平方米 200 g，预防病虫害。

四、栽培技术

（一）季节安排

在贵州林下种植猴头菇一般分为春季种植和秋季种植。春季种植为 2—3 月摆放出菇袋，3—6 月出菇；秋季种植为 8—9 月摆出菇袋，9—11 月出菇。根据不同的地理位置可以根据当地的小气候进行调整，要避免出菇期遇到 10℃以下的低温和 30℃以上高温。

（二）遮雨遮阴棚搭建

根据地势地形，沿着等高线（环绕山体）搭建层架，宽 60～80 cm，长度因地势而定，第一层架离地 30 cm 左右，一般搭建 3～5 层，层间距 30 cm，层架之间留 60～80 cm 的操作距离。层架顶部可以用木棒或竹竿或钢材固定成人字形，并用薄膜覆盖顶部遮雨，再用 6 针以上的遮阳网覆盖，起到遮阴和防虫的作用。

（三）菌棒选择

选择无污染、菌丝放射状交织；表面已有 70% 呈纯白色、瘤状物突起；有猴头菇菌丝的香味，拍打菌棒有弹性，菌丝洁白、浓密、粗壮、有光泽、生长旺盛。如有绿、黑、黄、灰等杂色斑块的菌种应一律淘汰。另外，菌丝若有吐红水现象，也不宜使用。栽培种允许有少量原基，但使用时要去除掉。

（四）摆棒

将成熟无污染的菌棒运到林下，运输过程中防止挤压、摔撞、防止高温。然后将菌棒平摆在层架子上，间距为 5~10 cm，接种点朝下，注意接种点不得被下面的层架挡住。

（五）出菇管理

1. 催蕾

控制温度 18~22℃，可以覆盖薄膜增加温度，利用通风、遮阴、浇水等方法来降低温度；空气相对湿度 85% 以上，促进菌丝相互交织成放射状组织，使周围菌丝不断输送营养和水分，放射状组织不断膨大，菌棒表面呈胶质状原基聚集，催蕾 6~12 天，菇蕾逐渐形成，接种点处逐渐出菇。

2. 幼菇管理

现蕾后，及时将封口胶带揭去或解开扎口，其他有菇蕾的地方，用刀片将塑膜切开十字口，严格控制棚温在 15~18℃，最大浮动温度范围为 12~24℃，并尽量保持较稳定状态；调控空气湿度在 90%~95%，但不可对菇蕾直接喷水，否则，易造成"秃头"现象；棚内保持良好的通风条件，既需要保持空气新鲜，又不可使强风吹过；调控光照度在 200~400 lx。随着温度的不同，3~6 天，幼菇整齐地长出并分化出菌刺，菌球直径 2~4 cm，菌刺长约 1 cm，色泽一致，整齐地"披挂"在菌球上，此时应控制棚湿在 88%~90%，亦不允许直接对菇体喷水，其他条件不变。

3. 成菇管理

进入成菇阶段后，子实体长速加快，菌球增大，菌刺亦稍有加长，该阶段可适当调控光照度在 500 lx 左右，最大可至 1 000 lx。但随着光照的增强，菌刺与菌球不能同步生长，往往显得菌刺偏长，外观来看，子实体健壮程度提高了，但至成熟时，子实体略有暗黄色泽，但转潮快，长速亦快。该阶段可直接对子实体喷雾，但不可使用温差过大的水，以免发生生理性病害，尤其温度低于 15℃时更是如此，喷水时喷雾要细，不可使菇体上沉落或聚集水珠。随着子实体不断长大，需氧量也不断增加，应密切观察和严格控制通风情况，使棚内空气保持新鲜、无异味。其他正常管理即可。

当子实体直径 5~12 cm、菌刺长约 15 cm，已基本长大，但尚未成熟时即应及时采收。

4. 换茬管理

第一茬采收后，及时清理掉残留的子实体，调整菌棒间距，将还没有达到采收标准的少许菌棒用已经采收后的菌棒替换过来集中进行换茬管理，尽量保证同一个区域的菌棒为同一期采收完成。换茬时减少喷水，促使菌丝恢复生长，5~7天后，微喷补水，每天早、中、晚各1次，每次15~20分钟。然后按照第一茬的管理方式进行催蕾和保蕾成菇管理。同样的方法进行第三茬出菇管理。

五、采后处理和产地初加工

（一）采收

猴头菇最佳采收时机为七八分成熟，子实体圆润、饱满，表面菌刺均匀，富有弹性，菌刺长度1~1.5 cm，尚未弹射孢子，直径8~10 cm，此时无论外观形态还是鲜嫩程度，都要采收，具有较好的商品价值和保鲜期。采收时，轻轻旋转向下采菇，清理表面基料平放到塑料框中，防止挤压颠簸等。

（二）保鲜储藏

冷藏保鲜要求温度为2~4℃，一般可保鲜7~10天。速冻后置-20~-18℃，可长时间保藏。

（三）干制

采用晾晒与烘干相结合干制法。

干制前晾晒处理：猴头菇采收的时候，可先在阳光下晒一段时间，如果阳光强烈、气温高时，应在通风处晾晒。使其蒸发掉一部分水分后再进入到烘干房中去烘干。

烘干程序及工艺：烘房预热要求温度45℃，时间1小时。然后将装有猴头菇的物料车推到空气能热泵房内，烘干过程中初始烘干温度设置为35℃为宜，每小时升温不超过5℃，直到温度升高到55℃，烘干为止，一般需要12~16小时。

第七节　虎奶菇林下种植技术

虎奶菇是我国珍稀食药用菌，其人工栽培起于20世纪90年代，兴于21世纪，江西省临川区是中国最早人工培育虎奶菇的地区，2011年8月，中华人民共和国农业部批准对"临川虎奶菇"实施农产品地理标志登记保护。近年来，贵州省农作物品种资源研究所引进虎奶菇，并在全省试验示范，目前虎奶菇在全省种植面积逐步扩大。

一、品种选择

目前全国主要种植虎奶菇的品种有临川虎奶菇 0121、东华虎奶菇 1 号和虎奶菇 dh-5 等。与东华虎奶菇 1 号菌株相比，临川虎奶菇 0121 菌株为栽培优势菌株，经产品品质检测，营养丰富齐全，在生产上宜大面积推广应用。东华虎奶菇 1 号较虎奶菇 dh-5 相比为栽培优势菌株，临川虎奶菇 0121 菌株与东华虎奶菇 1 号同为高温性恒温型菌株。

贵州省种植虎奶菇收获菌核的菌种主要是来自广西的菌种，目前贵州主要进行种植收获子实体的品种为临川虎奶菇 0121 菌株和东华虎奶菇 1 号等。

二、适宜种植区

虎奶菇是热带和亚热带地区的一种伞菌，为高温型菌株，也是一种能产生大型菌核的担子菌。同时虎奶菇是好气性真菌，菌丝生长阶段对氧气的需求量相对较少，但氧气充足菌丝长速明显加快；子实体生长阶段，需充足氧气，缺氧或二氧化碳浓度过大时，不能形成子实体，已形成的子实体也会畸变分权甚至开裂。高温中低海拔地区更适应于虎奶菇的生长，如遵义全市范围内、铜仁市除梵净山较高海拔外皆可、黔西南州的晴隆县、贞丰县、望谟县、册亨县等，黔东南施秉县、榕江县、从江县、锦屏县、岑巩县等，黔南的罗甸县、三都水族自治县、荔波县、平塘县等，毕节的金沙县等区域有利于虎奶菇对于温度和氧气的生长需求，更适宜于种植虎奶菇。

三、种植场地的选择及处理

（一）场地的选择

虎奶菇是一种典型的木腐菌，能利用许多阔叶树、针叶树，和各种农作物的秸秆以及其他纤维性材料，宜选择土壤腐殖层肥沃疏松、四周空旷、水源方便、排灌顺畅、环境清洁的林下空地。

（二）场地的处理

清理林地内杂草，用旋耕机深翻林下土地 30 ~ 40 cm，暴晒 10 ~ 15 天后，整成宽 1.3 m 的畦床，四周开好排水沟，并用 1% 的石灰水将畦面浇透进行消毒处理。要求通风良好，光线明亮，能遮阴散热，以利夏季子实体生长发育。

四、栽培技术

（一）栽培时期

贵州省一般可在每年 4 月中旬至 9 月制作菌袋，5—10 月出菇，也就是说夏初至秋末比较适合虎奶菇的栽培。

（二）菌核培养

待菌袋冷却后放入接种箱中接种，接种后菌袋排放在室内床架上发菌培养，温度控制在 25～35℃，低于 15℃应加温，超过 35℃注意通风散热。养菌期及时翻袋检查，发现杂菌污染，立即拣出处理。后期袋温上升，注意疏袋散热，并加强通风换气。一般经过 30～40 天培养，菌丝长满袋后。

（三）林下覆土种植

将脱掉塑料膜的菌袋，排放在畦上，菌袋间留 20 cm 的距离。用消过毒的土壤填满空隙，然后在料面覆土 3 cm 厚，浇透水，覆土后喷轻水，掌握晴天、阴天、雨天不同情况来控制喷水量，上面盖湿稻草保湿遮阴，并注意保持床面湿润。

（四）林下出菇管理

前期每天喷水 1～2 次，保持土层湿度在 75% 左右，并加盖薄膜进行保温保湿，7～10 天出现原基后，揭掉薄膜，加大喷水，保持空气相对湿度在 90% 左右；再经 5～7 天可进行第一潮菇子实体收。第一潮菇采收后，整理畦面，停止喷水，加强通风，养菌 5 天，加大喷水，便可进行第二潮菇的诱导，管理方法同前。共可采收 3～4 潮。

（五）出菇关键因素调节

1. 温度调节

虎奶菇出菇温度 22～35℃，最适出菇温度 26～30℃，温度太高菌盖较大较薄，失去商品价值，温度过低生长缓慢，出菇期延长。

2. 湿度调节

出菇时要求土壤含水量在 20%～40%，根据土质不同灵活掌握，一般要求手捏成团落地即散。空气相对湿度要求在 85%～90%。若湿度偏低则表面干枯菇质差，湿度太高易发生白腐病造成腐烂。根据土壤湿度情况灵活掌握是否在床面浇水；用喷雾器向空中喷水提高湿度；湿度过大时通风降湿或在走道撒生石灰粉降湿。出菇期千万不要在菇体上浇水，以免菇体发生腐烂降低品质。

3. 通风

虎奶菇出菇阶段要求新鲜的空气，夏季通风太强易造成空气湿度降低、菇体干枯严重、影响品质，通风太少易出现病虫害。一般林下不需要通风，郁闭度过高的林下，可以通过修枝的方式增加通风。

4. 光照调节

虎奶菇的菇蕾分化和子实体发育需要一定的光照，微弱的散射光可满足子实体的生长，过强的光对子实体生长有抑制作用，并且鳞片增多影响质量。林地比较稀疏，可通过加遮阳网，减少光线进入，调节光照。

五、采后处理和产地初加工

（一）采收处理

虎奶菇菌柄长至 4 cm 长，菌盖 0.8 ~ 1.5 cm 时即可采收。当一丛菇体存在生长差异时，采取分拣采收，采大留小，留下的能继续生长；当整个料面的菇体整齐长出的一次采摘。将采收后的菌核洗刷干净，去掉表面附着的老菌皮、菌索和培养基碎屑。

（二）产地初加工

1. 保鲜储藏

温度达到 3 ~ 5℃，可保鲜储藏 10 天；也可利用二氧化氯（保而鲜）稳定剂等进行储藏保鲜；

2. 盐渍加工

在锅中放入 5% 的盐水，煮沸后，倒入虎奶菇煮沸 3 ~ 5 分钟，捞出放入凉水中使其均匀冷却，加入盐量为菇重的 20% ~ 40%，一般盐渍 25 ~ 30 天，方可装桶存放。

3. 脱水烘干

干制加工采用日晒或烘烤的办法。

（1）日晒。将采收的虎奶菇摆放在竹席等晒具上，置于太阳下晒干，也可用线穿过菌柄，一个个串起来，挂在太阳下晒干。

（2）烘烤。一般情况下，前 2 ~ 3 小时的预备干燥期，温度控制在

40℃左右；随后 4 ~ 6 小时的恒速干燥期，温度从 45℃缓慢升至 50℃，经过恒速干燥期后，进入稳定干燥期，温度从 50℃逐渐升到 55℃；在烘干前 1 ~ 2 小时的干燥完成期，温度控制在 60 ~ 65℃。烘烤经验表明，在其烘烤的过程中，趁菇体硬化、含水量 70% 左右时，翻动鲜菇可使其不粘筛。

第八节　乳菇保护抚育技术

乳菇属于蘑菇纲、红菇目、红菇科，其肉质鲜美，营养丰富，并具有一定的药用价值，是一种在市场上畅销的外生菌根真菌。但乳菇的产量受宿主植被、温度和降水量等因素影响较大，且无法按照腐生型食用菌的种植方式进行快速出菇，市场供应完全依赖于野外采集。目前可行的人工规模化扩大繁殖模式为林下人工抚育，即通过菌根合成技术将乳菇菌株接种至马尾松幼苗根部，移植于人工抚育区域，通过人工合理管护，增加乳菇的产量；也可对生长有乳菇林地，进行水、气、热、光等的人工干预和合理采收等调控，提高产量。

一、乳菇品种

乳菇又称松菌、马尾菌，是在松树林生长的外生菌根菌，在贵州各地均有分布。乳菇主要包括鲜艳乳菇和松乳菇。

（一）鲜艳乳菇

俗称橙黄色松乳菇，菌盖扁半球形，后伸展，扁平，下凹或中央脐状，最后呈浅漏斗形，直径 4 ~ 10 cm，表面光滑，稍黏，肉红色或杏黄肉色，受伤时渐变为蓝绿色，有色较深的同心环带，菌盖边缘初期内卷，后平展上翘；菌肉粉肉红色，脆，伤后渐变为蓝绿色；乳汁血红色，渐变为蓝绿色；菌褶近延生，稍密，分叉，与菌盖同色，伤后变为蓝绿色；菌柄长 3 ~ 6 cm，粗 1 ~ 2.5 cm，与菌盖同色，圆柱形，往往向下渐细，中空。温度较高的 5—8 月出菇。

（二）松乳菇

俗称紫铜色松乳菇，菌盖初期半球形或近球形，后平展呈波状，中部凹陷，直径 3 ~ 11 cm，表面呈虾仁色或紫红褐色，有明显而色较鲜艳的环带，光滑，无毛、黏，边缘初期内卷，后伸展上翘；菌肉初期近白色，后渐变肉色至橙黄色，脆，伤后变为绿色；乳汁橘红色，后变为绿色；菌褶直生或稍延生，较密，近柄处分叉，长短不一，盖缘有短褶，褶间有横脉相连，与菌盖同色或稍淡一些，受伤处变成蓝绿色；菌柄长 2～5.5 cm，粗 1～2.2 cm，近圆柱形，与盖同色，伤后变成绿色，内部松软，后中空。温度较低的 9～10 天出菇。

二、适宜保护抚育区

乳菇主要发生在马尾松林下，与马尾松幼根形成外生菌根，贵州省有马尾松分布为乳菇适宜保护抚育区。

三、乳菇林下抚育

乳菇在贵州各地均有分布，但是近几年来由于人类的活动范围不断扩大，加上对野生食药用菌的无序采摘，在人类活动的周边松林里少有乳菇的身影，只能在较为偏远的松林里才能找到，且产量下降的趋势较为明显。松乳菇喜酸性土壤，以松针叶腐殖质为基质，发生时间从 5 月至 11 月中旬。

（一）抚育场地选择

贵州地区乳菇主要出现于马尾松林中，发生时期在每年 5—11 月，适宜分布于海拔在 600～1 500 m、年平均气温在 16℃以上、降雨季节集中在夏秋季节，大多发生在树龄 5 年以上开始生长，20～40 年盛产，郁闭度在 0.4～0.8 的缓坡马尾松林下。在老龄、幼龄的林下很难发现乳菇。

1. 鲜艳乳菇适宜场地

鲜艳乳菇植物群落内的主要伴生植物还有栎树、野山楂、中华绣线菊、茶荚蒾、芒萁等。植物群落内的植物种类、数量和多样性高，分布均匀，群落结构复杂且稳定。所处的植物群落的地形坡度较小，获得的太阳辐射较强，气温较高，植物群落结构和组成较为复杂，植被多样性较为丰富，增强了林中的郁闭度 0.6～0.8，落叶腐殖层也随之加厚，进而加强了雨水的保湿能力和有机质的分解量，产生较多单宁和有机酸，导致 pH 值下降（5.2～5.9）。

2. 松乳菇适宜场地

松乳菇植物群落内的主要伴生植物还有茅栗、栎树、中华绣线菊、茶荚蒾、茅莓、野山楂、芒萁、淡竹叶、狗脊蕨等。植物群落多样性低，群落结构相对单一且不稳定。所处的植物群落的地形坡度较大，获得的太阳辐射较弱，气温较低，群落结构和组成趋于简单，减弱了郁闭度 0.4 ~ 0.6，土壤相对干燥、pH 值较大（5.5 ~ 6.5）土壤。

（二）抚育场地管理

1. 生境管理

抚育林地应为缓坡，灌木林少而稀疏，马尾松周围杂草和灌木尽可能少，控制其高度小于 20 cm。通常在春季（2—3 月）使用三齿耙松土除草，松土深度控制在 5 cm 左右，严禁使用除草剂和杀虫剂，避免伤及菌根。

2. 郁闭度管理

对松乳菇生长林地的枝叶进行适当的修剪，使郁闭度保持在 0.4 ~ 0.8。重点伐去其他外生菌根宿主、枯立木、病木等，修剪的枝杈运出抚育场地。若有明显的空地和林窗，造林季节应适时种植接种松乳菇菌丝的马尾松幼苗，种植密度按照 2.5 m × 2.5 m。

3. 腐殖质土壤管理

每年 12 月下旬至翌年 3 月间，采用移除或覆盖腐殖质方式对抚育场地腐殖质厚度进行调整，抚育场地腐殖质厚度保持在 3 ~ 5 cm，土壤呈酸性，pH 值在 5.8 ~ 6.5。

4. 湿度管理

在抚育场地土壤比较干的地方或者久旱的季节，采取抗旱措施对抚育场地适当的淋水或浇灌，土壤含水量控制在 30% 左右。4—11 月连续干旱 15 天应当浇灌补水，使表土湿润但不产生地表径流。雨季雨水多时或地处低洼处，宜用透明塑料薄膜覆盖，减少积水。

5. 其他管理

抚育场地的周边环境管护包括防止森林火灾的发生，且不应放牧和开荒种地。

（三）规范化采收

采收主要注意事项：用大拇指、食指和中指捏住菇柄茎部，左右旋拧，往下一推，轻轻拔起，不要碰伤旁边的小菇，不要损伤菇盖和菌褶，不要残留菇根；采收用小篮或小筐装盛，分层盛放，防止机械损伤，采收时要轻拿轻放。装篮子时不要用力挤压，防止菇盖破损；集中采收松乳菇时，不要长时间大堆堆积在一起，防止堆内积热、生潮；制定抚育场地松乳菇采集等级标准，采收时不得破坏松乳菇周边环境；科学留种，每个松乳菇群落采收后应保留 1~2 个松乳菇子实体让其开伞繁殖后代；不得采收 3 cm 以下的松乳菇子实体，保留已经开伞上翻的成熟个体让其生长成熟，规范采收长度在 3 cm 以上且菌盖未上翻的松乳菇子实体；松乳菇采收后，回填留下来的菌坑，保护菌丝。

四、采后处理

（一）分级与包装

按照分级标准对采集的松乳菇分拣和分级，然后按照等级差异进行差别化定价和销售。对于当天采摘当天销售的松乳菇可使用塑料袋简易包装，袋上可打 3~5 个 3~5 cm 直径的孔洞作为透气孔。

（二）冷藏保鲜

大部分食用菌储藏所需温度为 1~5℃，温度越低，采后的食用菌呼吸作用越弱，在保证食用菌不受冷胁迫的情况下，储藏温度越低保存时间越长。松乳菇采用保鲜纸进行包装，放入冷库后设定最终温度为 2℃，保鲜储存中的温度要求稳定，不能有忽高忽低的变化。储藏期间要定期检查，注意防止霉变、腐烂等现象发生。

（三）其他保鲜

还可以采用充氮保鲜、辐射保鲜等保鲜方式。

（四）产地初加工

1. 松乳菇干品

干品是指松乳菇含水率从鲜品的 85%~90% 降至 13% 以下，低于腐败菌繁殖所需的最低水分。松乳菇干燥过程是否合理，直接影响干品的质量。香菇干制有土法烘干、机械通风干燥两种干燥方式。松乳菇的干燥加工不宜单纯采用烘干或脱水干燥，应经阳光的适当照射，尽可能地提高其功效价值。

2. 松乳菇冷冻食品

冷冻食用菌具有便捷、卫生、营养成分不被破坏等优点，国内外市场前景广阔。目前有速冻和真空冷冻干燥两种工艺。速冻技术是指将松乳菇漂洗、热烫、冷却、沥水、装盘、速冻、镀冰衣、包装和速冻保藏。速冻技术可以抑制微生物生长，一定程度地保持产品组织状态及营养物质。冻干技术是指松乳菇在 -55~-40℃ 且处于高真空状态干燥，该技术不但不改变加工物品的物理结构，且加工物品的化学结构变化也很小，可以保留新鲜食品的色、香、味及营养成分，复水速度快，比其他干燥方法生产的食品更接近新鲜食品的风味。

3. 松乳菇深加工

把松乳菇及配液放入马口铁罐、玻璃罐或食品级塑料袋中，经灭菌处理后的罐装食品，是一种方便食品，能在常温下较长时间保存。松乳菇粉可作为一种调味品，也可作为糕点、饼干等的添加原料。还可以利用畸形菇、菇柄等副产品制作松乳菇酱油等。以松乳菇为辅料的产品还有营养挂面、饼干等。

4. 保健品

利用残次松乳菇及菇柄可提取松乳菇蛋白、松乳菇多糖等药用保健成分。

第九节　段木香菇林下种植技术

香菇为贵州省大宗食用菌，被列入《贵州省发展食用菌产业助推脱贫攻坚三年行动方案（2017—2019 年）》和《贵州省食用菌产业发展规划（2020—2022 年）》重点发展品种。与全国传统香菇产区相比，利用夏秋冷凉优势发展错季新鲜香菇和周年生产供应新鲜香菇已成为贵州省香菇产业差异化发展方向，同时，利用林下发展段木香菇的口感和品质更好，也是贵州省香菇差异化发展的一种方式。

一、品种选择

（一）辽抚 4 号

该品种由辽宁省抚顺市农业科学研究院食用菌研究所，利用香菇 L808 和 0517 作为亲本采用单孢杂交育种技术育成。具有发菌快，出菇早，菌丝洁白粗壮，抗杂性好等优良特性。

（二）香菇 L808

作为辽抚 4 号的亲本，该品种具有出菇快且出菇期长，菇形圆正、菇盖厚、菇质致密，保鲜期长不易腐坏，干物质含量高，适宜鲜销等优良特征。

（三）香菇 8001

该品种由上海市农业科学院食用菌研究所选育，具有抗杂能力强，适应性强，出菇早，菇盖厚，菇质致密，适宜鲜销等优良特征。

二、场地的选择和整理

（一）场地选择

菇场要选择在菇树资源丰富，便于运输管理，通风向阳，排水良好的地方。菇场最好设在稀疏阔叶林下或人造遮阴棚下，折射阳光能透进的地方。菇场附近要有水源，便于水分管理。常年空气相对湿度平均在70%左右为理想。菇场的土质以含石砾多的沙质土最佳，这样可使菇场环境清洁，菇木不易染病、生虫。

（二）场地整理

菇场选定以后需对场地进行细致的整理，以达到最优的香菇生长环境避免病虫害的滋生。段木香菇种植要求需要有一定林下条件，要有一定的遮阳树，天然庇荫不足的地方可搭建简易荫棚。清除场内的枯枝落叶、掉落于地面的树皮树根及场地外一定范围内的腐朽之物，以达到铲除杂菌和病虫害滋生地的目的。根据地形适当的平整土地、挖掘清理排水沟、修建灌溉设施等以保证香菇生长过程中必要的水分需求。

三、段木准备

（一）菇木的选择

作为香菇生产所用的段木，一般树龄15～30年生的树木最适宜，菇木的直径以5～20 cm的原木较为理想。贵州地区香菇段木种植菇树品种主要包括枫木、麻栎、青冈栎、米槠、山毛榉等树种。

（二）砍树

砍伐菇树最好选在冬季，这时期树木处于休眠状态，储藏的养分最丰富，同时树木含水量少，树皮与木质部结合紧密不易脱皮。在砍伐、搬运过程中，必须保持树皮完整无损不脱落。没有树皮的段木菌丝很难定植，也很难形成原基和菇蕾。

（三）接种条件

人工接种段木经干燥后，断面出现裂纹，含水量为40%～45%时，就可以进行人工接种。

四、接种

（一）接种时间

接种时期主要由气候条件和段木含水量决定。一般培植期在春季或冬季进行，最适宜的季节为冬季。最佳接种时期在 11—12 月，气温控制在 5℃以上，气温在 5～20℃，结合菇木的砍伐时间、菌种菌龄、生产规模等安排接种。气温在 10～15℃是段木香菇接种的最佳时期。接种期湿度最好控制在 70%～80%。

（二）接种方法

中国绝大部分菇场香菇种植采用的是锯木屑菌种。因此接种方法大多采用的是锯木屑菌种接种法。接种前先用电钻或打孔器在菇木上打孔，打孔需深入木质部 1～2 cm，行距 5～7 cm，穴距约 10 cm，呈品字形排列。接种时取木屑种约拇指大小，轻填入接种孔内约八分满，注意不能将菌种捣碎，再将预先准备好的树皮盖将接种孔盖严，用锤子轻轻敲平。

五、上堆发菌及管理

（一）上堆发菌

发菌既养菌，是在段木接种后按一定的方式堆放菇木，达到香菇菌丝更好生长的目的。一般的菇木堆放方式分为以下 3 种：

——盖瓦堆放法，该方法适用于温湿条件相对干燥的菇场。在地面上横放一根较粗的枕木，在枕木上斜向纵放 4～6 根菇木，再在菇木上横放一根枕木，在斜向纵放 4～6 根菇木，以此类推，呈阶梯形状依次摆放。

——蜈蚣堆放法，该方法适用于温湿条件相对适中的菇场。先横放枕木，再在枕木上按同一方向堆放，堆高 1 m 左右。

——"井"字形堆放法，该方法适用于土地相对平整，高温高湿的菇场。将 100～150 根菇木按井字横竖交错摆放堆高，高度控制在 1 m 左右。

（二）发菌管理

菇木上堆发菌后必须加强管理促进菌丝迅速定植、生长，以达到尽早出菇且高产优质的目的。

1. 遮阴控温

堆垛早期，需在垛顶和四周均要盖茅草达到遮阴的目的。接菌早、气温低时，垛上也可覆盖一层塑料薄膜保温。如果堆内温度超过 20℃时，则将塑料薄膜去掉。若气温持续升高，最好将覆盖遮阴改为凉棚遮阴，以便堆垛内温度的控制。

2. 喷水调湿

在气温较高时，菇木的含水量会持续减少，当菇木含水量干至35%以下，切面出现相连的裂缝时，一定要补水。补水的时间一般选在早晚天气凉爽时进行。补水后要及时加强通风，否则可能导致杂菌虫害会大量滋生，且易导致菇木腐烂。

3. 翻堆

由于菇木堆放的位置温湿度条件的差异，发菌效果也会不同。为了让菇木发菌一致，要注意及时翻堆。一般每隔20天左右翻堆1次。翻堆时切忌损伤菇木树皮。

六、出菇期管理

上堆发菌2个月左右，菇木将由细到粗逐渐进入成熟时期，成熟的菇木常散发出浓郁的香菇气味或者菇木上常见瘤状凸起既菇蕾。菇木成熟时需进行立木，按"人"字形的排架方式将菇木立起排架，排架的横木应距地面60~70 cm。且立木前需对菇木进行10~20小时的浸淋处理，使菇木充分吸收水分，达到催菇的效果。

出菇期应特别注意加强水分管理，菇场空气湿度尽量保持在80%~90%，菇木的含水量应保持在50%~60%，若处于长期干燥的气候条件下，则每天早晚各喷水1次，尽量加大温差和湿差，以刺激菇蕾的分化和形成。出菇期间，香菇的呼吸作用旺盛，为保持菇场空气新鲜，必须把菇木周围的杂草清除干净、保证菇场通风，透气。

七、采收及烘干

菇蕾长出后7~10天就可采收。成熟的香菇从外形看，菌盖有6分开展，边缘尚内卷，盖缘的菌膜仍清晰可见。为采收适时。采下的香菇应立即进行烘干处理，将鲜菇按大小、厚薄和干湿度不同分开，排放烘干装置上，开始用40~45℃缓慢烘烤，使水分逐渐散失。菇体慢慢变软后，把温度徐徐升高到60~65℃，直至烘干。烘干技术直接影响到香菇的质量。掌握好温度最为重要，过高易烤焦。过低难干，若温度超过70℃，加上排气不良，很易造成菇盖变黑，剧烈变温也会导致菇盖收缩，龟裂，边缘倒卷等不良情况的产生，从而降低商品的价值。

第十节　段木黑木耳、毛木耳林下栽培技术

段木黑木耳、毛木耳栽培技术是黑木耳、毛木耳栽培技术中较传统的栽培模式，具有技术简单易行、材料获取方便、管理难度较低、生产成本低廉的特点。尤其在林木资源丰富的贵州地区，可利用速生材及较粗的修剪下的树干进行栽培，是一种经济便利且实用的栽培方法。

一、品种选择

针对贵州省湿度大的特点，应选择温湿度耐受性高、以鲜销为主、可在高海拔种植的审定品种。

（一）黑木耳

栽培段木黑木耳时，针对不同的栽培季节、自然气候环境及栽培基质，需要采用不同温度类型的菌种。一般低海拔地区选用中温或中温偏高型品种，高海拔地区选用低温或中温偏低型品种，春季栽培多选用中温或广温型品种。目前可用于段木栽培的黑木耳品种主要有新科 5 号、陕耳 1 号、916、黑木耳 H10、沪耳 1 号、沪耳 3 号、冀杂 10 号、长白山黑木耳、黑龙江木耳等。

（二）毛木耳

毛木耳包括黄背毛木耳和白背毛木耳，黄背毛木耳主栽品种（或菌株）包括上海 1 号、781、黄耳 10、琥珀和川白木耳 1 号、951、781、黄 10、丰毛 6 号，主栽白背毛木耳有 43-1、43-2、43012、43013 等。近年育成的审定或认定的毛木耳品种有川耳 1 号、川耳 2 号、川毛木耳 3 号、川耳 4 号、川耳 5 号、川耳 7 号、川琥珀木耳 1 号、黄耳 10 号、川耳 8 号、苏毛 3 号、樟耳 43-28。毛木耳目前以代料栽培为主。

二、适宜种植区

段木黑木耳正常季节适合在贵州省海拔 1 300 m 以下的区域种植，夏季可以在海拔 1 500 m 以上的区域种植。毛木耳中的黄被木耳适宜在低海拔区域种植，白背木耳适在中高海拔区域种植。但需要合理安排好菌棒生产时间和出菇时间，栽培前应充分对当地历史气候进行调研，结合当地气候特点进行生产计划安排及管理，根据自然气温的变化合理安排制种、接种发菌及栽培时间。

三、场地选择与整理

栽培场地应尽量选择林木资源丰富、远离其他产业及生活污染（水源污染、空气污染、土壤污染）、距离水源较近易于取水、通风良好、光照充足、地面尽量平整、向阳背风、坡度小于 25°，有稀疏庇荫的场地，湿度条件应为干湿交替。

场地在使用前，应尽量清理场地内的灌木、藤类、茅草等，保留苔藓、草皮等。同时结合选择场地的地势，在场地周围依地势挖掘纵向的主排水沟，在场地内每隔 10 m 左右依地势挖掘辅助排水沟。防止雨季积水影响菇场环境。在清理完菇场后，可用生石灰播撒地面对菇场进行消杀。

段木出耳一般可出耳 3 年以上，故耳场实行 3 年以上的轮作。新旧菇场一般应间隔 1 km 左右，有山地等自然阻隔的间隔 500 m 以上即可，尽量避免病虫害传播。

四、季节安排

黑木耳、毛木耳为一年生木腐菌，主要在完全死亡的倒木上生长，新砍伐的段木需经过一到两个月晾晒干制脱水，初步分解内部生物碱等不利物质和形成裂纹有助于透气和传菌，才能用于段木栽培。与代料栽培不同的是，因整段木料内部结构致密，段木栽培在接种后菌丝生长阶段至少需要两个月以上的时间，菌种制作应在接种前一个月提前制作。发菌应选择气温在 18～25℃范围内的时间进行，一般发菌选择春秋两季。故菌种应提前 3 个月进行制作，一般为前一年 12 月初开始制作，当年 1 月初进行接种发菌。3 月初开始栽培。综合省内普遍气候规律，应选择春季进行栽培。贵州省秋季后气温变化不定，管理难度较大，故适宜在春季开展接种和栽培工作。

五、段木准备

（一）选树

段木是木耳在整个生产过程中所需的绝大多数营养物质的来源，故段木的质量决定了木耳的好坏。适合木耳栽培的树种较多，除松树、杉树、柏树等油脂含量较高的树种及桉树、核桃、樟树等含有抗菌或毒性物质的树种外，绝大多数阔叶树均可用于木耳段木栽培。应尽量选用贵州省储量丰富、速生的林木资源。选取的木段树皮厚度适中、并且不易剥脱，有利于菌丝生长。常规由于木耳段木栽培的多选用壳斗科的树木、杨树、槐树等，其中以壳斗科的木材为最佳。

（二）段木获取

段木的砍伐应在树木秋季落叶完全后至翌年春季发芽前进行。此期间树干内含水量低，养分积蓄充足，树皮与内部的木质部结合紧密不易脱皮，有利于木耳菌丝生长。树皮过厚的段木会造成出耳困难，段木不能被充分的分解利用，易造成产量低甚至绝收。

段木选择胸径 6 ~ 15 cm 的木段为宜或选用 3 cm 左右的侧枝也可加以利用。胸径过小的段木发菌快，但出耳期短，胸径过大的段木，发菌快慢，出耳期长，可达 3 ~ 4 年，但每季出耳产量低。

（三）去枝和截段

将段木砍伐后，在段木砍伐后 15 天进行去枝，加速段木水分散失，加速木段内对木耳有害物质的消解。去枝时应逆着树木生长方向自下而上沿着木段主干进行去除。去除时留下 1 ~ 2 cm 的枝座，尽量保护树皮的完整。完成修剪后，将原木锯成 1 m 左右的段木，尽量保持断面平整，在断面上涂刷石灰浆，预防杂菌从断面侵染段木。

（四）晾晒

晾晒是段木栽培木耳对木段处理的重要步骤。恰当的干制将段木中的含水量降至合适的范围，对菌丝的定植、生长发育及出耳有利。通常将木段搭成约 1.5 m 高的"井"字形堆后，根据气温通风 20 ~ 50 天。让湿度适当降低、树皮酥松，可降低病虫害发生。

六、接种

菌种和接种的好坏决定了栽培的成功与否。一般安排在 12 月下旬至翌年 1 月上旬开始接种。应尽早接种，木耳菌丝在不低于 5℃时仍可缓慢生长，同时杂菌菌丝在低温环境下不易生长，尽早接种可尽量降低杂菌污染。

接种时采用电钻或手钻在端木上进行开孔，孔径 1 cm，深度 2 cm，每行接种孔应在同一直线上，一般每隔 7 cm 打一孔，各行接种孔之间错位分布，若当年气候较冷或接种较晚，可适当加大接种密度。

打孔后将块状菌种塞入接种孔中，菌种尽量不要散，避免损伤菌丝，塞入孔洞时，避免过度用力按压，菌种填充接种孔 1.5 cm 深，避免过度填充。之后，使用准备好的约 0.5 cm 厚的小木块，用锤子轻轻敲入接种孔，敲入与段木表面齐平即可，避免过度敲入。开孔及接种最好在同一天进行，并当天进行封盖，可降低污染率，增加成活率。

在接种前，若有条件，对于段木可采用烟雾熏蒸消毒（二氯异氰尿酸钠），去除表面附着的杂菌。同时使用的器具如镊子，刀也应采用酒精等提前进行消毒，封口用的小木块也应提前采用烟雾熏蒸消毒或高压灭菌。

接种最宜选择在雨后的晴天进行，空气中的灰尘及杂菌被沉降，同时段木表面保持干爽，可降低污染率。不宜选择雨天进行，空气湿度大，雨水也会加剧杂菌传播，容易导致接种污染。若遇到连续高温晴天且段木过干，可在接种前1周，应将段木浸泡在干净的水池中12小时，捞出晾干到适宜湿度后再行接种。

七、菌丝培养

菌种接种后，因受到机械损伤导致活力降低，对温湿度管理要求较高。因此，在接种后10天内，应加强管理，维持好温湿度，促进菌丝恢复活力，尽早进入生长期。

段木栽培木耳宜采用建堆模式，选择空气流通缓慢、向阳的位置。进场前进行环境清扫，使用84消毒液对环境进行基础消毒后，通风保持干燥。采用木架、塑料夹或石块垫高，离地10～15 cm，防止受潮和虫害侵袭。将接种好的段木呈"井"字形层叠摆放。堆高1～1.5 m。

若发菌过程中气温较低，可覆盖塑料薄膜进行保暖保湿，但需要注意料棒温度，每天定时检查。在晴天中午若出现气温回升或阳光直射，易出现堆内温度过高"烧菌"，导致菌丝活力降低甚至死亡。需要注意堆内问题，适当通风降温。

若发菌过程中气温较高，则可采用草帘覆盖，此处需要注意保持草帘的干燥，避免覆盖潮湿草帘，会导致病虫害蔓延。并加强通风换气，降低堆内温度。

木耳在发菌生长期间空气湿度维持在80%最佳，不能低于60%。段木的含水量维持在60%。接种后7～14天内不需要进行增湿，随着气温升高，可每隔3～4天进行1次喷水，喷水后，需要进行适当的通风静置，期间避免覆盖以防杂菌滋生。并在建堆1周后，每天揭开膜1次，进行通风换气。每隔10天，将段木进行位置对调翻堆。以求发菌均匀，期间若发现污染，可采用局部挖除并喷涂酒精或消毒液进行消毒。

在接种后20天进行1次观察，随机选取段木不同位置的接种孔，打开木塞，观察菌丝萌发状况，正常应形成白色菌丝层。若尚未萌动，说明菌丝活性低，温度及水分需要加强管理。若出现缺水发黄、积水变黑等应及时补种。

在接种后一个月内，温度湿度条件适宜的情况下，可完成菌种定植。即可进入下一培养阶段段木排场。

八、排场

在菌种完成定植后，将对段木进行排场，将提前准备好的枕木垫于地面，高度 10 cm，将段木平行摆放于枕木上，每棒间距 10 cm，起到通风保湿效果。降低污染的发生。

在排场期间，根据当地具体气温，每隔 2～5 天，在晴天早晚各喷 1 次水。每隔 10 天对段木进行 1 次翻动，确保发菌均匀。

排场时间一般需要 1～2 个月，在此期间若出现气温升高过快或气温降低，可采用临时遮阴或临时覆盖的方法进行处理。

在排场 1～2 个月后，超过半数接种孔附近出现原基，即可进入下一阶段出耳管理。

九、出耳管理

（一）场地设施

1. 立架

用结实的木杆或钢管交叉做成一对人字形支架，将人字架低端固定于土中，将横梁放置于两个人字架的交叉上，横梁距地面 70 cm 左右，使用钢丝或尼龙扎带固定。将发菌完成的段木交错斜靠在横梁的两侧，每根段木之间间隔至少 5 cm，摆放角度为与地面呈 45° 左右。若本地雨水过多，应加大与地面角度。搭建架子时宜结合地势采用南北走向搭建，保证太阳照射的均匀度。

2. 场地选择

场地应选择坡度较缓，不大于 25° 的向阳避风坡，不易积水，离水源及道路较近的林地。林地较稀疏，"三分阴，七分阳"为最佳。

（二）出菇管理

木耳的出耳温度为 20～28℃，在栽培过程中应结合当地历史温度合理安排时间，控制其最适出耳期或采用临时遮阴及临时覆盖进行适当温度调控。黑木耳出耳时的湿度管理原则为"见干见湿"的干湿交替条件，过高的水分会降低木耳品质甚至导致病虫害及流耳的发生。在原基较小时，喷水后应维持空气湿度在 90%～95%，若空气流通较剧烈或温度较高，可采用临时覆盖进行保湿降温。生长期时，可采用每天喷水 2 次，在晴天清晨和傍晚进行，每次 2 小时。避免在中午或气温较高时喷水，超过 30℃时喷水会导致流耳等情况的发生。同时加湿也应结合当地气候和林地遮阴条件及段木情况进行灵活调整。黄背毛木耳、白背毛木耳需要较弱的光照，水分管理与木耳略有不同，耳片不能干燥过度，耳片略有干缩即可补水，避免出现耳片彻底干透的情况，合适的环境下，形成的毛耳片肉质厚实，颜色棕红，符合现行的市场的需求。

在采收后应停止喷水 7 天左右，以此降低残留耳基带来的污染风险，并让菌丝在段木内恢复。恢复喷水后应注意及时清理残留耳基，避免发生污染，出现耳片或耳基腐烂时应及时清理，避免因喷水导致的污染扩散。

十、采收与采后处理

木耳在温湿度适宜的情况下，在耳基形成后 2 周左右可进行采收。成熟的标准为耳片充分展开，边沿开始卷曲，整体大小 1.5～3.0 cm，呈现收拢状。浇水后变得柔软下垂，耳基缩小，腹面出现白色孢子层。此时应进行采收。黄背毛木耳、白背毛木耳当耳片长到 8～13 cm 时，耳片舒展充分，边缘呈起伏波浪形，应立即采收。

在采收前 1～2 天停止加湿喷水，若采收期雨水较多，应增加停止喷水加湿的时间。采收时应耳片微干，易于采收耳片及后续晾晒烘干。同时避免过度干燥，会导致采收时出现耳根折断，残部不易清除造成污染。尽量完整的采集整片木耳，同时注意不应碰伤基部菌丝。在采收的同时可同步进行段木的翻转，保证出耳的整齐度和均匀度。采收时只采达到采收标准的耳片，留下生长不完全的耳片，进行分批次采收。

采收完成后，应对采收的黑木耳或毛木耳及时晾晒烘干。晾晒过程中可根据市场需求决定晾晒工艺，勤翻动可让耳片卷曲成拳，不翻动可晒制成片。若当地阴雨天较多或阴雨天采收的黑木耳，应及时采用烘房进行烘干。烘干时应严格控制温度范围 55～65℃。一般木耳产品的干湿比（烘干前后重量比值）为（1∶10）～（1∶15）。干品含水量不超过 15%。

黑木耳、黄背毛木耳、白背毛木耳一般也做鲜品销售，鲜销时，需在采收后立刻进行放进 4℃冷库中进行预冷，预冷时间 3 小时，然后需在

10℃下进行分级、包装，并采用冷链车运到市场进行销售或放到4℃冷库中保存待销售。

十一、越冬管理

段木栽培木耳可连续采收3年左右。贵州省高海拔地区冬季易出现气温过低的问题，越冬管理对翌年木耳的产量和品质起到至关重要的影响。不当的越冬管理可能导致耳基停止生长或黄耳的出现。

在出耳后，气温降至5℃以下时，将段木从人字架上移下，在地面铺设枕木后，依次横放于枕木上，若气温在0℃以下，可适当进行草帘等保温设施的覆盖，但应注意防水，可在草帘上铺设地膜等进行防水。待气温回升至10℃以上后，再次进行排场出菇。

第十一节　平菇林下种植技术

平菇，又名侧耳、糙皮侧耳、蚝菇、黑牡丹菇，台湾又称秀珍菇，是担子菌门伞菌目侧耳科一种类，是相当常见的食用菇，中医认为平菇性温、味甘。具有追风散寒、舒筋活络的功效，可用于治腰腿疼痛、手足麻木、筋络不通等病症。平菇中的蛋白多糖体对癌细胞有很强的抑制作用，能增强机体免疫功能。

一、平菇的品种

平菇品种繁多，最为混乱，同名异物，同物异名，很难区别。除了菌丝和子实体生长发育所需温度不同外，其他生长条件和栽培工艺都是基本相同的。不同地区人们对平菇色泽的喜好不同，因此栽培者选择品种时常把子实体色泽放在第一位。按子实体的色泽，平菇可分为深色种（黑色种）、浅色种、乳白色种和白色种四大品种类型。

深色种（黑色种）的品种多是低温种和广温种，属于糙皮侧耳和美味侧耳，而且色泽的深浅程度随温度的变化而变化。一般温度越低色泽越深，温度越高色泽越浅。另外，光照不足色泽也变浅。深色种多品质好，表现为肉厚、鲜嫩、滑润、味浓、组织紧密、口感好。浅色种（浅灰色）的品种多是中低温种，最适宜的出菇温度略高于深色种，多属于美味侧耳种。色泽也随温度的升高而变浅，随光线的增强而加深。乳白色种的品种多为中广温品种，属于佛罗里达侧耳种。

可选择适合平菇栽培的区域很广，容易出菇、产量高，在贵州非常适合林下种植。夏季出菇品种应选择高温型品种，早秋及春季出菇品种应选择广温偏高型菌株，秋冬出菇应选择广温偏低型菌株。

二、适宜种植区

贵州全省都适宜种植平菇，中低海拔区主要冬春季发展中低温出菇品种，高海拔区主要夏秋季发展中高温出菇品种，可充分利用立体气候特点，分区域分季节布局不同平菇品种，实现平菇的周年生产及供应。

三、种植场地的选择及处理

（一）场地选择

宜选择交通水源方便，远离养殖场、木材加工场的原生林、退耕林或经果林。坡度 25° 以下，郁闭度 0.6 ~ 0.8 的针叶林、阔叶林、混交林等林地环境为佳。

（二）场地处理

将林地里的沙石、树枝、地被物等杂物清除干净，坚持不砍伐树木、不破坏环境的原则，但是对于不成行、不成林的个别妨碍作业的小灌木可以砍掉。

（三）遮阴防雨棚搭建

林下种植平菇，注意做好遮阴和防雨，一般都需要搭建遮阴防雨棚。直接在地上用竹木搭制的大棚，棚外加盖塑料薄膜和草帘，出菇管理时，通风主要是通过大棚两边薄膜支开的大小而调节。

（四）场地消毒

菇棚搭制好后，要在进袋前 20 天对发菇场彻底杀菌、灭虫。可在地面和四周撒上石灰粉，用 2 000 倍万消灵水液和 1 000 倍万菌消水溶液交替喷湿 2 ~ 3 次。在发菌或出菇场地进行定期消毒非常重要，尽量使环境杂菌及虫害降到最低点，以减少后患。

四、出菇菌包的准备

（一）原材料

平菇种植时是先培养菌棒，平菇菌丝生产的原材料较为丰富，目前主要有木屑培养、草粉培养基、棉籽壳培养基以及任意混合的培养基等均可。

（二）菌包规格

菌包规格的选择取决于季节，一般夏季、早秋应选用宽（20~22）cm × 长40 cm × 厚3丝为宜，以防止料袋大、积温高、难出菇。中秋及晚秋选用（22~25）cm × 45 cm × 3丝为适宜，料袋大，营养足，出菇期长。

五、栽培管理技术

（一）出菇前袋口处理

凡袋口采用套环报纸封面的熟料菌袋，将封口纸完全除去；凡采用线绳扎口、微孔刺眼的熟料菌袋要在菌丝发满后现蕾前，依品种不同而分别管理，是浅白色或灰白色菇种的要用筷子粗的铁钉分别在两头打4个眼（因以前的刺眼太小，不利于发菇），以利洞眼内形成菇体，是灰色或黑色品种的，要解开扎口线，拉开袋头，再系上出菇套环；凡袋口采用打洞透气发菌的半生料和发酵料菌袋，要依品种情况分别对待：①灰白或浅白色品种，可保持原状态，让其在透气孔内自然形成原基。不打开袋口，既可保住料内水分，又因出菇集中、菇根干净、商品价值高；②灰色或黑色品种，因好气性强、菇脚粗，在透气孔内菇蕾冒不出来，所以，袋料菌丝一经发好，在现原基前就将袋两头系上出菇套环，不必盖报纸。

（二）码堆

在出菇场所堆前，地面上铺一层塑料薄膜，防止菇体带泥或有利于洁净管理。以半地下大棚内码堆为例，排袋时要按单行排放菌袋，一层一层的堆码菌袋，每层7~9个菌袋，高6~7个菌袋，袋与袋之间不要紧靠在一起，要相隔1 cm，以利透气、散热，夏季及早秋出菇还要在每层菌袋之间用2根竹竿隔开，以防袋层之间升温烧袋，造成下潮菇迟迟不转或细菌性病毒污染。为防止菌袋滑脱、菌墙倒塌，要充分利用墙体作依托，在底层靠走道的菌袋旁打安全桩。为了有利于出菇管理，出菇菌袋排放时还应该注意，生理成熟接近的菌袋要相对集中堆码，防止菌墙出菇不齐。

（三）原基期管理

出菇菌袋排放完毕，首先使菇棚内具备适宜的环境条件，此时，菇场内不宜过暗，不能郁闷，要给予一定的散射光照，保持空气新鲜，日常管理除了对菇场和空间每天喷雾1次以加强环境湿度外，不必进行通风管理，菌袋两头系上套环的因不盖报纸菌丝会裸露在空气中，所以管理上应保持较大的空气湿度，除刚系上套环时2天内不喷水外，以后每天都要将地面喷湿，还要对套环内菌丝以雾状水喷雾保湿。当袋口或套环内形成大量原基后，仍以保湿为主，原基体小嫩弱，对水分和风吹比较敏感，这时，管理的重点：①切勿对原基喷水，否则造成大批菇蕾死亡。②不需通风换气，具有适当二氧化碳浓度的封闭管理能促进原基的发生，也可依此调节原基的发生密度，即通风过早，原基会大批死亡，通风过迟或湿度大，原基成活数目增多。原基成活率过高也不是好事，会给疏蕾管理带来麻烦，一旦原基满足了要求，就必须进入开放式管理，以保证氧气的供应，否则会产生畸形菇。

（四）珊瑚期管理

进入珊瑚期后，应及时揭开棚两边通风口，让空气在日夜24小时内都要形成对流，注意空气对流量要随珊瑚期到成菇期逐渐加大。如果进入珊瑚期后，不通风或空气不能形成对流，菇体将只长菌柄，不长盖，形成金针菇类形。珊瑚期通风应缓慢进行，通风大小主要靠每个通风口的敞开度来调节的。珊瑚期因需氧量还较少，敞开通风口1/4即可，若风力太强，气流过快，会造成小菇干枯，湿度管理还是依照每天喷雾1次，如遇干燥天气，出菇部位也可喷雾，一掠而过，这对防止小菇干枯和促进菌盖、菌柄分化非常必要。

除抓好通风和湿度管理外，疏蕾管理也是重要的一环，颈圈出菇，因出菇集中不需要疏蕾，半生料或发酵料袋栽两头因有透气孔，每个洞眼都有可能形成菇蕾，这时，应在每袋两头各选1~2苗肥嫩的菇蕾，去除其他洞眼菇蕾（小菇蕾仍可在集市上出售），让选留下的菇蕾集中生长，形成大菇、优质菇，如果不进行疏蕾，特别是头潮菇，出菇太多，因互相争夺营养，从而使菇形变小，畸形菇增多，商品价值也大大降价，菇蕾疏选工作一直持续到第三潮菇结束。套环出菇可不进行疏蕾管理，因出菇集中，可自然形成大菇，但有的菇农将套环直径做得过大或管理时湿度过大，将套环内原基成活个数明显增多，甚至成堆出现，这时也要进行疏蕾处理，即用刀割去套环下一半菇蕾，让其上一半集中生长，否则，会造成大量长柄菇或喇叭菇。

（五）成形期管理

当幼菇菌盖直径长到 1 cm 以上时，菇棚内的喷水次数要相应增加，并可直接向菇盖上喷水，喷水量以湿润菌盖但不积水为标准，灰白或浅白色品种对积水还较适应，无异常反应，但灰黑色品种对积水就敏感，极易产生黄斑。菌盖积水是菇体发病的主要原应，应尽量避免。喷水时间为上午 10 时和下午 4 时各 1 次，随着菇体的发育长大，对氧气和水分的要求也剧增，喷水量要由小到大，通风口敞开度也应由 1/4 到全部揭开，且要日夜通风。

通风和喷水管理要机动灵活，雨天、雾天应加大通风量，少喷水，以促进菇体迅速发育；若遇到刮风天气，要多喷水，保持湿度，并适当关闭或减小迎风的通风口，防止菇体失水过快、干枯。

另外，喷水后千万不能关闭通风口，防止菇体吸水后缺氧，以至营养输送受到阻碍，造成小菇发黄或成批死亡。特别注意：喷水后立即关闭通风口是造成黄菇、死菇祸手之一，应引起菇农重视。

总之，整个长菇阶段，棚内应有良好的湿度环境，要保持空气新鲜，以防子实体发生病害。气温较高季节，由于袋层之间用竹竿隔开，出菇也快，大，还可有利于下潮菇快速发生。

六、采收

当头潮菇长至七八分成熟时，便可采收，一般头潮菇生长迅速，菇体幼嫩肥大，产量高，品质好。灰白或浅白菇头潮菇转化率可达 50% 左右，灰黑菇可达 80% 左右。

平菇成熟的标准是菌盖边缘由内卷转向平展，此时，菇单丛重量达到最大值，生理成熟也最高，虽其蛋白质含量略低于初熟期，但菌盖边缘韧性较好，菌盖损率不高，菌肉厚、大、肥嫩，商品外观较理想，售价也高。

平菇成熟后，要及时采收，采收过迟，菇体老熟，会大量散发孢子散落到其他小菇上，也会造成其他小菇未老先衰。

采收时，袋栽洞眼出菇的，用手按住菇丛基部，轻轻旋钮就可，采下来的菇柄短或无柄，大小适中，市场畅销。若是袋栽套环出菇的，采下的菇因带有基料还要用利刀削去菇根。套环出的菇比洞眼出的菇菌柄要稍长，属正常。采收后，应将袋口残留菇根、死根等清除干净，接着进入转潮期管理。

七、平菇转潮期管理

（一）头潮菇管理

第一潮菇收完后，让菌袋停水 4~5 天，然后再用重水循环喷湿菌袋进行补湿，以后每天喷轻水 1~2 次，并正常进行通风换气，使袋口料面保持半干半湿状态，在温湿度适宜条件下，再经 7~10 天管理，第二潮菇便会陆续发生，如遇天气反常、温度偏高的情况下，转潮速度将明显减慢，使正在出菇的菌袋停止出菇，并使菌丝旺长，形成一层很厚的菌皮，结果转潮期长达 35 天。

（二）第二潮菇管理

第二潮菇管理与头潮菇管理基本相同，由于头潮菇消耗了袋中水分和营养，菌棒已开始紧缩，菌棒也不紧贴筒膜了，形成了较小的空隙，第二潮菇产量只有头潮菇的 2/3，但菇形较好。第二潮菇后，因料内水分和营养不断消耗，如再让其出菇，不但转潮慢，且出菇稀少。应对菌袋进行补水加肥，头潮菇后补水，因气温还较高，加之菌丝结合力还不够牢固，防止菌袋因补肥引起杂菌感染。

（三）第三潮与第四潮管理

第三潮菇因菌袋补水补肥后营养充足，加上气温偏低，菇体长速慢，产量仍和头潮菇一样，如浅白色品种，丛大，肥厚，甚至超过头潮菇，但补水后菇的色泽要比前两潮深一点。第三潮采收后，暂不需往袋内补水，仍按常规转潮管理，先让菌袋充分休息 5~6 天，然后连续喷水 2~3 天，以后轻水保湿，拉大温差，促进第四潮菇生长。

（四）第二次补水与第五潮管理

第四潮菇采收后，为使菌丝尽快恢复营养生长，加速分解和积累养分，奠定继续长菇的基础，就必须进行第二次补水补肥，补水方法和第一次也相同。

（五）第六潮管理与第三次补水

第六潮菇管理的方法与第五潮相同，因水分和营养不断消耗，菌袋逐渐变形，此时，菇潮已逐渐尾声。

（六）第七潮管理

如秋季投料，第七潮菇的发生一般为春季3—5月，此时春回大地，气温升高，菇棚内应加大通风量，通风口全部揭开，双层薄膜覆盖也改为单层覆盖，以降低棚内温度。管理要点：每天喷水2～3次，以保持适湿环境。

第十二节　大球盖菇林下种植技术

大球盖菇，又称赤松茸、益肾菇、酒红球盖菇、皱球盖菇、粗腿蘑，属于担子菌亚门，层菌纲，伞菌目，球盖菇科，球盖菇属食用菌，是一种可以采用生料地栽的草腐菌，可以使用各种农牧废弃物特别是作物干秸秆等作为栽培基质，生产结束后废弃菌渣直接回田，增加土壤肥力，改良土壤结构；其口感细嫩鲜美，是国际菇类交易市场上较突出的十大菇类之一，也是联合国粮农组织（FAO）向发展中国家推荐栽培的食用菌之一。贵州生态资源优越，小气候环境众多，具有发展大球盖菇产业的极佳条件，近年来，大球盖菇产业发展迅速，特别是利用高海拔林下荫蔽环境发展大球盖菇错季种植经济效益显著。

一、品种选择

目前报道大球盖菇品种有大球盖菇1号、黑农球盖菇1号、山农球盖3号等。但市场上销售的大球盖菇来源较乱，多是由菌种生产者自己栽培的大球盖菇材料中优选材料培育而来。

二、适宜种植区

全省大部分地区均适宜大球盖菇种植，但由于春季（3月中旬到5月下旬）为全国集中上市期，大球盖菇价格较低，而山地条件种植成本高，正季种植大球盖菇种植效益较低。可充分利用高原立体气候优势，在高海拔冷凉地区开展夏秋大球盖菇种植，中海拔地区适度发展秋季种植，低海拔地区则可开展秋冬季种植，通过错季栽培，获得可观的经济效益。

三、种植场地的选择及处理

（一）场地选择

各类针叶林、阔叶林均适宜大球盖菇种植，可选择郁闭度0.5～0.8、行距 1.5 m 以上的林地作为栽培场地。因为大球盖菇种植需要较多的种植材料，选择林地时要求交通便利、水源方便、排灌顺畅、坡度平缓为宜；坡改梯后退耕还林的林地便于操作，特别适宜开展林下大球盖菇种植。

（二）场地处理

应在栽种前 2 周，清理场地杂草或林下灌木，修剪树木 2 m 以下树枝以防刺伤栽培及管理人员。松木林地的松针可以收集起来作为覆盖材料，既节省材料又降低生产成本。

大球盖菇林下生态栽培，初次种植的林地一般不需杀菌杀虫，可在后期采用诱杀的方式处理蚂蚁、蛞蝓等危害，以保证产品质量、保护生态环境。

四、栽培技术

（一）栽培时期

在贵州省高海拔冷凉地区（海拔 1 800 m 以上），一般可在每年 4 月中旬至 6 月上旬分批种植，6—9 月出菇，这是大球盖菇价格最高的季节；中海拔地区可在 8 月中旬至 9 月上旬种植，10—12 月出菇；低海拔热区可于 9 月上旬至 9 月中旬种植，11 月中下旬至翌年 2 月中旬采收，该批次蘑菇可在元旦、春节上市。

（二）栽培基质及处理

几乎所有农作物秸秆和木质均可作为大球盖菇的栽培料，如玉米秸秆、水稻秸秆、稻壳、玉米秆、玉米芯、花生秆、花生壳、高粱秆、黄豆秆、杂草、竹粉、木屑、灌木碎料等。以上材料可作单一基料，也可混合使用，一般而言，优化混合基质可获得更佳的种植效果，3~5 种基料混合，大球盖菇产量可大大提升。部分混合栽培料的高产配方如下。

（1）木片或木屑 56%（指甲盖大小）+ 玉米芯 19%（花生豆大小形状）+ 稻壳 19%+ 白灰面 1%+ 麸皮 5%。

（2）玉米芯 40%+ 稻壳 40%+ 锯末 20%。

（3）玉米秆（稻草秆、麦秸秆）60%+ 稻壳 40%。

（4）桑条（树枝、木片、木屑）50%+ 玉米秆 25%+ 稻壳 25%。

（5）桑条（树枝、木片、木屑）30%+ 稻草 40%+ 稻壳 30%。

（6）稻壳（稻草）70% + 大豆秆（粉碎）30%。

林下种植基料用量 2 ~ 3 t/ 亩为宜。

将上述栽培料适当粉碎至长度 5 cm 左右，接种前 1% 生石灰水或清水浸泡 1 ~ 3 天，沥水 12 ~ 24 小时，让其含水量达最适湿度 70% ~ 75%，待用。或采用喷淋法，每天向培养料喷水 3 ~ 5 次，连续喷 3 ~ 5 天，直到培养料完全湿透。准备稻草或松针作为覆盖物备用。

（三）制作菌床和播种

（1）林下栽培宜采用窄厢种植，厢宽 60 ~ 80 cm；也可根据具体地形灵活处理，还可进行大窝堆料种植。种植垄厢顺坡种植以利于排水，横坡则容易被山水冲坏种植培养料。

（2）种植前将林下土清理平整即可，直接将培养料平铺畦上（略窄于畦面，呈梯形堆放，下宽上窄），厚度 6 ~ 8 cm，均匀播入菌种；然后再铺一层培养料，厚度 10 ~ 15 cm，均匀播入菌种；最后再盖一层培养料，厚度 6 ~ 8 cm。取菌床周边的土壤均匀覆盖到菌床上，厚度 1 ~ 3 cm，不宜太厚，过厚蘑菇出土时顶土困难，形成畸形蘑菇；取土沟自然形成走道和排水沟。完成后走道约低于菌床底部 10 cm（本技术采用直接覆土法，有利于抑制杂菌生长，简化栽培管理）。

（3）将稻草或松针均匀地覆盖到菌床上，以刚好看不到土为宜，不宜太厚。完成后向畦面上喷水保湿。也可不覆盖，通过播撒黑麦草来增加覆盖度和土壤保湿，亩用种量 1.5 kg 左右。

注意事项：菌种自袋中取出后用手掰成直径约 2 cm 大小的小块，不建议揉搓成小粒，一般按 1 袋 /m² 播种，气温较高时应相应增大菌种量，通过竞争抑制杂菌生长。操作过程应讲究卫生，采用佩戴手套、高锰酸钾水浸泡器具等措施，注意避免杂菌污染。

（四）林下出菇管理

（1）播种后 20 天内一般不用浇水，可视天气情况适当往覆盖物上喷施少量水。

（2）建堆播种后应注意观察堆温，要求堆温在 20 ~ 30℃，最好控制在 25℃左右，这样菌丝生长快且健壮。如果堆温过高，应采用掀掉覆盖物、畦面中部打孔，林间增拉遮阳网加强遮阴等方式降温。

（3）定时观察培养料情况，水分不足时可向畦面喷雾。

（4）待菌丝长出覆土即可进入出菇管理，重点是保湿及加强通风透气，每天早晚向畦床喷雾。根据少喷、勤喷的原则使空气相对湿度保持在

80%~95%，晴天多喷、阴雨天少喷或不喷，不能大水喷浇，以免造成幼菇死亡，喷水中不能随意加入药剂、肥料或成分不明的物质。

（5）转潮管理。一潮菇采收结束后，清理床面，补平覆土，停水养菌3~5天，喷重水喷透增湿、催蕾。发现培养料中心偏干时，两垄间多灌水，让两垄间水浸入料垄中心或采取料垄扎孔洞的方法，让水尽早浸入垄料中部，使偏干的中心料在适量水分作用下加速菌丝的繁生，形成大量菌丝束，满足下茬菇对营养的需求。但也不能过量大水长时间浸泡或一律重水喷灌，避免大水淹死菌丝体，使基质腐烂退菌。再按前述出菇期方法管理。

（6）病虫害防治。大球盖菇种植周期短，病害少，虫害主要有蛞蝓、蚂蚁等，蛞蝓可采用四聚乙醛诱杀，蚂蚁可使用蚂蚁清诱杀。

五、采收及加工

（一）采收标准

当子实体菌盖呈钟形，菌幕尚未破裂时，及时采收。根据成熟程度、市场需求及时采收。子实体从现蕾到成熟高温期仅5~8天，低温期适当延长。

（二）采收方法

采收时用右手指抓住菇脚轻轻扭转，松动后再用左手压住培养料向上拔起，切勿带动周围小菇。采收后菌床上留下的洞穴要用土填满并压实。除去带土菇脚即可上市鲜销，分级包装。盛装器具应清洁卫生，避免二次污染。产品质量应符合国家有关规定。

（三）保鲜储藏

采收后尽快将大球盖菇鲜品放冷库打冷，夏季打冷温度-2~2℃；春秋冬季0~3℃。打冷4小时后，分级，然后泡沫箱分装，装完敞开泡沫箱（盖子不能盖上）继续存放冷库（存放时间不宜超过3天）至出货、出库前盖上盖子，并用封口胶密封。

（四）盐渍加工

5%盐水煮沸，倒入大球盖菇，煮3~5分钟，捞出，凉水冷却，注入40%饱和盐水至淹没菇体，上压竹片重物，以防菇体露出盐水面变色腐败。压盖后表面撒一层面盐护色防腐，面盐溶化后再撒一层。如此反复至面盐不溶为止。大球盖菇在浓盐水中腌制10天左右要转1次缸，重新注入饱和盐水，压盖、撒面盐至缸内盐水浓度稳定在24%，即可装桶储存和外销。加工完毕后的食盐水可用加热蒸发的方法回收食盐，供循环使用。

（五）脱水烘干

（1）晒干。将整菇或菇切片放筛网上置强光下暴晒，经常翻动，1~2天就可烘干，移入室内停1天，让其返潮，然后再在强光下复晒1天收起装入塑料袋密封即可。贵州省气候多雨，可利用空置的简易大棚进行晒干。

（2）分级装筛。用于干制的大球盖菇采收清洗后，在通风下沥干水，按菇体大小和干湿程度筛选分级，摆放在烘烤筛上。烘烤前将烘干机（房）预热至45~50℃，待温度稍降低，再把鲜菇筛排放在烘房的烘筛层架上，大菇排放筛架中层，小菇，排放筛架顶层，开伞菇排放筛架底层。

（3）调温定型。晴天采摘的菇烘烤的起始温度为35~40℃；雨天采摘的菇为30~35℃。菇体受热后，表面水分迅速蒸发，应打开全部进气窗和排气窗。以最大通风热风烘干机排出水蒸气，促使整朵菌褶片固定，直立定型。随即将温度降至26℃保持4小时，以防菌褶片倒伏，损坏菇形，色泽变黑，降低商品价值。

（4）菇体脱水。烘温26℃保持4小时后开始升温，以每小时升高2~3℃烘温的方法维持6~8小时至51℃时保持恒温，促使菇体内的水分大量蒸发。升温时要及时关闭气窗，调节相对湿度达10%，以确保菌褶片直立和色泽固定。升温阶段还要适当调整上下层烘筛的位置，使菇体干燥度均匀一致。

（5）整体干燥。由51℃恒温缓慢升至60℃经6~8小时，当烘至八成干时应取出烘筛晾晒2~3小时后再上架烘烤，将双气窗全闭烘制2小时，烘至用手轻折菇柄易断，并发出清脆响声时烘烤结束，一般9 kg鲜菇可加工成1 kg干菇。

（6）成品分装。将烘烤后干品按等级分装塑料食品袋，密封储藏，有条件可抽真空包装，避免吸水返潮。

（7）其他加工方式。还可制菌油、泡菜和休闲小食品等深加工产品，扩大消费渠道，提高附加值。另外该菇也是药食同源食用菌，具有很好的医疗保健作于，可提取总黄酮、总皂苷及酚类及相关保健品开发。

第十三节　病虫鼠害防治

林下种植食用菌和大棚栽培食用菌一样，应采取综合防治，以防为主的方法。要注意根据不同的品种生物学特性的不同选择适宜的林地，做好场地环境消毒处理和管理好环境卫生，栽培出菇过程中做好不同生长发育阶段温、光、水、气的管理，防止持续高温和持续低温，防止湿度过高和过低，保持良好的通风透气和适当的透光，可避免大规模的病虫害发生。如发生病虫害可使用农药辅助防控，使用农药时禁止使用农业农村部明文禁止使用的农药，使用正式登记可以用于食用菌生产上的农药，如咪鲜胺锰盐、噻菌灵、二氯异氰尿酸钠、氯氟·甲维盐等。

一、病害防治

（一）杂菌污染防治

当环境卫生差和高温高湿时多有发生，常见的杂菌有链孢霉、木霉、根霉、青霉、毛霉、曲霉、细菌、酵母菌等。杂菌菌丝白色或其他颜色，污染症状表现为在子实体表面形成不同颜色的颗粒状霉层，导致子实体畸形、部分发黏并有霉菌味，影响子实体生长，严重的引起食用菌腐烂。

防治方法：①应选用未腐朽、无霉菌的新鲜段木，段木上有杂菌，轻者刮掉，晒1~2天，重者废弃；②科学合理配料，培养料中添加0.1%的多菌灵，严格做好培养料的灭菌，环境的清洁卫生和种植室消毒处理；③选择优质菌种和菌棒，不能用感染杂菌的菌种和菌棒；④覆土种植挖的穴不宜过大、过深，覆土不宜太厚，控制穴内湿度，防止缺氧导致菌种抗逆性降低而被杂菌污染；⑤宜选择适宜的温度和湿度条件进行林下种植，避免高温度高湿条件下种植；⑥覆土栽培菌棒或菌材间用土填实，不留空隙；⑦适当增加菌种用量，形成生长优势抑制杂菌生长；⑧当局部出现杂菌时，及时移除遭受病害的菌株，集中深埋处理，切勿将其散乱堆放；⑨首先刮除病害部位，采用二氯异氰尿酸钠溶液进行多次涂刷，每次间隔3天，涂刷4~5次，或直接采用火焰快速灼烧染病部的方法；对于严重污染杂菌及时搬出烧毁。

（二）腐烂病

1. 软腐病

发病症状首先出现在覆土及菇蕾表面，呈短绒毛紫红色霉斑状，几天后菌丝迅速蔓延，发展成羊毛状白网膜，覆盖菇体，菇体变质，逐渐变成褐色而腐烂。

防治措施：发现初期，立即用盐水喷洒霉斑；清除已染病的子实体及覆土，另添新土，表面喷洒 0.2% 多菌灵液。

2. 褐腐病

该病只感染子实体，子实体被感染时，很快形成如硬皮状异形物，上面及四周可看见白色绒毛状病原菌菌丝。几天后感染处变为乳褐色，患处肿胀，当带病菌柄残留在菇床上时，会长出一团白色菌丝，最后变成暗褐色。

防治措施：使用消毒过的覆土；及时去除带病子实体，并挖掉病斑，于发病处喷撒消毒剂；开始发病时应停止喷水，因该病菌丝可深入覆土内部，还应加大种植地通风，降低相对湿度；可以用咪鲜胺锰盐进行预防、噻菌灵进行治疗和防控传染。

（三）生理性病害

1. 畸形菇和菌丝徒长

常见的畸形有菜花形、珊瑚形和光杆形等；菌丝生长过盛，向空中长出浓白密集的大量气生菌丝，形成不透气、不透水的菌被，推迟出菇或出菇减少。

防治措施：需要科学合理搭配各种原料，不使用麦粒、谷粒等制作栽培种；菌丝徒长形成了菌被，可划破菌被，加重喷水，加大通风，促使出菇。

2. 粉变病

幼嫩子实体发生红变病后通过增大遮阴度、调整温度 18～22℃在 12～24 小时后即可恢复到白色。

二、虫害防治

冬天将种植场地枯枝落叶集中挖坑深埋，一层土一层枯枝落叶，表层盖 30 cm 厚的土，加速腐烂，杀除虫卵。种植前清除林地内的食物残渣、塑料袋、塑料片等污染物和存水，隔离污染源，保持林地环境清洁卫生。清理种植场地，生石灰均匀拌入土壤对成虫和虫卵进行消杀，断绝虫源等；对抚育场地外围周边进行喷洒，防治外来虫害危害，也可用呋虫胺、氯氟·甲维盐可以预防虫害。种植时用填充和覆盖用消杀后的土壤，用粘虫板或者用机油涂在白纸、黄纸上诱杀趋光性害虫。在虫害防治的过程中，出菇间期使用高效氟氯氰菊酯或甲氨基阿维菌素苯甲酸盐进行熏蒸消杀；可采用敌敌畏药液拌糖醋麸皮进行诱杀，也可用 1% 的敌敌畏喷洒地面和墙角驱杀虫害，在防治病虫害时，不能使用 DDT、六六六和甲胺磷等高残留或剧毒农药。

（一）螨虫

螨虫小，肉眼不易看见，可通过培养料、菌种、害虫带入栽培场，也可自己爬行进入。螨类的生殖与其他害虫有所不同，大多种类可进行两性生殖，也能单性生殖（孤雌生殖）。成虫交尾后产卵，孵化后变为幼虫，幼虫长为若虫，经过若虫期再到成虫期；也有的种类，可以不经交尾由雌虫直接产卵。培养料被螨类危害后，螨虫舔食菌丝，菌丝不能萌发或逐渐消失，直至最后被全部吃光，危害菌丝造成退菌、培养基发黑潮湿、松散，情况严重的，1~2 周内造成菌丝大面积死亡。子实体受螨类危害后，可造成菇蕾萎缩枯死或子实体生长缓慢，严重影响产量和品质。

防治措施：①林下栽培场地要与原料、饲料仓库以及鸡舍等保持一定距离。因为这些地方往往有大量害螨存在，容易进入栽培场地；栽培场内外搞好环境卫生，并在四周挖一条水沟，在水沟中撒上石灰和杀螨药物，将害螨与栽培场地有效隔离；培养料经高温堆制发酵处理或熟料栽培，杀死培养料中的虫源；②选用无螨菌种；③出菇期出现螨虫危害菇根和菇盖时，应及时采摘可采的菇体，采用菜籽饼或茶籽饼诱杀、糖醋诱杀、毒饵诱杀。将菜籽饼或茶籽饼敲碎，入锅中炒熟。在菇床上或菇场内放置多块小纱布，每块小纱布上放少量炒熟的饼粉。粉饼浓郁的香味会诱使害螨群集在纱布上，此时即可收拢纱布浸于开水中杀死。上述操作重复数次，则可达到理想效果；④也可用敌敌畏喷雾后密封，熏蒸 48 小时，用 4.3% 氯氟·甲维盐乳油 1 000 倍液喷雾，过 5 天左右再喷 1 次，连续 2~3 次可有效地控制螨虫危害程度。

（二）白蚁

主要有黑翅土白蚁、粗颚土白蚁、黄翅大白蚁、黄胸散白蚁和家白蚁，其中以黑翅土白蚁最为凶狠。其危害速度快、程度深、范围广。白蚁主要蛀食培养料，影响菌丝、菌索生长，造成大面积减产。

防治方法：①挖巢清场法，在种植前，以种植场地的中央为圆心，以白蚁最大危害距离为半径，寻找并挖掘所有白蚁巢穴；②毒土隔离法，在天麻种植区域边缘挖掘深 100 cm、宽 30 cm 的深沟，将煤焦油与防腐油按 1∶1 的比例配制成混合剂，浇土混填，阻止白蚁进犯；③坑埋诱杀法，在场地周围有白蚁活动的地方挖掘长 1.0 m× 宽 0.5 m× 深 0.5 m 的土坑，将芒萁、枯枝落叶埋于坑中，外加包裹毒饵（用灭蚁灵 500 g，加玉米粉、松木屑各 500 g 混匀制成的毒饵），诱杀白蚁；或将适量白矾拌入食物中（食物对白蚁的诱导力必须高于培养基质菌丝对白蚁的诱导力），然后置于白蚁经常出入处，白蚁食后还会将剩余食物搬进洞内，其余白蚁吃后会相继中毒死亡；或待诱来白蚁后，用灭蚁粉、灭蚁王、灭蚁膏等杀灭白蚁，该方法要多次采用，以便将周围白蚁群杀灭，严禁使用化学农药对种植地内部进行喷施；④趋光诱杀法：利用白蚁的趋光性在白蚁分飞的 4—7 月里，每天早、晚在有白蚁的地方设置诱蛾灯，诱杀分飞的白蚁成虫。

（三）线虫

是一种毁灭性害虫，在短期内发展急快，体微小透明，长 0.9 mm，直径 0.09 mm，主要危害菌丝体，以中空的上针刺入菌丝细胞，再吐消化液，使细胞解体，在吸食细胞质，线虫沿着菌丝体转移危害，导致菌丝迅速萎缩，菌丝体变得稀疏，培养料下沉、变黑，菌丝消失而不出菇，幼菇受害后萎缩死亡，带有刺鼻异味，严重危害时有腥味。

防治措施：适当降低培养料内的水分和种植场所的空气湿度，撒些生石灰灭虫；强化覆土材料的处理，利用发酵高温杀死覆土中的线虫；使用清洁水浇菇；4.3% 氯氟·甲维盐乳油 1 000 倍液或阿维菌素喷施杀死线虫。

（四）蛞蝓

又名鼻涕虫，以成虫体或幼体在作物根部湿土下越冬，5—7 月在田间大量活动危害，入夏气温升高，活动减弱，秋季气候凉爽后，又活动危害。野蛞蝓怕光，强光下 2~3 小时即死亡，因此常夜间活动，从傍晚开始出动，22—23 时达高峰，清晨之前又陆续潜入土中或隐蔽处。蛞蝓耐饥力强，在食物缺乏或不良环境条件下能不吃不动。阴暗潮湿的环境有利于蛞蝓活动，当气温 11.5~18.5℃，土壤含水量为 20%~30%，对其生长发育最为有利。蛞蝓白天躲藏在阴暗潮湿的地方，直接取食菇蕾、幼菇和子实体，被啃食部位均留下明显的凹陷斑块或缺刻，与鼠害所留下的被害状相似，被取食危害的菇蕾或幼菇，一般不能发育成正常的子实体，降低了子实体的商品价值，严重时甚至把菌球都吃光。

防治措施：①根据其昼伏夜出的习性，晚上 22 时以后进行捕捉，捕捉时带一小盆，将食盐或白砂糖洒在蛞蝓身上，数分钟之后会因身体大量脱水而死亡，连续数晚捕捉可以收到很好的效果；②搞好菇场的环境卫生，清除蛞蝓白天躲藏的隐蔽场所，对土壤喷洒 1 次 0.3% ~ 0.5% 的五氯酚钠或浇泼 1 : 20 倍的茶子饼浸泡液，也可喷洒高浓度食盐液；③可傍晚用 5.0% 来苏水喷在蛞蝓活动场所或将新鲜石灰撒在蛞蝓活动处，3 ~ 4 天撒 1 次；④毒饵诱杀，常用 6% 四聚乙醛颗粒剂撒施防治蛞蝓，也可用聚乙醛作诱导剂，聚乙醛 300 g，白糖 50 g，充分混匀后，再加入炒过的米糠或豆饼粉 400 g 拌匀，加适量水拌成颗粒状，在种植窖旁诱杀。

（五）跳虫

跳虫别名烟灰虫、弹尾虫。是一种弹尾目的非昆虫六足动物，密集时形似烟灰，故又称烟灰虫。比芝麻略小，体表有油质，不怕水，繁殖快，每年繁殖六至七代。跳虫对温度适应范围广，气温低的冬春，虎奶菇上都可看到其危害；气温高时，则可大量发生。跳虫多发生在培养料上，常密集在菇床表面上或阴暗潮湿处，咬食菌丝、菇体和孢子，造成幼子实体小洞，并携带、传播杂菌。

防治措施：播种前搞好种植场地的环境卫生，要做干燥、杀虫处理；清除残株落叶及周围场所垃圾，排除积水，防止跳虫的滋生；跳虫危害，可用 1 000 倍液的敌敌畏，加入少量蜂蜜盛于盆中，放在菇床上诱杀，此法效果好无残毒；喷洒 50% 马拉硫磷乳油 1 500 倍液杀死跳虫。

（六）瘿蚊

又名菇蚊、菇瘿蚊，取食菌丝和培养料，影响发菌；在出菇阶段，大量幼虫除取食菌丝体外，还取食菇体，造成鲜菇残缺、品质下降。

防治措施：做好菇场内外的环境卫生，减少虫源；用支架搭起纱和防虫网；可采用 0.3% 苦皮藤素水乳 1 :（500 ~ 600）倍、50% 灭蝇胺可溶粉剂 1 :（30 000 ~ 50 000）倍、90% 敌百虫晶体 1 : 100 倍拌料；如已发生菌蛆危害，则可用 90% 的敌百虫晶体 1 000 倍液喷雾。

（七）蚤蝇

卵、蛹、幼虫可通过培养料带栽培场，成虫则可以从周围环境中飞入。成虫喜欢通风不良和潮湿环境，并有很强的趋化性。在适宜的温度、湿度条件下，卵经过 4 ~ 5 天即可孵化为幼虫，幼虫寿命为 2 周左右，取食菌丝和蛀食菇体。蛹期 6 ~ 7 天，成虫期为 7 天左右。蚤蝇存在时还能传播多种病菌。蚤蝇 1 年可发生多代。

防治措施：搞好菇场内外的环境卫生，及时清除各种废料物质和残存菇床上的死菇、烂菇、菇根，以防成虫聚集产卵；用支架搭起纱和防虫网；在菌丝生长阶段，可用 80% 敌敌畏乳油 500～600 倍液杀虫效果好。

三、鼠害

危害林下食用菌的鼠类有鼢鼠、地老鼠或田鼠等。鼠类在土中掘洞破坏菌丝、菌索，影响子实体的生长，甚至死亡。

防治方法：人工捕捉；施药毒杀，可用 0.005% 溴敌隆、0.005% 溴鼠灵或 1% α- 氯代醇饵剂等毒杀。

第三章

林—药生态种植技术

中药材的分布、生长发育、产量及品质受环境条件的影响，只有适宜的生态环境才能生产出优质高产的道地药材。特有的气候、土壤、地形因子条件有利于药材活性成分的形成和积累，从而形成特定的药材的品质。贵州药用植物资源种类繁多，是全国四大道地中药材产区之一，素有"夜郎无闲草，黔地多良药"之美誉。

林药生态种植，是指充分利用林地资源、林下空间和森林生态环境，在林下或疏林地、经果林、幼林中种植贵州道地药材的复合生产经营活动。由于中药材适应性很强，荒山荒坡、边山、林下、不毛之地都可种植，与林地不发生矛盾。加之中药材种植技术容易掌握，资金投入小、管理用工少、劳动强度低，老人、妇女皆宜，与青壮年外出务工冲突小，是十分适合贵州省山区发展的特色种植模式。同时中药材有很大的市场需求，发展前景好，林药生态种植的生态效益和经济效益日趋突显，已逐渐成为全省林下经济的重要组成部分。本章将重点介绍白及、天麻、半夏、党参、独蒜兰、钩藤、黄精、南板蓝根、三七、天冬、铁皮石斛、重楼等林下种植技术。

第一节　天麻林下种植技术

天麻是贵州著名地道名贵药材，日本药学家难波恒雄在其专著《汉方药入门》中称"天麻佳品出贵州"。我国的医药权威著作《中华本草》在天麻项下也特称："以贵州产质量较好，销全国，并出口"。"大方天麻""德江天麻""雷山乌杆天麻"获得国家地理标志保护产品。

一、品种选择

（一）天麻的主要种植品种

贵州种植的天麻品种主要有红天麻、乌天麻、绿天麻、乌红杂交天麻和红乌杂交等。其中，红天麻种植面积最大，其次为杂交天麻和乌天麻，绿天麻种植少。

1. 红天麻

野生红天麻主要分布在海拔 800~1 500 m 的山区，种植基地宜选择 1 000~1 500 m 的山区。是贵州种植面积及产量最大的品种。花橙红色，幼时微带淡绿色，花葶橙红色，植株高 1.5 m 左右。成体球茎常呈长椭圆形，淡黄色，大者长达 20 cm，粗达 5~6 cm，含水量在 78%~86%，最大单重达 1 kg，节数多；红天麻具有生长快，适应强，耐旱力强，产量高等特点；其产量可达 10 kg/m² 以上。

2. 乌天麻

野生资源主要分布在乌蒙山、雷公山、大娄山等海拔 1 500 m 以上的高山区，种植基地宜选择 1 500~2 000 m 的山区。乌天麻块茎灰褐色，带有明显的白色纵条斑，花黄绿色，果实有棱，间隔淡黄绿与褐色条纹，为上粗下细的倒圆锥形；块茎短柱形，前端有明显的肩，淡黄色，最大可达 1 kg，含水量一般 70% 以内，有的仅为 60%，节数少；为所有天麻中折干率最高，耐旱力低的优质种质种源。

3. 绿天麻

绿天麻植株高 1~1.5 m，花茎黄绿至蓝绿色，花黄色，果卵圆形，绿色，块茎圆锥形，节较密，鳞片发达，含水量 70% 左右，介于红天麻与乌天麻之间。绿天麻常与乌天麻混生。

4. 乌红杂交天麻

以乌天麻为母本，红天麻为父本杂交培育而成。适宜在海拔 1 200 m 以上地区种植。最高产量可达 8 kg/m²。花茎淡灰色，花淡绿色，果实有棱，呈倒圆锥形。块茎短粗、椭圆形，含水量 76% 左右。其外观性状与药用质量均较好，但分生力差，不耐旱。

5. 红乌杂交天麻

以红天麻为母本，乌天麻为父本杂交培育而成。适宜在海拔 500~2 000 m 地区种植。产量最高达 12 kg/m² 以上。花茎灰红色，花淡黄色，果实椭圆形。暗红色块茎肥大、粗壮、长椭圆形至长圆柱形，含水量 80% 左右。具有生长快、适应性广、分生力强、耐旱、外观性状形态和药用质量好等特性。

（二）蜜环菌主要品种

优良蜜环菌的菌丝和菌束生长快，生长势强，菌束粗壮，棕红色、分枝多，菌束内菌丝色白，抗干旱和污染力强，对酸性耐性强，荧光强，不易退化，易与天麻结合，对菌材的转化率高，天麻产量高，品质好。目前贵州应用较广的为中国医学科学院筛选出的 A9 菌株、贵州省农业科学院现代中药材研究所选育的 46 号蜜环菌。

（三）萌发菌主要品种

优良萌发菌菌丝生长速度快、培养基含水量和温度适应范围宽、抗逆性强不易污染和退化，天麻种子萌发率高、形成的原球茎多，种麻的产量高而且稳定。贵州生产中主要使用的有石斛小菇和紫萁小菇，其中石斛小菇使用更多。

二、适宜种植区

贵州天麻的最适宜区为黔西北、黔西和黔西南的大方、七星关、威宁、赫章、织金、纳雍、金沙、黔西、水城、盘州、六枝、晴隆、普安等乌蒙山区域的县（区、市）；黔北的习水、正安、道真、湄潭、务川、播州、汇川、绥阳、桐梓等大娄山区域的县（区、市）；黔东北的德江、江口、印江、沿河、石阡、余庆、施秉、黄平、瓮安等梵净山及佛顶山区域的县（区、市）；黔中的乌当、开阳、息烽等高原山地区域的县（区、市）；黔东南和黔南的雷山、台江、剑河、榕江、黎平、贵定、龙里、惠水、都匀、独山等县的雷公山和九万大山区等苗岭区域的县（区、市）。除上述最适宜区和册享、望谟、罗甸、荔波、黎平、榕江、从江、锦屏、天柱、碧江、赤水等低海拔及低热河谷区域的县（区、市）为不适宜区外，其余的县（区、市）的高海拔区，夏季气温较凉爽，最高气温不超过30℃，冬季 2~3 个月平均气温 5℃以下的低温期，能保证天麻顺利经过冬季低温处理的区域均为适宜种植区。

三、种植基地选择及整地

（一）种植基地选择

种植基地宜选择夏季较凉爽，最高地温一般不超过 28℃，冬季不十分严寒，一般最低地温不低于 0℃，且 3~5℃的时间不少于 2~3 个月；空气湿度一般为 70%~90%，土壤一般含水量 40%~60%；土层厚 50 cm 以上、团粒结构好、土质疏松、排水良好且不易干旱、微酸性沙壤土、沙砾土、沙土或腐殖土，不宜选择黄泥土、白黏土和盐碱土；栽过天麻的窝需休闲 4~5 年后才可再次栽天麻，也可以采用未栽过天麻的土壤换掉老窝中的土壤连续种植天麻；坡度为 5°~10° 的缓坡地或沟谷地为好，山脊处不宜；郁闭度适宜、通风透光良好，郁闭度过高和大森林的深处不宜。天麻种植场地要求有水源（必要时建固定水池），排灌方便（必要时建立灌溉设施）；自然灌溉用水和人工灌溉用水符合饮用水水质要求，产地大气无污染。海拔 1 000~1 300 m 宜生产种麻，海拔 1 300~2 000 m 宜生产商品麻。不同海拔高度的山区，也可以通过选择一些小气候条件，如低山区宜选温度较低湿度较大的阴坡或有遮阴条件的树林种植，中山区宜选择半阴半阳的山坡，高山区宜选择阳坡。

（二）整地

天麻林下种植面积以"窝""穴""窖"为单位计算，森林覆盖率达 50% 以上的地区，郁闭度 0.6 以上，根据林地间伐量或利用枝权量每亩可种植 40 m²；其种植场地可据实际布置"窝"，不一定连接成片，整地时，应砍掉种植点过密的杂草、灌木和散生竹挖掉大块石头，把土表渣滓清除干净，直接挖穴栽种；陡坡的地方可稍整理成小梯田，开穴栽培，穴底稍加挖平，也应有一定的斜度，便于排水；雨水多的地方，种植场不宜过平，应保持一定的坡度，有利于排水。挖坑深 15~20 cm，坑宽 50 cm，长 1 m，长度也可根据地形确定。

四、蜜环菌菌材培养与管理

（一）培养时间

用于有性繁殖的菌材，9—10 月培菌。用于无性繁殖的菌材，6—9 月培菌。

（二）菌材准备

选择不含芳香物质和油脂的树种，树皮厚、木质硬为优，首选树种为壳斗科树种；其次为蔷薇科或桦木科树种。直径 5~10 cm 的木材，断筒长度 20 cm；若树木直径在 10 cm 以上，应将木段劈成 2~4 块，在木段的一面或两面每隔 3~4 cm 砍一个鱼鳞口，深度至木质部为度；直径 5 cm 以下的细枝，斜砍成 6~10 cm 长的短枝。

（三）菌材培养方法

在天麻种植场地附近，选择坡度小于 20° 的向阳山地，土壤以土层深度，疏松透气，排水良好的沙壤土为宜。挖窖宽1 m，深30 cm，长度根据实际情况定，将窖底挖松整平，铺一层1 cm厚的树叶，平放一层树木段，如是干木段应提前1天用水浸泡24小时，在树木段之间放入菌枝4~5根，洒一些清水，浇湿树木段和树叶，然后用沙土或腐殖土填满树木段间空隙，并略高于树木段为宜。再放入第二层树木段，树木段间放入菌枝后，如上法盖一层土。如此依次放置多层，盖土厚10 cm略高于地面，最后覆盖树叶保温保湿。

（四）菌材培养管理

调节湿度：应保持菌材窖内填充物及树木段含水量50%左右，勤检查并根据培养窖内湿度变化进行浇水和排水。

调节温度：蜜环菌在6~26℃生长，超过25℃生长不良，超过30℃生长受抑制，同时杂菌易繁殖。在20~25℃最适宜蜜环菌生长。在春秋低温季节，可覆盖塑料薄膜提高窖内温度。培养窖上盖枯枝落叶或草可以保温保湿。

（五）菌材质量

蜜环菌侵入树皮下形成大量的白色菌索，菌材上蜜环菌索应均匀分布，无杂菌感染。菌索生长粗壮，旺盛，有弹性，菌索尖端生长点呈黄白色，无黑色空软的老化菌索。菌床和菌材上无害虫。

五、有性繁殖

（一）箭麻采挖选择

立冬后采挖箭麻，选择无病虫害、形体周正饱满、箭芽发育正常、重量达100~150 g的箭麻。

（二）箭麻的保存

箭麻储存在室内或室外，在地上铺湿润细沙5~10 cm，摆上种麻，间隔1~2 cm，一层沙一层箭麻，层间沙厚1~2 cm，共放3~4层，表层覆沙10 cm左右。室外要盖薄膜防雨，每隔15天左右检查1次，适当浇水，保持沙层湿润。温度宜0~5℃，最高不超过10℃，处理时间60天以上。

（三）箭麻移栽及管理

建造温室或温棚，在棚内或温室内作畦，畦宽60 cm，长不限，畦间留 45 cm 左右作人行授粉道，箭麻摆放在畦内株距 10 cm，再覆盖 5 cm 左右细沙，花茎芽一端靠近畦边。保持沙床湿润，环境通风透气、洁净，防鼠害和虫害。温度保持 20 ~ 25℃，相对空气湿度 80% 左右，光照为自然光的 70%，畦内沙水分含量 45% ~ 50%。

（四）授粉及采果

摘顶：现蕾初期，花序展开可见顶端花蕾时，摘去 5 ~ 10 个花蕾，减少养分消耗，利壮果。

人工授粉：天麻花现蕾后 3 ~ 4 天开花，天麻开花后 24 小时内授粉均有效，但应提倡及早授粉。授粉时用左手无名指和小指固定花序，拇指和食指捏住花朵，右手拿小镊子或细竹签将唇瓣稍加压平或轻轻拿掉，拨开蕊柱顶端的药帽，蘸取花粉块移置于蕊柱基部的柱头上，并轻压使花粉紧密粘在柱头上。天麻授粉的空气湿度宜在 70% ~ 80%。

种子采收：天麻授粉后，如气温 25℃ 左右，授粉后第 17 ~ 19 天，用手捏果实有微软的感觉或观察果实 6 条纵缝线稍微突起，但未开裂，掰开果实种子已散开，乳白色，为最适采收期。天麻种子宜边采边播，如不能及时播种，要装入纸袋保存在 3 ~ 5℃ 的冰箱。

（五）播种准备

在播种前两个月做好菌床，先将床底土挖松，铺 3 cm 厚沙壤土或腐殖土，将菌材与新段木相间搭配平放，盖土填满空隙，再如法放第二层，最后盖土 8 cm，每平方米用菌材 10 kg，新段木 10 kg。在播种前 5 ~ 7 天每平方米准备好萌发菌种 2 袋，2 kg 青冈、桦木等阔叶树木屑或长 4 ~ 5 cm、粗 1 ~ 2 cm 树枝段。每平方米准备阔叶杂树落叶 2 ~ 3 kg，播种前 1 ~ 2 天用水浸泡 10 小时以上，沥去明水备用。用矿泉水瓶，去掉上部和底面，用纱布盖严一端，制成高 10 cm 的播种筒。

（六）播种

萌发菌拌种：播种前先将萌发菌 2 袋，从菌种袋中取出，放入清洁的拌种盆中，菌叶种撕开成单张，木屑种掰成蚕豆大小；将 15 ~ 20 个天麻将裂果种子抖出装入播种筒，撒在菌种上，同时用手翻动菌种，将种子均匀拌在菌种上，并分成 2 份装袋室温培养至萌发菌发白。

菌床播种：播种时挖开菌床，取出菌材，耙平床底，先铺 2 ~ 3 cm（压实厚度 1 cm）湿树叶，然后将 1 份拌好种并发白的萌发菌均匀地撒在落叶上，每平方米摆好 10 kg 菌材，菌材间距 3～4 cm，均匀放置 1 kg 阔叶木屑或树枝段，盖土至菌材平，如法播第二层，覆土 5～6 cm，床顶盖一层树叶保湿。开好排水沟。

六、无性繁殖

（一）种麻选择及破眠处理

选用有性繁殖零代或无性繁殖一代、二代白麻，无病虫害、无损伤、颜色淡黄色，体形短粗，新鲜健壮。初春 2—3 月种植，白麻需储藏于 0～5℃下 60 天以上，破除休眠。秋冬 10 月下旬至 11 月下旬种植，不需进行破眠处理。

（二）种麻用量

用有性繁殖零代种，每平方米种麻用量为 400～600 g。用无性繁殖一代、二代种，每平方米种麻用量为 500～800 g。

（三）种植时间

11 月至翌年 3 月，气温 0～15℃的天麻休眠期，均可种植。

（四）种植层次与深度

无论是固定菌床还是移动菌床均栽一层为宜，菌床深 15～20 cm。低海拔可略深一点，高海拔可略浅一点。

（五）种植方法

在林间分散做小穴种天麻，穴长 1 m，宽 0.5 m，深 15 cm，种植天麻时先将穴底挖松，铺腐殖土 3 cm，然后将已经培养好的菌材平铺在穴底，菌材之间留出 3 cm 左右的空隙，摆放好菌材后用腐殖土将菌材之间的空隙填实，并露出菌材 1/3 在上面。然后将准备好的天麻种摆放在菌材鱼鳞口处，在菌材两端必须放天麻种，天麻种每隔 10 cm 左右放一个，穴的四周适当多放一点。

（六）覆土

天麻种摆放好以后及时覆盖腐殖土。覆土深度 10 cm 左右（如果没有腐殖土用沙土也可以）。覆土后在最上一层需要覆盖落叶、茅草、稻草、玉米秸等进行遮阴。稀疏林地可根据情况搭阴棚防高温和保湿。

七、种植管理

（一）温度调控

冬季和初春要适当加大覆土深度，并用覆盖物保温。窖内 10 cm 以下土层温度维持在 0～5℃，7 月、8 月、9 月 3 个月要用覆盖物或搭阴棚，将土层温度控制在 26℃以下。

（二）水分管理

1 月—翌年 3 月控湿防冻，土壤含水量 30%。4—6 月增水促长，土壤含水量 60%～70%，手握成团，落地能散。7—8 月降湿降温，土壤含水量 60% 左右。9—10 月控水抑菌，土壤含水量 50% 左右，手握稍成团，再轻捏能散。11 月，土壤含水量 30% 左右，干爽松散。

（三）除草松土

5—9 月天麻地沟或窖面的草长到 15～20 cm 时，应及时除草松土，土壤稍板结的，待雨过天晴时拔根除草，土壤疏松的亦可拔可割。

八、采收加工

（一）采收

1. 最适采收期

海拔 1 200 m 以下的地区于立冬左右采挖，海拔 1 200 m 以上的地区在霜降左右采挖为佳。采挖应在天晴土爽之时，忌雨天或雨天过后的 1～2 天内采挖。

2. 采收方法

先清除地上的杂草或覆盖物，再挖去覆盖天麻的土层，挖出菌棒，取出箭麻、白麻和米麻，轻拿轻放，分级收获，以避免人为机械损伤。

3. 分类装框

采收准备采挖时需准备三类筐、箱，一类装有性繁殖的箭麻，一类装无性繁殖用的白麻和米麻，另一类用来装用于加工的商品箭麻和残麻。

4. 采后清理

及时清理菌材，发现感染杂菌的菌材及时集中深埋。可再利用的菌材应速加利用。腐烂过度的菌材或风干作柴烧或埋入土中。

（二）加工

天麻采收后，应及时加工，一般 2 天之内加工为宜。用于加工的商品麻比较鲜嫩，含水量高，长时间堆放会引起腐烂，变质。

1. 分级

天麻的大小及完好程度直接影响到蒸煮时间和干燥速率。应根据天麻块茎的大小分级后加工。150 g 以上为一等，70～150 g 为二等，70 g 以下为三等，一些挖破的箭麻和白麻、受病虫害危害，切去受害部分的统归于等外品。

2. 清洗

分级后天麻分别用水冲洗干净，可在水盆中刷洗，以洗净泥土为原则。当天洗当天加工处理，来不及加工的先不要洗。

3. 蒸煮

将天麻按不同等级分别蒸煮，量少可以分级蒸。量多时用水煮，蒸制时以天麻蒸透心为原则，一般按照不同的等级蒸制时间控制在 10～20 分钟。

4. 烘干

蒸后晾干水汽的天麻块茎放入烘箱或烘房中烘烤，烘烤的同时要通风。初始温度控制在 40℃左右，当天麻表面干燥后从烘房里取出放入室内自然回干处理使块茎内的水分慢慢析出到表面；然后再次进烘房烘烤，温度不能过高，以免出现空壳现象。多次回汗和烘烤处理直至天麻烘干。

5. 储藏

烘干的天麻，要及时装入塑料袋内密封，再装入木箱或纸箱内储藏，并注意防潮和霉变。

九、药材质量要求

现阶段，天麻质量检测主要按《中华人民共和国药典》（2020 年版一部）标准执行。本品呈椭圆形或长条形，略扁，皱缩而稍弯曲，长 3～15 cm，宽 1.5～6 cm，厚 0.5～2 cm。表面黄白色至黄棕色，有纵皱纹及由潜伏芽排列而成的横环纹多轮，有时可见棕褐色菌索。顶端有红棕色至深棕色鹦嘴状的芽或残留茎基；另端有圆脐形疤痕。质坚硬，不易折断，断面较平坦，黄白色至淡棕色，角质样。气微味甘。其水分不得过 15.0%，总灰分不得过 4.5%，二氧化硫残留量不得过 400 mg/kg。浸出物不得少于 15.0%。本品按干燥品计算，含天麻素（$C_{13}H_{18}O_7$）和对羟基苯甲醇（$C_7H_8O_2$）的总量不得少于 0.25%。

第二节 白及林下种植技术

白及为贵州道地珍稀药材，《中华人民共和国药典》历版均予收载"本品为兰科植物白及 *Bletilla striata* (Thunb.) Reichb. f. 的干燥块茎，苦、甘、涩，微寒。归肺、肝、胃经。收敛止血，消肿生肌。用于咯血，吐血，外伤出血，疮疡肿毒，皮肤皲裂。"《本草纲目》记载白及具有"面上皯疱，令人肌滑"，号称"美白仙子"。

一、品种选择

建议选择新品系贵芨1号。该品系生育期1 095～1 460天。株高70 cm，基径1.1 cm，叶4枚，狭长圆形，长29 cm，宽5.5 cm，先端渐尖，基部收狭成鞘并抱茎。块茎具2～3个爪状分枝，少数具4～5个爪状分枝，块茎长3.5 cm、块茎宽2.5 cm、块茎厚1.5 cm，爪状分枝长2.5 cm、宽1.5 cm、厚1.1 cm。种植第二年后的3月下旬进入初花期，花期30天左右，雌雄同花，自花授粉；萼片和花瓣近等长，狭长圆形，紫红色；唇瓣较萼片和花瓣稍短，白色带紫红色，具紫色脉，唇盘上面具5条纵褶片。5月下旬进入蒴果膨大期，果期5个月。药材品质检测符合《中华人民共和国药典》。密度6 000株/亩栽种4年后采收，鲜品产量最高超过0.5万kg。

二、适宜种植区域

（一）适宜区与最适宜区

《图经本草》载"今江淮、河、陕、汉、黔诸有之，生石山上"，黔即今贵州省。经考证，历代本草记载的产地与现今白及产地是较一致的。《中华道地药材》记载，贵州安龙、安顺、兴义、都匀，四川乐山、内江，陕西渭南、汉中，湖南桑植，湖北咸宁、鹤峰，安徽池州、安庆，河南灵宝，浙江临海等地是其适宜区。贵州安龙、兴义是其最适宜区。近10余年生产种植实践表明，贵州全省都适宜发展白及。

（二）生态环境要求

野生白及分布于海拔500～1 500 m的丘陵和高山地区的林下阴湿处、山坡草丛、沟谷及溪边。喜温暖、阴凉湿润的环境，稍耐寒。耐阴性强，忌强光直射，夏季高温干旱时叶片容易枯黄。白及生长环境的具体要求是：

1. 温度、湿度

年平均气温 14.9~18℃，最冷月平均气温 3.8~7.1℃，最热月平均气温 21.9~25.1℃，雨热同季，年降水量在 1 100~1 600 mm，无霜期在 275~334 天，白及生长良好，产量高、质量优。

2. 光照、水分

春季需要较充足的阳光，夏季需要遮光 50% 以上。要求土壤含水量 25%~30%，水分过多，容易引起假鳞茎及根系腐烂，甚至全株死亡。

3. 土壤

白及为浅根性植物，其块茎主要分布于 25 cm 左右的土层，故要求土层厚度 30 cm 以上。具有一定肥力，含钾和有机质较多的微酸性至中性沙壤土为佳，沙石土、黄沙土等多种土壤类型也适宜种植白及。

三、林地选择

（一）喀斯特稀疏林地

排水良好的乔木林或灌木林地，郁闭度小于 0.7 以下，所选种植基地坡度小于 45°，坡向为东南或西南方向，采用林下开厢规范化种植或免耕松土挖穴种植。

（二）杉木林地

宜选择排水良好的杉林地，郁闭度小于 0.7 以下，所选种植基地坡度小于 45°，坡向为东南或西南方向。宜采用免耕松土挖穴种植。

（三）果树林地

宜选择株行距大于 2 m 的果树林地，土层厚度 ≥50 cm，土壤疏松，采用果树林下行间开厢 80~100 cm 进行规范化种植。

（四）油茶、茶林地

宜选择幼林期，利用行间空地进行免耕松土挖穴种植。

四、林下种植技术

（一）种苗选择

宜选择驯化处理后的白及种苗，种苗具有 2~3 个叉状分枝的块茎的白及"马鞍型"驯化苗，栽种成活率大于95%。

（二）整地

割除山坡杂草，沿等高线，人工或挖掘机平行开挖、松土宽15～25 cm、深20～30 cm，行距40～50 cm，整理出栽苗畦地。

（三）种植

先摆放种苗在畦地，对种苗的根部喷施申嗪霉素稀释液，再用小锄头挖穴进行栽种。

（四）田间管理

每年3—8月白及生长发育季节，每隔20～30天，割除行间杂草，控制杂草不捂住白及叶片，透风、透光即可。

（五）合理施肥

亩施300～400 kg腐熟农家肥，以及10～20 kg复合肥，拌匀后结合松土做底肥；每年冬季白及倒苗期，每亩施腐熟农家肥500～600 kg，以及15～25 kg复合肥，拌匀后一次性撒施。

（六）病虫害防治

白及病虫害防治应以农业措施为主、施药防治为辅原则进行，若必须施药防治，应采取早治早预防原则。

1. 块茎腐烂病

症状：患病块茎呈水渍状变黑腐烂至根部变黑死亡；地上部茎叶出现褐变长型枯斑，重者全叶褐变枯死。

病原：丝核菌属 *Rhizoctonia* sp. 真菌。

发病规律：6月下旬至9月上旬是病害多发时期，田间虫伤或机械损伤可加重该病发生。

防治方法：选用无病健康的块茎作野生抚育补栽。对地下害虫如金针虫等进行防治。发病期，可以选用1%申嗪霉素悬浮剂1 000倍液等药剂灌根。

2. 褐斑病

症状：患病植株的叶沿叶尖向下呈黄褐色云纹状病斑，一般成叶易受害，初生心叶不易受害。少数患病较重的植株整片叶都受害枯死，但同株相邻叶片仍能生长正常。

病原：该病属于生理性病害。

发病规律：在贵州白及种植地 4 月上旬至 9 月上旬为该病发生期，此病发生较普遍，但仅限于叶尖部。人工栽培地此病发生较普遍。

防治方法：加强栽培管理。

3. 灰霉病

症状：病菌为害叶片。染病叶片初呈褐色点状或条状病斑，后扩大呈褐色不规则大型病斑，多个病斑可联合成更大的病斑或覆盖全叶造成叶片过早枯死。叶背面病斑湿度大时可形成灰色霉层，即病原孢子。

病原：葡萄孢属（*Botrytis* sp.）真菌。

发病规律：病菌以菌核随病残体或在土壤中越冬，翌年 4 月初萌发，产生分生孢子侵染，以后病部又产生孢子，借气流、雨水进行再侵染。适于发病的条件为气温 20℃ 左右，相对湿度 90% 以上。有连续阴雨，病情扩展快。在贵州白及种植地，6—7 月上旬雨季为发病期。

防治方法：发病田应及时清园消灭病原。发病期可选用 1% 申嗪霉素悬浮剂 1 000 倍液、40% 嘧霉胺悬浮剂 600 ~ 880 倍液、40% 多抗霉素 400 ~ 800 倍液等喷施。

4. 蚜虫

为害特点：在白及抽薹开花的嫩梢上为害，严重的造成节间变短、弯曲，畸形卷缩，造成种子瘪小。

生活习性：中国各地蚜虫均以春秋两季发生严重，夏季受高温、大风或降雨的影响发生较少。1 年可发生十余代至数十代。菜蚜对黄色有趋性，对银灰色有负趋性。蚜虫的天敌有瓢虫、草蛉、食蚜蝇和蚜茧蜂等。

防治方法：田间挂黄板涂粘虫胶诱集有翅蚜或距地面 20 cm 架黄色盆，内装 0.1% 肥皂水或洗衣粉水诱杀有翅蚜虫。在田间铺设银灰色膜或挂拉银灰色膜条驱避蚜虫。适时进行药剂防治，可选用 10% 吡虫啉 4 000 ~ 6 000 倍液喷雾，50% 抗蚜威可湿性粉剂 2 000 ~ 3 000 倍液，40% 吡蚜酮水分散粒剂 2 000 ~ 3 000 倍液，10% 氯氰菊酯乳油 2 500 ~ 3 000 倍液。

上述林下种植关键技术，可于白及生产适宜区内，并结合实际因地制宜地进行推广应用。

（七）药材合理采收、初加工与储运养护

1. 采收时间

白及秋冬种后的第三年、第四年或第五年的 7—10 月采挖。

2. 采收方法

白及块茎数个相连，采挖时用可以采用两齿尖锄离植株 30 cm 处逐步向茎秆处挖取，除掉地上茎叶，抖掉泥土，就地清洗或运回加工，鼓励采用轻简化机械采收。

3. 批号制定

按照同一生产基地、同一种苗来源、同一采收时间采收的新鲜白及药材，并经与一次性投料初加工所产出的初加工品为同一个批次。其批号采用"生产基地代号 + 种苗来源代号 + 年 / 月 / 批次"的原则制定。

4. 合理初加工

将采挖的白及，洗去泥土和杂质，置开水锅内煮或烫至内无白心时，要随时搅动，保证其生熟均匀，随即捞起，不能煮熟煮透，宜在水泥地面晒至全干，遇到阴雨天及时烘干。也可趁鲜切片，干燥即可。

5. 合理包装

将干燥白及按 30 ~ 40 kg 打包装袋，用无毒无污染材料严密包装。在包装前应检查是否充分干燥、有无杂质及其他异物，所用包装应符合药用包装标准，并在每件包装上注明品名、规格、等级、毛重、净重、产地、批号、执行标准、生产单位、包装日期及工号等，并应有质量合格的标志。

6. 合理储运

白及含糖量高，易受潮，宜置于通风、干燥、阴凉、无异味处，并注意防潮、防虫蛀。储藏期间应持续保持环境清洁，一旦发现受潮，必须及时进行晾晒。

7. 合理运输

在运输时应选择清洁、干燥、卫生、无污染、无异味、通气性良好的运输工具，运输过程应防止雨淋、暴晒。严禁与其他有毒有害物混存混运。

五、药材质量要求

现阶段，白及质量检测主要按《中华人民共和国药典》（2020 年版一部）标准执行。本品呈不规则扁圆形，多有 2 ~ 3 个爪状分枝，少数 4 ~ 5 个爪状分枝，长 1.5 ~ 5 cm，厚 0.5 ~ 1.5 cm。表面灰白色或黄白色，有数圈同心环节和棕色点状须根痕，上面有凸起的茎痕，下面有连接另一块茎的痕迹。质坚硬，不易折断，断面类白色，角质样。无臭，味苦，嚼之有黏性。其水分含量不得超过 15%，总灰分不得超过 5%，二氧化硫残留量不得过 400 mg/kg。含 1,4- 二（4-葡萄糖氧）苄基 -2- 异丁基苹果酸酯（$C_{34}H_{46}O_{17}$）不得少于 2.0%。

第三节　黄精林下种植技术

黄精，为百合科植物滇黄精、黄精或多花黄精的干燥根茎。按形状不同，习称"大黄精""鸡头黄精""姜形黄精"。具有补气养阴，健脾，润肺，益肾的功效。用于治疗脾胃气虚，体倦乏力，胃阴不足，口干食少，肺虚燥咳，劳嗽咳血，精血不足，腰膝酸软，须发早白，内热消渴等症。历版《中华人民共和国药典》均有收载。

一、品种选择

贵州地区为多花黄精的道地产区之一，可选择多花黄精贵多花1号进行种植。根状茎肥厚，通常连珠状或结节成块，少有近圆柱形，直径 1～3 cm。茎圆形，长度与生长年限有关，通常 20～120 cm，具 10～30 枚叶。植株 3 月份萌发，叶背有白粉，互生，椭圆形或卵状披针形，长 10～18 cm，宽 2～7 cm。干时褐色，先端尖至渐尖。叶花同期，花期 3—6 月，花序具（1～）2～7（～14）花，伞形，总花梗长 1～4（～6）cm，花梗长 0.5～1.5（～3）cm；苞片微小，位于花梗中部以下或不存在；花被黄绿色，全长 18～25 mm，裂片长约 3 mm；花丝长 3～4 mm，两侧扁或稍扁，具乳头状突起至具短绵毛，顶端稍膨大乃至具囊状突起，花药长 3.5～4 mm；子房长 3～6 mm，花柱长 12～15 mm。浆果，成熟时黑色，直径约 1 cm，具 3～9 颗种子，果期 6—11 月。药用部位为根状茎，3 年后根状茎可采收。采收后经产地加工成黄精药材。

二、适宜种植区域

（一）生态适宜区

根据调查，目前多花黄精的自然分布在四川、贵州、湖南、湖北、河南（南部和西部）、江西、安徽、江苏（南部）、浙江、福建、广东（中部和北部）、广西（北部）。

贵州的多花黄精主要分布于黔北、黔东北、黔南，黔东南、黔中等地。除上述种植适宜区外，贵州其他各县（市、区）凡符合多花黄精生长生态要求与习性的区域均为其种植适宜区。

（二）生态环境要求

多花黄精生林下、灌丛或山坡阴处，海拔 450 ~ 2 100 m，年均气温为 15 ~ 25℃，降水量为 1 000 ~ 2 200 mm 的低山丘陵地带。

三、林地选择

（一）针阔混交林

选择土层深厚、肥沃、排水和保水性能较好的壤土或沙质壤土，种植地坡度≤ 45°，坡向为东坡或北坡，远离污染源、郁闭度 0.2 ~ 0.7 的针阔混交林。

（二）杉木林地

宜选择土层深厚，排水良好的杉林地，郁闭度 0.2 ~ 0.7，种植地坡度≤ 45°，坡向为东坡或北坡的杉木林下种植。宜采用免耕松土挖穴种植。

（三）毛竹林地

宜选择土层深厚，疏松透气，排水良好，郁闭度 0.2 ~ 0.7，种植地坡度≤ 45°，坡向为东坡或北坡的毛竹林地，采用林下免耕松土挖穴种植。

（四）油茶、茶林地

宜选择幼林期，利用行间空地进行免耕松土挖穴种植。郁闭度 0.2 ~ 0.7，种植地坡度≤ 45°，坡向为东坡或北坡。采用行间挖穴种植。

四、林下种植技术

（一）种茎选择

多花黄精繁殖分种子繁殖和块茎繁殖两种。生产上一般采用块茎繁殖，种茎应完整、大小均匀、无病虫害且具有健壮萌芽为宜。

（二）整地

11—12 月施用腐熟农家肥 1 000 ~ 1 200 kg/ 亩，对土壤进行深翻 15 cm，整平耙细。按照畦高 25 cm，宽 100 cm，沟间距宽 30 cm 做畦，长度视地块而定，浇足底墒水。

（三）种植

种植前将种茎切成段，每段种茎带芽 1~2 个，切口用多菌灵或甲基硫菌灵溶液（1∶800）浸泡 45 分钟；或在切口上蘸上草木灰浆后晾干再进行种植。

一般于春季 2 月下旬至 3 月上旬或秋季 10—11 月选择晴天进行种植。前茬作物避免种植百合科及茄科作物。每个种茎鲜重以 30~60 g 为宜，每亩用种量一般为 60~120 kg，林下种植密度一般为 2 000 株/亩，沿厢面按株距 20~35 cm，行距 30~40 cm 进行开沟，沟深 7~10 cm，将多花黄精的芽向上放置，将沟覆平或略高于床面，浇透水。

（四）田间管理

1. 除草

多花黄精出苗后需进行松土除草，松土要浅，避免伤根。4—10 月视杂草的生长情况，于多花黄精的生长初期、生长旺盛期和开花结果期 3 个关键时期进行除草，1 年除草 3~4 次。

2. 培土

培土应结合中耕除草进行，及时把垄沟内的土壤培在多花黄精根部周围，防止根茎见光后变绿，影响多花黄精正常生长和收获后的商品质量。

3. 追肥

施肥应结合中耕锄草进行，多花黄精生长前期需肥较多，4—7 月可根据土壤墒情和多花黄精生长情况，施入腐熟农家肥 500~800 kg/亩或复合肥 40 kg/亩。11—12 月重施冬肥，亩施腐熟农家肥 800~1 200 kg，与过磷酸钙 30 kg 混合均匀，条播后立即顺行培土盖肥。

4. 修剪打顶

5 月初即可对多花黄精进行打顶处理，及时将花蕾摘除，以阻断养分向生殖器官聚集，促使养分向地下根茎积累。

（五）病虫害防治

多花黄精病虫害防治应坚持"农业防治、物理防治、生物防治为主，化学药剂防治为辅"的原则，若必须施药防治，应早治早预防。

多花黄精的病害主要有叶斑病、黑斑病；虫害主要有小地老虎、蛴螬，蚜虫等。

1. 叶斑病

症状：主要为害叶片，发病初期由基部叶开始，叶面上生褪色斑点，后病斑扩大呈椭圆形或不规则形，大小 1 cm 左右，中间淡白色，边缘褐色，靠近健康组织处有明显黄晕。病情严重时，多个病斑结合引起叶枯死，并可逐渐向上蔓延，最后全株叶片枯死脱落。

发病规律：该病一般于 6 月初在冬季未死亡的植株叶上出现新病斑，然后于 7 月初转移到当年萌发出的新植株基部叶上始发，并逐渐上移，到 7 月底发病已较严重，出现整株枯死的现象，8—9 月发病达到顶峰。10 月发病植株上又有零星病斑出现，11 月上旬此病普遍发生且病症严重。

防治方法：选用无病、健壮的种茎进行种植；加强林间管理，收获时清园；平衡水肥，适时做好松土除草工作；发病期可采用 80% 多·福·锌可湿性粉剂 700 ~ 800 倍液喷雾防治，每 7 ~ 10 天喷 1 次，连喷 2 ~ 3 次。

2. 黑斑病

症状：发病初期叶尖部出现黄褐色病斑，随着病斑蔓延扩散，病斑变深成黑褐色，最后整个叶片枯死发黑，悬挂于茎秆上不脱落。

发病规律：5 月底该病开始在老植株叶上发生，7 月初在新生植株上出现，7—8 月该病发生较严重。因黑斑病是从顶部向下蔓延，但蔓延速度较慢，到 7 月底时发病程度较叶斑病轻。该病还可危害果实，在幼果上形成褐色圆形病斑。

防治方法：选用无病、健壮的种茎进行种植；收获时清园，消灭病残体；发病前及发病初期喷 0.3% 四霉素水剂 800 ~ 1 000 倍液或 80% 代森锰锌可湿性粉剂 500 倍液，每 7 ~ 10 天 1 次，连续喷施数次。

3. 小地老虎

为害特点：主要危害多花黄精的心叶或者嫩芽，切断幼苗近地面的根茎部，使整株死亡，造成缺苗断垄，严重影响产量。

生活习性：小地老虎主要在夜间或者阴雨天气出土活动。

防治方法：可采用黑光灯诱杀成虫。根据地老虎幼虫在 1 ~ 3 龄期抗药性差和暴露在地面上的特点，可使用 200 g/L 氯虫苯甲酰胺悬浮剂 5 000 倍液或 23% 高效氯氟氰菊酯微囊悬浮剂 7 000 ~ 8 000 倍液，每 7 ~ 10 天 1 次，连续喷施 2 次，2 亿孢子 /g 金龟子绿僵菌 CQMa421 颗粒剂 4 ~ 6 kg/亩穴施或沟施，3% 辛硫磷颗粒剂 5 ~ 8 kg/ 亩沟施。

4. 蛴螬

为害特点：主要咬断多花黄精的幼苗或苗根，造成断苗或根部空洞，危害严重。

生活习性：蛴螬幼虫和成虫在土中越冬，成虫白天藏在土中，20—21时进行取食等活动。具有假死和负趋光性，并对未腐熟的粪肥有趋性。

防治方法：施用粪肥要充分腐熟；用黑光灯或毒饵诱杀成虫；药剂防治可用 2 亿孢子 /g 金龟子绿僵菌 CQMa421 颗粒剂 4 ~ 6 kg/ 亩穴施或沟施，3% 辛硫磷颗粒剂 5 ~ 8 kg/ 亩沟施。

5. 蚜虫

主要危害多花黄精的顶芽、嫩叶和花芽。成虫、若虫通过吮吸植株幼嫩部分汁液，导致叶片变黄，严重阻碍植株生长。同时蚜虫又是传播病毒的媒介，蚜虫大量繁殖不仅会导致植物顶部的叶和花大量脱落，严重时还会导致植株死亡，造成减产。

生活习性：蚜虫的繁殖力很强，当 5 天的平均气温稳定上升到 12℃以上时，便开始繁殖。气温为 16 ~ 22℃时最适宜蚜虫繁殖、干旱或植株密度过大有利于蚜虫为害。

防治措施：收获时清园，消灭越冬虫源；摘除多花黄精植株受害部分；采用黄色黏虫板进行防控；蚜虫危害期喷洒 0.5% 苦参碱水剂 500 ~ 600 倍液，10% 吡虫啉可湿性粉剂 2 000 ~ 3 000 倍液，10% 烯啶虫胺水剂 2 000 ~ 3 000 倍液喷雾，每 7 ~ 10 天 1 次，连续喷施 2 ~ 3 次。

（六）药材采收与初加工

1. 采收时间

多花黄精根茎繁殖周期一般为 3 年以上。春、秋两季采收均可，以秋末冬初采收的根状茎肥壮而饱满，质量最佳。一般宜在多云无雨或者无霜的阴天采收。

2. 初加工

除去须根，洗净，置沸水中略烫或蒸至透心，干燥。

（七）药材质量要求

现阶段，多花黄精质量检测主要按《中华人民共和国药典》（2020 年版一部）标准执行。水分不得过 18.0%。总灰分不得过 4.0%。铅不得过 5 mg/kg；镉不得过 1 mg/kg；砷不得过 2 mg/kg；汞不得过 0.2 mg/kg；铜不得过 20 mg/kg。浸出物不得少于 45.0%，本品按干燥品计算，含黄精多糖以无水葡萄糖（$C_6H_{12}O_6$）计，不得少于 7.0%。

第四节　半夏林下种植技术

贵州道地药材半夏为天南星科多年生草本植物 *Pinellia ternate*（Thunb.）Breit 的干燥块茎，《中华人民共和国药典》历版均予收载，质坚实，断面洁白，富粉性。气微，味辛辣、麻舌而刺喉。又名麻芋果、三叶半夏、珍珠半夏、三叶老、麻芋头、野芋头、燕子尾等。

一、品种选择

建议选择毕节市农业科学研究所等单位选育的赫麻芋 1 号、赫麻芋 2 号。

（一）赫麻芋 1 号

生育期 150 天、株高 5.2 cm，叶片为桃叶型，三出复叶中裂片叶长 6.3 cm，叶宽 3.0 cm，单种茎出苗数为 2 ~ 4 株，种茎与第一珠芽距离 2.0 ~ 13.0 cm。幼苗叶片卵状心形至戟形，全缘 1 ~ 3 叶，嫩黄色，后期叶色变深成墨绿色，成株期叶片呈 180° 斜立式分布。叶鞘部有珠芽形成，珠芽在母株上萌发或落地后萌发，通过覆土管理，可形成新块茎。5—7 月进入花期，花序为肉穗花序，具佛焰苞，佛焰苞绿色或淡绿色，檐部有时边缘青紫色，雌雄同株，自花授粉，花柄长 12.57 cm，鼠尾长 4.35 cm，佛焰苞长 6.74 cm，浆果卵圆形，8 月成熟。植株 8 月中旬开始倒苗，9—10 月进入地下块茎采收期。块茎类球型，直径 0.6 ~ 3.2 cm，表皮淡褐色，内质粉质白色。药用部分为地下块茎，采挖后经去皮加工并晒干即为半夏药材。

（二）赫麻芋 2 号

生育期 160 天、株高 12.0 cm，叶桃叶型，三出复叶中裂片叶长 8.3 cm，叶宽 3.6 cm，单种茎出苗数为 2 ~ 6 株，种茎与第一珠芽距离 3.5 ~ 12.0 cm。幼苗叶片卵状心形至戟形，全缘 1 ~ 3 叶，嫩黄色，后期淡绿色，成株期三裂复叶呈均匀平铺式分布。叶鞘部有珠芽形成，珠芽在母株上萌发或落地后萌发，通过覆土管理，可形成新块茎。5—7 月进入花期，花序为肉穗花序，具佛焰苞，佛焰苞绿色或淡绿色，檐部有时边缘青紫色，雌雄同株，自花授粉，花柄长 14.18 cm，鼠尾长 4.12 cm，佛焰苞长 6.12 cm，浆果卵圆形，8 月成熟。植株 8 月中旬开始倒苗，9—10 月进入地下块茎采收期。块茎类球型，直径 0.6 ~ 3.0 cm，多数集中在 0.8 ~ 2.2 cm，表皮灰白色，内质粉质白色。药用部分为地下块茎，采挖后经去皮加工并晒干后即为半夏药材。

二、适宜种植区域

（一）生态适宜区

半夏属植物全世界约有 8 种，中国产 7 种，其中 6 种为中国特有，我国半夏资源分布广泛，国内除内蒙古、新疆、青海、西藏未见野生外，其余各省均有分布，由于半夏产量日益减少或因部分地区用药习惯等缘故的，目前各地至少有同科 3 属共计 11 种植物充作半夏使用，贵州省有半夏、掌叶半夏、鞭檐犁半夏、象头花、滇南星 5 种。

（二）生态环境要求

半夏是一种浅根性植物，一般对土壤要求不严，除盐碱土、砾土、重黏土以及易积水之地不宜种植外，其他土壤基本均可，但以疏松、肥沃、深厚，含水量在 20% ~ 40%、pH 值 6 ~ 7 的沙质土壤较为适宜。野生多见于山坡、溪边阴湿草丛中或树林下。喜温和、湿润气候，怕干旱、忌高温。夏季宜在半阴半阳中生长，畏强光；在阳光直射或水分不足情况下，易发生倒苗。耐阴、耐寒，块茎能自然越冬。半夏具有明显的杂草性，具多种繁殖方式，对环境有高度的适应性。

三、林地选择

由于半夏属于耐阴性植物，可在林下进行间作。

（一）稀疏林地

宜选择日照较少、半阴半阳的稀疏林地，坡度小于 25°。排水良好的乔木林或灌木林地，郁闭度小于 0.7 以下；林下土壤宜选湿润肥沃、保水保肥力较强、质地疏松、排灌良好的沙质壤土，采用林下开厢 0.7 ~ 1 m 宽种植。

（二）幼林桑园

宜排水良好的幼林桑树林地，郁闭度小于 0.7 以下，采用桑林下开厢 0.7 ~ 1 m 宽种植。

（三）成龄果园

宜选择株行距较大的乔木果树林地，一般株行距大于 2.5 m，土壤疏松，采用果树株行间开厢 0.7 ~ 1 m 宽。

四、林下种植技术

（一）种茎选择

（1）采种田。采种田应与商品生产田分开，单留。用小粒块茎或种子繁殖，出苗齐的而无病虫田块作采种田。

（2）采种田管理。播种至收获加强肥水管理，注重有机肥的施用，避免大量施用氮肥，进行氮磷钾配合施用。

（3）采收时间。贵州留种地秋季 10 月中旬至 11 月下旬地上茎叶枯萎倒秧后采挖。贵州半夏留种地的产品最适采收期为 10 月中旬。为防留种块茎在土壤中腐烂，不提倡留种块茎在原留种地越冬。

（4）留种储藏。选留种时，严格剔除有虫伤或机械破损的块茎。半夏种茎选好后，入库前，在室内摊晾 2 ~ 3 天，随后将其拌以干湿适中的细沙土，储藏于通风阴凉处。入库后，注意温度、湿度的管理，并定期（前一个月 3 ~ 5 天，以后可以 7 ~ 10 天）翻动检查入库块茎，及时剔除染病块茎，确保块茎健康无病。

（5）种茎质量。种茎横径粗 0.5 ~ 1.5 cm、生长健壮、无病虫害的当年生中、小块茎作种用，要求纯度 ≥ 90%，净度 ≥ 90%，发芽率 ≥ 85%。

（二）整地

10—11 月，深土 20 cm 左右，除去砾石及杂草，使其熟化。半夏根系浅，一般不超 20 cm，且喜肥，生长期短，基肥对其有着重要的作用。栽种前将土深耕 20 ~ 30 cm 细耙，于栽种时再浅耕一遍，顺坡开 0.7 ~ 1 m 宽高厢，厢面背呈龟背形，四周开排水沟，结合整地每亩施用充分腐熟达到无害化卫生标准的农家肥 2 500 kg、加过磷酸钙 50 kg、看土壤状加硫酸钾 6 ~ 10 kg，浅翻入土中作基肥。

（三）种植

生产上多用块茎和珠芽繁殖，也可用种子育苗或用组织培养法进行无性快繁。

1. 块茎繁殖

于当年冬季或翌年春季取出储藏的种茎栽种，以春栽为好，秋冬栽种产量低。春栽，宜早不宜迟，一般早春 5 cm 地温稳定在 6 ~ 8℃时，即可用温床或火炕进行种茎催芽。催芽温度保持在 20℃左右时，5 天左右芽便能萌动。2 月底至 3 月初，雨水至惊蛰间，当 5 cm 地温达 8 ~ 10℃时，催芽种茎的芽鞘发白时即可栽种（不催芽的也应该在这时栽种）。适时早播，可使半夏叶柄在土中横生并长出珠芽，在土中形成的珠芽个大，并能很快生根发芽，形成一棵新植株，并且产量高。

播种分条播和撒播两种。

条播：按行距 12 ~ 15 cm 开沟，沟深 5 cm，宽 10 cm，在每条沟内交错排列栽植两行，将块茎芽眼向上，株距 5 ~ 10 cm，其上盖草皮火土灰 50 kg/ 亩，再覆土 5 cm，耙平。种子繁殖时，按 5 ~ 7 cm 行距开沟，撒入块茎，再盖土 1 cm，保湿。

撒播：用犁翻地后，将块茎或株芽均匀撒播，再撒饼肥和草木灰 50 kg/ 亩，覆土耙平。

贵州毕节的赫章、威宁、大方等地通常采用撒播方式。最适宜播种期在 2 月下旬到 3 月下旬。适宜播种量 150 ~ 200 kg/ 亩。为防杂草滋生，可适度增加播种量。

2. 珠芽繁殖

半夏每个叶柄上至少长有 1 枚珠芽，数量充足，且遇土即可生根发芽，成熟期早，是主要的繁殖材料。夏秋间，当老叶将要枯萎时，珠芽已成熟，即可采取叶柄上成熟的珠芽进行条播。按行距 10 cm，株距 3 cm，条沟深 3 cm 播种。播后覆以厚 2 ~ 3 cm 的细土及草木灰，稍加压实。也可按行株距 10 cm×8 cm 挖穴点播，每穴播种 2 ~ 3 粒。亦可在原地盖土繁殖，即每倒苗 1 批，盖土 1 次，以不露珠芽为度。同时施入适量的混合肥，既可促进珠芽萌发生长，又能为母块茎增施肥料，一举两得，有利增产。

（四）田间管理

1. 灌溉、排水

播种后，春季一般 20 天出苗，如遇严重干旱，适当浇水以保全苗，齐苗后及时中耕除草，并控制浇水，以防止地上部分生长过快，提高抗旱耐热能力。5 月后，随着气温升高，应多浇水，保持畦面湿润以便延迟倒苗。雨季积水，应及时排水，以防烂根。

2. 中耕除草

及时除草在半夏生产种植中是一项繁杂而重要的工作，因半夏植株矮小，其根生长在块茎周围，并且根系较浅，中耕除草时容易伤其根系。中耕深度一般不超过 5 cm，在半夏生长过程中要配合农药及时有效的除草，避免草荒影响半夏的产量。

3. 追肥、培土

半夏植株矮小，在生长期间要经常松土除草。除施足基肥外，还要及时进行追肥培土。半夏珠芽在土内才能很好地发育，故及时追肥培土是重要的增产措施。5 月下旬或 6 月上旬，当珠芽长成并有脱落时，每亩追圈肥 600 kg，撒于沟内，并把行间的土培在半夏苗上，以刚好盖住珠芽为度，不要把叶子盖在土内。培土次数可视植株生长情况而定，一般 1～3 次。另在半夏生长后期，每 10 天根外喷施 1 次 0.2% 磷酸二氢钾或 0.5 mL/L 的 α-萘乙酸（NAA）有一定的增产效果。如不留种要及时摘除花葶。

4. 遮阴

生产上可于 4 月中下旬畦边间套作玉米和豆类作物，6 月上、中旬作物长高或搭架遮阴，在有条件的情况下，可采用在温室大棚内种植半夏，这样可有效地调节气温及改善半夏遮阴环境。

（五）病虫害防治

半夏病虫害防治应以农业措施为主、施药防治为辅原则进行，若必须施药防治，应采取早治早预防原则。

1. 猝倒病（茎腐病）

症状：染病苗在茎基部近地面处患病茎病点产生浅褐色水渍状点斑，继而绕茎扩展，逐渐溢缩呈环线褐色状斑，萎缩腐烂，有的与块茎断裂，严重者全腐烂，叶片常呈青枯卷曲倒伏死亡。湿度大时，生白色棉絮状菌丝。染病苗地下茎出现基腐，基腐处常呈褐色斑。块茎受害呈湿腐状。

发病特点：病菌属土壤中栖居菌，条件适宜随时都有可能侵染引起发病。在半夏种植期和储藏期均有发生。田间虫伤或机械损伤均可加重该病发生。持续应用无性繁殖种球栽种多年，病害易发生受害严重，产量低。连作地也极易发生病害受害十分严重。若储藏期种球保管不妥，病害也易发生。

防治方法：①选用抗病品种，在选留种时，严格剔除有虫伤或机械破损的块茎，并定期翻动检查入库种球，及时剔除染病块茎；②播种时，认真选择块茎，确保块茎健康无病；③田间勤查，在病害少量发生初期时，采取对病苗连带土壤一起挖出的方法，并设置隔离带区控制病害扩展；

④发病初期施药防治，药剂可选用 8% 春雷·噻霉酮水分散粒剂 1 000 倍液或 50% 多菌灵可湿性粉剂 500 倍液等药剂灌施；⑤若有地下害虫如金针虫等要及时施药防治。

2. 细菌性软腐病

症状：患病叶片初为水烫状软腐不规则小斑，渐扩大，受害严重时全叶呈水烫状软腐病死亡，患病茎呈软腐烂状有异味。患病叶茎若遇太阳暴晒立即干枯死。患病地下部块茎迅速部分或全部腐烂，内组织呈石灰粉粒状，表观呈湿腐烂有异臭味，在半夏生长期，此病发生在田间一般呈点状分布，常以病苗为中心向四周发展，造成幼苗成片倒伏死亡。

发病特点：病菌属土壤中栖居菌，条件适宜随时都有可能侵染引起发病。在半夏种植期和储藏期均有发生。

防治方法：①选用抗病品种；②选留种时，严格剔除有虫伤或机械破损的块茎；③播种时，认真选择块茎，确保块茎健康无病。播种前，用 8% 春雷·噻霉酮水分散粒剂 1 000 倍液等，浸种 3~5 分钟后立即播种；④加强田间肥水管理，增加植株抗病能力；⑤在田间勤查，在病害少量发生初期时，采取对病苗连带土壤一起挖出的方法，并设置隔离带区控制病害扩展；⑥若施药防治可选用 8% 春雷·噻霉酮水分散粒剂 1 000 倍液或波尔多液等药剂灌施；⑦若有地下害虫如金针虫等要及时施药防治。

3. 储藏期块茎腐烂

症状：半夏种球主要表现为部分或全部腐烂。根据受害症状分为干腐和湿腐。干腐病块茎干燥，着生大量腐生菌（青霉、绿霉等），手掰病部呈粉块状。湿腐块茎病部组织呈水渍状腐烂，有的有异味。

发病特点：在正常情况下，块茎的腐烂主要在 8—9 月发生；半夏在地中的生长时间越长，其腐烂的情况越严重，产量也越低。

防治方法：①推广留种地与商品生产地分隔留种技术，选无病地块为留种地。重视留种半夏及时采挖；②选留种时，严格剔除有虫伤或机械破损的块茎。入库后，注意温度、湿度的管理，并定期（收种后入库第一个月 3~5 天，以后可以 7~10 天）翻动检查入库块茎，及时剔除染病块茎。

4. 半夏蓟马

蓟马以成虫和若虫群集在半夏较嫩的叶片正面，以锉吸式口器锉伤半夏幼嫩叶片正面组织，吸取叶片汁液取食为害。蓟马为害会严重影响半夏产量和质量，造成严重的经济损失。

症状：被害叶片呈白色或黑色小斑点并向内卷缩呈筒状，植株严重矮化。受害严重的植株矮化，叶片向内卷缩，呈花叶、白叶，皱卷成圆筒形，最后导致干缩、枯死。

形态：半夏蓟马成虫和若虫很小。初孵若虫乳白色，后渐淡黄色→粉红色→红色，成虫 1.5 mm 左右，黑褐色，腹部末节背面有一长尾须。

防治方法：蓟马为害高峰初期选用 360 g/L 虫螨腈悬浮剂 3 000～4 000 倍液、10% 多杀霉素 2 000～3 000 倍液喷雾、播种时采用 24% 苯醚·咯·噻虫悬浮种衣剂 667～1 000 mg/100 kg 种子拌种。

（六）药材采收与初加工

1. 采收

贵州最宜商品用半夏块茎产品的最适采收期为 8 月下旬至白露（9 月 8 日）前。过早采收会影响产量和质量，过晚采收造成难以去皮和晒干。采收时，从地块的一端开始，用爪钩顺垄挖 12～20 cm 深的沟，逐一将半夏挖出。起挖时选晴天，小心挖取，避免损伤。

2. 加工

收获后鲜半夏要及时去皮，堆放过久则不易去皮。先将鲜半夏洗净，按大、中、小分级，分别装入麻袋内，在地上轻轻摔打几下，然后倒入清水缸中，反复揉搓或将块茎放入筐内或麻袋内，在流水中用木棒撞击或穿胶鞋用脚踩去外皮，也可用去皮机除去外皮。不管采用哪种方法，均应将外皮去净、洗净、为止。再取出晾晒，并不断翻动，晚上收回，平摊于室内，不能堆放，不能遇露水。次日再取出，晒至全干。如遇阴雨天气，采用炭火或炉火烘干，但温度不宜过高，一般应控制在 35～60℃。在烘时，要微火勤翻，力求干燥均匀，以免出现僵子，造成损失。半夏采收后经洗净、晒干或烘干，即为生半夏。贵州半夏一般亩产鲜块茎 400～500 kg，折干率为 3∶1～4∶1。以个大、皮净、色白、质坚、粉足为佳。

五、药材质量要求

半夏质量检测主要按《中华人民共和国药典》（2020 年版一部）标准执行。本品呈类球形，有的稍偏斜，直径 1～1.5 cm。表面白色或浅黄色，顶端有凹陷的茎痕，周围密布麻点状根痕；下面钝圆，较光滑。质坚实，断面洁白，富粉性。无臭，味辛辣、麻舌而刺喉。水分不得过 14.0%，总灰分不得过 4.0%，浸出物不得少于 9.0%。本品按干燥品计算，含总酸以琥珀酸（$C_4H_6O_4$）计，不得少于 0.25%。

第五节　天冬林下种植技术

贵州道地药材天冬为百合科天冬属多年生攀缘草本植物天冬 *Asparagus cochinchinensis*（ Lour.）Merr. 的干燥块根，也称天门冬，为《中华人民共和国药典》历版收载，具有养阴润燥、清肺生津功效，主治肺燥干咳，腰膝酸痛，骨蒸潮热，内热消渴，咽干口渴，肠燥便秘。另外，研究发现，天冬具有抗肿瘤、抑菌、抗衰老、镇咳祛痰、抗蚊蝇等药理作用，倍受国内外药学工作者的关注。

一、品种选择

建议选择贵州野生驯化的品种天冬。根在中部或近末端成纺锤状膨大，膨大部分长 3~5 cm，粗 1~2 cm。茎平滑，常弯曲或扭曲，长可达 1~2 m，分枝具棱或狭翅。叶状枝通常每 3 枚成簇，扁平或由于中脉龙骨状而略呈锐三棱形，稍镰刀状。花期 5—6 月，果期 8—10 月。

二、适宜种植区域

（一）天冬生长习性

天冬野生资源分布于河北、山西、陕西、甘肃等省的南部至华东、中南、西南各省区，生于海拔 1 750 m 以下的山坡、路旁、疏林下、山谷或荒地上。天冬喜温暖、湿润的环境，耐严寒与干旱，适宜土层深厚、疏松肥沃、湿润、排水良好、酸碱度近中性的沙壤土。

（二）天冬在贵州的适生环境

贵州天冬自然分布海拔在 560~1 600 m，大部分生长在海拔 600~1 200 m。生长地貌特征主要有山坡土坎、陡坡杂木林、小溪边矮灌木下石缝中，其中以杂木林下较多，以樟科、壳斗科、漆树科、桑科等阔叶树种分布较多，而且都生长在枯枝落叶较多的石缝或乱石堆中，多由上层树木的枯枝落叶形成腐殖质土。适生环境中无强光直射，均为上层树木遮挡后透下的散射光。生长地坡度在 25°~45°，以 25°~40° 分布较多。分布无坡向之分。

三、林地选择

（一）针阔混交林地、针叶林地

选择海拔 1 750 m 以下的针叶混交林地、针叶林地，郁闭度 ≤ 0.5，坡度≤40°，土层深厚、疏松肥沃、湿润、排水良好、酸碱度近中性。

（二）油茶林地

宜选择油茶林地土层深厚、疏松肥沃、排水良好，坡度≤25°，在油茶株行距2 m×2 m 林地行间，按照80 cm×80 cm 株行距栽种天冬。

四、林下种植技术

（一）种苗选择

栽种的种苗具有5~8个5~10 cm 长的块根，株高≥25 cm，完整、健壮、无病害。

（二）整地

深翻土层30 cm，去除杂草杂树枝，整畦面宽120~150 cm、高20~25 cm，在整地过程中，厢面距离树基1 m 以上，留足生长空间。结合整地，每亩施腐熟农家肥1 000~1 500 kg，均匀撒于畦面，翻入土中，平整畦面，开好排水沟。

（三）种植方法

1. 种子繁殖

采收后的天冬种子搓去果肉，清洗干净，选择籽粒大、饱满、无病害的种子作种。春播在3—4月，秋播在8—9月。播种前，天冬种子放入50℃的清水中浸泡2天，捞出晾干待播。畦面开沟，行距15 cm，深3 cm，将种子均匀撒入沟中，盖上少量细土，加盖一层薄草保湿，并进行遮阴。约1年，当幼苗长出5~8个块根，可进行移栽。苗分级后在整好的畦面上按株行距60 cm×60 cm、深6~8 cm 穴栽，每穴内栽植1株苗。

2. 分株繁殖

于每年3—4月植株萌发前，将块根挖出，去掉泥土，选择优良块根，将块根分成3~5丛，每丛带芽1~2个。在整好的畦面上挖穴，穴深20 cm，直径20 cm，按照80 cm×80 cm 株行距进行栽种。每穴放入1株，填上细土，稍微压实，浇定根水。

（四）田间管理

1. 中耕除草

天冬每年除草3次。第一次除草在3—4月苗高30 cm 时进行，第二次在 6—7 月，第三次在 9—10 月。最后一次除草结合培土进行，保护植株基部，以利于越冬。除草勿锄断茎藤，中耕不宜过深，以免伤根。

2. 灌溉排水

天冬喜湿润环境，怕水涝。干旱时，及时浇水，保持土壤湿润；雨季及时排水，以免积水。

3. 追肥

追肥结合中耕除草进行。每年要施追肥 3 次，第一次追肥在 4 月下旬，主要促进萌芽出苗，每亩施腐熟农家肥 1 500 kg 和 7.5 kg 尿素。第二次在 6 月上旬，主要是促进新块根形成，每亩施腐熟农家肥 1 000 kg。第三次在 8 月下旬，主要是促进块根膨大增多，每亩施厩肥 1 000 kg。施肥时，应在畦边或行间开沟穴施下，注意避免肥料接触根部，施肥后覆土压实。

4. 搭架

当茎藤长到 50 cm 左右时，要设支架，支撑天冬茎藤缠绕生长，以防倒伏，另外方便以后采种。

（五）病虫害防治

天冬病害主要有立枯病、茎枯病、锈病、根腐病等，虫害主要有蚜虫、红蜘蛛。

1. 立枯病

危害症状：嫩芽染病后变成黑褐色，然后逐渐枯死。幼苗感染后根茎部变褐缢缩而折到枯死。

防治方法：发病初期用 15% 噁霉灵水剂 1 000～1 500 倍液、100 亿芽孢 /g 枯草芽孢杆菌可湿性粉剂 1 000 倍液、75% 百菌清可湿性粉剂 600～800 倍液或 50% 多菌灵可湿性粉剂 800～1 000 倍液喷施。

2. 茎枯病

危害症状：茎染病后有不规则的、灰白色至黑褐色的干枯病斑，严重时整个茎干枯坏死。

防治方法：用 100 亿芽孢 /g 枯草芽孢杆菌可湿性粉剂 1 000 倍液、325 g/L 苯甲·嘧菌酯悬浮剂 1 000 倍液、75% 百菌清可湿性粉剂 600 倍液、80% 代森锌可湿性粉剂 600～800 倍液或 70% 甲基硫菌灵可湿性粉剂 800～1 000 倍液等药剂喷施。

3. 锈病

危害症状：发病初期叶和茎有黄褐色稍隆起的病斑，严重时茎叶变黄枯死。

防治方法：用 2% 嘧啶核苷类抗菌素水剂 200 倍液、10% 苯醚甲环唑可湿性粉剂 1 000 ~ 1 500 倍液、15% 三唑酮可湿性粉剂 1 000 倍液、50% 萎锈灵乳油 800 倍液或 50% 硫磺悬浮剂 300 倍液等药剂喷施。

4. 根腐病

危害症状：染病根部初期呈褐色、水渍状腐烂，严重时整个根腐烂。

防治方法：及时拔出病株，用石灰消毒发病株穴；15% 噁霉灵水剂 1 000 ~ 1 500 倍液、100 亿芽孢 / 克枯草芽孢杆菌可湿性粉剂 1 000 倍液、用 50% 多菌灵可湿性粉剂 500 倍液或 50% 甲基硫菌灵 1 000 倍液喷施。

5. 蚜虫

危害症状：主要危害芽芯和嫩藤，导致整株藤蔓萎缩。

防治方法：用 0.5% 苦参碱水剂 500 ~ 600 倍液、10% 烯啶虫胺水剂 2 000 ~ 3 000 倍液喷雾或 10% 吡虫啉 1 000 ~ 2 000 倍液等喷施。

6. 红蜘蛛

危害症状：主要危害叶部，病叶主脉及叶柄变褐色，叶背出现紫褐色突起斑，后期叶柄霉烂，造成严重落叶。

防治方法：冬季清洁田园，集中销毁枯枝落叶或深埋；用 34% 螺螨酯悬浮剂 5 000 ~ 7 000 倍液、10% 阿维·哒螨灵乳油 1 500 ~ 2 000 倍液或 5% 阿维菌素乳油 5 500 ~ 10 000 倍液等喷施。

（六）采收与初加工

1. 采收时间与方法

天冬一般种植 3 ~ 4 年采挖为宜，采收期 9 月至翌年 3 月。采挖天冬时，可先将地上茎蔓割去，沿着植株外缘慢慢挖起全株，注意不可伤及块根，去除泥土，选取直径 3 cm 以上的块根作为商品，其余完整的小块根可留作种用。

2. 初加工

天冬块根洗净并去掉须根后，将块根分级，然后放入沸水或蒸笼中，煮或蒸至透心，趁热去净外皮，晒干或低温烘干。

五、药材质量要求

现阶段，天冬质量检测主要按照《中华人民共和国药典》（2020 年版一部）标准执行。本品呈长纺锤形，略弯曲，长 5 ~ 18 cm，直径 0.5 ~

2 cm。表面黄白色至淡黄棕色，半透明，光滑或具深浅不等的纵皱纹，偶有残存的灰棕色外皮。质硬或柔润，有黏性，断面角质样，中柱黄白色。气微，味甜、微苦。水分不得过 16.0%，总灰分不得过 5.0%，二氧化硫残留量不得过 400 mg/kg。浸出物不得少于 80.0%。

第六节　铁皮石斛林下种植技术

贵州著名地道特色药材铁皮石斛为兰科多年生草本植物铁皮石斛 *Dendrobium officinale* Kimura et Migo 新鲜或干燥茎，别名铁皮兰、铁吊兰、黑节草等，2010 年以前历代《中华人民共和国药典》将其收载在石斛项下，自《中华人民共和国药典》（2010 年版第一部）开始，将铁皮石斛从石斛项下单列出来，石斛与铁皮石斛虽各分列，但两者的性味归经及功能主治皆相同，均为味甘，性微寒。归胃、肾经。具有益胃生津、滋阴清热功能。用于热病津伤、口干烦渴、胃阴不足、食少干呕、病后虚热不退、阴虚火旺、骨蒸痨热、目暗不明、筋骨痿软。

一、种源选择

建议选择新品系贵斛 1 号。铁皮石斛茎直立，圆柱形，长 9~35 cm，粗 2~4 mm，不分枝，具多节，节间长 1.3~1.7 cm，常在中部以上互生 3~5 枚叶；叶二列，纸质，长圆状披针形，长 3~7 cm，宽 9~15 mm，先端钝并且多少钩转，基部下延为抱茎的鞘，边缘和中肋常带淡紫色；叶鞘常具紫斑，老时其上缘与茎松离而张开，并且与节留下 1 个环状铁青的间隙。总状花序常从落了叶的老茎上部发出，具 2~3 朵花；花序柄长 5~10 mm，基部具 2~3 枚短鞘；花序轴回折状弯曲，长 2~4 cm；花苞片干膜质，浅白色，卵形，长 5~7 mm，先端稍钝；花梗和子房长 2~2.5 cm；萼片和花瓣黄绿色，近相似，长圆状披针形，长约 1.8 cm，宽 4~5 mm，先端锐尖，具 5 条脉；侧萼片基部较宽阔，宽约 1 cm；萼囊圆锥形，长约 5 mm，末端圆形；唇瓣白色，基部具 1 个绿色或黄色的胼胝体，卵状披针形，比萼片稍短，中部反折，先端急尖，不裂或不明显 3 裂，中部以下两侧具紫红色条纹，边缘多少波状；唇盘密布细乳突状的毛，并且在中部以上具 1 个紫红色斑块；蕊柱黄绿色，长约 3 mm，先端两侧各具 1 个紫点；蕊柱足黄绿色带紫红色条纹，疏生毛；药帽白色，长卵状三角形，长约 2.3 mm，顶端近锐尖并且 2 裂。花期 3—6 月。

二、适宜种植区

（一）生长发育习性

铁皮石斛为多年生附生性草本。野生条件下常与苔藓植物伴生，附生于树干或岩石上，茎一般生活 2~3 年落叶后可开花结实，每颗果实内含有上万粒细小种子。一般在春末夏初开始生长，夏季进入快速生长期，秋季生长速度减慢，秋末冬初进入休眠期。三年生的茎可以采收为药材，随着生长年限延长根和茎均自行枯死。

（二）生态环境要求

铁皮石斛主产于安徽西南部、浙江东部、福建西部、广西西北部、四川、贵州、云南东南部等地。生于海拔 1 600 m 以下的山地半阴湿的岩石上。适宜在空气相对湿度在 70% 以上，生长期年平均温度在 17~22℃，铁皮石斛最适生长温度为 23~28℃，无霜期 250~350 天；年降水量 1 000 mm 以上的环境下生长。

（三）适宜种植区域

滇、黔、桂交界地区是优质铁皮石斛的主要产地和生长发育最适宜地区。贵州省兴义、安龙、兴仁、荔波、罗甸等地为铁皮石斛适宜种植区域。

三、林地选择

种植时选择稀树环境，通风、透气、温暖、湿润，林中无芳香类植物，周围无有毒植物分布，林下苔藓和蕨类植物丰富。林分郁闭度为 0.6~0.7、相对湿度为 60%~80%，生长季节温度为 20~30℃、冬季气温 -3℃ 以上，年降水量达 1 100~1 500 mm，交通便利，地势较平坦，水源充足，有野生兰花分布的区域最佳。

（一）阔叶树林地

选择胸径 10 cm 以上、分枝多、树冠浓密、林下湿润、通风、树干适中、树皮疏松，有纵裂沟、易管理的枫香、樟树、栎树、青冈、旱冬瓜等作为附主，也可选择马尾松、杉树等乔木作为附主。

（二）果树林地

宜选择梨树林、李树林等，有良好的水源且排水良好，地势平坦，空气流动性好。

四、种植技术

（一）种苗选择

选择铁皮石斛组培苗大棚驯化 18 个月，根系发达，植株茎段健壮，无病虫害的铁皮石斛组培种苗，每丛 3 ~ 5 株以上，其中新分蘖苗 2 ~ 3 株，铁皮石斛种苗质量标准见表 3-1。

表 3-1　铁皮石斛驯化种苗分级标准

编号	茎长 （mm）	茎粗 （mm）	叶片数 （片）	叶片长 （mm）	叶片宽 （mm）	节间数 （个）
I	≥ 60.00	≥ 6.5	≥ 6.0	≥ 31.0	≥ 12.0	≥ 6.0
II	40.0 ~ 60.0	6.5 ~ 5.5	4.0 ~ 6.0	27.0 ~ 31.0	10.0 ~ 12.0	4.0 ~ 6.0
III	≤ 40.0	≤ 5.5	≤ 4.0	≤ 27.0	≤ 10.0	≤ 4.0

（二）移栽技术

1. 活树附生栽种

（1）适宜栽种时间：2—4 月。

（2）附树选择。选择活树，朝阳坡向，一般选生长旺盛、无病虫害、主干较粗壮、树皮较厚，不易掉落的树或树高 >6 m，胸径 >10 cm 的乔木。成年松树、杉树以及龙眼的树皮表皮均较为粗糙，还有裂纹存在，具备很好的保水性，可选择用于种植铁皮石斛。

（3）栽种方法。将炼苗驯化 1 ~ 1.5 年的组培苗捆绑于离地面高 1.2 ~ 2 m 树干部位，捆绑材料可用遮阳网剪成 10 ~ 15 cm 带状，用无纺布或稻草也可，捆绑时自上而下呈螺旋状缠绕固定苗根部。

（4）栽种密度。层距 25 ~ 35 cm，每层丛距 6 ~ 8 cm。

2. 岩面附生栽种

（1）适宜移栽时间为 2—4 月。

（2）栽种方法。清除林下岩石的杂物，苔藓植物洁净后，移植于岩面，喷灌保持苔藓植物鲜活。再将铁皮石斛移栽于布满鲜活苔藓植物的石灰岩表面。

（3）栽种密度。株距 5 ~ 8 cm，行距 6 ~ 10 cm。

（三）种植管理

1. 定苗

移植后 1 个月，间除弱苗、病苗，并进行补缺补稀。

2. 肥水管理

4—9 月，铁皮石斛栽植基地空气湿度保持在 70%～90%，持续晴天在 10 时以前或 16 时后进行喷灌，浇水尽量用喷雾器把水分主要浇在叶面上，一般选择微酸性或中性水质，井水或雨水均可，不建议使用自来水，因为自来水中含有氯气。在幼苗种植初期不宜施肥，之后可适当施微量的促生根肥。使用肥料应符合绿色食品肥料使用准则。

3. 摘花

种植 1 年以上铁皮石斛 4—6 月开花，不留种的植株可以采摘花，及时加工成花茶。

4. 除杂除草

每年人工除杂除草 3～6 次。

（四）病虫害防治

遵循"预防为主，综合防治"的植保方针，通过加强种植管理，科学施肥等种植措施，采用农业防治、物理防治、生物防治为重点，必要时可用化学防治相结合的方式，但应限定化学农药的种类及用量、用药次数。林下种植，时有蜗牛、蚜虫、小地老虎等虫害。林下种植应尽可能避免病虫滋生的环境。

1. 石斛疫病

又称石斛猝倒病，其病原菌为烟草疫霉菌。主要为害当年移植的石斛苗，引起死亡。发病时首先在茎基部出现黑褐色病斑，呈水渍状，病斑向下扩展，造成根系死亡，引起植株叶片变黄、脱落、枯萎。严重时整个植株似开水烫过似的，随后叶片皱缩、脱落，不久整个植株枯萎死亡。

防控措施：加强通风，光线要充足，发病时要严格控水，及时去除病叶、病株及其根部基质；适期施药，合理选择药剂。可选择喷施木霉菌 300～500 倍、0.5% 小檗碱水剂 150～200 倍或 25% 嘧菌酯悬浮剂 1 500 倍。交替喷施，必要时可 3～7 天内再喷 1 次。

2. 石斛黑斑病

病原菌主要危害幼嫩的叶片，使叶片枯萎，产生黑褐色病斑，病斑周围叶片变黄，受害严重植株叶片全部脱落。该病菌基本不侵染老叶，但可侵染 2~3 年植株上抽出的新叶，多在 3—5 月发生。

防控措施：适时施药，合理选择药剂。可选择木霉菌 500 倍或 2% 嘧啶核苷类抗菌素水剂 200~400 倍等喷雾 2~3 次。

3. 石斛炭疽病

主要危害叶片及肉质茎，受害叶片出现褐色或黑色病斑，大量发生时可导致落叶，严重影响铁皮石斛的生长，1—5 月均有发生。该病原菌的分生孢子主要靠风雨、浇水等传播，多从伤口处侵染，栽植过密、通风不良、叶子相互交叉易感病。

防控措施：发现病株残体及时清除，保持环境清洁，适时施药，合理选择药剂。可选择喷施 10% 苯醚甲环唑水分散粒剂 1 000~2 000 倍、43% 戊唑醇悬浮剂 2 500~4 000 倍或 25% 咪鲜胺乳油 500~1 000 倍。隔 7~10 天喷 1 次，连续 3~4 次。

4. 蜗牛

蜗牛大多出现在春季气温上升时期的梅雨时节，以雨季为害最重，大多在石斛苗生长期发生。该虫发生普遍，发生面积大，可在短时间内发生严重为害。

防控措施：及时清除大棚内部杂草、枯枝败叶集中处理，注意周边环境的清洁卫生。可用麸皮拌敌百虫，撒在害虫经常活动的地方进行毒饵诱杀，也可使用胡萝卜、菜叶、豆叶、麸饼等盛在开口的器皿内作为诱饵，再集中杀死。在周边环境可撒生石灰、饱和食盐水，防止咬食嫩芽嫩叶。在药剂防治方面，可撒施 6% 聚醛·甲萘威毒饵或喷洒 80% 四聚乙醛可湿性粉剂 2 000 倍液。

5. 蚜虫

蚜虫主要为害新芽和叶片，5—6 月为蚜虫猖獗为害期，其分泌的蜜露可诱发煤污病，影响光合作用；此外，此虫还传播病毒引起病毒病，带来更大的为害。

防控措施：可选择使用挂黄板进行诱杀；释放蚜茧蜂或适期施药，合理选择药剂。药剂可选择喷雾 0.3% 苦参碱水剂 200~300 倍或 0.6% 乙基多杀菌素悬浮剂 1 000~1 500 倍等。

6. 小地老虎

小地老虎俗称地蚕、黑土蚕，在傍晚和清晨取食铁皮石斛茎基部，造成铁皮石斛死亡，以春秋季为害最重。

防控措施：减少虫源，可在冬春除草，消灭越冬幼虫；在生长期清除周围杂草，防止小地老虎成虫产卵；3月中旬开始，可使用糖醋液和黑光灯诱杀成虫；适期施药，合理选择药剂。药剂可选择喷雾5%高效氯氟氰菊酯微乳剂3 000～5 000倍或25%氰戊菊酯乳油2 000～4 000倍。

7. 菲盾蚧

寄生于铁皮石斛叶片边缘或背面，吸食汁液，5月下旬为孵化盛期。

防控措施：加强通风、降低湿度，减少虫口；少量发生，人工捕杀或软刷清除虫体；未形成蜡质时用药防控。药剂可选择喷雾25%噻嗪酮可湿性粉剂1 000～2 000倍或45%松脂酸钠水溶粉剂80～100倍。

（五）采收及初加工

1. 采收

11月至翌年3月选择晴天时采收，用剪刀将其基部剪断，进行采收。

2. 初加工

将采收的药材鲜条除去叶、须根等非药用部位和杂质。边加热边扭成螺旋形或弹簧状，烘干。或切成段，干燥或低温烘干，前者习称"铁皮枫斗"（耳环石斛）；后者习称"铁皮石斛"。

五、药材质量标准

现阶段，铁皮石斛质量检测主要按《中华人民共和国药典》（2020年版一部）标准执行。本品呈圆柱形的段，长短不等。其水分含量不得超过12.0%，总灰分不得超过6.0%，甘露糖与葡萄糖峰面积比应为2.4～8.0，浸出物含量不得少于6.5%，铁皮石斛多糖含量不得少于25.0%，甘露糖（$C_6H_{12}O_6$）含量应为13.0%～38.0%。

第七节 钩藤林下种植技术

钩藤为贵州道地药材，《中华人民共和国药典》历版均予收载。钩藤为茜草科植物钩藤 *Uncaria rhynchophylla*（Miq.）Miq.ex Havil. 的干燥带钩茎枝。性甘、凉，归肝、心包经。具有息风定惊，清热平肝的功效。用于肝风内动，惊痫抽搐，高热惊厥，感冒夹惊，小儿惊啼，妊娠子痫，头痛眩晕。

一、品种选择

选择国家地理标志保护产品"剑河钩藤"的当地品种，该品种为藤本，茎枝方柱形略有棱角，无毛；叶为纸质椭圆状长圆形，长 5 ~ 12 cm，宽 3 ~ 7 cm，两面均无毛，干时褐色或红褐色；头状花序不计花冠直径 5 ~ 8 mm，花柱伸出冠喉外，柱头棒形；果序直径 10 ~ 12 mm；小蒴果长 5 ~ 6 mm，被短柔毛。花、果期 5—12 月。

二、适宜种植区域

（一）钩藤资源分布

钩藤属植物在全世界约有 70 种，钩藤属药用植物在我国共有 14 种，主要分布于西南、中南和东南各地。目前已知作为商品药材使用的钩藤有 10 种。国产钩藤种类以云南和广西分布最多，各 12 种，其次为广东 10 种、贵州 6 种、四川 5 种、海南 3 种，湖北、湖南、福建、台湾各 2 种，安徽、江西、西藏、浙江各 1 种，分布规律从西向东和向南发展。在这些钩藤种类中，分布最广的是钩藤，分布于 11 个省（自治区），其次是华钩藤和毛钩藤。

（二）贵州钩藤适宜区环境

钩藤属种类多样性及分布钩藤主要分布在我国南方热带地区，贵州省全省均可见不同种类的钩藤资源分布，分布的海拔范围为 500 ~ 1 600 m。其中钩藤、华钩藤等为当地优势种，分布广，数量大。钩藤属植物主要生长在路边、林缘及山坡灌草丛、河边石灰山林、次生林等环境中，在路旁、沟边、山坡灌草丛中尤为繁茂。野生钩藤生长在杂木林中，伴生植物主要是高大的乔木，有松树、杉木、盐肤木、青冈树、樟树等，其次是灌木，有野生板栗树、油茶树等，还有一些带刺的蔷薇科藤本植物，如刺莓蔷薇等，因此分布有钩藤的环境，人类一般很难到达，在钩藤树下生长有喜阴的草本植物，吉祥草、淡竹叶、岩姜等。

三、林地选择

（一）针阔混交林地

选择包括松树、杉木、盐肤木、青冈树、樟树等高大乔木的针阔混交林，海拔宜在 450 ~ 1 250 m，坡度宜小于 45°，林分郁闭度宜选择 0.4 ~ 0.6。林下气温宜在 15 ~ 23 ℃，土壤弱酸性、有机质丰富、通气性良好。

（二）针叶林地

宜选择土层深厚，排水良好的松树、杉树等针叶疏林地、残次林地，坡度宜小于45°，林分郁闭度宜0.4~0.6，林下气温宜15~23℃，土壤弱酸性、有机质丰富。

四、种植技术

（一）种苗选择

通过漂浮育苗的方法，将装有草炭、蛭石等轻基质无土材料的泡沫穴盘中，浮于水面上，将钩藤种子播于基质中，秧苗在育苗基质中扎根生长，并能从基质和水床中吸收水分和养分。

幼苗生长至高10~15 cm、径粗2~5 mm时即可移栽至覆盖有地膜的苗圃地中，浇足定根水，然后按常规方法进行管理；移栽的株行距为10 cm×10 cm，移栽前苗圃土壤应施足底肥、表土应经喷雾消毒处理；底肥为腐熟牛厩肥，施加量为每亩2 000 kg；消毒剂是50%多菌灵可湿性粉剂700倍液。

（二）移栽技术

1. 挖穴

移栽前10~20天，人工或机械挖穴，行距2.5~3 m、株距1.5~2 m，穴径40~50 cm，穴深30~40 cm，打穴时表土、心土分开。配合挖穴，每穴分层施入腐熟农家肥5 kg或45%含量的复合肥0.25 kg，底肥需与穴中土壤拌匀。结合施底肥回填泥土，回填时先表土，后心土。

2. 移栽

每年3—5月或9—12月移栽。每亩种植167~200穴，每穴栽1株，根据钩藤根部情况挖穴，然后把苗直立放入穴中，扶正苗木，舒展根系，盖上细土。当填土至穴深一半时，将苗木往上轻提，使苗木根系舒展，填至根颈部后用脚采紧、踏实，覆土稍高于原地面，浇透定根水。

（三）管护技术

1. 补植

移栽定植后15~20天进行田间巡查，发现死苗、缺苗时，应在阴天或雨后补植同龄种苗，浇足定根水。

2. 水分管理

在定植后的半个月内，特别是遇到干旱，应及时浇水；在雨季应注意排水，避免积水导致的根系呼吸受阻，影响植株正常生长。

3. 追肥

定植当年返青成活后，施尿素每株 30 g。第二年起，6—7 月结合中耕除草，在离主干 20～30 cm 处挖深度 5～10 cm 深的环形沟，于沟内施入有机肥 0.5～0.8 kg，然后填沟并培土；11—12 月在离主干 20～30 cm 处，挖深度 5～10 cm 深的环形沟，并于沟内施入磷肥 0.3～0.5 kg，然后填沟并培土。

4. 除草

视田间杂草危害情况人工除草 3～6 次，去除的杂草可填埋在钩藤植株根部或带出种植地块统一堆放。

5. 修剪

（1）移栽当年。植株长至高 50 cm 左右时，应及时摘心，以促进分枝，防止徒长，当侧枝多余 3 枝时，应剪去弱枝、病枝，保留 3 个左右强枝。

（2）移栽后第二年。4—5 月，在抽生的萌蘖中选 3～4 个生长良好的作茎枝培养，其余的疏除。11—12 月，结合采收，将植株茎枝截成 50 cm 左右的短截。

（3）移栽三年后。当茎枝长到 2 m 左右，及时摘心。结合采收，留 4～8 个茎枝，并留 100 cm 左右短截，保持植株呈丛状。

（四）病虫害防治技术

钩藤植物栽培过程中病虫害较少，偶尔发生根腐病、蚜虫害和蛀心虫害。采取预防为主，综合防治原则，禁止使用国家禁用农药。

1. 根腐病

多发生于苗期，表现为幼苗根部皮层和侧根腐烂，茎叶枯死。采取开沟排水，防止积水对应处理。发现病株及时拔除销毁，病穴用石灰消毒或用 50% 多菌灵可湿性粉剂 2 500 倍液浇洒，以防蔓延。

2. 蚜虫

多发生于 4—5 月幼苗长出嫩叶时或 7—8 月危及植株顶部嫩茎叶。利用蚜虫对黄色有较强趋性的原理，在田间设置黄板。上涂机油或其他黏性剂引诱蚜虫并消灭；利用蚜虫对银灰色有负趋性的原理，在田间悬挂或覆盖银灰膜。每亩用膜 5 kg，在大棚周围挂银灰色薄膜条（宽 10 ~ 15 cm），每亩用膜 1.5 kg，驱避蚜虫。或利用银灰色遮阳网、防虫网覆盖栽培。

3. 蛀心虫

多发于 8—9 月，幼虫蛀入茎内咬坏组织，中断水分养料的运输，致使顶部逐渐萎蔫下垂。发现植株顶部有萎蔫现象，应及时剪除，从蛀孔中找出幼虫灭之。发现新叶变黑或成虫盛发期，可用 5% 甲氨基阿维菌素苯甲酸盐水分散粒剂 2 000 ~ 3 000 倍液喷雾、50% 呋虫胺可湿性粉剂 2 000 ~ 3 000 倍液喷雾或 50% 辛硫磷乳油兑水 6 000 ~ 7 500 kg 灌根。

（五）采收与初加工

1. 采收时间

钩藤栽后第二年就能采收，第三年达丰产。每年在 11 月后，钩藤茎枝变黄老熟，已木质化时采收。采收时间可延长至翌年 2 月。

2. 采收方式

用剪刀把带钩茎枝剪下（注意不能直接用手撕，影响侧芽萌发）或用镰刀将茎枝割下，去除叶片，理齐，捆扎成把即可运回加工。

3. 初加工

将采收来的带钩茎枝直接晒干或烘干。烘干是将钩藤从原料库房取出，分均排放烘烤架上，然后用水清洗干净，至钩藤全部湿透，确保钩藤水分充足，在推进烤房顺序排放烘烤，烘烤温度不超过 60 ℃，时间 50 ~ 60 小时。

若要切段，则把带钩茎枝剪成 2 ~ 3 cm 长的齐头平钩。加工场地环境和工具应符合卫生要求，晒场预先清洗干净，远离公路，防止粉尘污染，同时要备有防雨、防鼠、防家禽设施。

五、药材质量要求

现阶段，钩藤质量检测主要按《中华人民共和国药典》（2020 年版一部）标准执行。本品茎枝呈圆柱形或类方柱形，长 2 ~ 3 cm，直径 0.2 ~ 0.5 cm。表面红棕色至紫红色者具细纵纹，光滑无毛；黄绿色至灰褐色者有的可见白色点状皮孔，被黄褐色柔毛。多数枝节上对生两个向下弯曲的钩（不育花序梗）或仅一侧有钩，另一侧为突起的疤痕；钩略扁或稍圆，先端细尖，基部较阔；钩基部的枝上可见叶柄脱落后的窝点状痕迹和环状的托叶痕。质坚韧，断面黄棕色，皮部纤维性，髓部黄白色或中空。气微，味淡。水分不得过 10.0%。总灰分不得过 3.0%，浸出物不得少于 6.0%。

第八节　党参林下栽培技术

中药材党参是桔梗科党参属植物党参 *Codonopsis pilosula*（Franch.）Nannf.、素花党参 *Codonopsis pilosula* Nannf.var.*modesta*（Nannf.）L.T.Shen 或川党参 *Codonopsis tangshen* Oliv 的干燥根，既可作常用的中药材与其他药材配伍行用，也可作煲汤、泡茶等食用的佐料。主要选择温度和光照适宜的地点种植。

一、品种选择

贵州最适宜种植的黔党参，为桔梗科植物，品质上乘。茎基具多数瘤状茎痕，根常肥大呈纺锤状或纺锤状圆柱形，较少分枝或中部以下略有分枝，长 15 ~ 30 cm，直径 1 ~ 3 cm，表面灰黄色，上端 5 ~ 10 cm 部分有细密环纹。黔党参头尾粗细差异大，根头顶端有密集小疙瘩，头部下有致密的环状横纹，皮细嫩紧密，体结实肥壮，质坚而不重，香气浓郁，甜味化渣，是贵州省的道地药材。目前贵州省"威宁党参""洛党参"为国家地理标志保护产品，均为贵州优质党参品种。

二、适宜种植区域

党参为深根性植物，喜温和凉爽气候，耐寒，根部能在土壤中露地越冬。幼苗喜潮湿、荫蔽、怕强光。播种后缺水不易出苗，出苗后缺水可大批死亡。高温易引起烂根。大苗至成株喜阳光充足。适宜在土层深厚、排水良好、土质疏松而富含腐殖质的沙质壤土栽培。

我省党参种植主要集中在遵义市，铜仁市，毕节市。其中桐梓、石阡均有党参林下种植基地。

三、林地选择

党参性喜凉爽的气候，高温对其生长不利。党参对光照要求严格，幼苗喜阴，成苗后喜阳。党参忌连作，连作易发生病虫害。林地以杂木林较为合适种植。

育苗地宜选半阴坡地，土质疏松肥沃，腐殖质多，排水良好的沙质壤土。栽植地选择不严格，除盐碱地、涝洼地外，生地、熟地、山地、梯田等均可种植，但以土层深厚、疏松肥沃、排水良好的沙质壤土为佳。若选用生荒地，先铲除杂草，拣除石块、树枝、树根。

应选择符合《中药材生产质量管理规范认证管理办法》要求的桦、枫、榆、栎、洋槐等树林，以及这些树种植被的混交林、次生阔叶林及疏林地均可栽培，贵州省党参林下种植一般选择松树林和杂木林为主。海拔在 800～2 200 m 的山地、丘陵均可种植，坡度以缓坡为宜，30° 以上的陡坡应修成小梯田，以利于操作和后期保水。土层深厚，表层疏松（腐殖质10 cm 以上），富含腐殖质的沙土或沙壤土为好，含水量在 30%～50%，pH值 5.0～6.7 的微酸性或近中性的最好。

四、林下种植技术

（一）种子处理

党参用种子繁殖，所选用的种子应符合国家种子质量标准，发芽试验出芽率高，发芽势高，无杂草种子等，所用种子必须经过检验和检疫，合格后才可使用。种植前应进行种子消毒：将 50% 的多菌灵可湿性粉剂用清水稀释 600 倍，将种子浸泡 1 小时，消灭种子携带的病原物。

（二）移栽技术

1. 选地及整地

选择林下土层深厚、肥沃、疏松、排水良好的半阴坡，半阳坡，植被以十年生以上的次生阔叶林为佳。清除林下杂草、灌木和浅生于地表的树根，顺坡势整高床，床高 25 cm，上宽 100 cm，下宽 120 cm，床间作业道宽 40～50 cm，作业道踏实，中间微凹，以便雨季排水。每平方米床土拌入 8 g 50% 的多菌灵可湿性粉剂，整平待播。

2. 繁殖方法

（1）挖根栽植。于春末温暖时节，从山野挖取带茎叶的党参的植株，小心保护其根部不要受到损伤，然后栽植于深 15 cm 的沙性腐殖质土壤中。然后浇适量的缓苗水，这样栽种，成活率约 95%。

（2）茎段扦插繁殖。党参是蔓性藤本，匍匐在地时可以逐节生根，然后向地里生长。因此，用铁叉挖出带根的茎段，如 3～5 节处剪断，去掉下端 1～3 节叶，仅留下节处的根，然后把下端 1～3 个带根的节栽种于深10 cm 的沙性腐质土壤中。然后浇适量的缓苗水，这样栽种，成活率约 90%。

（3）种子繁殖。冬播缺苗严重，一般在春分过后，林下土层深 5 cm 处的温度达 10℃时即可播种。播种前先将种子放入布袋内，在 50℃温水中搅拌，揉搓至无黄水透出时，置于 18～25℃处催芽，每天用温水淘洗 1 次，5～7 天种子萌动露白即可。

3. 移栽

预先准备好地畦，地畦先翻土，把地表枯枝落叶埋入地畦约 30 cm 深处。移栽时把整个营养袋和党参苗种入地畦中，由于营养带周边都有小孔，党参的根能从营养袋里面伸出营养袋，带袋种植有利于保护根不受损伤。

移栽的行距为 50 cm，株距为 10～15 cm。移栽前每亩施有机肥 400～600 kg 作底肥。将肥均匀撒在穴底部，然后覆土 5～8 cm 后把带党参苗的营养带种入挖好的穴中，营养袋表面和地畦表面略低成窝状，有利于收集雨水及灌溉。栽后要浇适量的缓苗水。

（三）管护技术

1. 幼苗期

党参幼苗长出真叶在 5 月初。此时阔叶林均已展叶，起到了自然遮光作用，强光照不到林下，正适宜幼苗生产，但需注意，天旱时要喷水保墒。林下水分蒸发较慢，喷 1 次水可保土壤长时间湿润。当苗高 3 cm 时，可按 5 cm×15 cm 间苗定苗。

2. 伸蔓展叶期

定苗以后，党参进入快速生长阶段。主要表现在根系发育成型，缠绕茎伸长较快，叶片舒展，光合作用旺盛等方面。此时应注意：增大透光量，促进光合作用；就地采集灌木枝条，插枝搭架并引蔓上架或引蔓上树；6—7 月，雨季到来，降水量增大，要顺坡挖好排水道，及时排水防洪，以免造成烂根。

3. 花期

党参的花期在 7—9 月，一般当年生的党参所结的种子不成实，不宜留种，因此要及时把花蕾摘掉，以节约养分，增大根内干物质的积累。二年至多年生的党参，除需留种的以外，其他作货的党参都应及时摘花、打顶，保证根的质量和产量。

（四）病害防治

党参主要病害有根腐病和锈病，其危害特征及主要防治方法如下。

1. 根腐病

主要发生在二年生以上的党参植株。5—6月开始发生，发病初期，近地面处的侧根和须根部分变黑褐色腐烂，雨水多时会引起全株腐烂，地上部分枯死。其防治方法为：实行与大豆、小麦、油菜等不同作物的轮作；拣除带病的栽种苗；发现病株及时拔除，病穴用石灰消毒，以防蔓延；结合整地用多菌灵进行土壤消毒；发病初期，用1%申嗪霉素悬浮剂1 000倍液或0.3%四霉素水剂800~1 000倍灌根，每7~10天1次，连续2~3次。

2. 锈病

7—8月发生，危害叶片，病叶背面出现橙黄色微隆起的疮斑，破裂后散发黄色或锈色粉末，即为锈病的夏孢子。发病后使叶片干枯，造成早期落叶或嫩茎枯死。其防治方法为：清洗田园。烧毁枯枝、病残枝，消灭病源物；及时搭设支架，改变通风条件，降低田间湿度；发病初期用2%嘧啶核苷类抗菌素水剂200倍液、10%苯醚甲环唑可湿性粉剂1 000~1 500倍液或15%三唑酮可湿性粉剂1 000倍液喷雾防治。

（五）采收与初加工

采取直播方式种植的党参需3年才能收获，育苗移栽党参于第二年收获为宜。当秋季地上部分茎叶枯黄后，选晴天，小心深挖，挖出全根，避免挖伤或挖断，以免浆汁流出，形成黑疤，降低质量。

将收获的党参洗净分级，分别加工。先放在晒席上摊晒2~3天，当晒至参体发软时，将各级党参分别捆成小把，一手握住根头，一手向下顺揉搓数次，次日再晒出，晚上收回再进行顺搓，反复进行3~4次。然后将头尾整理顺直，扎成牛角把子，每把重1~2 kg为宜。然后再置木板上反复压搓，继续晒干即成商品。遇阴雨天，用60℃文火炕干。

五、药材质量要求

现阶段，党参质量检测主要按《中华人民共和国药典》（2020年版一部）标准执行，水分不得过16.0%，总灰分不得过5.0%，二氧化硫不得过400 mg/kg，浸出物不得少于55.0%。

第九节 三七林下种植技术

三七 *Panax notoginseng*（Burk.）F. H. Chen 为五加科植物的干燥根和根茎。具有化瘀止血，活血止痛的功效。主治出血症，跌打损伤，瘀血肿痛。又名田七、参三七，是我国名贵中草药，其药用历史悠久，曾享有"金不换""南国神草"之美誉。中外驰名的"云南白药"就是用三七作主要原料，在国药市场上占有很重要的地位。

一、品种选择

三七有田七、金不换、藤三七、兰花三七、菊三七、景天三七、姜状三七这 7 个品种，因藤三七对环境的适应能力最强，喜湿润、耐旱、耐湿，对土壤的适应性较强，贵州地区林下种植可以选择藤三七为主栽品种。

二、适宜种植区

（一）适宜区

三七适宜于冬暖夏凉的气候，不耐严寒与酷暑，喜半阴和潮湿的生长环境。海拔为 1 000～2 000 m，年均 14～18℃，最冷月均温 6～12℃，最热月均温 17～23℃，大于等于 10℃年积温 4 200～5 900℃，年降水量 900～1 300 mm，无霜期 280 天以上，三七对土壤的要求不是非常严格，一般除了过酸土壤与黏重土壤之外，其他类型的土壤都能够正常种植三七。但是为了保证三七正常生长，提高三七产量与品质，要保证土壤松软、腐殖质丰富。最好是以沙质土壤为主，保持一定倾斜度（坡度不得大于 15°），pH 值 4.5～8 生长较好。

（二）最适宜区

海拔为 1 400～1 800 m，年均温 15～17℃，最冷月均温 8～10℃，最热月均温 20～22℃，10℃年积温 4 500～5 500℃，年降水量 1 000～1 300 mm，无霜期 300 天以上，土质疏松、排水良好、富含腐殖质的沙壤土和带钙质的轻黏壤土及红壤土最适宜三七的生长发育，易获得高产，是三七生长的最适宜区。

三、林地选择

三七喜阴，宜选择树冠较大的树木下种植。林下种植三七要保证水源供应，保持林下土壤湿度，选择中偏酸性沙质壤土，排灌方便，具有一定坡度的地块，土壤 pH 值为 5.5~7.0。种过三七的老地要间隔 10 年以上或每亩土地用 50~70 kg 石灰做消毒处理。在选择好的土地上撒高效低毒农药防治地下害虫，选其中一种或两种撒于土表，深翻入土。晒土 20~30 天后再用生石灰撒于土表（每平方米 100 g）翻耕混入土壤中进行土壤消毒和中和土壤酸碱度。精整土壤后建园。

四、种植技术

（一）采种与育种

每年 10—11 月种子成熟，此时选择三至四年生、无病虫害、健壮的植株所结的果实，随熟随采，应选择籽粒饱满，色泽鲜红，大小均匀的果实，连同花盘一起采收、弃除水泡子，将鲜果实放在箩筐内，置于清水中，搓去果皮，洗净种子，稍晾，即可进行种子处理。

（二）种子处理

生产上多采用 0.3 波美度石硫合剂、1:1:200 波尔多液或 50% 甲基硫菌灵可湿性粉剂 1 000 倍液进行浸种约 10 分钟。浸后取出，用清水洗净药液，晾干备用。三七种子一般随采、随处理、随播种，不宜久放。如果 1~2 天播不完，要妥善保存；如需外运，用清水将红子（鲜果实）洗净，拌入细沙，装入箱内，以保持发芽能力。种子忌接触油盐。

（三）播种

于 10—12 月播种。多采用点播，先在畦面上用打眼器打眼，或用划行器定点，开浅沟，按行距 7 cm、株距 5~7 cm 的规格进行播种，每穴 1 粒。然后盖草保墒，盖草应切成 7 cm 的节草为宜。每亩播种量 10 万~12 万粒。播种作业完成后，要及时浇水，将畦面、畦头、畦边浇透，浇水时要轻浇、浇均、苗期主要做好防旱和排水。

（四）移栽

种苗移栽要求在 12 月至翌年 1 月现挖现栽，其株行距宜用 10 cm × 12.5 cm 或 10 × 15 cm 的模板打穴，使其休眠芽向下移栽，种植密度为 2.6 万~3.2 万株/亩。播种和移栽前须用 64% 噁霜·锰锌可湿性粉剂和 50% 多菌灵可湿性粉剂 500 倍液作浸种处理，栽完后覆盖细土拌农家肥，至看不见播种材料为止，其后撒一层粉碎过的山草或松毛。

五、田间管理

（一）浇水

三七在生长发育过程中，要保持一定的土壤湿度。尤其是干旱季节要注意浇水，做到轻、匀、适、透，不浇猛水、浑水。雨季时清理排水沟，注意排水，做到园内无积水，园外水畅通。

（二）除草培土

要及时拔除杂草，防止与三七争肥、争水，减少病虫传播。如根部裸露，要及时培土。

（三）追肥

生育期内，要适时追肥，掌握适量多次的原则。一般一年生、二年生的，于出苗展叶后，撒施草木灰，每亩 150~200 kg。每隔 15~20 天施 1 次，5 月加施 1~2 次厩肥，每亩 2 500 kg，6~8 日追 1 次粪水；三年生以上，一般 4 月中旬开始追肥，每月 1 次、苗期以粪水为主，每次 1 500~2 000 kg，并增施草木灰，保证植株健壮。雨季后，在现蕾期和抽薹开花初施厩肥，每次每亩 3 000 kg 左右，9—10 月再施 1 次盖芽肥，护芽促壮。

（四）调节温湿度

一般雨季，开园门，降低园内湿度；温高风大时，打开背风面园门，迎风面园门开上半，关下半使空气对流；寒冷天气园门全关。

（五）摘除花蕾

一般选择三年生植株留种，不留种的植株当花薹抽出 4 cm 左右时，应及时摘除，以免消耗养分。对留种三七园，要加强管理，有利于种子成熟、饱满。

（六）越冬管理

种子收获后，剪去植株，除去杂草，用 0.5 波美度石硫合剂或 1∶1∶100 波尔多液，喷洒三七园，畦面加盖草，适当培土，注意抗旱浇水，保持土壤湿润。

（七）荫棚管理

及时调整、修补荫棚，有利调节透光度，保证三七正常生长。一般出苗展叶期，荫棚不能过密，防止形成高脚病。

（八）病虫害防治

三七由于栽培年限长（2～3 年），且又生长于荫蔽高湿的栽培环境下，因此病害较多且蔓延迅速，遵循"预防为主，综合防治"的植保方针，主要病虫害与防治方法如下。

1. 立枯病

症状：危害种子、种芽及幼苗。种子受害腐烂呈乳白色浆汁状，种芽受害呈黑褐色死亡；幼苗受害假茎（叶柄）基部呈暗褐色环状凹陷；幼苗折倒死亡。

防治方法：①播种前用多菌灵或紫草液进行土壤消毒；②发现病株及时拔除，在病株周围撒施石灰粉，并喷洒 50% 甲基硫菌灵可湿性粉剂 1 000 倍液或 2% 甲基立枯磷乳油 1 000 倍液。

2. 根腐病

症状：危害根部，受害根部黑褐色逐渐软腐呈灰白色浆汁状，有腥臭味。

防治方法：①选排水良好的地块种植，雨季及时排水；②移栽时选用健壮无病三七；③及时拔除病株和用石灰消毒病穴；④发病期用 50% 多菌灵可湿性粉剂 100 倍或 50% 甲基硫菌灵可湿性粉剂 1 000 倍液浇灌病区。

3. 疫病

症状：主要危害叶片，受害叶片呈暗绿色水渍状。6—8 月高温多湿时发病重。

防治方法：①清洁田园，冬季拾净枯枝落叶，集中烧毁；②发病前喷 1∶1∶50 波尔多液，半月 1 次，连续 2～3 次，30% 烯酰·甲霜灵水分散粒剂 500～800 倍液、52.5% 噁酮·霜脲氰水分散粒剂 1 000～1 500 倍液或 250 g/L 嘧菌酯悬浮剂 800～1 000 倍 7 天 1 次，连续 2～3 次。

4. 炭疽病

症状：危害地上部，叶部病斑黄褐色，有明显的褐色边缘，后期病斑上生小黑点，易穿孔；叶柄和茎部病斑为中央下陷的黄褐色棱形斑；果实上病斑呈圆形微凹的褐色斑，高温多湿发病重。

防治方法：①清洁田园，及时烧毁枯枝落叶；②选用无病三七作种，移栽前用 1∶1∶200 波尔多液浸一下，晾干后移栽；③种子用 100～150 倍的 40% 福尔马林浸 10 分钟用清水洗净，晾干后播种；④发病初期喷 250 g/L 嘧菌酯悬浮剂 800～1 000 倍液、25% 咪鲜胺乳油 500～1 000 倍液或 36 喹啉·戊唑醇悬浮剂 800～1 200 倍液喷雾，7～10 天 1 次，连续 2～3 次。

5. 锈病

症状：主要危害叶片，叶上病处初呈针尖突起的小黄点，扩大呈圆形或放射状，边缘不整齐，病菌孢子堆破裂后散失黄粉。

防治方法：①冬季剪除病株的茎叶，喷1~2波美度石硫合剂；②发病初期喷2%嘧啶核苷类抗菌素水剂200倍液、10%苯醚甲环唑可湿性粉剂1 000~1 500倍液或15%三唑酮可湿性粉剂1 000倍液，7天1次，连续2~3次。

6. 白粉病

症状：主要危害叶片，病叶上布满灰白色粉末。

防治方法：①冬季清园并剪除病株叶，喷1~2波美度石硫合剂；②发病初期喷12%腈菌唑乳油1 500~2 000倍液、0.3波美度石硫合剂或50%甲基硫菌灵可湿性粉剂1 000倍液，7天1次，连续2~3次。

7. 短须螨

症状：使叶变黄，最后脱落。花盘和红果受害后造成萎缩和干瘪。

防治方法：①冬季清园，拾净枯枝落叶烧毁，清园后喷1波美度石硫合剂；②4月开始喷0.2~0.3波美度石硫合剂、用34%螺螨酯悬浮剂5 000~7 000倍液或10%阿维·哒螨灵乳油1 500~2 000倍液，每周1次，连续数次。

8. 蛞蝓

症状：咬食种芽、茎叶成缺刻。晚间及清晨取食危害。

防治方法：①冬季翻晒土壤；②种前每公顷用300~375 kg茶籽饼作基肥；③发生期于畦面撒施石灰粉、3%石灰水喷杀或撒施6%四聚乙醛颗粒剂。

（九）采收

春三七（不留种）10月采收，冬三七（留种）12月采收；采挖后洗去泥，毛根、块茎、剪口分开晾晒或烘烤干，保持含水量为12%~13%，分级待售。

六、药材质量要求

三七质量检测主要按照《中华人民共和国药典》（2020年版一部）标准执行。三七粉：取三七，洗净，干燥，碾成细粉。为灰黄色的粉末。气微，味苦回甜。本品按干燥品计算，含人参皂苷Rg1（$C_{42}H_{72}O_{14}$）、人参皂苷 Rb1（$C_{54}H_{92}O_{23}$）及三七皂苷 R1（$C_{47}H_{80}O_{18}$）的总量不得少于 5.0%。水分不得过 14.0%，总灰分不得过 6.0%，酸不溶性灰分不得过 3.0%，浸出物不得少于 16.0%。重金属及有害元素，铅不得过 5 mg/kg；镉不得过 1 mg/kg；砷不得过 2 mg/kg；汞不得过 0.2 mg/kg；铜不得过 20 mg/kg。

第十节　重楼林下种植技术

重楼原植物为百合科云南重楼 *Paris polyphylla* Smith var. *yunnanensis*（Franch.）Hand. ~ Mazz. 或七叶一枝花 *Paris polyphylla* Smith var. *chinensis*（Franch.）Hara。别名：蚤休、独脚莲、草甘遂、草河车等。以干燥根茎入药。重楼在历版《中华人民共和国药典》均予收载。《中华人民共和国药典》2020 年版称：重楼味苦，性微寒；有小毒；归肝经。具有清热解毒，消肿止痛，凉肝定惊功效。用于疔肿痈肿，咽喉肿痛，蛇虫咬伤，跌扑伤痛，惊风抽搐等症。

一、种源选择

选择七叶一枝花或云南重楼。

（一）七叶一枝花

植株高 35 ~ 100 cm，无毛；根状茎粗厚，直径达 1 ~ 2.5 cm，外面棕褐色，密生多数环节和许多须根。茎通常带紫红色，直径（0.8 ~）1 ~ 1.5 cm，基部有灰白色干膜质的鞘 1 ~ 3 枚。叶（5 ~）7 ~ 10 枚，矩圆形、椭圆形或倒卵状披针形，长 7 ~ 15 cm，宽 2.5 ~ 5 cm，先端短尖或渐尖，基部圆形或宽楔形；叶柄明显，长 2 ~ 6 cm，带紫红色。花梗长 5 ~ 16（30）cm；外轮花被片绿色，（3 ~）4 ~ 6 枚，狭卵状披针形，长（3 ~）4.5 ~ 7 cm；内轮花被片狭条形，通常比外轮长；雄蕊 8 ~ 12 枚，花药短，长 5 ~ 8 mm，与花丝近等长或稍长，药隔突出部分长 0.5 ~ 1（~2）mm；子房近球形，具棱，顶端具一盘状花柱基，花柱粗短，具（4 ~）5 分枝。蒴果紫色，直径 1.5 ~ 2.5 cm，3 ~ 6 瓣裂开。种子多数，具鲜红色多浆汁的外种皮。花期 4—7 月，果期 8—11 月。

（二）云南重楼

植株根状茎粗壮，茎高 20 ~ 100 cm，无毛，常带紫红色，基部有 1 ~ 3 片膜质叶鞘抱茎。叶 5 ~ 11 枚，绿色，轮生，长 7 ~ 17 cm，宽 2.2 ~ 6 cm，为倒卵状长圆形或倒披针形，先端锐尖或渐尖，基部楔形至圆形，全缘，常具一对明显的基出脉，叶柄长 0 ~ 2 cm。花顶生于叶轮中央，两性，花梗伸长，花被两轮，外轮被片 4 ~ 6，绿色，卵形或披针形，内轮花被片与外轮花被片同数，线形或丝状，黄绿色，上不常扩大为宽 2 ~ 5 mm 的狭匙形。雄蕊 2 ~ 4 轮，8 ~ 12 枚，花药长 5 ~ 10 mm，药隔较明显，长 1 ~ 2 mm。子房近球形，绿色，具棱或翅，1 室。花柱基紫色，增厚，常角盘状。花柱紫色，花时直立，果期外卷。果近球形，绿色，不规则开裂。种子多数，卵球形，有鲜红的外种皮。花期 4—7 月，果期 9—10 月。

二、适宜种植区域

贵州省毕节市的七星关、纳雍、威宁、赫章、大方等县区；铜仁市的梵净山区域；黔东南的剑河、雷山、台江、榕江等县区；六盘水市的水城等县区；黔南州的贵定、罗甸、云雾山；遵义市的正安、道真、务川、遵义；安顺市的西秀区、紫云等县市（区），均为重楼主要分布区域及生长最适宜区。

除上述生长最适宜区外，贵州省其他各县市（区）凡符合重楼生长习性与生态环境要求的区域均为其生产适宜区。

三、种植林地选择

种植地一般选择海拔 500 m（七叶一枝花）、1 100 m（云南重楼）以上、无污染源、郁闭度 0.5 ~ 0.8、坡度小于 45°、土层厚度 25 cm 以上的阔叶林或针阔混交林林地，也可选择经济林。以坡向东南或向东的阴坡、半阴坡中下部较肥沃的地块为宜。

（一）天然林

天然林下种植是指原生态林木种植重楼。选择土层较厚、富含腐殖质的常绿阔叶林、针叶和阔叶混交林，除去林下灌木，使郁闭度维持在 0.5 ~ 0.7。荫蔽不足的地方，可补搭遮阴棚；荫蔽度较高的地方，可间伐过密树枝。选择近水源且排水良好，土壤含水量 50% 左右，质地疏松，疏水性和保水能力都较强的微酸性夜潮土、腐殖土或灰泡土的林地。

（二）人工林

人工林下种植是指在重楼适宜产区，利用不同植物空间分层及生态习性互补的现象，采用重楼与经济林木套种的立体生态种植的种植方式。选择土层深厚、富含腐殖质、肥沃疏松的微酸性沙土或壤土，当土壤较为黏重时，可施用农家肥进行改良。栽种早期，若栽种的林木较小，可搭建遮阴棚，使郁闭度维持在 0.5 ~ 0.7。

四、林下种植技术

（一）种苗选择

选择苗龄 3 年以上的种子苗或切根繁殖苗作为种苗。

（二）整地

清除林下杂草灌木，采用修枝等技术适当调整林分郁闭度，使林内通风透光，尽量满足重楼生长要求。林地清理完成后，沿等高线方向进行带状整理，整地深度以 20 ~ 30 cm 为宜，畦面宽 100 ~ 120 cm，畦高 20 ~ 30 cm，畦面按地形地势而定。适当预留作业通道及排水沟。

（三）移栽技术

适宜的移栽时间，七叶一枝花为 10 月至翌年 1 月，滇重楼为 12 月至翌年 2 月种苗未萌动前。用小锄头在畦面上开 12 ~ 15 cm 深的种植沟，按株距 20 cm 将种苗放入沟内，理顺根系，芽头朝上；再按 20 cm 左右行距继续开挖种植沟，开第二条种植沟的土用来覆盖第一条种植沟，覆土厚度以盖住芽尖 5 ~ 7 cm 为宜，并稍加压实。覆土完毕后，在畦面盖一层厚 5 cm 的松针或枯枝落叶。有条件的种植地浇足定根水。

（四）管护技术

生长期一般不需浇水，在雨季，种植地要及时排水，以免烂根。在每年地上部分倒苗后，结合清沟培土施腐熟厩肥一次，用量为 100 ~ 140 kg/ 亩。尽量不用或少用化肥。根据实际情况及时除去杂草，除草一般采用人工拔草，做到见草就拔。不能使用化学除草剂。

（五）病害防治技术

贯彻"预防为主、综合防治"的植保方针。以农业防治为基础，实施生物防治和物理防治，辅以化学防治。主要病虫害与防治方法如下。

1. 根茎腐烂病

症状：受害根茎一般从尾部开始腐烂；腐烂根茎呈黑腐烂，腐烂部位呈湿软状软腐或棉状软腐。解剖根茎，黑色的腐烂物有恶臭味。

病原：小杆线虫属（*Rhabditis* sp.）线虫。

发病规律：田间湿度大、积水，气温高及根茎有创伤，易遭受感染。温棚种植的重楼易发病。田间 6—9 月为发病期。

防治方法：发病园区，可用 25 亿孢子/g 厚孢轮枝菌微粒剂 175～250 g/亩，与农家肥混匀后穴施，10% 噻唑膦颗粒剂 1.5～2.0 kg/亩撒施或 1.8% 阿维菌素乳油 300～400 倍液灌根防治。

2. 细菌性软腐病

症状：常见于重楼地上茎和叶片。发病时叶片基部、茎基部或根上部先产生水渍状病斑，淡灰黄色，组织黏稠湿腐，成烂泥状，有恶臭味，病斑四周扩展蔓延，造成茎基和根状茎、叶柄腐烂。

发病规律：病菌主要在存在与土壤中，从植株伤口侵入。由于病菌寄主广泛，可在土中寄居积存，整个生长期均可发生感染。

防治方法：定植前土壤需深翻暴晒，灭杀病原体。于发病初，及时在靠近地面的叶柄基部和茎基部喷淋 0.3% 四霉素水剂 500～800 倍液、8% 春雷·噻霉酮水分散粒剂 1 000 倍液或 12% 噻霉酮水分散粒剂 2 000 倍液，7～10 天喷药 1 次，共 2～3 次，重者进行灌根。出苗期喷洒上述药剂 1 次，预防发病。

3. 重楼灰霉病

症状：病菌危害叶片，茎秆。染病叶病部为水渍状、褐色至黑褐色、不规则大型病斑，多发生于叶缘，通常造成叶扭曲或软腐，严重时可造成叶过早软腐黑枯死。染病茎秆病部为水渍状、黑褐色、软腐并缢缩，严重时可造成染病茎秆上部软腐折倒或黑枯死。湿度大时，病部可形成灰色霉层为病原孢子。

发病规律：病原体通常在土壤中越冬，病菌耐低温度，光照弱、湿度过高、通风不良（种植密度过高）容易发病，常在雨季发生。发病适宜的条件为气温 20℃左右，相对湿度 90% 以上。有连续阴雨，病情扩展快。

防治方法：雨季来临时，选择 50% 异菌脲可湿性粉剂或 20% 嘧霉胺可湿性粉剂兑水喷雾，5～7 天用药 1 次，进行预防。初发时使用 50% 异菌脲可湿性粉剂按 1 000～1 500 倍液稀释喷施，5 天用药 1 次；连续用药 2 次，能有效控制病情。清理田园，将残株病叶清出田外，集中处理，可减少病原菌。雨季加强排水，在遮阳网上加盖塑料薄膜，降低墒面湿度。

（六）采收加工与储藏

1. 采收时间与方法

一般种植5年以上进行采收，在植株地上部分枯萎后、顶芽萌动前进行采挖最好。选择晴天进行采挖，挖出的根茎都去泥土、出去茎叶。采挖时尽量避免损伤根茎，保证根茎完好无损。

2. 产地加工与储藏

将采挖的根茎洗去泥沙，晴天时放在晒场晾晒干燥，雨天时用烤房或烤箱进行烘干，烘干时温度不宜过高，要经常反动。待水分要求符合《中华人民共和国药典》（2020版一部）要求后用干净布袋装好，储存在清洁、干燥、阴凉、通风、无异味的仓库中。做好防鼠、防虫工作，并定期检查，防治受潮霉变。

五、药材质量标准

现阶段，重楼药材质量检测按《中华人民共和国药典》（2020年版一部）标准执行。本品呈结节状扁圆柱形，略弯曲，长5～12 cm，直径1.0～4.5 cm。表面黄棕色或灰棕色，外皮脱落处呈白色；密具层状突起的粗环纹，一面结节明显，结节上具椭圆形凹陷茎痕，另一面有疏生的须根或疣状须根痕。顶端具鳞叶和茎的残基。质坚实，断面平坦，白色至浅棕色，粉性或角质。气微，味微苦、麻。其水分含量不得过12.0%，总灰分不得过6.0%，酸不溶性灰分不得过3.0%。含重楼皂苷Ⅰ（$C_{44}H_{70}O_{16}$），重楼皂苷Ⅱ（$C_{51}H_{82}O_{20}$）和重楼皂苷Ⅶ（$C_{51}H_{82}O_{21}$）的总量不得少于0.60%。

第十一节　独蒜兰林下种植技术

独蒜兰［*Pleione bulbocodioides*（Franch.）Rolfe］，兰科独蒜兰属半附生草本植物，属于国家二级保护植物和中国特有物种。原生于高海拔地区，性喜温暖湿润半阴环境，生长于常绿阔叶林下、灌木林缘腐殖质丰富的土壤上、溪涧岩石壁或附生于树上。花大而美丽，植株素雅高贵，具有极高观赏价值和园艺价值；以假鳞茎入药，始载于《本草拾遗》，其性味甘微辛，性寒，有小毒，归肝、脾经，具有清热解毒、化痰散结的功效，用于治疗痈肿疔毒、瘰疬痰咳、淋巴结核、喉癣肿痛、蛇虫咬伤及狂犬伤等。近年来，随着人们对独蒜兰药用价值认识的不断深入，其需求量与日俱增。

一、品种选择

选择独蒜兰为栽培品种，陆生植物，假鳞茎呈卵形至卵状圆锥形，上端有明显的颈，全长 1~2.5 cm，直径 1~2 cm，顶端具 1 枚叶。叶在花期尚幼嫩，长成后狭椭圆状披针形或近倒披针形，纸质，长 10~25 cm，宽 2~5.8 cm，先端通常渐尖，基部渐狭成柄；叶柄长 2~6.5 cm。花葶从无叶的老假鳞茎基部发出，直立，长 7~20 cm，下半部包藏在 3 枚膜质的圆筒状鞘内，顶端具 1~2 花；花苞片线状长圆形，长 2~4 cm，明显长于花梗和子房，先端钝；花梗和子房长 1~2.5 cm；花粉红色至淡紫色，唇瓣上有深色斑；中萼片近倒披针形，长 3.5~5 cm，宽 7~9 mm，先端急尖或钝；侧萼片稍斜歪，狭椭圆形或长圆状倒披针形，与中萼片等长，常略宽；花瓣倒披针形，稍斜歪，长 3.5~5 cm，宽 4~7 mm；唇瓣轮廓为倒卵形或宽倒卵形，长 3.5~4.5 cm，宽 3~4 cm，不明显 3 裂，上部边缘撕裂状，基部楔形并多少贴生于蕊柱上，通常具 4~5 条褶片；褶片啮蚀状，高可达 1~1.5 mm，向基部渐狭直至消失；中央褶片常较短而宽，有时不存在；蕊柱长 2.7~4 cm，多少弧曲，两侧具翅；翅自中部以下甚狭，向上渐宽，在顶端围绕蕊柱，宽达 6~7 mm，有不规则齿缺。蒴果近长圆形，长 2.7~3.5 cm。花期 4—6 月。花期 4—5 月，果期 7 月。

二、适宜种植区域

（一）独蒜兰资源分布

目前独蒜兰属植物确定有 33 种（含 9 个天然杂交种）。其中，中国特有种 16 种（含天然杂交种 5 种），是该属植物的世界分布中心。独蒜兰为中国特有种，主要分布于我国长江流域及以南的各省深山，在海拔 900 m 以上的密林下腐殖质丰富的土壤上或沟谷旁有苔藓覆盖的石壁上，常见其大片野生分布于甘肃南部、广东北部、广西北部、贵州、湖北、湖南、山西南部、四川、西藏东南部、云南中部及西北部，在贵州主要分布于西部至北部。

（二）独蒜兰适生环境

独蒜兰生长于林下或沟谷旁有泥土的石壁上，为陆生、岩生或附生，主要产于 600~1 200 m 的垂直地带，常见于湿润的悬崖峭壁，假鳞茎埋于伴生的苔藓或岩石表面枯枝落叶半分解的有机质层中，分布于喜凉爽、通风的半阴环境，较耐寒。宜载于疏松、透气和排水良好、保水能力强的基质中。冬季独蒜兰假鳞茎上的叶片全部脱落，根系全部枯死，翌年再重新发芽生长。贵州因地形地貌复杂，形成多种生态环境和多样局部小气候，适合独蒜兰生长。

（三）独蒜兰种植情况

独蒜兰目前已成为国内重点研究和开发的对象，贵州的产量约占全国的 1/2。通过比较贵州不同产地独蒜兰资源情况，在原生地栽培当地野生独蒜兰产量最高，产量较高的雷山县地多为禾本科类杂草和蕨菜，伴生杂草提高独蒜兰产量。独蒜兰在人工栽培下，三年生以上假鳞茎鲜重达 6.0 ~ 7.5 g，平均重 6.5 g，亩栽 6 万株，单产达 390 kg。

三、林地选择

独蒜兰生长于海拔 600 ~ 1 200 m 的高山地带，生长环境为植被较好的山地林下，阔叶林和针叶林均有生长；多为向阳坡，坡度在 45° 以下，腐殖层深厚，蕴含水分的凉爽半阴环境。人工栽培应避免阴暗、潮湿、不透光、不通风的地块，只要生长环境达到要求，山区农户便可利用山区阴湿闲散林地进行人工栽种，不与农业争地，也可作为观赏花卉栽培，独蒜兰主要为分株繁殖，一般一个球可分裂生长 2 ~ 3 个种球。

四、种植技术

（一）种苗选择

宜选择伪球茎露出盆土 1/3，老根尚未修剪的稳定球茎的独蒜兰种苗，栽种成活率大于 95%。

（二）移栽技术

1. 整地

在选好的林下地块连根清理杂草、小灌木及石块，场地清理尽量大一些，种植区域向外延伸几米清理。可人工除草也可除草剂除草，除草剂除草可减轻后几年除草压力，但要休田一年半以上，可做畦也可不做，但都要留作业道、排水沟。排水不畅，光照不足的地块多做畦栽培。

2. 繁殖

独蒜兰繁殖方法有两种，一种为有性繁殖，即利用种子进行繁殖；一种为无性繁殖，即使用块茎进行繁殖。有性繁殖由于种子细小，成熟度不好，繁殖技术要求高，且种植年限长，成苗率低，所以种子繁殖在实际生产中基本不采用。无性繁殖能缩短种植年限，又能满足生产需要，且繁殖方法简单，易于掌握，是目前生产中所采用的繁殖方法。

3. 移栽

独蒜兰无性繁殖的方法，就是利用块茎繁殖。块茎繁殖独蒜兰春、秋两季均可栽培，春季一般5—6月，秋季8—9月，把起获的假球茎或野生球茎抖净泥土，选取芽饱满粗壮，无机械损伤，无病虫害的假球茎做种栽，在整好的地块进行栽植。种栽要用光滑器具运输，如用筐类搬运筐底要垫草，以免种栽造成创伤，尽量现起现栽，如路途较远或不能及时栽植应拌入细沙储运。采用分级栽培；株行距一般采用 10 cm×20 cm，15 cm×20 cm，视种栽大小而定。

（三）管护技术

1. 除草管理

移栽前要对地块除草，移栽后不可用除草剂除草，只能人工除草，从早春到6月下旬，为成熟性生长期，除草原则是春季早除草，可用镰刀割除行间杂草，对苗周围杂草只能用手拔除；6月下旬至8月中旬为休眠期，随着种子的成熟，叶片枯萎，地下球茎开始休眠，此阶段气温较高，雨量充沛为杂草生长旺季，可用剪草机或镰刀清除地上杂草，除草可多次进行。8月中旬开始长出新的叶片，球茎进入生理性繁育生长期，此阶段气温逐渐下降，雨量减少，杂草长势不旺，人工清理个别高棵杂草即可。10月停止生长进入休眠期，清理床面。

2. 水分管理

独蒜兰喜阴怕涝，林下栽培可保持苗床湿润，雨季要注意排水，四周挖排水沟保持排水通畅，避免因水分过大而烂根。暴雨过后或连雨天要注意察看，若低洼处积水应及时挖沟排除，以防水分过多引起块茎腐烂或发生病害。

（四）病虫害防治

贯彻"预防为主、综合防治"的植保方针。以农业防治为基础，实施生物防治和物理防治，辅以化学防治。主要病虫害与防治方法如下。

1. 叶斑病

危病症状：主要危害独蒜兰的叶片及花蕾。

防治方法：可采用 10% 苯醚甲环唑可湿性粉剂 1 000 ~ 1 500 倍液、325 g/L 苯甲·嘧菌酯悬浮剂 1 000 倍液或 50% 的多菌灵可湿性粉剂 1 000 倍液防治。

2. 锈病

危病症状：通常在叶的上下表面，较少在茎上出现凸起的小疱，内含黄色、橙色、锈色或甚至紫黑色的粉状孢子。锈病并不致命，也不致死，但使植株生长衰弱。

防治方法：防治方法除剪去病叶外，可用 30% 醚菌酯悬浮剂 1 000 倍液、30% 氟环唑悬浮剂 1 500 ~ 2 000 倍液或 10% 己唑醇悬浮剂 2 000 ~ 3 000 倍液喷雾。

3. 白绢病

危病症状：初发病时、叶基布满白色菌丝，导致根茎腐烂。

防治方法：注意通风透光，盆土排水良好。严重的病株要烧毁。

4. 炭疽病

危病症状：病斑先从叶尖向根茎处延伸，初为褐色，然后逐渐扩大增多，出现许多干黑点，严重时导致整株死亡。

防治方法：除积极改善环境条件外，在发病期内，可先用 50% 甲基硫菌灵可湿性粉剂 800 ~ 1 500 倍液或 325 g/L 苯甲·嘧菌酯悬浮剂 1 000 倍液喷雾，每 7 ~ 10 天 1 次；然后再辅以 1% 等量式波尔多液，每半月 1 次，连续喷 3 ~ 5 次。

5. 介壳虫

危病症状：介壳虫寄生于植株叶片边缘或叶背面吸取汁液，引起植株枯萎，严重时整株植株会枯黄死亡，介壳虫的分泌物还会引起黑霉病的发生。

防治方法：在初孵若虫盛发期可用 10% 多杀霉素 2 000 ~ 3 000 倍液喷雾，一般 5 ~ 7 天喷 1 次，连续喷洒 3 次以上或 3% 呋虫胺颗粒剂拌毒土撒施。

（五）采收与初加工

1. 采收

独蒜兰林下栽培一般栽植 3 年即可采收，4 ~ 5 年采收产量为最高。林下栽培采收要比耕地栽培困难，草根多，石块多，采挖时一要避免挖伤球茎；二要精细挑拣球茎，避免遗漏；采收时要从畦低端开始自下而上逐行采挖，将挖出的块茎单个摘下，抖净泥土，剪掉茎秆销售。采收的球茎可鲜品销售，也可加工后销售。

2. 初加工

将块茎单个摘下，剪掉茎秆，在清水中浸泡 1 小时后，洗净泥土，放沸水中煮 5 ~ 10 分钟，取出烘干或晒至全干。去净粗皮及须根，筛去杂质，装袋。一般亩采收鲜品 1 000 ~ 1 500 kg，可加工干品 500 ~ 750 kg。

五、药材质量要求

现阶段，独蒜兰质量检测主要按《中华人民共和国药典》（2020 年版一部）标准执行。性状主要是呈圆锥形，瓶颈状或不规则团块，直径 1 ~ 2 cm，高 1.5 ~ 2.5 cm。炮制方法为除去杂质，水浸约 1 小时，润透，切薄片，干燥或洗净干燥，用时捣碎。

第十二节　南板蓝根林下种植技术

南板蓝根为爵床科植物马蓝 *Baphicacanthus cusia*（Nees）Bremek. 的干燥根茎和根。具有清热解毒，凉血消斑的功效。该种的叶含蓝靛染料；根、叶入药，有清热解毒、凉血消肿之效，可预防流脑、流感，治中暑、腮腺炎、肿毒、毒蛇咬伤、菌痢、急性肠炎、咽喉炎、口腔炎、扁桃体炎、肝炎、丹毒。为半喜阴植物，生于海拔 600 ~ 2 100 m 的林下阴湿地，主要分布于华南、西南地区。

一、品种选择

选择爵床科植物马蓝。马蓝为草本，多年生一次性结实，茎直立或基部外倾。稍木质化，高约 1 m，通常成对分枝，幼嫩部分和花序均被锈色、鳞片状毛，叶柔软，纸质，椭圆形或卵形，长 10 ~ 20（~ 25）cm，宽 4 ~ 9 cm，顶端短渐尖，基部楔形，边缘有稍粗的锯齿，两面无毛，干时黑色；侧脉每边约 8 条，两面均凸起；叶柄长 1.5 ~ 2 cm。穗状花序直立，长 10 ~ 30 cm；苞片对生，长 1.5 ~ 2.5 cm。蒴果长 2 ~ 2.2 cm，无毛；种子卵形，长 3.5 mm。花期 11 月。

二、适宜种植区域

为半喜阴植物，生于海拔 600 ~ 2 100 m 的林下阴湿地，主要分布于华南、西南地区。板蓝的适宜生长温度为 15~30℃，30℃以上和 15℃以下，植物生长缓慢，低于 2℃地上茎叶冻枯。春、秋两季植物生长旺盛，夏季是营养生长期。沙质壤土和壤土均适宜板蓝生长，土壤以弱酸性及中性为好，pH 值为 8 的碱性土壤亦能生长。在中国分布于广东、海南、香港、台湾、广西、云南、贵州、四川、福建、浙江。常生长于潮湿地方。南板蓝根为黔产道地药材，在贵州分布广泛，最适宜区在从江县、三都县、独山县、荔波县、关岭县、台江县、贞丰县等地。

三、林地选择

（一）针叶林

应选择郁闭度为 0.5 左右的针叶林，以沙壤土为好。因为南板蓝根是深根系药用植物，要求根部土壤疏松肥沃、能排能灌，有利于根的下伸、顺直、不分叉、光滑，并且根部不积水。

（二）橡胶林地

选择交通便利、靠近水源的平缓橡胶林地，橡胶林地的行间距在 4~6 m，郁闭度为 0.2~0.7。

（三）果树林

利用果树林的遮挡作用为南板蓝营造一个半阴生的生长环境，从而保障南板蓝的生长发育需求并提高土地利用效能。定植前清除杂草，深翻、细耙、暴晒，使土壤充分疏松，在果树林行间整宽 1.5 m，高 0.9 m 的平畦。

四、林下种植技术

（一）种苗选择

要求种苗长势好，无病虫害，无弱苗，根系发达，株高 20 cm 以上，地茎直径 0.4 cm 以上的扦插苗。

（二）繁殖方法

1. 种子育苗

（1）采种与选种。采集果皮为暗褐色成熟果实的种子。果实太阳下晒 2~3 小时，随后于阴凉处风干 5~10 天，待果壳爆裂后收集籽粒饱满、无病虫害、无破损的优质种子，于通风干燥处储存。

（2）苗圃选择与准备。选择排灌方便、土层深厚、肥沃疏松的中性沙质壤土作为育苗地块。秋季每亩施优质腐熟农家肥 1 500 ~ 2 000 kg、复合肥 30 ~ 50 kg，混合均匀后撒施地面，随耕地深翻 35 ~ 45 cm，使土壤熟化。播种时再翻耕 1 次，然后整平耙细，确保土壤疏松透水。

（3）浸种与播种。南板蓝根在春、夏两季均可播种，春季 2—3 月，夏季 5—6 月。播种前将种子用 30 ~ 40℃温水浸泡 4 小时，放入草木灰中搅拌均匀即可。播种多采用条播法，畦内按行距 20 ~ 30 cm 开沟，沟深 1.5 ~ 2 cm，将种子拌细沙土均匀撒入沟内，覆土 0.5 ~ 1 cm 后镇压，保持畦土湿润，气温 18 ~ 20℃时，7 ~ 10 天即可出苗；穴播的穴行株距均为 25 cm；种子的发芽率约为 80%，每亩用种子 4 kg。

（4）苗期管理。苗高 7 ~ 9 cm 时，按照株距 20 ~ 25 cm 及时进行间苗、定苗。间苗后，每亩结合浇水追施有机水溶肥 15 ~ 20 kg 或尿素 5 ~ 8 kg。干旱时早晚各浇水 1 次，保持土壤湿润，也要防止积水；封垄后尽量少浇水，本着"不旱不浇水"的原则，促进根系生长。间苗的同时人工除草 1 次，苗高 15 ~ 20 cm 时进行第二次人工除草，以后每隔 15 天除草 1 次，保持田间无杂草。当种苗高至 15 ~ 18 cm 时移栽大田。

2. 扦插育苗

（1）扦插。每年 3—4 月或 11 月—翌年 1 月时，齐地剪取整株植株，去除中部叶片和嫩梢，剪切成 5 ~ 8 cm 长的茎段，每个茎段要有 1 ~ 2 个以上的节，即成扦插条。随取随栽，也可使用高锰酸钾消毒枝条后扦插。按 2 cm × 5 cm 的株行距开沟放入插条，上端露出土面 1/4 ~ 1/3，覆土压实，浇透水，覆盖薄膜和遮阳网。

（2）苗期管理。育苗期间每 2 ~ 3 天喷洒 1 次清水，保持土壤湿润，待插穗生根后，叶面喷施"根茎块茎膨大素"（按照说明书进行配置），促进生长。气温控制在 20 ~ 25℃，土壤含水量 22% ~ 33%，空气湿度 80% ~ 90%。如阳光过强，可覆盖 70% 遮阳网降温保湿。雨季注意排水，避免积水；勤除杂草，除草时结合松土。扦插苗长至 6 ~ 10 cm 时进行移栽。

（三）整地

2 月底至 3 月初，在林下、果树下视其宽度，翻耕并除去杂草，将地整成 1.5 m 左右的畦宽，按行距为 30 ~ 40 cm 深度为 40 ~ 50 cm 挖南板蓝根植穴。按 1 500 kg/ 亩农家肥，高浓度三元复合肥 60 kg/ 亩施入穴中，覆土待载。

（四）移栽

气温稳定在 10℃ 以上便可移栽，一般是在清明前后。移栽前在定植沟内每亩施钙镁磷肥 25 ~ 30 kg。栽植时将南板蓝根种苗放在水桶里浸泡 2 小时左右，一边浸泡一边栽培，按每亩栽 3 000 株（指净面积），株行距为 35 cm×40 cm，每株栽 3 根苗；栽种时根要深压，苗种 3 节压在土内，2 节露在土外，这样有利于根系的生长和地上部分枝叶的抽发。定植后，及时浇定根水。

（五）田间管理

1. 幼苗期管理

在南板蓝根出芽之后，要及时去掉病株，并对土壤进行消毒。栽植后要进行查苗，一旦发现出现死苗或者是缺株的现象，就要立即进行补栽，对其进行适量的浇水，使其成活，保证全苗。

2. 中耕除草

苗生长过程中要对坪带的杂草进行及时清除，还要进行适当的松土和中耕，一般每年中耕 2 ~ 3 次，使土壤保持疏松，保证坪带间没有杂草。

3. 水分管理

在南板蓝根定植以后，需要将土壤保持在湿润状态，在干旱的天气，要及时进行浇灌。在雨季，如果出现积水，要及时将其排出，防止出现烂根。

4. 养分管理

南板蓝根对土壤的肥力要求较高，在春季，南板蓝根在萌发期，在其开花前可以施 1 ~ 2 次的氮、钾、磷复合肥，能够促进马兰苗更加强壮。第一次追施肥要在南板蓝根出苗后才可进行，第二次追肥是在 6 月尾期，即南板蓝根的植株在生长封林之前，第三次追肥是在 7 月底，在南板蓝根叶采收之后进行，第四次追肥是在 11 月底，促进南板蓝根可以安全的过冬。

5. 病虫害防治

南板蓝根主要病虫害有根结线虫病、疫霉菌、猝倒病、斜纹夜蛾、蚜虫等。

（1）根结线虫病。

症状：该病主要为害南板蓝根根部，病原线虫寄生在根皮及中柱之间，产生一种植物生长调节剂，刺激跟组织细胞过度分裂，形成大小不等的根瘤，最后使根丧失吸收水分和营养的功能，最后病根坏死。新生根瘤一般呈乳白色，以后逐渐转为黄褐色，最后变为灰褐色。根瘤大多数发生在根尖上，感染严重时可出现次生根瘤，并发生多条次生根，这些病根盘结成团。

病原：南方根结线虫 *Meloidogyne incognita* Chitwood.。

发病规律：春季南板蓝根苗期容易发生。

防治方法：培育无病苗木。播种前应用杀线虫剂进行土壤杀线虫。病苗处理：可用干茶麸粉 7.5 kg/ 亩制成溶液进行杀虫；果园选择和处理：定制地必须经过严格检查，如若发现根结线虫病，可用干茶麸粉 15 kg/ 亩制成溶液进行喷洒、采用 11% 阿维·噻唑膦颗粒剂 1 250 ~ 2 000 g/ 亩撒施或采用 1.8% 阿维菌素乳油 300 ~ 400 倍液泼浇。

（2）疫霉菌。

症状：南板蓝根叶片、叶柄、茎等各部分逐步受到侵染。枝叶染病后逐渐发黑、茎枝坏死，根部感染情况较为轻微。

病原：为恶疫霉 *Phytophthora cactorum* Schroet.，属藻菌纲疫霉菌属真菌

发病规律：春夏间或高温大雨后容易发病。

防治方法：可选择 18.7% 烯酰·吡唑酯水分散粒剂 500 ~ 800 倍液，30% 噁唑菌酮水分散粒剂 1 000 ~ 1 500 倍液。

（3）猝倒病。

症状：发病后近地面处茎由水积状发黑腐烂，土壤中发生病害的根亦有此现象。

病原：由镰刀菌 *Fusarium* spp. 侵入引起。

发病规律：高温降雨后容易发病。

防治方法：及时拔除并烧毁病株，将咪鲜胺与苯醚甲环唑按照 1∶1 的比例进行混合稀释 1 000 ~ 1 500 倍后喷洒、100 亿芽孢 /g 枯草芽孢杆菌可湿性粉剂 1 000 倍液或 50% 多菌灵可湿性粉剂 500 倍液泼浇。

（4）斜纹夜蛾。

症状：以幼虫啃食正在转绿的新叶，咬成缺刻空洞或仅存主脉。

发生规律：7—9 月常出没，尤其高温干旱闷热时大量出现。

防治方法：对拟除虫菊酯类杀虫剂已有一定的抗药性，80% 敌敌畏乳油 800 倍液加拟除虫菊酯类农药 2 000 ~ 3 000 倍液，苏云金杆菌 300 亿 /g 1 000 倍液加 50% 辛硫磷乳油 1 500 倍液喷雾，400 亿孢子 /g 球孢白僵菌

可湿性粉剂 2 000 倍液喷雾或 10 亿 PIB/mL 斜纹夜蛾核型多角体悬浮剂 800～1 000 倍液。

（5）蚜虫。

症状：取食时把口器插入叶片吸取汁液。使叶肉自背向腹面凸出，叶表面凹处不平，叶受害部位会出现卷曲、皱缩，严重时叶片枯焦或脱落。

发生规律：因种类较多，发生规律不完全统一。以卵或有翅胎生、无翅胎生雌蚜在越冬寄主上越冬。孤雌生殖为主，亦可进行两性生殖。田间始见于 4 月上旬，当气温达到 25℃、相对湿度 50%～70% 时有利于蔓延。7—8 月，时晴时雨。偏施氮肥有利于发生危害，尤其 8—10 月时危害严重，夏季干旱，植株缺水时也易发生。

防治方法：10% 吡虫啉可湿性粉剂 4 000～6 000 倍液喷雾、10% 烯啶虫胺水剂 2 000～3 000 倍液或 40% 吡蚜酮水分散粒剂 2 000～3 000 倍液喷雾。

（六）药材合理采收初加工与储运养护

1. 采收

南板蓝根一般 1 年收获 3 次茎、叶，第一次在 6 月下旬，第二次在小暑至立秋期间，第三次在寒露至立冬。前两次时，只对苗高 15 cm 以上的植株进行割青，弱小的植株留待下次收割；留茬 3～5 cm，以便重新萌芽生长，待新苗重新生长到高 18～20 cm 时可再割 1 次叶。第三次割青可齐地收割。南板蓝根为多年收获的作物，可连续生长 3 年，收获叶、茎，剩下的挖根及茎。一般秋末采挖的质量较优，因此提倡秋季采挖。

（1）大青叶。春播的每年收割 2～3 次，第一次在 6 月初；第二次在 8 月上旬，第三次在 10 月中旬到挖根前。收割时间为早上 11 时以前和下午 16 时以后。收割时刀口离地面 10 cm，割后拣除枯黄叶片及杂质，立即晒干。干燥过程中切忌堆放，以免叶片发热、发黑、变质，晒干后放置于通风干燥处，防霉变。

（2）南板蓝根。在 10 月下旬挖根。由于根入土较深，收获时要先在畦的一头挖深沟，顺沟挖，以免挖断根部。除去地上茎叶及泥土，晒成七八成干时扎成小捆，再晒至全干，置于干燥处防霉变。

2. 运输与储藏

（1）运输。运输工具应清洁、干燥，有通风设备，能防雨，严禁与其他有毒、有害、有异味的物品混运。运输过程中应防止日晒、雨淋、潮湿、破损、污染。

（2）储藏。短期储藏可存放于通风、干燥、清洁的阴凉处。长期储藏应选择通风、避光、干燥、清洁、无污染的环境作为储藏仓库，在储藏之前应对储藏仓库彻底灭菌，防止以后发生霉变。并且储藏设备应保持清洁、干燥，控制温度在 20～30℃，相对湿度在 45%～60%。储藏时要注意消灭虫源，防止发生虫蛀。严禁与有毒、有害、有异味、易发霉、吸潮的物品混存。

五、药材质量要求

现阶段，南板蓝根质量检测主要按《中华人民共和国药典》（2020 年版一部）标准执行。本品根茎呈类圆形，多弯曲，有分枝，长 10～30 cm，直径 0.1～1 cm。表面灰棕色，具细纵纹；节膨大，节上长有细根或茎残基；外皮易剥落，呈蓝灰色。质硬而脆，易折断，断面不平坦，皮部蓝灰色，木部灰蓝色至淡黄褐色，中央有髓。根粗细不一，弯曲有分枝，细根细长而柔韧。气微，味淡。其水分不得过 12.0%，总灰分不得过 10.0%，浸出物不得少于 13.0%。

第四章

林—茶生态种植技术

　　茶树（*Camellia sinensis* L.）作为耐阴植物，对光照强度的可塑性大，在全光照条件下和遮阴条件下生长的茶树，不仅器官形态和生理上有很大的区别，产量和品质差异也较大，因此，可通过控制生境中光照强度达到控制茶树光合效率、改善茶叶产量和品质的目的。林—茶人工复合生态系统，可以充分利用光照、土壤、养分、水分和能量，不同类群的生物又能在较适宜的生境中生育，发挥最佳的生物、生态效应和经济效益。随着生态意识的提高、经济的发展以及社会对农产品有机化的需求，林茶复合种植逐渐成为低碳经济时代茶产业发展方向。茶园的垂直结构包括地上和地下，以茶树高度和根系分布深度作为一个层次，林木应与茶有分层，树高大，可起遮光、防风作用，根系分布应比茶树更深，减少对茶树在同一层次争夺空间和养分。林茶复合种植，在生态关系上要求树林与茶共生互利，如树干分枝位高，有固氮根瘤菌，非茶树病虫的中间寄生树种；其次要求适应性强、生长快，不与茶树争光、争水、争肥；同时要求经济效益高，且能美化或净化环境。目前已有的林—茶群落类型有：茶树与林木复合园，茶树与观赏树复合园，茶树与果树复合园，茶树与经济林复合园。贵州现有的林—茶生态种植模式主要有：茶—杉、茶—板栗、茶—杜仲、茶—梨、茶—柑橘、茶—桂花、茶—樱花、茶—葡萄、茶—杨树、林—茶—花生（豆类、薯类、绿肥、牧草）、杜仲—茶—食用菌—天麻等。

第一节　生态林—茶种植技术

　　生态林—茶种植主要包括在现有的生态林下种植茶树、在现有的茶园内间作林木树种以及林木树种和茶树同时种植3种方式。3种方式均需考虑光照、温度、湿度、养分、土壤等因子与茶树、林木树种生长发育需求间的平衡，以及病虫寄主的相互转移等。

一、生态林下种植茶树技术

（一）林地选择

1. 林地树种要求

生态林树种要求为乔木型，主干分枝位置在 2 m 以上，以避免林—茶树冠和根系对生长空间的争夺；树种与茶树之间无共同的寄生病虫，如乌桕、杉、湿地松、泡桐、桉等。

2. 林地配置要求

选择正方形、长方形、群状和自然配置的林地，而品字形配置的林地由于郁闭度过大，林下不适宜种植茶树。

3. 林地郁闭度要求

林地郁闭度应小于 0.6，确保林下的茶树有足够的光照强度，以免影响茶树生长、茶叶产量和品质。除林地选择外，还应在林木定型后加强修剪、疏枝，增加林下层的通风性和透光性。

4. 林地土壤要求

要求土层深度在 50 cm 以上，pH 值 4.5～6.5，地下水在 1 m 以下，含钙量低于 1.5%，坡度小于 30°，海拔在 2 000 m 以下。自然肥力高、土层深厚、土质疏松、通透性好、不积水、营养元素丰富而平衡的红壤、黄壤、沙质壤土林地最适宜。

（二）茶树品种选择

选择生长势强、耐阴、抗病虫害能力强的茶树品种，如黔茶 1 号、黔茶 8 号、黔茶 10 号、福鼎大白茶、白叶 1 号等。不宜选择抗病虫害能力弱的茶树品种，如茶饼病易感品种云抗 22 号、黔湄 809 等大叶种，炭疽病易感品种龙井 43 等。

黔茶 1 号［*Camellia sinensis*（L.）O. Kuntze cv. Qiancha 1］，又名苔选 03-22，无性系，灌木型，中叶类，早生种。由贵州省农业科学院茶叶研究所从湄潭苔茶群体品种中采用单株育种法育成。2016 年获植物新品种保护授权（CNA20080571.1），2019 年获非主要农作物品种登记证书 GPD 茶树（2019）520007。移栽成活率高，生长势强，产量高，品质优，适宜在贵州茶区种植；适制绿茶、红茶和白茶，花香显。

黔茶 8 号［*Camellia sinensis*（L.）O. Kuntze cv. Qiancha 8］，无性系，小乔木型，中叶类，特早生种，国家级无性系品种。由贵州省农业科学院茶叶研究所从昆明中叶群体品种中采用单株育种法育成。2014 年 3 月通过了全国农业技术推广中心农作物品种鉴定（国品鉴茶 2014004），2016年获植物新品种保护授权（CNA20080572.X），2019 年获非主要农作物品种登记证书 GPD 茶树（2019）520008。芽叶肥壮，茸毛较多，萌芽早，抗寒性强，较耐旱，抗病虫害；适合在贵州茶区种植，适制绿茶，花香高爽。

黔茶 10 号［*Camellia sinensis*（L.）O. Kuntze cv. Taixuan 0310］，原名苔选 0310，无性系，小乔木型，中叶类，晚生种。由贵州省农业科学院茶叶研究所从湄潭苔茶群体品种中采用单株育种法育成。2016 年获植物新品种保护授权（CNA20080570.3），2019 年获非主要农作物品种登记证书GPD 茶树（2019）520010。对贵州茶园主发害虫茶棍蓟马及春季多发害虫绿盲蝽具明显抗性；适宜在贵州茶区种植，适制绿茶、红茶，香气高爽。

福鼎大白茶［*Camellia sinensis*（L.）O. Kuntze cv. Fuding Dabaicha］，又名白毛茶，无性系，小乔木型，中叶类，早生种。原产福建省福鼎市点头镇柏柳村，已有 100 多年栽培史。1985 年通过全国农作物品种审定委员会认定（GS13001-1985）。植株较高达，树枝半开张，主干较明显，分枝较密，适宜贵州茶区种植。

白叶 1 号［*Camellia sinensis*（L.）O. Kuntze cv. Baiye 1］，又名安吉白茶，无性系，灌木型，中叶类，中生种。植株较矮小，树姿半开张，分枝部位低密，密度中等。叶片呈水平或上斜状着生，长椭圆形，叶色淡绿，叶面平，叶身稍内折，叶缘平，叶尖渐尖，叶齿浅，叶质较薄软。种植需注意选择土层深厚、有机质丰富的地块，高温季节需适当遮阳，以防芽叶灼伤，适合林下种植。

（三）种植方式选择

1. 单行双株条植

针对长方形、正方形、群状和自然配置的林地，在林下间距在 2 m 以上的地块，采用单行双株条植的方式种植茶树，行距 1.2～1.3 m，丛距 20～30 cm，每丛种植 2～3 株。有条件的林地挖 40 cm 深沟，施底肥种植。

2. 短行双株丛植

针对不规则的林地，在林下间距小于 2 m 的地块，采用短行双株丛植的方式种植茶树，丛距 20～30 cm。有条件的林地挖 40 cm 深沟，施底肥种植。

（四）除草施肥管理

林地杂草较多，茶树幼龄期需每隔 1~2 个月定期除草。茶树幼龄期每年每亩施用茶叶专用肥 75~150 kg，成龄期每年每亩施用茶叶专用肥 150~300 kg，适当增施钾肥。

（五）茶树树冠培养

1. 定型修剪

第一次定型修剪在扦插苗移栽后进行，在离地面 15 cm 处剪去主枝，保留侧枝；第二次定型修剪在第一次定剪的剪口上提高 15 cm，剪去主枝保留侧枝；第三次定型修剪在第二次定型修剪的基础上提高 15 cm，剪去主枝，保留侧枝。形成树高 40~55 cm、树幅 50~80 cm 的树冠。

2. 成龄茶树修剪

生产茶园的修剪主要分为轻修剪和深修剪，轻修剪，在上年剪口基础上提高 3~5 cm 处平剪，一般在春茶、夏茶结束后进行。

当树冠面出现很多鸡爪枝，芽叶瘦小，以及对夹叶多，产量明显下降的茶树，需要进行深修剪，剪去树冠上部 10~15 cm 的一层枝叶或在 80 cm 高度处进行平剪，结合重施肥，使树势恢复健壮，提高育芽能力。深修剪宜在秋茶结束后立即进行，以利于翌年春季早萌发。

（六）病虫害防治

林下茶园气温年变幅和日变幅比较稳定，空气相对湿度较纯茶园高 2%~10%，土壤含水量相对增加，散射辐射的比例相对增加，茶树叶形大、叶片薄、节间长、叶质柔软，相对更有利茶饼病、小绿叶蝉、蓟马等病虫害的发生，需特别注意防控。

二、茶园间作林木树种技术

茶园间作林木树种需考虑光照、温度、湿度、养分、土壤等因子与茶树、林木树种生长发育需求间的平衡，以及病虫寄主的相互转移。适宜在茶园间作的林木树种有杉树、松树、杨树等，不宜在贵州茶园间作的树种有樟树、桉树等。

（一）杉—茶生态种植模式

1. 树种选择

杉树是常绿或落叶乔木，树干端直，大枝轮生或近轮生。轮状分枝，节间短，小枝比较粗壮斜挺，针叶短粗密布于小枝上。叶螺旋状排列，散生，很少交叉对生（水杉属），披针形、钻形、鳞状或条形，树冠看起来呈分散状。

（1）杉木。常绿针叶乔木，生于海拔300～1 600 m的丘陵山地；适应年平均温度15～23℃，极端最低温度 -17℃，年降水量800～2 000 mm的气候条件，适宜于板岩、砂页岩发育的红壤、黄红壤、黄壤，且土层深厚、肥湿润、疏松、排水良好的林地，广泛分布于黔东南、长顺、瓮安、独山、罗甸、福泉、荔波、都匀、惠水、贵定、三都、龙里、平塘等全省大部分地区。

（2）柳杉。常绿针叶乔木，生于海拔400～2 500 m的山谷边，山谷溪边潮湿林中，山坡林中，贵州兴义、毕节、安顺、遵义、贵阳、凯里、铜仁等地均有栽培。

2. 种植方式

（1）茶园间作杉。在茶园周边或茶园内按行距8 m、株距6 m的规格栽种柳杉，行距6 m、株距4 m的规格栽种杉木按1.5 m×1.5 m的规格挖成深、宽50 cm×50 cm的大穴，让土壤充分晒白、风化，在2月春雨后回泥，选取一年生的杉木或柳杉壮苗种植。

（2）茶–杉复合林。全面清理、开垦园地，开种植穴或沟，先按水平行距8 m、株距6 m的规格栽种柳杉，或按行距6 m、株距4 m的规格栽种杉木，再在行距内按1.5 m×0.3 m单行双株规格种植3～5行茶树。

3. 除草施肥

（1）杉。杉苗成活后的当年夏季，要进行除草、松土、施肥1～2次；可用稀粪水淋施，每年春夏季各施肥1次；第一年和第二年内应以施用农家肥为好，从第三年起，可根据树势和土壤肥瘦酌量用氮磷钾化肥配合施用；在每次施肥前要进行除草。

（2）茶树。按常规茶园管理。茶树幼龄期需每隔1～2个月定期除草。茶树幼龄期每年每亩施用茶叶专用肥75～150 kg，成龄期每年每亩施用茶叶专用肥150～300 kg。幼龄茶树分3次定型修剪形成采摘蓬面，成龄茶树采用轻修剪和深修剪复壮采摘蓬面生产枝。

4. 经济生态效益

杉树栽种20～30年后能成材砍伐，获取经济效益，同时能调节茶园小气候，提高茶叶的品质。

（二）松—茶生态种植模式

1. 树种选择

（1）马尾松。常绿针叶乔木，花期为每年春季的4月，全省海拔1 500 m以下地区均有分布，以板岩、砂页岩、紫色砂页岩等为主发育的黄红壤、黄壤，土层深厚、肥沃、湿润、疏松、排水良好的立地条件最佳。

（2）华山松。常绿针叶乔木，花期为每年春季的4—5月，生于海拔1 300~2 500 m的酸性土壤和钙质土山地，分布于威宁、赫章、毕节、水城、盘州、安龙、长顺、瓮安、独山、福泉、荔波、都匀、惠水、贵定、三都、龙里等地。

（3）湿地松。常绿针叶乔木，花期为每年春季的3月下旬，适生于山丘陵区山体中、下部，坡度小于20°，坡向为全坡向，土层较深厚（不低于50 cm），排水、肥力中等的林地。原产美国东南部暖带潮湿的低海拔地区，全省大部分地区有栽培。

2. 种植方式

（1）茶园间作松。在茶园周边、茶山顶和封口种植，栽种间距6 m×（6~8 m）×8 m，穴状整地，规格50 cm×50 cm×40 cm，表土与心土分开堆放，将松树专用肥1 kg/穴拌入表土与心土回填呈馒头形，春梢萌发前、选择雨后阴天或无风雨前晴天定植，苗正、根舒、压实，深栽至苗木泥门以上2~3 cm，覆土略高于地面成馒头形。

（2）茶—松复合林。全面清理、开垦园地，开种植穴或沟，先按水平间距6 m×（6~8 m）×8 m的规格栽种松树，再在松树行距内按1.5 m×0.3 m单行双株规格种植3~5行茶树。

3. 幼林抚育

松树连续除草2年或3年，头2年每年2次，第一次在5—6月，第二次在9—10月，第三年抚育1次，在5—6月。茶树幼龄期需每隔1~2个月定期除草，施用茶叶专用肥75~150 kg/亩；成龄期每年每亩施用茶叶专用肥150~300 kg/亩。幼龄茶树分3次定型修剪形成采摘蓬面，成龄茶树采用轻修剪和深修剪复壮采摘蓬面生产枝。

4. 病虫害防治

松树需注意防治松毛虫、松梢螟等主要虫害，松材线虫、立枯病、白粉病及落针病等病害的发生，茶树注意防控茶饼病、小绿叶蝉、蓟马等病虫害的发生，且仅可施用贵州茶园允许使用的农药。

5. 注意事项

共生松树的花期均为春茶采摘时间，花粉掉落在茶树新梢上能否影响春茶品质，有待进一步研究和探讨。

第二节 观光林—茶生态种植技术

观光林主要在现有茶园周边及茶园内布置，形成带状或网状的防护林带，即可以调节茶园小气候，提高茶叶品质，又可以增强茶树抵御灾害性天气和病虫害侵害的能力，还可以美化茶园。根据防护目的和地貌类型不同分为防风林、护路林、护岸林、水源涵养林等。

一、观光林树种选择

（一）观光防风林树种

选择落叶乔木的枫树品种，如三角枫、鸡爪枫、元宝枫等。

（二）观光护路林、护岸林树种

白玉兰：落叶乔木，适生于海拔 500~2 200 m 的坡度平缓，排水良好，土层深厚肥沃，富含有机质的土壤，分布于黎平、佛顶山、梵净山、雷公山、宽阔水、威宁等地。

乐昌含笑：常绿乔木，海拔 300~1 500 m 的山谷和山坡中、下部，土层厚度≥50 cm、土壤肥沃、质地疏松的中性或微酸性、排水良好的林地，分布于月亮山、雷公山、从江、黎平、雷山、剑河、台江、丹寨、榕江、都匀、独山、荔波、惠水、平塘、绥阳、赤水、贵阳等地。

樱花：贵州省内主要栽种有山樱花、日本晚樱、东京樱花，为落叶乔木，均原产于日本。

桂花：中国木樨属众多树木的习称，代表物种木樨，系木樨科常绿灌木或小乔木，质坚皮薄，叶长椭圆形面端尖，对生，经冬不凋。花生叶腑间，花冠合瓣四裂，形小，其园艺品种繁多，最具代表性的有金桂、银桂、丹桂、月桂等。

二、观光防护林配置

根据防护目的和地貌类型，配置防护林带。在山、坡地茶园山顶和风口布置水土保持防风林，在贵州长江上游的乌江流域、清水江流域和珠江上游的南北盘江流域、都柳江流域茶园以及红枫湖、百花湖等水源保护茶区配置水源涵养林，在主干道和机耕道两边布置护路林，在山地茶园坡岸边布置护岸林。水源林和水土保护林配置成片状、带状或块状，构成完整的水土保护林体系。

三、种植方式和抚育管理

观光林树种需在茶园周边及茶园内布置成带状或网状的防护林带。根据树种平均树高、树幅和树冠覆盖率，可按 3 ~ 8 m 间距栽种。

（一）枫树—茶生态观光种植模式

1. 树种选择

三角枫：落叶乔木，高可达 20 m，喜光，稍耐阴，喜温暖湿润气候，稍耐寒，较耐水湿，耐修剪。秋叶暗红色或橙色。宜作庭荫树、行道树及护岸树种。生于海拔 1 500 m 以下的混交林中，分布于贵阳、荔波、沿河、福泉、荔波、惠水、龙里等地。

鸡爪枫：落叶乔木，高可达 7 ~ 8 m，树冠伞形或圆球形，花期 5 月，生于海拔 200 ~ 1 200 m 的林缘或疏林中，分布于梵净山、桐梓、湄潭、佛顶山、长顺、独山、福泉、平塘等地。

五角枫：落叶乔木，高可达 20 m，花期 4—5 月，生于海拔 800 ~ 1 500 m 的阔叶林中，分布于桐梓等地。

元宝枫：高可达 10 m，落叶乔木，生于疏林中，分布于大沙河等地。

2. 种植方式

深翻，亩施复合肥 50 kg、腐熟饼肥 50 kg 后整平。树高不高于 10 m 的枫树树种，如鸡爪枫、元宝枫等，按 3 ~ 5 m 间距栽种；树高高于 10 m 的枫树树种，如三角枫、五角枫等，按 6 ~ 8 m 间距栽种。

3. 养护管理

（1）施肥与排灌。幼苗揭草后 40 天或移栽后 30 天，可适当追施氮肥，第一次浓度要小于 0.1%（每亩约施 1.5 kg），以后视苗木生长情况，每隔 1 个月施肥 1 次，浓度在 0.5% ~ 1%，整个生长季节施 2 ~ 3 次，施肥应在下午 15 时以后进行，施肥后及时用清水冲洗。下雨后及时排除田地积水，防止烂根，天气持续干旱时，要对苗地及时浇灌。

（2）病虫害防治。枫树适应能力强，病虫害较少，有虫害发生时可喷

1 000 倍液甲胺磷进行防治。

（二）桂花—茶生态观光种植模式

1. 树种选择

银桂：常绿乔木或灌木，高 3~5 m，最高可达 18 m，树皮灰褐色，花近白色或黄白色，花期 9—10 月，桂花四大品系种之一，香味较金桂淡，喜温暖湿润气候。

月桂：常绿小乔木或灌木，高可达 12 m，树冠卵圆形，分枝较低，小枝绿色，全体有香气。花期 3~5 月，月桂喜光，稍耐阴。喜温暖湿润气候，也耐短期低温（-8℃）。原产地中海一带，在中国浙江、江苏、福建、台湾、四川及云南等省有引种栽培。

2. 种植方式

在茶园周边及茶园内布置成带状或网状的林带。根据桂花树种树高、树幅和树冠覆盖率，树冠可覆盖 400 m²，按 8~15 m 间距栽种。

3. 养护管理

（1）肥水管理。桂花喜肥，要根据其生长规律，及时追施肥料。一般在 3 月下旬芽萌发后施 1 次速效性氮肥；7 月在二次枝萌发之前，施 1 次速效性磷钾肥，以促进二次枝萌发和花蕾形成；10 月花期结束时，施 1 次有机肥料，以恢复树势。结合施肥做好松土除草工作。

（2）修剪整枝。桂花的萌发性较弱，根据植株生长情况，在花后或早春芽萌动前进行 1 次轻度修剪。疏去枯枝、细弱枝、病虫枝、过密枝、徒长枝，使树枝分别均匀，改善树体内部通风透光条件，促进树体健壮生长和花芽分化。

（3）病虫害防治。桂花易发生炭疽病、枯斑病、黑刺粉虱、介壳虫、桂花叶蝉等病虫害，在通风透光不良条件下，危害更加严重，要对症下药，及时防治。同时要特别注意病虫害寄主向茶树转移的风险。

（三）樱花—茶生态观光种植模式

1. 树种选择

山樱花：落叶乔木，原产日本，高 3~8 m，花期 3—5 月，果期 6—7 月，是园林绿化中优秀的观花树种。广泛用于绿化道路、小区、公园、庭院、河堤等，绿化效果明显。

日本晚樱：落叶乔木，按花色分有纯白、粉白、深粉至淡黄色，花期 3—5 月，果期 6—7 月。伞形花序，花期受气候影响较为明显，是著名的观赏植物。

东京樱花：落叶乔木，原产于日本，高4~16 m，花期4月，果期5月。着花繁密，花色粉红，可孤植或群植于庭院，公园，草坪，湖边或居住小区等处。

2. 种植方式

在茶园周边及茶园内布置成带状或网状的林带。根据桂花树种树高、树幅和树冠覆盖率，按3~8 m间距栽种。春季和秋冬季节均可进行栽植，但以秋冬栽植为宜。

3. 养护管理

（1）肥水管理。樱花每年施肥2次，以酸性肥料最适。一次是冬肥，在冬季或早春施用豆饼、鸡粪和腐熟肥料等有机肥；另一次在落花后，施用硫酸铵、硫酸亚铁、过磷酸钙等速效肥料。在树冠正投影线的边缘，挖一条深约10 cm的环形沟，将肥料施入。

（2）修剪整枝。剪去枯萎枝、徒长枝、重叠枝及病虫枝。剪去多余枝条，保留若干长势健壮的枝条，以利通风透光。修剪后的枝条要及时用药物消毒伤口，防止雨淋后病菌侵入，导致腐烂。樱花经太阳长时期的暴晒，树皮易老化损伤，造成腐烂，及时除掉并进行消毒处理，并用腐叶土及炭粉包扎腐烂部位，促其恢复正常生理机能。

（3）病虫害防治。注意樱花腐皮病、樱花根癌病的防治。

4. 注意事项

樱花树最适pH值5.5~6.5，喜欢弱酸土壤，不能施用碱性肥料；樱花花期在春茶季节，花粉飘落茶树新梢对茶叶产品的影响有待进一步研究。

第三节　经果林—茶生态种植技术

在茶园中按适宜的密度间作适生条件与茶树基本一致、共生互利、没有共同病虫害、分枝高、春季展叶迟、生长快、效益高的果树或经济林木，配置成乔—灌2层结构，不仅具有防护林的生态效益，而且能增加茶园收益，据测算，茶与经果林间作的综合经济效益比纯茶园高50%左右。贵州茶园推荐间作的经果树种有梨、栗、猕猴桃、柿、橡胶、乌桕、杜仲等，不宜在贵州茶园间作的有核桃、桃树等。

一、梨—茶生态种植技术模式

（一）树种介绍

梨，通常是一种落叶乔木或灌木，极少数品种为常绿，属于被子植物门双子叶植物纲蔷薇科苹果亚科。叶片多呈卵形，大小因品种不同而各异。花为白色或略带黄色、粉红色，有五瓣。根系发达，垂直根深可达 2 ~ 3 m 以上，水平根分布较广，为冠幅 2 倍。

（二）种植方式

茶园间作梨：在茶园行间种植，栽种行距 6 m，窝距 3 m，挖直径 1 100 cm、深 80 ~ 100 cm 的定植穴，每株需要施 15 ~ 25 kg 土杂肥和 50 ~ 100 g 氮素化肥。栽树时把表土和有机肥按 3：1 的比例混匀填在树苗根系附近。秋末冬初，要施好底肥，保障树体营养供给。

梨园间作茶：行间大于 4 m 以上的长方形、正方形的梨园，采用单行双株条植的方式种植茶树。

（三）园地管理

1. 梨树：按梨树生长发育，做好肥水管理、整形修枝、疏花疏果、病虫害防治等工作。

2. 茶树：按常规茶园管理。茶树幼龄期需每隔 1 ~ 2 个月定期除草。茶树幼龄期每年每亩施用茶叶专用肥 75 ~ 150 kg，成龄期每年每亩 150 ~ 300 kg。幼龄茶树分 3 次定型修剪形成采摘蓬面，成龄茶树采用轻修剪和深修剪复壮采摘蓬面生产枝。

3. 注意事项：在防治梨树黑星病、梨锈病、梨蚜等病虫害时，注意选择贵州茶园允许使用的药剂。

二、板栗—茶生态种植技术模式

（一）树种选择

板栗：多年生落叶果树乔木，生于海拔 400 ~ 1 500 m 的阳坡、半阳坡，光照充足，水源充足地带，多分布于玉屏、江口、台江、镇远、望谟、贞丰、安龙、兴义、遵义、赫章、七星关、荔波等地。

（二）种植方式

茶园间作栗：在茶园周边、茶山顶和封口种植，栽种间距 8 m ×

（8～15）m×15 m，以带状整地，栽前要挖大穴，规格 80 cm×80 cm×80 cm，穴内填入发酵圈肥、腐熟农家肥 5～10 kg，或施磷肥 300 g 同时填入附近的杂草枝叶和表土，回填表面熟土。春栽，2 月，树枝开始萌动，叶未展开前；秋栽，10 月下旬至 11 月上旬，选择早上或阴雨天。

栗园间作茶：长方形、正方形、群状和自然配置的栗园，采用单行双株条植的方式种植茶树；品字形、不规则配置的栗园，采用短行双株丛植方式种植茶树。

（三）园地管理

板栗树第一年至第三年，抚育 2 次 / 年。第一次穴抚，6—8 月进行，结合割灌、除草，半环沟施复合肥 25～50 g/（株·次）、表土培成 5～10 cm 高的馒头形。第二次带抚，10—11 月进行，割除杂灌、杂草。林地杂草较多，茶树幼龄期需每隔 1～2 个月定期除草。茶树幼龄期施用茶叶专用肥 75～150 kg/ 亩，成龄期 150～300 kg/ 亩。

三、油桐—茶生态种植模式

（一）树种选择

油桐：落叶小乔木，生于海拔 1 000 m 以下的丘陵山地，年平均温度 16～18℃，年降水量 900～1 300 mm。以阳光充足、土层深厚、疏松肥沃、富含腐殖质、排水良好的微酸性沙质壤土栽培为宜，主要分布于黔东南及北部等地。

（二）种植方式

茶园间作油桐：在茶园周边、茶山顶和封口种植，栽种间距 6 m×（6～10）m×10 m，以带状整地，栽前要挖大穴，规格 80 cm×80 cm×80 cm，先将拌有石灰的部分土壤回填穴底部至穴 1/3 高度，然后用剩余土壤与有机肥（油饼等）5 kg、过磷酸钙 1 kg 搅拌均匀后放入穴中，回填后高出穴原地面 30 cm 以上呈龟背状。栽种最适宜的季节为 2 月中下旬，栽植方法为：扶正苗木、压紧踏实、稍覆松土，做到"一提、二踩、三培土"，使其根系舒展、苗木正直，切忌窝根，栽植覆土高度为根际以上 3～5 cm。

油桐园间作茶：在 3 m×4 m 或 4 m×4 m 规格的长方形、正方形配置的油桐园，采用单行双株条植的方式种植茶树。

（三）抚育管理

栽种后，至开花结果前，每年4—6月和7—9月各进行1次松土除草。5月下旬至6月上旬，每株施尿素100 g，如缺窝少苗要及时补植；7月进行第二次施肥，每株施尿素150 g左右。林地杂草较多，茶树幼龄期需每隔1~2个月定期除草。茶树幼龄期施用茶叶专用肥75~150 kg/亩，成龄期150~300 kg/亩。

四、油茶—茶生态种植模式

（一）树种选择

油茶：适生于海拔300~1 200 m山坡灌丛或林中的酸性黄壤。选择山坡中、下部，土层厚度≥60 cm，土壤疏松、排水通畅、肥力较好，质地沙壤土至轻黏土，pH值4.5~6.5，光照充足的阳坡或半阳坡。主要分布于黔东、黔中、黔东南、黔南、黔西南等地。

（二）种植方式

茶园间作油茶：在茶园周边，栽种间距5 m×（5~8）m×8 m，整地深度大于20~30 cm。坡度小于15°采用全垦整地；坡度15°~25°采用带状整地，带面宽1.0~2.5 m；坡度大于25°采用块状整地，规格1 m×1 m。整地完成后，按设计的造林株行距放线、打点，按点挖定植穴，规格60 cm×60 cm×50 cm。定植穴挖好后，每穴放入农家肥5~10 kg或商品有机肥2~3 kg和钙镁磷肥1.0~1.5 kg。回填表土至1/3穴深处，并将基肥与表土充分拌匀，然后再将心土填满定植穴，回填土略高于地表。

（三）幼林抚育

每年除草松土2次，分别在4—5月和9—10月。依据造林整地方式分别采用全面、带状或块状进行，深度≥10 cm。园地杂草较多，茶树幼龄期需每隔1~2个月定期除草。茶树幼龄期每年施用茶叶专用肥75~150 kg/亩，成龄期150~300 kg/亩。

第四节　林下茶园主要病虫害防控技术

贵州茶园主要病虫害有茶饼病、茶白星病、茶小绿叶蝉、茶棍蓟马和黑刺粉虱。

一、茶饼病

（一）发生规律

茶饼病是一种主要为害茶树嫩叶和嫩茎的病害。茶饼病的侵染循环与发病规律会根据不同发病地点的气候条件而有所差异。在冬季温度较低的茶区，茶饼病以菌丝体形式在感病组织中越冬。翌春，温湿度等各种气候因子适宜时，形成担孢子进行传播侵染。病原菌通过角质层进入叶片，而不是孔口。首先担孢子在类似于冷凝形成的较薄的水膜环境下萌发，当芽管长到一小段长度后，顶端膨大呈暗色球形、直径大小为 4.3～5.6 μm 的附着胞。附着胞在与其接触的叶片处通过角质层和细胞壁，最终进入细胞形成菌丝。菌丝进入表皮细胞后不分枝，而是通过一些较短的、不规则的吸器渗透进入细胞；而疱疹就是由于被侵染细胞膨胀、内含物混乱而导致形成的。疱疹的大小变化很大，取决于被侵染叶片的叶龄以及天气条件。在冬季温暖适合发病的茶区，该病原不存在越冬问题，可以持续发生。但在海南等省份存在盛夏期的茶园，由于温度高、湿度低不利于该病害的发生，因此一些阴湿环境的茶园往往成为病原的越夏场所，为盛夏期过后病害的进一步传播扩散提供了病原基础。

（二）防控要点

茶饼病主要危害蜡质层未完全形成的幼嫩叶片，蜡质层完全形成的成熟叶片不感病。幼嫩芽叶盛产期与持续多雨雾季节重合时，发病严重。按照替代措施减施化学农药次数和减施单次用药量的对策，结合贵州打造出口茶基地的背景，茶饼病防控要点如下。

（1）春茶开采 15 天以前喷施诱抗剂。2 月下旬至 3 月上旬，使用 5% 氨基寡糖素水剂或 6% 寡糖·链蛋白可湿性粉剂 300 倍液喷施防治。

（2）错峰疗法。春茶结束后，通过调节修剪（传统 4 月下旬修剪调至 5 月中旬修剪）和采摘方式（夏秋茶期间，强采一芽三四叶或机采 2 次），缩短幼嫩芽叶与持续多雨雾季节的重合时间。

（3）生物杀菌剂。发病前和发病早期，使用 5% 多抗霉素水剂和 3% 中生菌素水剂 300 倍液轮换喷施防治。

（4）茶园冬管时，采用 45% 石硫合剂晶体 100～150 倍液喷施封园。

二、茶白星病

（一）发生规律

茶白星病是一种主要为害茶树嫩叶、新梢以及幼果的病害。病原在茶树病叶、病梢及落叶组织中越冬，翌年春季气候条件适宜时产生分生孢子，侵害芽叶和嫩梢，经 2～5 天潜育期后发病；新形成的病斑上再次形成分生孢子器，然后释放分生孢子从而进行侵染循环。茶白星病属低温高湿性病害，一般发生于 3 月下旬，流行期为 4 月上旬至 6 月上旬；当旬平均温度 20℃，相随湿度 80% 以上时，该病害可突发和流行。连续阴雨多雾、保持 20～25℃气温是该病害流行的最佳条件，因此高山茶园多为茶白星病流行传播的最佳场所。气温达到 28℃以上，该病原生长缓慢，甚至停止侵染；因此夏季高温季节该病害鲜有发生，而多发生于春秋两季。

（二）防控要点

茶白星病在贵州茶园中始发于清明节前后，每年有夏秋 2 个发生高峰期，以夏季发生严重。在冬季冻害严重、树势弱、倒春寒和低温高湿 4 个条件同时具备的茶园，在每年 5 月持续多雨雾季节发病最为严重。茶白星病防控要点如下。

（1）春茶开采 15 天以前喷施诱抗剂：2 月下旬至 3 月上旬，使用 5% 氨基寡糖素水剂或 6% 寡糖·链蛋白可湿性粉剂 300 倍液喷施防治。

（2）采摘。持续低温多雨雾季节的前段，及时强采或机采。

（3）生物杀菌剂。发病前和发病早期，使用 5% 多抗霉素水剂和 3% 中生菌素水剂 300 倍液轮换喷施防治。

（4）茶园冬管时，采用 45% 石硫合剂晶体 100～150 倍液喷施封园。

三、茶小绿叶蝉

（一）发生规律

茶小绿叶蝉是一种主要为害夏秋茶，使茶树芽叶蜷缩、硬化、叶尖和叶缘红褐枯焦的害虫，贵州各个茶区均有发生。以成虫在下部茶丛或杂草中越冬，3 月底开始活动、产卵，至 4 月上旬气温升高后开始孵化；其发生高峰属于双峰型季节性虫口消长动态，虫口双高峰的发生时间在不同茶区间稍有不同，黔北和黔东北茶区茶小绿叶蝉的发生高峰为 6 月中旬至 7 月下旬以及 9 月初至 10 月中旬；黔南茶区茶树小绿叶蝉发生高峰出现在

8月和10月；虫口高峰出现的早晚及高峰时的虫口密度与主要气象要素旬相对湿度和均温呈极显著相关；年发生九至十二代，世代重叠严重。成虫将卵散产于嫩茎皮层，以顶芽下第二叶与第三叶之间茎内较多，也可产于叶柄、主脉上；具分批产卵习性，成虫趋黄性强。若虫栖于芽叶嫩梢叶背或嫩茎上，1龄、2龄若虫活动范围不大，3龄后灵活性增强，善爬行和跳跃。气温和雨水量是影响虫口消长的主要因子，时晴时雨的温暖湿润气候易于发生。阴雨天气和晨露未干时虫体少活动。卵期4~7天，早春长达20余天，若虫10~15天，春秋季长达25天以上；成虫20~25天，越冬成虫长达150天左右；在26~28℃平均历期：卵期5~6天，1龄1.6天，2龄1.2天，3龄1.1天，4龄1.7天，5龄7.6天，成虫19.7天。

（二）防控要点

根据茶小绿叶蝉的发生规律，其年度防控要点如下：春茶结束时节，通过修剪的农业措施，带走大量含卵或初孵若虫枝叶，压低始发虫口基数；夏初若虫虫口密度较小时，采用5%茶皂素水剂300倍液喷施防治；夏秋若虫虫口密度较大时，主要采用2%苦参碱水剂1 000~1 500倍液，24%溴虫腈悬浮剂1 000倍液喷施防治；尽量结合修剪和采摘调控虫口种群数量处于为害水平以下；茶园冬管时，采用45%石硫合剂晶体100~150倍液喷施封园。

四、茶棍蓟马

（一）发生规律

茶棍蓟马是一种主要为害嫩梢芽叶的害虫，在贵州1年发生八至九代，世代重叠严重。一般20~25天完成一代，5—6月气温升高后，完成一代的所需天数相应缩短，第一代为害期主要是5月中下旬，百叶虫口数可达400，夏秋茶季为害重；6月中下旬、9月下旬至10下旬为两个相对较高的高峰，百叶虫口数最高可达700，此期间世代重叠。5月虫口开始上升，9—10月虫口达到最高峰。该虫有趋嫩性，多集中在新梢、嫩芽和芽下1~3叶上为害。以成虫在茶蓬下部叶片背面、杂草上越冬或无明显越冬现象。成、若虫具趋嫩性和一定的趋色性。卵散产于嫩叶叶肉组织的叶脉两侧，主脉两侧较多，每雌平均产卵20~30粒。室内饲养条件下、春季气温15℃以上，完成一代需20~25天，夏秋季节完成一代需18~23天。成虫少动，活动性较弱，受惊则弹跳飞起，强光照下多栖于叶背和丛下荫蔽处，雨天多在叶背。若虫多晨昏孵化，初孵若虫不甚活跃，有群集性；3龄停食并沿枝干下移至地表枯叶化蛹；蛹期不食但仍可爬动。该虫往往在中、小叶品种茶园中发生较重。

（二）防控要点

根据茶棍蓟马的发生规律，其防控参考小绿叶蝉的年度防控要点。

五、茶黑刺粉虱

（一）发生规律

茶黑刺粉虱是一种刺吸茶树叶片汁液的半翅目粉虱科刺粉虱属害虫。黑刺粉虱在贵州一般1年发生四代。以若虫在叶背越冬。贵州茶区茶树黑刺粉虱成虫发生高峰期1年有4次，分别在4月上旬、6月下旬、8月上旬和9月上旬，成虫发生历期较长，各次均超过20天，其中7月下旬至9月下旬成虫发生无明显结束期，因此有世代重叠现象。3月中下旬主要为蛹，4月上旬越冬代蛹大量羽化为成虫，出现第一次成虫高峰期。第二次、第三次和第四次成虫高峰期分别为中6月下旬、8月上旬和9月上旬。卵也具4次发生高峰期，分别为4月中旬、7月上旬、8月中旬和9月中下旬。1龄若虫从5月上旬至11月上旬均发现，有3次明显发生高峰期，分别为5月上中旬、7月上旬和9月上中旬；11月上旬以后，鲜见1龄若虫，以2~3龄若虫进入越冬虫态。2~3龄若虫几乎全年可见，全年均有1次发生高峰期，分别为5月中下旬和5月底。从3月初至10月底，均可见4龄若虫和蛹，均在6月中旬有1次发生高峰期。

（二）防控要点

根据黑刺粉虱的发生特点，重点是防控成虫，其次是防控若虫。其成虫的年度防控要点如下：4月上旬、6月下旬、8月上中旬和9月下旬至10月上旬，采用诱虫板诱杀成虫或/和静电喷雾器喷施植物农药杀死成虫。若虫的年度防控要点如下。

4月下旬至5月上旬，春茶结束时节，通过重修剪，带走中上部叶片背面的卵或初孵若虫；对于发生量过大的老茶园，可选用台刈的农业措施防除位于中下部叶片背面的卵、若虫和蛹。

7月上中旬，此害虫的若虫虫口密度较大时，可选用24%溴虫腈悬浮剂1 000倍液喷施防治。

茶园冬管时，采用45%石硫合剂晶体100~150倍液喷施封园。

第五章

林—果蔬生态种植技术

　　林下果蔬种植要遵循适宜、适度、合理的原则，在不影响林木生长的前提下，根据林间的光照条件、土壤条件、水源条件、温度条件和不同果蔬对作物的温光水气的需求特性以及两者在生长季节上的差异，选择适合的果蔬种类和品种，在适合的季节，将果蔬套种于林木的行间，做到以林为主、林与果蔬共存共生的良性生产模式。

　　林下野生果树仿野生栽培，可充分利用森林资源和林地空间，提高林地综合利用效率和经营效益，达到经济社会发展与森林资源保护双赢的目的，本章主要介绍三叶木通林间仿野生栽培模式。林下蔬菜种植，建议在土壤疏松肥沃、水源方便的平地或缓坡地（坡度低于15°）的经果林幼龄生长阶段（1～5年）套种（2～3季），成龄后一般根据经果林的郁闭度适当安排适宜的蔬菜作物和种植季节，多为一年一季（冬春季）。果树种植的行距一般为2～4 m，在幼龄期（一般5年内），可利用距离果苗主干0.5 m以外的行间，种植白菜、甘蓝、青菜、芥蓝、菜心、莴笋、大蒜、蚕豆、辣椒、花菜、芹菜、胡萝卜等植株高度1 m以内的蔬菜种类，并且1年可种2～3季。常绿果树成龄后，由于遮阴面积过大，不建议套种，落叶果树成龄后建议1年单季种植。

第一节　三叶木通林间仿野生栽培技术

　　三叶木通［*Akebia trifoliata*（Thunb）Koidz］俗称八月瓜，又名黄蜡瓜（贵州）、八月炸（湖南）、八月扎（江苏、浙江）等，群众历来有采食其野生果的习惯，属木通科（Lardizabalaceae）木通属（*Akebia Decne*）藤本野生果树，木通科野果树资源在贵州有4属9种、1新种、2新纪录种、3变种，主要分布于海拔500～2 400 m的地区，以海拔1 500 m以下地区为主要分布区，并喜成丛分布，少单株生长，多生长于山谷溪旁、杂灌群中、杉木林缘及南坡、东南坡麓湿度较大、土质肥沃的地方，在贵州果用八月瓜以三叶木通较为常见。三叶木通原产中国和日本，中国分布在贵州、山东、河北、陕西、山西、江西等省。我国野生三叶木通资源丰富，蕴藏量大，具有极大的药用、经济、社会及生态价值，前景广阔。三叶木通果实内蛋白质、氨基酸、可溶性糖、有机酸、维生素 C 及矿物质含量高，具有消炎止痛、除湿利尿、补肾养肝等功效；果皮中含有较多的果胶类物质，果胶能广泛应用于食品、药品、化妆品等产品行业中，具有很好的医疗保健作用。

一、园地选择

三叶木通仿野生栽培混交树种的选择，要尽量使主要树种、次要树种在生长特性和生态要求等方面协调一致，以便避害就利，合理混交。三叶木通喜生活在避风温暖湿润的环境中，光照和水分是影响三叶木通茎、叶生长量最大的因素之一，根据三叶木通的生长习性，仿野生栽培时，宜选择向阳避风足水的坡地下部或水库库区，同时与其他林木混交的郁闭度在 0.10 ~ 0.25，或选择灌木与乔木混交的疏林坡地或者沟谷，坡度选择在 15° ~ 30°，海拔 2 300 m 以下的排水良好林地。

二、定植

（一）种植推荐类型

野生三叶木通果实有青皮、白皮、紫皮、粉皮、麻皮等类型，果肉皆为白色，果实风味差异大，可食率低，单果种子数多达 100 ~ 200 粒。

人工栽培应选择经过驯化的适合当地条件、外观鲜亮、可溶性糖含量大于 10%、可食率大于 20%、单果重大于 200 g 的少籽或无籽品种。在交通便利，临近市场的地区可选择鲜食品种；而在偏僻山区则可选择加工品种，加工制作成果汁、果冻，或作为药用原料鲜摘、分级、包装外运。适宜贵州地区发展的鲜食、加工果汁的品种有青皮、黄蜡、早生等品种，作为药用原料的品种有金边、紫皮等品种。三叶木通的大部分品种能够单性结实，可以不配置授粉树，但少数三叶木通品种如金边、紫皮需要配置授粉树，授粉树与主栽品种的比例以 1∶10 为宜。

（二）栽植密度

一般三叶木通人工栽培株行距为 2 m×4 m，种植密度为 83 株 / 亩，而三叶木通仿野生栽培模式其栽培的密度依据天然的林木数量进行适当的调整，行距以林木间距为准，株距为 1 ~ 2 m，种植密度 30 ~ 50 株 / 亩。

由于仿野生栽培模式主要依据天然林而定，在林地与灌木丛中，其天然的低矮灌木、小型乔木都是其攀缘的对象，都可以作为支撑柱来用，小型乔木过多，则可控制其主干的生长，减少郁闭度。

（三）清林

整理灌木，使三叶木通可顺延生长。仿野生栽培的林木造型主要有环状型和自然开心型。环状型是没有中心主枝，仅有一段高度的树干，主干上分布 3~5 个主枝，均匀向四周分布，主枝上再分生侧枝，呈整齐美观的规整分生；自然开心型是没有中心主枝，分枝点较低，主枝 3~5 个，放射分布于主干之上，从中心展开，形成自然开心树冠。支撑林木统一高度约为 2 m。

（四）定植时间

三叶木通和其他常绿果树一样，秋冬季至翌年春季发芽前皆可种植，在冬季寒冷干旱的区域宜春植，在气温开始回暖前，嫩芽逐步萌动的春初进行定植。

（五）定植

在每个修剪过后的支撑树木背阳处，间隔支撑树约 30 cm 的地方挖规格为 40 cm×40 cm×20 cm 定植穴，将幼苗带土放入定植穴中，固定好回填土壤，淋透水，并梳理出排水沟。

三、栽培管理

（一）引蔓

天然林地中，将距离较近的支撑物的枝干用铁丝连在一起，待定植幼苗的攀缘新梢长至 30 cm 后，采取人工引线，让新梢沿着引线攀缘修剪后的林木主干上，在攀缘茎木质化后可以剪除引线，依靠其自身即可保持不倒，并剪除剩余攀缘茎以及匍匐茎。

（二）土壤管理

收集树盘附近杂草和剪除的枝叶向苗木周围均匀铺设做肥，在最大程度上与原有的环境相融合，依托其原有植物的剪除枝叶分解后形成的养分构成良性物质循环，从而保障三叶木通在林下正常的生长和结实，充分体现原生态种植。

（三）肥料管理

苗木定植前及果实采收后施基肥，以有机肥为主；萌芽前、果实膨大期、成熟前结合灌水追肥，前期以氮肥为主，后期以钾肥为主。基肥时间为9月中下旬至2月上旬。应以有机肥为主，适当拌入磷肥或复合肥，幼树每株施基肥10~20 kg，结果树30~45 kg。追肥时间：第一次追肥在5月中下旬（贵州地区），以促进保花保果，第二次追肥在果实生长高峰期即7月上旬追施速效氮肥及磷钾肥；同时在4—5月进行根外追肥，以促进叶幕的形成。成年三叶木通一般每年施氮素0.5 kg，磷0.3 kg，钾0.4 kg。

（四）压枝繁殖

三叶木通树龄满2年后，选近地生长的粗壮、长势好的匍匐茎采用压条的方式繁殖新的三叶木通苗。

（五）整形修剪

三叶木通修剪的目的主要是为了让主蔓和结果母枝组成一个良好的骨架，保持植株生长和结果之间的平衡，主要以疏除为主，尽量少短截短缩枝。夏季主要除去无用的萌条和抽梢，将过强的新梢摘心，冬季休眠期剪除病虫枝。

（六）花果管理

由于三叶木通花器大，进行人工辅助授粉可以大大提高结实率，授粉最佳时间为4月上中旬，晴天中午进行。疏果时间为果实拇指大小时，每朵花留2个果，多余的疏除。

（七）病虫害防治

生长过程中，剪除带有病原菌的枝条并集中焚烧处理，定期刮除病斑。据报道，贵州地区三叶木通的病害主要是白粉病、炭疽病、角斑病、圆斑病和枯病等，害虫危害以三叶木通梢鹰夜蛾、茶黄毒蛾、金龟子、蛀干天牛、白吹绵蚧、蚜虫、红蜘蛛等。

三叶木通病虫害一般采用下列防治措施进行。

（1）冬季和早春要剪除病虫枝，消除越冬虫蛹、虫卵，刮除病斑，清园烧毁落叶病枝，在萌芽前喷施3~5波美度石硫合剂以防治炭疽病、介壳虫和螨类休眠残体等。

（2）新梢抽发至花前用甲基硫菌灵600倍液，0.30~0.55波美度的石硫合剂喷施 2 ~ 3 次。

（3）落花后幼果期可喷施 1 : 5 : 600 波尔多液 1 ~ 2 次，以防治圆斑病、角斑病等；发现蚜虫、天牛危害及时用药防治。

（4）果实生长期应根据气候情况喷药防治炭疽病和其他叶部病害；重点防治螨类、蚜虫及鳞翅目害虫。

（5）秋季采果后，及时喷施广谱性杀菌剂，防治螨类、叶蝉类害虫，防止早期落叶。

四、采收

果实成熟后，用手捏微微发软，果实背缝线发白而不至于开裂时，即可采收。应选择晴天上午露水干后，用枝剪、锋利的刀具采收。采后立即包装，在 0 ~ 2℃冷库中储藏。可加工成果汁、果冻、果酱、饮料等保健食品；三叶木通果皮可用于提取天然胶、酒精等，其种子含油量高，可用于制皂；其藤茎除药用外，还可用于造纸、编织等。

第二节　紫苏林下栽培技术

紫苏 [*Perilla frutescens* (L.) Britt]，唇形科（Labiatae）紫苏属（*Perilla* L.）一年生草本植物，是我国卫生部（现为卫计委）第一批规定的既是药品又是食品的 60 种作物之一，在医药食品等领域有着重要的开发价值。紫苏种子油脂中 α-亚麻酸含量可高达 69%，是陆生植物中 α-亚麻酸含量最高的物种之一，紫苏籽油因富含 α-亚麻酸被医学界冠予植物脑黄金的美名，是替代深海鱼油的理想植物油。紫苏叶、籽和梗为我国传统中药，叶片可鲜食，还可用来提取挥发油和制备多种中成药等。由于紫苏耐贫瘠，具芳香类味道，可选择林木稀疏环境下进行种植。

一、品种选择

选用适应当地生产条件、抗逆性强、植株较矮的紫苏品种。其中油用紫苏可选用奇苏 2 号、黔苏 3 号；采叶紫苏可选用贵紫 2 号、贵紫 3 号等。

二、林地选择

选择交通便利、自然条件好、远离污染源、土质肥沃、排灌方便的壤土或沙壤土，郁闭度小的经果林地。如水源充足则更为适宜。

三、种子要求

种子选择外观应为完整，健康，无伤痕，无病虫害的种子；且净度 >95%，发芽率 >75%，含水量 <8%，杂质率 <2%。

四、整地播种

播种前施用 25 kg/ 亩复合肥和 2 500 ~ 3 000 kg/ 亩腐熟好的有机厩肥或堆肥作为底肥。采用翻犁机械对土壤进行耕翻，深度 20 ~ 25 cm。根据林地行间宽度，合理开厢作畦，人工或开沟机开沟作厢，厢沟宽 30 cm，沟深 20 ~ 30 cm。

紫苏播期为 4 月上中旬，最晚不超过 5 月中旬。

进行直播时，播种 50 ~ 200 g/ 亩。播种方式可以撒播，将种子拌入细土或草木灰，比例为 1 : 5，采用人工按厢面进行均匀撒播；条播时，40 cm 行距开行后，将种子拌入部分细沙或草木灰均匀撒行内；穴播时，行距 40 cm，株距 30 cm 开穴，每穴播 5 ~ 10 粒种子；机播时，采用油菜籽播种机或小型拖拉机携带的小粒种播种器进行，播种参数调整至行宽 40 cm，株距 30 cm，每穴播 3 ~ 5 粒种子，播于土层浅表。苗期 4 ~ 5 对真叶时，如密度过大，则可匀苗，间去过密的幼苗。如出苗不好，及时补苗。油用紫苏考虑密度控制在 11 000 株 / 亩密度，叶用紫苏虑密度控制在 5 500 株 / 亩为宜。

播种方式为育苗移栽时，苗床地应选择土地肥沃、向阳、靠近水源和移栽本田管理方便的沙壤地作苗床。每亩大田需要准备 33.75 m² 苗床地。苗床整地施肥：施好腐熟肥，进行碎土使土肥相容。苗床作土要细。按每亩移栽量计算播种需种子 30 ~ 50 g。先浇水将苗床湿润，待土壤吸水后再松土平整后才能撒种。将种子均匀撒入苗床面积内。苗为 4 ~ 5 对真叶时，选择阴天或晴天下午进行移栽。起苗前 1 天检查苗床湿度，如果湿度不够应将苗床浇透，以保证起苗时不伤根系。

五、田间管理

紫苏幼苗时，如遇土壤干旱缺水，应注意浇水抗旱。如幼苗期间多雨，试验地排水不畅，应及时挖沟排水，降低地下水位。苗期根据杂草生产情况，可进行 1 ~ 2 次中耕除草。根据种植用途不同使用尿素进行追肥，油用紫苏追肥 15 ~ 20 kg，叶用紫苏在定植后每隔 10 天左右追肥 1 次，共追肥 30 ~ 40 kg。

六、病虫害防治

紫苏生产病虫害防治原则"预防为主，综合防治"。以物理防治为主，化学防治为辅。禁绝使用剧毒、高毒农药。

每 50 亩安装 1 盏太阳能杀虫灯，每亩悬挂黄板、蓝板 50 ~ 70 块，诱杀蚜虫、白粉虱、斑潜蝇、蓟马、斜纹夜蛾等害虫。

针对贵州易发锈病和白粉病，以及蚜虫、蓟马、白粉虱等虫害，选择合适的生物农药或高效低毒、低残留化学农药进行防治。

锈病：在发病前或发病初期，1 : 1 : 100 波尔多液或 65% 代森锌可湿性粉，在播种前采用药剂拌种，初发病时采用 400 ~ 500 倍液体喷施，注意排水除湿，合理密度。

白粉病：采用 70% 甲基硫菌灵可湿性粉剂、50% 代森锰锌可湿性粉剂或 50% 多菌灵可湿性粉剂，在初发病时采用 500 ~ 800 倍液体交替喷施 2 ~ 3 次，注意排水除湿，合理密度。

蚜虫用 10% 吡虫啉可湿性粉剂 1 500 倍液或 20% 氰戊菊酯乳油 2 000 倍液或 50% 抗蚜威 1 500 倍液喷施 2 ~ 3 次，加强田间管理及肥水管理，采用瓢虫生物防治。白粉虱用 600 ~ 800 倍液 1% 苦参·印楝素乳油或 0.30% 苦参碱水剂喷施、引入蚜小蜂等天敌进行生物防治或用黄色板诱捕成虫并涂以粘虫胶进行诱杀。虫害发生较重时可用 10% 氯氰菊酯乳油 2 000 ~ 4 000 倍液、2.5% 溴氰菊酯乳油 2 000 ~ 4 000 倍液或 50% 辛硫磷乳油 800 ~ 1 200 倍液进行喷施。

七、采收

收获籽粒时，紫苏花序 1/2 变色时即可收割，可采用人工或机械将植株砍倒，田间晾晒 2 ~ 3 天后脱粒。或采用油菜收割机械收割，但后者有 15% 左右的损失。人工收割时可采用两次脱粒，确保脱粒干净。脱粒后应及时晒干，避免受潮。

收获叶片时，每株保留 10 ~ 15 个分枝，在现序期后可收获紫苏叶片。视田间长势 1 ~ 2 周可取 1 次。如仅考虑收获叶片，可在花期去掉顶端花序，延长取叶时间。

第三节　大蒜林下栽培技术

大蒜为一年生或二年生百合科葱属类蔬菜，适应性强，我国南北均有栽培。食用产品器为幼苗、花茎（蒜薹）和鳞茎。大蒜营养丰富，含有一定的蛋白质、脂肪、碳水化合物、钙、磷、铁、维生素C，还含有硫胺素、核黄素、烟酸、蒜素、柠檬醛以及硒和锗等微量元素。大蒜中的大蒜素，具有杀菌，增进食欲作用。在经果林下套种大蒜，可充分利用林下空闲土地和光照资源，获得较好的经济效益。

一、品种选择

一般大蒜种植要求蒜头大小均匀，鳞茎肥大充实，无虫咬或伤害，这样播种后出苗整齐，便于田间管理。贵州栽培的大蒜多为红皮大蒜和白皮大蒜，有优良的大蒜地方品种，如毕节白蒜、麻江红蒜等。

毕节白蒜：系以蒜头为主，兼薹用的地方优良品种，享有"中国白蒜"的美誉，全生育期约270天，属中晚熟品种。株型直立，叶色浓绿，株高约60 cm，株幅约15 cm，单株叶片数8～10片；蒜头呈圆锥形，蒜瓣均匀，蒜头外皮白色，单个蒜头一般蒜瓣8瓣，故又称八牙蒜，蒜瓣乳白，质密脆嫩，辣香味浓郁，单头一般重35～45 g。

麻江红蒜：属薹头兼用型的中晚熟大蒜品种，生育期245天左右，植株生长旺盛，田间长势整齐，株型开展度稍大，株高50～60 cm，株幅约30 cm，单株叶片数13～14片；蒜头呈扁圆形，蒜头外皮深红至紫红色，单个蒜头有蒜瓣8～9瓣，蒜瓣乳白，质密脆嫩，辣香味浓郁，单头均重35 g左右。

二、林地选择

大蒜生长期长，收获产品为蒜苗、蒜薹和蒜头，产量较高。大蒜林下种植宜选择富含有机质、保水保肥力强的壤土或沙壤土经果林或种植密度较稀（行株距3 m以上）的人工林，郁闭度要求小于0.3。大蒜种植地块需要水源充足、排灌便利，必要时需增加储水和灌溉设施。

三、播种时间

播种期红皮蒜较白皮蒜播种期稍早。红皮蒜通常9月上中旬播种。白皮蒜一般在 10 月上中旬播种。贵州各地一般在 9 月上中旬至 10 月上中旬均可播种，一般海拔高的地方可适当早播，海拔低的地方适当晚播。冬前幼苗期越冬，翌年可采收蒜薹和蒜头。

四、整地作畦与施肥

播前土壤深耕细耙，施入充分腐熟的有机肥 2 000 ~ 2 500 kg/ 亩，过磷酸钙 50 kg/ 亩，硫酸钾 10 ~ 15 kg，地膜覆盖栽培一般做成畦高为 15 ~ 25 cm，畦宽为 60 ~ 70 cm，留沟 30 cm 的小高畦，也可平畦栽培。根据林地行间宽度，合理开厢作畦。林木行距为 4 m 宽的，可开成 3 畦；林木行距为 3 m 宽的，可开成 2 畦。林木行间作畦的数量要根据林木行间距离来确定，但畦面距树干的距离最少保持 0.5 m 以上。

五、播种

按照"收选头、栽选瓣"的原则，选择符合栽培品种特征的蒜种，蒜头横径 6 cm 以上，单瓣蒜重 5 g 以上的大瓣蒜，无伤口、无病斑。播前在晴天将选好的蒜种均匀地摊在无纺布或苫布上，厚度以铺 1 ~ 2 层蒜种为宜。白天经常翻动，夜间堆起盖好，连晒 2 ~ 3 天，并将蒜瓣上残破鳞茎盘去除，勿剥蒜皮；在畦面开沟条播。秋季若雨水较多，采用干播法，如果土壤干，也可提前灌水造墒。播种深度 3 ~ 4 cm，随后覆土，适当压实，加盖地膜进行覆盖。播种量通常 50 ~ 75 kg/ 亩。畦内多行种植，每行间距离 15 cm，株距通常用 10 ~ 12 cm。

六、田间管理

（一）苗期管理

秋播大蒜苗期长达 5 ~ 6 个月，而苗期生长主要在秋季和翌年早春，苗期管理工作主要是培育壮苗，保证蒜苗安全越冬，同时防止幼苗徒长和提前退母。大蒜一般播后 15 天左右开始出苗，待苗出齐后，每亩追施 3 kg 尿素，如果土壤较干，可以灌 1 次水，促进幼苗生长。保持土壤湿润，加强中耕松土，促进发根，进入 10 月中旬，适当控水。越冬时紫皮蒜通常 5 ~ 6 叶，白皮蒜 2 ~ 3 叶。冬前叶片不宜太多，以防受冻。11 月中旬浇足越冬水，以防苗子受冻，保证安全越冬。翌年 2 月中下旬开始灌水，同时追肥，每亩追施尿素 7 kg 左右，补充大蒜退母时所需养分要求，防止缺少养分出现叶尖发黄现象的发生。

（二）抽薹期管理

大蒜退母后，随着温度的升高生长速度加快，花芽和鳞芽也开始分化，需水肥也不断加大，要经常保持土壤湿润。当蒜薹甩缨时，每亩追施尿素 15 kg，过磷酸钙 30 kg。及时浇水，以后每隔 1 周浇 1 次水。一般采收前 3～4 天停止浇水。

（三）鳞茎膨大期管理

大蒜抽薹后，大蒜生长中心以鳞茎生长为主，此时应根据大蒜长势合理追肥也可不追肥。通常土壤保水保肥性好的壤土不追肥，沙壤土可以随浇水每亩追施尿素 15 kg，叶面喷施磷酸二氢钾 3～5 kg，促进蒜头快速膨大生长，随后保持田间土壤湿润。蒜头采收前 1 周停止浇水，以防湿度过大造成散瓣，提高蒜头耐储性。

七、病虫害防治

（一）虫害

蒜蛆是大蒜栽培过程中出现较多的虫害，蒜蛆以幼虫蛀食大蒜鳞茎，使鳞茎腐烂，地上部叶片枯黄、萎蔫，甚至死亡。

防治方法：一般是在成虫羽化后期，利用糖醋盆诱杀成虫。诱剂配方按醋：糖：水：酒 = 4：3：2：1，用小盆，每亩放置 15 盆左右即可。当蒜蛆危害较重时用药剂防治，可用 70% 辛硫磷乳油 1 000～1 500 倍液进行灌根或采用 0.06% 噻虫胺颗粒剂 35～40 kg/ 亩撒施。

（二）病害

锈病：大蒜锈病由葱柄锈菌侵染所致。主要危害叶片、假茎，病部初显褪绿斑，后在表皮下出现凸起的孢子堆，病斑周围有黄色晕圈。

防治方法：选用抗病品种，避免葱蒜混种，注意清洁田园，以减少初侵染源。适时晚播，防止脱肥，避免偏施氮肥，减少灌水次数，杜绝大水漫灌。发病初期选用 25% 三唑酮可湿性粉剂 1 500 倍液、30% 氟环唑悬浮剂 1 500～2 000 倍液或 10% 己唑醇悬浮剂 2 000～3 000 倍液喷雾。隔10～15 天防治 1 次，防治 1～2 次。

茎腐病：主要发生的部位在叶片和鳞茎上，发病从外部叶片开始，逐渐向内侵染，初期鳞茎以上外部叶片发黄，根系不发达。后期鳞茎腐烂枯死，病部表皮下散生褐色或黑色小菌核。

防治方法：大蒜茎腐病播种前用 40% 多菌灵可湿性粉剂或 70% 甲基硫菌灵悬浮剂按蒜种量的 3% 兑水均匀喷洒蒜种，然后闷种 5 小时，晾干播种。发病期用 50% 腐霉利可湿性粉剂 1 500 倍液和 50% 多菌灵可湿性粉剂 600 倍液，每 7~8 天喷 1 次，连喷 2~3 次。

叶枯病：主要危害叶、花梗，叶片病斑发生初期出现白色小圆点，后扩大成条斑型或紫斑型，病部上有黑色霉状物；花梗染病，容易从病部折断，后期病部上散生黑色小粒点。

防治方法：大蒜叶枯病发病初期每亩用 75% 百菌清可湿性粉剂 500 倍液，兑水稀释后喷雾 1~2 次。

紫斑病：大蒜紫斑病又名黑斑病，主要危害叶、花梗；发病多从叶尖或花梗中部开始，初显稍微凹陷的白色小斑点，中央微紫色，扩大后呈纺锤形，多具同心轮纹，湿度大时，病部上出黑色霉状物。

防治方法：播种前用 50% 多菌灵可湿性粉剂拌种，用药量为蒜种量的 0.5% 或用 40% 多菌灵胶悬剂 50 倍液浸种 4 小时，预防种瓣带菌。发病初期喷 50% 甲基硫菌灵可湿性粉剂 600 倍液或 1% 申嗪霉素悬浮剂 1 000 倍液。

病毒病：大蒜病毒病又称花叶病，发病初期，沿叶脉出现断续黄条点，后变成黄绿相间的条纹；植株矮化，心叶会被邻近的叶片包住，呈卷曲状畸形；茎部受害，节间缩短，条状花茎状。

防治方法：主要以防为主，在大蒜返青生长以后，喷洒 2~3 次 20% 吗胍·乙酸铜可湿性粉剂 800 倍液、2% 氨基寡糖素水剂 500~800 倍液或 2% 宁南霉素水剂 100~200 倍液。

紫斑病：大蒜紫斑病又名黑斑病，除危害大蒜外，还危害大葱、洋葱等葱蒜类蔬菜。播种前用 50% 多菌灵可湿性粉剂拌种，用药量为蒜种量的 0.5% 或用 40% 多菌灵悬浮剂 50 倍液浸种 4 小时，预防种瓣带菌。发病初期喷 50% 甲基硫菌灵可湿性粉剂 600 倍液或 70% 代森锰锌可湿性粉剂 500 倍液。

八、采收

（一）蒜苗采收

大蒜苗生长到 30 cm 左右时，可根据栽培目的及市场行情陆续采收上市。

（二）蒜薹采收

采薹过早，虽可节约养分，以利蒜薹膨大，但蒜薹短小，产量降低，品质也差；采薹过晚，蒜薹组织老化，纤维增多，食用价值降低，同时因消耗植株体内养分过多，使蒜薹产量降低。蒜薹的采收当蒜薹向一旁打钩，总苞发白时开始采收蒜薹。蒜薹的采收通常选晴天的中午或下午采收，此时蒸发量大，叶鞘较松，采收较为容易。采收通常可以在距顶叶下10 cm 左右处用手一捏，然后用力抽出蒜薹，这样对叶子伤害较轻，有利于后期大蒜鳞茎生长，大蒜产量较高。如果以采收蒜薹为主，可以用一根长约 10 cm，厚约 3 cm 的小木条上固定一根针，用针划破大蒜叶鞘，可以抽出较多的蒜薹。

（三）大蒜采收

一般蒜薹采收后 20～30 天后可陆续开始采收大蒜。此时蒜叶发黄，下部叶片 1/3 枯死时进行采收。采收过早，大蒜较嫩，产量较低，采收过晚会出现散瓣落瓣现象。

第四节　大白菜林下栽培技术

大白菜为十字花科芸薹属草本植物，起源于我国，最早可追溯到西周时期。大白菜食用方法多样，可供炒食、煮食、凉拌、做汤、做馅和加工腌制等，以大白菜为原料的菜肴有 150 种之多，因而它受到广泛的欢迎，是我国最重要的蔬菜种类之一。大白菜具有生长周期短、植株较低矮、较耐阴凉等特性，适合林下种植。

一、品种选择

林下种植的大白菜品种选择应根据不同海拔区域、不同的栽培季节来选择适宜的栽培品种，一般冬春季正季栽培选择高产、优质的品种，如鲁春白 1 号、韩国四季王、黔白 8 号、黔白 10 号等，春夏错季宜选择冬性强的耐抽薹品种，如黔白 5 号、韩国强势等，夏秋季栽培宜选耐热性强、抗病性好的品种，夏秋王、韩国皇冠、改良青杂三号等。适宜贵州冬季栽培的大白菜品种主要有鲁春白 1 号、韩国四季王、黔白 5 号、黔白 8 号、黔白 10 号、春秋王、美国越冬 150 天。

二、林地选择

选择交通便利、排灌方便的坡度小于15°的平地或缓坡地经果林；栽培白菜的林地以土层深厚、土壤肥沃、疏松、保水保肥、透气好的沙壤土、壤土及轻黏土为宜；栽过大白菜或者其他十字花科作物的林地，应与大葱、大蒜、洋葱等蔬菜轮作，以减轻大白菜病害的发生。作冬春季栽培白菜的林地，幼龄或成龄的落叶果树林均可，作春夏或夏秋季栽培白菜的林地，宜选择幼龄果园，郁闭度小于0.3。

三、播种期

冬春正季白菜播种期要求不严，但春夏季白菜的栽培应严格控制播种期，切不可过早播种，否则低温条件下易通过春化作用，造成先期抽薹。总的原则是保证春白菜栽培生长的日平均温度稳定在13℃以上（连续多日平均气温稳定在13℃以上，即可播种）。尤其是保证苗期温度高于13℃是避免抽薹的关键。夏秋季白菜一般在贵州中高海拔栽培，低海拔区不建议栽培夏秋白菜。

（一）春夏白菜

海拔500 m以下，春播1月下旬至2月初播种，大棚育苗，秋播10月下旬至11月底播种；海拔500~800 m，春播1月底至2月中旬播种，秋播10月中下旬至11月中旬播种；海拔800~1 100 m，春播2月上旬至2月下旬播种，秋播10月中旬至11月初播种；海拔1 100~1 500 m，春播2月中旬至2月底播种，秋播10月上旬至10月下旬播种；海拔1 500~1 900 m，春播3月初至3月中旬播种，秋播9月下旬至10月初播种，小拱棚播种育苗；海拔1 900~2 300 m，春播3月上旬至3月中旬小拱棚或大棚育苗，秋播9月中旬至9月下旬播种，小拱棚育苗。一般在3月中旬至5月上旬采收。

（二）夏秋白菜

海拔1 300~1 500 m的地区，4月中旬至8月上旬播种；6月至10月采收；海拔1 500~1 800 m的地区，4月下旬至8月初播种；7月至10月采收；海拔1 800~2 300 m的地区，4月底至7月下旬初播种，7月至10月采收。

（三）冬春正季栽培白菜

海拔500 m下，10月下旬至11月上中旬播种，大棚或露地穴盘育苗，晴天中午温度较高时需覆盖遮阳网；11 月中下旬至 12 月中下旬定植，地膜覆盖或露地栽培，产品于 3 月初至 3 月中下旬上市。

海拔 500～800 m，10 月中旬至 11 月上旬播种，露地穴盘育苗，晴天中午温度较高时需覆盖遮阳网；11 月中旬至 12 月中旬定植，地膜覆盖或露地栽培，产品于 3 月初至 3 月中下旬上市。

海拔 800～1 100 m，10 月上旬至 10 月下旬播种，露地育苗，晴天中午温度较高时需覆盖遮阳网；11 月上中旬至 11 月下旬定植，地膜覆盖或露地栽培，产品于 3 月初至 4 月初 3 月中下旬上市。

海拔 1 100～1 500 m，10 月初至 10 月中旬播种，露地育苗，晴天中午温度较高时需覆盖遮阳网；11 月初至 11 月中下旬定植，地膜覆盖或露地栽培，产品 3 月初至 3 月下旬上市。

海拔 1 500～1 900 m，9 月下旬至 10 月初播种，露地育苗，晴天中午温度较高时需覆盖遮阳网；10 月下旬至 11 月初定植，地膜覆盖或露地栽培，产品 3 月初至 3 月底上市。

海拔 1 900～2 300 m，9 月中旬至 9 月下旬播种，露地育苗，太阳大时覆盖遮阳网；10 月中旬至 10 月底定植，地膜覆盖或露地栽培，产品 3 月初至 3 月底上市。

四、育苗

大白菜一般育苗移栽，尤其是作春夏及夏秋季栽培，冬春季栽培一般可直播。育苗移植的苗床应选择地势较高，排水通畅的肥沃田土。一般栽植每亩本田的用种量 50 g 左右。播种前浇足底水，每平方米苗床播种量 5～6 g，播种后即浇水盖土。出苗后一定要及时浇水，保持见湿见干，根据苗的长势，可用腐熟清淡人畜粪水施 1 次提苗肥，及时匀苗间苗，注意防治苗期蚜虫、黄条跳甲、霜霉病等。5～6 片真叶时即可定植。直播根据确定的栽培密度每窝播种 10 粒左右，然后盖细土 1～2 cm，苗期如遇干旱要及时浇水，每亩本田用种量 250 g 左右，出苗后要及时匀苗、间苗，5～6 片真叶时定苗，去掉弱苗和病苗，保留大苗和壮苗，若缺苗应及时补种或补栽。

五、整地开厢，合理密植

在定植或播种前，清洁田园，深翻碎土，均匀施入适量腐熟农家肥和复合肥，然后根据林地行间宽度，合理开厢作畦。林木行距为 4 m 宽的，可开成 2 厢，厢面宽 1.3 m；林木行距为 3 m 宽的，也可开成 2 厢，厢面

0.8 m，沟 0.4 m，厢沟深 20 cm 左右（排水差的地块应适当加深），以利于排水，减少病害发生。林木行间作畦的数量要根据林木行间距离来确定，但畦面距树干的距离最少保持 0.5 m 以上。一般行株距（27~35）cm×（27~35）cm。

六、生长期肥水管理

大白菜生长期，要在施足底肥的基础上，结合浇水合理追肥。直播定苗或移栽定植成活后，施 1 次腐熟清淡人畜粪水提苗。莲座期大白菜生长迅速，应每担腐熟清粪水中加入 0.1 kg 尿素追施，使营养体生长良好。进入结球期后，视植株长势可追肥 1~2 次人粪尿加复合肥或尿素，适当增施磷钾肥。在整个生长期适当控制氮肥施用，采收 10 天内禁止叶面喷施氮肥。大白菜的浇水要掌握勤浇浅浇，以保持地表温度，保持土壤湿润，采收前 1 周停止浇水。

七、主要病虫害防治

（一）主要虫害

1. 蚜虫

药剂防治：选用 10% 吡虫啉可湿性粉剂 1 500 倍液、吡蚜酮水分散粒剂 2 000~3 000 倍液、10% 烯啶虫胺水剂 2 000~3 000 倍液喷雾或 21% 啶虫脒可溶性液剂 2 500 倍液等交叉喷雾防治。

2. 菜螟

药剂防治：在成虫盛发期和幼虫孵化期喷洒 1.8% 阿维菌素乳油 4 000 倍液、5.7% 氟氯氰菊酯乳油 1 000~2 000 倍液、Bt 8 000 IU/mg 可湿性粉剂 600 倍液、10% 虫螨腈悬浮剂 1 000 倍液或 0.5% 苦参碱水剂 500~1 000 倍液。以上药剂注意交替使用。

3. 菜青虫

药剂防治：发生初期选用 1.8% 阿维菌素乳油 4 000 倍液、0.5% 苦参碱水剂 800~100 倍液，16 000 IU/mg 苏云金杆菌粉剂 800 倍液等交替喷雾防治。

4. 黄条跳甲

防治方法：在成虫始盛期选用 10% 的高效氯氰菊酯乳油 2 000 倍液、2.5% 溴氰菊酯乳油 2 000~4 000 倍液、300 g/L 氯虫·噻虫嗪悬浮剂

2 000 倍液或 5% 鱼藤酮可溶液剂 300 ~ 500 倍液等喷雾防治。

5. 蛴螬

防治方法：深秋或冬前适时翻耕土地，杀灭越冬幼虫。在栽培条件许可的情况下，进行水旱轮作或适时灌水杀灭幼虫；诱杀成虫，可在成虫发生期用黑光灯诱杀；药剂防治，在幼虫盛发期用 400 亿个孢子 /g 球孢白僵菌可湿性粉剂 2 000 倍液或 90% 晶体敌百虫 800 倍液等灌根，每株灌药液 150 ~ 250 mL。

（二）主要病害

1. 软腐病

药剂防治：发病初期喷洒 8% 春雷·噻霉酮水分散粒剂 1 000 倍液、0.3 四霉素水剂 800 ~ 1 000 倍液、20% 龙克菌悬浮剂 500 倍液或 58.3% 氢氧化铜悬浮剂 1 000 倍液。以上药剂交替使用，隔 7 ~ 10 天 1 次，连续防治 2 ~ 3 次。

2. 霜霉病

药剂防治：发病初期用 69% 烯酰·锰锌可湿性粉剂 1 000 倍液、58% 甲霜·锰锌可湿性粉剂 500 倍液、72% 霜脲·锰锌可湿性粉剂 600 倍液或 18.7% 烯酰·吡唑酯水分散粒剂 500 ~ 800 倍液等喷雾。以上药剂交替使用，隔 7 ~ 10 天 1 次，连续防治 2 ~ 3 次。喷雾必须细致周到。

3. 病毒病

防治方法：首先要认真防治蚜虫及减少人为接触传播，同时选用抗病品种，加强肥水管理，培育壮株，增强抗病能力。在发病初期喷洒 5% 氨基寡糖素水剂、6% 寡糖·链蛋白可湿性粉剂 300 倍液、20% 吗胍·乙酸铜可湿性粉剂 500 倍液或 2% 宁南霉素水剂 500 倍液等。隔 7 ~ 10 天 1 次，连续防治 2 ~ 3 次。

4. 白斑病和黑斑病

药剂防治：发病初期喷洒 70% 代森锰锌可湿性粉剂 400 ~ 500 倍液、64% 噁霜·锰锌可湿性粉剂 500 倍液、75% 百菌清可湿性粉剂 500 ~ 600 倍液、40% 多·硫悬浮剂 600 倍液、65% 甲硫·霉威可湿性粉剂 1 000 倍液或 70% 甲基硫菌灵可湿性粉剂 800 ~ 1 000 倍液等。间隔 7 ~ 10 天 1 次，连续防治 2 ~ 3 次。

5. 根肿病

药剂防治：发现零星病株及时拔出，病穴撒施生石灰消毒；发病田定植后用 50% 氟啶胺悬浮剂 800 倍液或 58% 甲霜·锰锌 500 倍液灌根，10 天 1 次，连续 2～3 次。撒施于播种穴后播种或撒施于定植穴后再定植。在发病严重地区，播种后，用药土做覆盖土，效果较好。

八、适时采收

林下种植大白菜叶球长成后要及时采收。采收不及时，容易发生软腐病，也会因成熟过度而裂球，影响商品性。采收前 10 天不得使用粪肥作追肥，采收时严格执行农药安全间隔期。采收后削去根部，适度祛除没有食用价值的外叶，不能用工业、生活废水及被污染的水源洗菜。远途运输产品应于傍晚或清晨收获，待降温后于下半夜装车运输或置于冷库先经预冷处理再装车运输。

第五节　结球甘蓝林下栽培技术

结球甘蓝包括有供食用叶球的结球甘蓝，通常称之为甘蓝，别名莲花白、圆白菜、洋白菜、包心菜、卷心菜等；还有供观赏和食用兼用的赤球甘蓝、皱叶甘蓝、抱子甘蓝等。结球甘蓝较耐寒，植株较矮，生长周期短，林下栽培可以充分利用树下空间，配合苗木栽培增加农业收入。

一、品种选择

根据结球甘蓝叶球的形状可分为扁圆型（平头型）、圆球型、尖头型。根据甘蓝的成熟期长短可分为早熟、中熟和晚熟品种。根据甘蓝对温度的适应性，可分为耐热品种和耐寒品种。林下栽培应根据不同海拔区域、不同的栽培时间，针对性选择适合秋冬季栽培的耐寒品种，既不影响苗木春夏季生长，又不会因夏季枝叶茂密遮挡阳光影响甘蓝生长。如黔甘 2 号、京丰 1 号、中甘 21、春丰甘蓝、上海牛心等品种。

二、林地选择

结球甘蓝对土壤适应性较强，从沙壤土到黏土壤都能种植，在中性到微酸性土壤上生长良好。结球甘蓝是喜肥和耐肥蔬菜，适宜选择土壤肥沃、土层深厚、水源方便、坡度低于 15° 的平地或缓坡林地。林地郁闭度不应过高，要求小于 0.3。

三、播种及栽培时期

10月中旬播种，12月上旬定植，地膜覆盖栽培，4月上旬上市。

四、林下整地与作畦

选择处于幼林生长阶段的经果林，在定植前，清洁田园，深翻碎土，均匀施入适量腐熟农家肥和复合肥。根据林地行间宽度，合理开厢作畦。在果木行株距（4 m×4 m）的空间内，做成2厢宽度为1.3 m（包沟）的厢，沟宽0.4 m，厢沟深为15 cm，栽种甘蓝的边沟距离果木主干在0.5 m以上。结合整地施足底肥，腐熟有机肥1 000～1 200 kg，复合肥80～100 kg。

五、培育壮苗

要培育壮苗，必须精细管理。选择排水良好、肥沃的沙壤土作苗床，床土经过深翻炕土，施入腐熟的人、畜粪，土壤消毒，然后整细耙平，按1 m左右开厢，播种按每亩苗床播1 kg左右为宜，播种要均匀适当，浇水后盖上0.5 cm厚的腐殖土。播种后3～4天幼苗出土，要及时搭棚遮阴，随着秧苗的生长，逐渐减少遮阴时间，到定植前可全部揭棚，以锻炼秧苗适应大田环境。

六、田间管理

水肥管理的原则以促为主，施肥重点在莲座后期包心前期。前期以N肥为主；包球中后期施以P、K为主，提高植株的抗寒性。在寒流到来之前浇冻水，以利于安全越冬。

入冬前越冬甘蓝植株外部特征表现：生长势强，叶片厚实，进入包球中后期的叶球直径20 cm以上，结球紧实度达60%～70%，根粗壮，具备越冬的条件。

春后管理及注意事项：冬甘蓝可根据冬前地力条件，进行施肥。肥料不足的，气温回升后可少量追尿素10 kg/亩，小水浇灌；肥力较好的，只浇水不施肥，管理原则以控为主。

七、主要病虫害防治

（一）主要虫害

1. 蚜虫

药剂防治：选用 10% 吡虫啉可湿性粉剂 1 500 倍液、吡蚜酮水分散粒剂 2 000～3 000 倍液、10% 烯啶虫胺水剂 2 000～3 000 倍液喷雾或 21% 啶虫脒可溶性液剂 2 500 倍液等交叉喷雾防治。

2. 小菜蛾

药剂防治：在卵孵化盛期至 1、2 龄幼虫高峰期用 1.8% 阿维菌素乳油 4 000 倍液、10% 多杀霉素水分散粒剂 2 500 倍液、0.5% 苦参碱水剂 500～800 倍液或 15% 茚虫威悬浮剂 2 000～3 000 倍液等交替喷雾防治。

3. 菜青虫

药剂防治：发生初期选用 1.8% 阿维菌素乳油 4 000 倍液、0.5% 苦参碱水剂 800～100 倍液或 16 000 IU/mg 苏云金杆菌粉剂 800 倍液等交替喷雾防治。

4. 斜纹夜蛾

药剂防治：幼虫发生初期选用 1.8% 阿维菌素乳油 4 000 倍液、5.7% 氟氯氰菊酯乳油 1 000～2 000 倍液、2.5% 联苯菊酯乳油 2 000 倍液或 10% 高效氯氰菊酯乳油 1 500 倍液等交替喷雾防治。幼虫有昼伏夜出的特性，在防治上应实行傍晚喷药，隔 7～10 天 1 次，连续防治 2～3 次。

（二）主要病害

1. 霜霉病

药剂防治：发病初期用 69% 烯酰·锰锌可湿性粉剂 1 000 倍液、58% 甲霜·锰锌可湿性粉剂 500 倍液、72% 锰锌·霜脲可湿性粉剂 600 倍液或 18.7% 烯酰·吡唑酯水分散粒剂 500～800 倍液等喷雾。以上药剂交替使用，隔 7～10 天 1 次，连续防治 2～3 次。喷雾必须细致周到。

2. 黑腐病

药剂防治：按种子 1 000 g 加 50% 福美双可湿性粉剂 4 g 的比例拌种。发病初期拔除病株销毁，并用中生霉素 1 000 倍液防治。

八、适时采收

当叶球基本包实、外层球叶发亮时即可收获。根据市场行情，随时采收上市，以防造成损失。掌握顶芽开始萌动，但未开始抽薹之前，及早上市，否则会因为抽薹降低品质，影响经济收入。

第六节　花菜林下栽培技术

花菜又名花椰菜、菜花等，是十字花科芸薹属甘蓝种中以花球为产品的一个变种，食用部分是花薹、花球短缩成的花球，以其花球肥嫩、味甘鲜美、营养价值高、保健作用强而备受大家喜爱。花菜是著名的"抗癌战士"，据美国癌症协会的报道，在众多的蔬菜水果中，花菜、大白菜的抗癌效果最好。花菜含维生素 C 较多，比大白菜、番茄、芹菜都高，尤其是在防治胃癌、乳腺癌、皮肤癌方面效果尤佳。花菜喜冷凉、半耐寒，不耐高温，植株矮小，秋冬季套种在小树龄树木下，即不影响苗木生长，又可提升土地利用率，增加经济效益。

一、品种选择

花菜一般分为白花菜和青花菜。适合林下种植的花菜品种主要有 2 种。

（一）白花菜品种

神良 100 天、神良 120 天、玛瑞亚、雪玉、冬将 100F1、利卡、圣美花椰、雪山 60 天、长胜 70 天、冬将 100F1。

（二）青花菜品种

美好 F1、优秀、绿优、蔓陀绿、青玉 60、青玉 80、德绿、秀绿75 天、西兰花 46 号、绿雄 90、新绿雪西兰花、梅绿 90、绿宝石、绿山。

二、林地选择

适宜选择交通、排灌条件较好，土壤肥沃、环境湿润、坡度小于15°、郁闭度小于 0.3 的经果林林地。

三、栽培季节

经果林成龄期花菜林下种植主要以秋冬季种植为主，一般于 8 月中旬至 10 月底播种，9 月中下旬至 12 月初移栽，从 11 月下旬至翌年 3 月下旬上市。经果林幼龄期除秋冬季可栽培外，春夏、夏秋均可栽培，海拔低的地区建议作春夏栽培，海拔高的地方建议作夏秋栽培。

四、培育壮苗

有育苗设施的区域可直接在设施内育苗。没有设施育苗的区域，苗床可选离水定植地和水源近的地块作苗床。耙细整平，150 cm 作厢，施足淡粪水，然后播种，定植每亩本田播种 50～70 g。覆盖细土，用遮阳网覆盖，待 70% 的种子弓背出土，及时揭去覆盖物，然后搭架，用遮阳网遮阴，并做到晴盖夜揭。苗期要加强管理，既要注意高温伏旱，又要防暴雨冲刷秧苗。要根据气候条件和秧苗情况勤施淡粪水，增湿、降温、追肥，促进幼苗健壮生长。出苗 20 天左右，幼苗具有 3～4 片真叶时进行假植。经假植的幼苗根系发达，带土移栽易于成活，抗逆性强、植株健壮，生长整齐。也可不假植直接定植。

五、整地与施肥

根据林地行间宽度，合理开厢作畦。林木行距为 4 m 宽的，可开成 2 厢，厢面宽 1.3 m；林木行距为 3 m 宽的，也可开成 2 厢，厢面 0.8 m，沟 0.4 m，厢沟深 20 cm 左右（排水差的地块应适当加深），以利于排水，减少病害发生。林木行间作畦的数量要根据林木行间距离来确定，但畦面距树干的距离最少保持 0.5 m 以上。结合整地，施足底肥，亩施腐熟的农家肥 2 000 kg，复合肥 50 kg 为宜。

六、移栽

秋季花菜生长时间较长，簇叶繁盛，要适当稀植，以 130 cm 开厢，种 3 行，行株距 50 cm×60 cm 为宜。

七、田间管理

田间管理包括肥水管理和中耕除草及束叶。要获得品质好、产量高的花球，必须有强大的叶簇作保证。因此在叶簇生长期间要及时满足对水肥的需要，使叶簇旺盛生长，才能优质高产。

秋花菜移栽后，前期气温高，苗子小，要勤施淡粪水，促进幼苗快速生长。在花球形成期，气温适宜，生长快，需肥量急增，在花球形成的初期和中期重施追肥 2 次。每次追肥一般用较浓的、腐熟的人畜肥 2 000 kg，加 5～10 kg 尿素氮肥混合施用，满足叶簇生长、花球形成、膨大的需要。

中耕除草培土一般进行 2~3 次。一般是在大雨后或追肥后进行。束叶是保证花球品质的重要技术之一,一般在花球长出时进行。束叶的方法是将花球外面的大叶将花球遮盖,再用稻草等物捆扎一圈,但不要损伤叶片,防止阳光直晒或粉尘污染,提高品质和产量。

八、病虫害绿色防控

(一)主要虫害防治

菜青虫:发生初期选用 1.8% 阿维菌素乳油 4 000 倍液、0.5% 苦参碱水剂 800~100 倍液或 16 000 IU/mg 苏云金杆菌粉剂 800 倍液等交替喷雾防治。

小菜蛾:5% 氟啶脲乳油 2 000 倍液、幼虫 2 龄前用 1.8% 阿维菌素乳油 3 000 倍液或 Bt 乳剂 200 倍液喷雾。以上药剂要轮换、交替使用,切忌单一类农药常年连续使用。

蚜虫:选用 10% 吡虫啉可湿性粉剂 1 500 倍液、吡蚜酮水分散粒剂 2 000~3 000 倍液、10% 烯啶虫胺水剂 2 000~3 000 倍液喷雾或 21% 啶虫脒可溶性液剂 2 500 倍液等交叉喷雾防治。

菜螟:又称钻心虫,幼虫钻蛀取食心叶和叶片,受害幼苗因生长点被破坏而萎蔫死亡,造成缺苗断垄,并传播软腐病。在成虫盛发期和幼虫孵化期喷洒 1.8% 阿维菌素乳油 4 000 倍液、5.7% 氟氯氰菊酯乳油 1 000~2 000 倍液、Bt 8 000 IU/mg 可湿性粉剂 600 倍液、10% 虫螨腈悬浮剂 1 000 倍液或 0.5% 苦参碱水剂 500~1 000 倍液。以上药剂注意交替使用。

夜蛾类(斜纹夜蛾、甘蓝夜蛾、甜菜夜蛾):在卵孵化盛期、成虫盛发期和幼虫孵化期喷洒,用 1.8% 阿维菌素乳油 4 000 倍、5.7% 氟氯氰菊酯乳油 1 000~2 000 倍液、15 000 IU/mg 苏云金杆菌可湿性粉剂 600 倍液、10% 虫螨腈悬浮剂 1 000 倍液或 0.5% 苦参碱水剂 500~1 000 倍液。以上药剂注意交替使用。

跳甲:苗期为害严重,选用 10% 的高效氯氰菊酯乳油 2 000 倍液、2.5% 溴氰菊酯乳油 2 000~4 000 倍液、300 g/L 氯虫·噻虫嗪悬浮剂 2 000 倍液或 5% 鱼藤酮可溶液剂 300~500 倍液等喷雾防治。

(二)主要病害防治

1.病毒病

防治方法:选用抗病毒品种;种子在 58℃条件下干热处理 48 小时

消毒；彻底防治蚜虫，避免植株创伤；合理排灌，调控温湿度。发病初期 5% 氨基寡糖素水剂、6% 寡糖·链蛋白可湿性粉剂 300 倍液、20% 吗胍·乙酸铜可湿性粉剂 500 倍液或 2% 宁南霉素水剂 500 倍液等。隔 7~10 天 1 次，连续防治 2~3 次。

2. 黑腐病

防治方法：田间出现黑腐病中心病株后，应及时防治，防治药剂可用 8% 春雷·噻霉酮水分散粒剂 1 000 倍液或 20% 噻菌酮悬浮剂 500 倍液，具有明显的防效。

3. 猝倒病

防治方法：播种前用 800 倍 75% 百菌清可湿性粉剂进行土壤消毒；苗期适时通风，控制水分，调整温湿度；发现病苗及时拔除，撒施少量草木灰去湿。药剂防治可用 75% 百菌清可湿性粉剂 800 倍液、70% 代森锰锌可湿性粉剂 300 倍液或 95% 噁霉灵可湿性粉剂 4 000 倍液，隔 7 天喷 1~2 次即可。

4. 霜霉病

防治方法：①在棚室内每亩用 45% 百菌清烟剂 110~180 g，傍晚密闭烟熏。隔 7 天熏 1 次，连熏 3~4 次；②发现中心病株后用 40% 三乙膦酸铝可湿性粉剂 150~200 倍液、72.2% 霜霉威悬浮剂水剂 600~800 倍液或 75% 百菌清可湿性粉剂 500 倍液喷雾，交替、轮换使用，7~10 天 1 次，连喷 2~3 次。

5. 真菌性黑斑病

药剂防治：发病初期用 75% 百菌清可湿粉 500~600 倍液或 50% 异菌脲可湿性粉剂 1 500 倍液，7~10 天 1 次，连喷 2~3 次。

6. 细菌性黑斑病

防治措施：发病初期用 8% 春雷·噻霉酮水分散粒剂 1 000 倍液、0.3 四霉素水剂 800~1 000 倍液、20% 噻菌酮悬浮剂 500 倍液、14% 络氨铜水剂 600 倍液或 77% 氢氧化铜可湿性粉剂 1 500 倍液，7~10 天喷 1 次，连喷 2~3 次。

7. 灰霉病

防治方法：发病初期用 10% 腐霉利烟剂每亩 200~250 g、50% 腐霉利可湿性粉剂 2 000 倍液、50% 异菌脲可湿性粉剂 1 000~1 500 倍液、40% 多·硫悬浮剂 600 倍液或 40% 嘧霉胺悬浮剂 600~880 倍液喷雾，隔 7~10 天喷 1 次，连喷 2~3 次。

九、采收

花球充分长大紧实，表面平整，基部花枝略有松散时采收为宜，也可根据市场需求及时采收。采收标准是花球充分长大，球面圆正，花蕾紧实尚未散开便及时采收。

第七节 莴笋林下栽培技术

莴笋又称莴苣，菊科莴苣属莴苣种能形成肉质嫩茎的变种，一年生、二年生草本植物。主要食用肉质嫩茎，嫩叶也可食用。莴笋的适应性强，可春秋两季或越冬栽培，以春季栽培为主，夏季收获。莴笋生长势强、耐寒、生长周期短、植株较低矮，适宜在林下种植。

一、品种选择

林下种植冬春季莴笋应选用耐寒、适应性强、耐抽薹、商品性好的品种，如耐寒特大二白皮、特耐寒二青皮、耐寒特大新选挂丝红、特耐寒二白皮、白皮香早种等。林下种植夏秋季莴笋应选用耐热、抗病性强、商品性好的品种，如春都3号、特耐热二白皮等。

二、林地选择

莴笋根系浅，吸收能力弱，叶面积大，耗水量较多，宜选择土层深厚、有机质丰富、保水保肥力强、排灌方便、无污染、交通便利的幼龄经果林地。林地坡度低于15°，郁闭度低于0.3。

三、播种期

冬春季栽培可在9月下旬至10上旬月育苗，11月中旬至12月中旬定植。夏秋季栽培可在5—6月播种，6—7月定植，8—9月采收。

四、整地开厢

根据林地行间宽度，合理开厢作畦。林木行距为4 m宽的，可开成2厢，厢面宽1.3 m，可定植5行；林木行距为3 m宽的，也可开成2厢，厢面0.8 m可定植3行，沟0.4 m，厢沟深20 cm左右（排水差的地块应适当加深），以利于排水，减少病害发生。林木行间作畦的数量要根据林木行间距离来确定，但畦面距树干的距离最少保持 0.5 m 以上。结合整地亩施腐熟有机肥 1 500 ~ 2 000 kg，复合肥 50 kg 作基肥。在整地前施入后深翻，整平整细后作高畦，盖上塑料薄膜等待定植。

五、培育壮苗

1. 苗床选择

选地势高燥、排水良好的地块作苗床。

2. 种子处理

方法一：将种子在凉水中浸泡 6 ~ 7 小时后用湿布包好在 20 ~ 25℃处催芽至 80% 种子露白。或用凉水将种子浸泡 1 ~ 2 小时，用湿布包好，置于井下离水面 30 cm 左右，每天淋水 1 ~ 2 次，3 ~ 4 天即可发芽。

方法二：将种子放在冷水中浸泡 6 ~ 7 小时，捞出甩干多余的水后，放入冰箱的冷藏箱，每隔 4 小时拿出，置于常温下 4 ~ 6 小时，交替进行，连续 2 ~ 3 天，然后将种子置于阴凉处 1 ~ 2 天即可出芽。

方法三：将种子浸泡 24 小时后，用湿布包好，放在冰箱或冷藏柜内，在 -3 ~ 5℃下冷冻（藏）24 小时，然后放在凉爽处，2 ~ 3 天即可发芽。

3. 播种

将催芽的种子掺在少量细土中拌匀后播种，撒种要均匀，播后覆土，然后用脚踏实。覆土层宜控制在 0.3 ~ 0.5 cm，土层不宜过薄过厚，过薄不利保温，过厚会影响芽苗破土。随后浇水，不可猛浇猛灌，要小水漫灌，出苗前保持土壤湿润。一般每 66.7 m² 苗床用种子 50 ~ 100 g，可以定植 1 亩大田。

4. 苗期管理

播后 7 ~ 10 天幼苗出齐，苗龄 25 天左右长出 3 ~ 4 片叶时进行间苗。将病苗、弱苗拔出，间苗后浇水，间苗的同时要及时除草，带出田外集中做无害化处理，既能减少病虫害的发生概率，又可避免杂草争抢养分影响幼苗生长。追施苗肥，以清淡粪水为宜。

六、定植

苗龄 40 ~ 50 天，4 ~ 5 片叶时定植，过早定植操作不便，且易埋没菜心影响生长；过迟定植，幼苗大成活比较困难。一般在苗床中先选取大的幼苗，分次定植。定植前 1 天苗床要将水浇透，利于起苗，起苗时需多带土，并且动作要轻缓，避免出现伤根现象，可提高定植成活率及幼苗长势，定植后浇足定根水，促进根系生长。定植的株行距（25～30）cm×30 cm。

七、田间管理

莴笋生长期较长，定植后气温低，幼苗生长缓慢，对水分、养分的吸收利用也少。年前的田间管理工作，主要是在定植后浇1次猪粪水，成活后施1次猪粪水，掺杂少许化肥。上冻前再施重肥1次；如果栽植时未施基肥，年内应增施1、2次有机肥。每次施肥前进行中耕，使土壤疏松，以便白天吸收更多的热量，利于根系生长。年内应适当控制浇水和施肥，促使植株生长老健，提高抗寒能力。开春后应施追肥以促进叶丛生长。当花茎开始膨大时，应当及时供应充足的养分及水分，以利形成肥大而柔嫩的茎部。采收前3～4天浇最后1次水，采收前10～15天不再追肥，避免化肥残留。此外，对迟熟的品种，在株高40 cm左右时将顶端摘除，促使嫩茎肥大。

八、病害防治

应贯彻"预防为主，综合防治"的植保方针，优先采用农业防治、物理防治、生物防治，科学合理地使用农药防治。

1. 软腐病

发病症状：病菌侵入叶片、茎、根伤口，出现水浸状斑病斑，呈深绿色，发展后变浅褐色，病部表皮下陷，病部组织迅速软化腐败，严重时可深入根髓部。

防治措施：优选稳产抗病品种，做好栽培计划，与禾本科作物轮作。根据土壤情况科学浇水施肥，严禁大水漫灌，农家肥要充分腐熟腐透。加强管理，发现病株及时清除并集中处理，病穴要用石灰消毒处理。中耕除草等农事活动要尽量避免伤到植株，产生伤口。发病初期，可用8%春雷·噻霉酮水分散粒剂1 000倍液喷施防治。

2. 霜霉病

叶面淡黄绿色圆形病斑、背面白色霜状霉。用75%百菌清可湿性粉剂600～800倍液、69%烯酰·锰锌可湿性粉剂1 000倍液、58%甲霜·锰锌可湿性粉剂500倍液、72%霜脲·锰锌可湿性粉剂600倍液或18.7%烯酰·吡唑酯水分散粒剂500～800倍液等轮换喷雾。莴笋菌核病用70%甲基硫菌灵可湿性粉剂700倍液、50%腐霉剂可湿性粉剂1 500倍液或50%

异菌脲可湿性粉剂 1 000 倍液等轮换使用。

3. 炭疽病

叶背灰褐色病斑，后变淡红色椭圆形斑。用烯肟·戊唑醇、苯醚甲环唑等防治。

4. 菌核病

外表正常，内茎心暗黑色，裂茎处长黑霉点，高温多湿茎腐烂。用烯肟·戊唑醇、嘧霉胺、百菌清等防治。

5. 白粉病

叶面黄点、背面白色毛状菌丝。用腈菌唑、己唑醇等药剂防治。

莴笋的虫害发生较少，主要是蚜虫，可用吡虫啉等药剂防治。

九、采收

采收莴笋时要抓准时机，肉质茎充分膨大时即可分批采收，当莴笋顶端与最高叶片的尖端相平时为收获莴笋茎的适期。采收过早影响产量，无法实现增产增收增效的目的；采收过晚，肉质茎形成空心，无法食用。采收时拔起莴笋，将根部砍掉，清除老叶片后即可储存或销售。

第八节　菠菜林下种植技术

菠菜又名红根菜，藜科菠菜属一年生、二年生草本植物。原产于波斯现亚洲西部、伊朗地区，约在唐朝传入我国。菠菜柔嫩可口，营养丰富，含有丰富的维生素和矿质元素，是大众喜爱的一种营养价值很高的蔬菜。菠菜是蔬菜中抗寒性最强的种类之一，在我国南北方普遍种植。菠菜产量高、耐寒强、耐储藏；同时，它适应性强，生育期短，速生快熟，产品无论大小均可食用，四季均可栽培，是我国重要蔬菜之一，非常适合进行林下种植。

一、品种选择

秋冬季的菠菜，必须选择不易抽薹、较耐热、生长快的菠菜。如法国菠菜、不老菠菜、沈阳大叶菠菜、福清白种、云霄早秋等。越冬菠菜一般选用冬性强、抽薹迟、耐寒性强、生长快的菠菜品种，如日本猪耳菠菜、尖叶菠菜、菠杂 10 号、菠杂 9 号、大叶乌菠菜、华菠 1 号等。

二、林地选择

菠菜栽培适宜在土壤有机质丰富、疏松肥沃的沙质壤土、黏质壤土，土壤 pH 值为 5.5 ~ 7，坡度 15° 以下，郁闭度 0.5 以下的林地。

三、栽培技术

1. 播种时间

菠菜周年可播，可根据茬口安排适宜的播期，分批次播种。春菠菜 2—3 月播种均宜，夏菠菜 4—6 月播均宜，秋菠菜 8—9 月播种，越冬菠菜 10 中旬至 11 月播种。

2. 整地作畦

根据林地行间宽度，合理开厢作畦，做成宽 0.8 ~ 1.3 m 的平畦备播。林木行距为 4 m 宽的，可开成 2 厢，厢面宽 1.3 m；林木行距为 3 m 宽的，也可开成 2 厢，厢面 0.8 m，林木行距为 2 m 宽的，也可开成 1 厢，厢面 0.8 ~ 1 m，沟宽 0.4 m，厢沟深 20 cm 左右。林木行间作畦的数量要根据林木行间距离来确定，但畦面距树干的距离最少保持 0.5 m 以上。结合整地，亩用腐熟有机肥 1 500 kg，复合肥 50 kg 作基肥。

3. 播种

为了缩短出苗期，可在播种前 1 天用 20℃ 温水浸种 12 小时，然后将种子捞出稍晾后播种。如果播种交完，可在播种前，将种子用温水浸泡 5 ~ 6 小时，捞出后放在 15 ~ 20℃ 的温度下催芽，3 ~ 4 天便可出芽。

播种方法分为干播和湿播，干播即先播种、镇压，然后浇水；湿播即播种前浇足水，等水渗完后撒播种子，然后覆土 2 cm 左右。催出芽的种子必须湿播。播种方式有撒播和条播，条播必须底墒足，撒播要均匀。播种量每亩 4 ~ 5 kg，晚播适当增加量。

4. 秋菠菜田间管理

秋菠菜幼苗生长期气温、地温均较高，要勤浇水，保持土壤湿润降低地温。秋菠菜生长前期正值高温干燥天气，长出真叶后应及时施 1 次肥水，以后随植株生长与气温降低要加大追肥浓度，应在上层土干燥时施用，如土壤潮湿，菠菜生长缓慢，容易滋生病害。前期结合间隔拔除过密小苗和杂草，注意追肥，前期多施腐熟的有机肥，后期进入生长旺盛期，应分期追施速效氮肥 2 ~ 3 次，每亩施尿素 5 ~ 10 kg，促进叶丛生长，提高产量，改善品质。

5. 越冬菠菜田间管理

（1）苗期管理。播种后如果土壤干旱，可浇 1 次小水，待墒情适宜时浅划畦面，疏松表土，以利出苗。出苗后 1~2 片真叶时，保持土壤湿润；3~4 片真叶时，可适当控水，促根系发育，以利越冬。若幼苗偏密，2~3 片真叶时可间苗 1 次，苗距 3~5 cm。若有蚜虫危害，应喷药剂防治。

（2）越冬期管理。从菠菜停止生长到翌年春季返青前为越冬期。为预防冷、旱伤害，要提前浇 1 次水，施肥不足的，可浇肥水。

（3）返青旺盛生长期管理。菠菜开始返青生长时，气温回升后可浇 1 次水，水量不宜大。菠菜开始旺盛生长后，肥水需求量增加。此后要保持土壤湿润，不可干旱，应及时追施肥水，以促进营养生长，延迟抽薹期。

四、病虫害防治

（1）猝倒病。主要为害幼苗的嫩茎，子叶展开后即见发病，幼苗茎基部呈浅褐色水渍状，后发生基腐，幼苗尚未凋萎已猝倒，不久全株枯萎死亡。开始苗床上仅见发病中心，低温、湿度大条件下扩展迅速，出现一片片死苗。

防治方法：菠菜出苗后，可用 95% 的噁霉灵可湿性粉剂 4 000 倍液喷洒田间和植株。如发病较重，可用 72.2% 霜霉威水剂 600 倍液加 68.75% 噁唑菌酮水分散粒剂 1 000 倍液喷雾。

（2）霜霉病。主要危害叶片正面，病斑淡黄色，不规则形，大小不一，直径 3~17 mm，边缘不明显。病斑扩大后，互相连接成片，后期变褐枯死。叶片背面病斑上产生灰紫色霉层。病害从外叶逐渐向内叶发展，从植株下部向上扩展。干旱时病叶枯黄，湿度大时多腐烂，严重的整株叶片变黄枯死。

防治方法：在发病初期喷洒 40% 三乙膦酸铝可湿性粉剂 200~250 倍液、64% 噁霜·锰锌可湿性粉剂 500 倍液、58% 甲霜·锰锌可湿性粉剂 500 倍液或 72.2% 霜霉威水剂 800 倍液。隔 7~10 天喷 1 次，连用 2~3 次。

（3）枯萎病。菠菜枯萎病一般在成株期发生严重。病株叶片黄化，逐渐扩展，天气干燥、气温高时，病株迅速萎黄枯死。

防治方法：菠菜枯萎病采用高畦或起垄栽培，雨后及时排水，严禁大水漫灌，病穴及四周淋 50% 苯菌灵可湿性粉剂 1 500 倍液，40% 多·硫悬浮剂 500 倍液，隔半个月喷 1 次，连用 2~3 次。

（4）蚜虫。菠菜虫害主要是蚜虫，可用黄色板诱杀，也可在始发期用 10% 吡虫啉可湿性粉剂 1 500 倍液、吡蚜酮水分散粒剂 2 000~3 000 倍液或 10% 烯啶虫胺水剂 2 000～3 000 倍液喷雾等，间隔 7 天交替喷雾防治。

苗期主要病害为猝倒病，菠菜出苗后，可用 64% 噁霜·锰锌可湿性粉剂 500 倍液或 58% 甲霜·锰锌可湿性粉剂 500 倍液喷洒田间和植株。如发病较重，可用 72.2% 霜霉威水剂 600 倍液加 68.75% 噁唑菌酮水分散粒剂 1 000 倍液喷雾。

五、适时采收

30～60 天便可采收，具体应根据生长情况和市场需要及时采收上市，一般当植株生长到 10 cm 时即可进行分批采收。采收时要优先采收生长过密或者快抽薹的，采收时将病叶、枯黄叶去除。

第九节　香菜林下种植技术

香菜又名叫芫荽，耐寒性极强，12～26℃最适宜生长，适于冷凉季节种植。其叶质薄嫩，营养丰富，生食清香可口。一般不发生病虫害，也不用农药防治病虫害，可以说是属于无污染蔬菜。四季均可种植，但不耐高温，喜冷凉，高温季节栽培易抽薹，产量和品质都受影响，应以秋种为主。香菜喜冷凉、植株矮小、生育期短、病虫害少，适合林下种植。

一、品种选择

香菜品种分为大叶型和小叶型。大叶型香菜植株高，叶片大、缺刻少而浅，香味淡，产量较高，品种有美国铁梗香菜、澳洲耐热香菜、泰国四季大粒香菜、意大利香菜、山东香菜等；小叶型香菜植株较矮，叶片小、缺刻深、耐寒性强，适应性强，适宜秋季种植，但产量稍低，品种有山东小香菜、本地香菜等。

二、林地选择

香菜生育期较短，主根粗壮，系浅根性蔬菜，且芽软，顶土能力差不强，林下栽培宜选择排水良好，土质肥沃疏松，郁闭度小于 0.5 的林地。

三、整地作畦

根据林地行间宽度，合理开厢作畦，做成宽 1～1.3 m 的厢面。林木行距为 4 m 宽的，可开成 2 厢，厢面宽 1.3 m；林木行距为 3 m 宽的，也可开成 2 厢，厢面 0.8 m，林木行距为 2 m 宽的，也可开成 1 厢，厢面 0.8 ~ 1 m，沟宽 0.4 m，厢沟深 20 cm 左右。林木行间作畦的数量要根据林木行间距离来确定，但畦面距树干的距离最少保持 0.5 m 以上。结合整地亩用腐熟的有机肥 1 000 ~ 1 500 kg，复合肥 50 kg 作基肥。

四、播种

香菜种子为半球形，外包着一层果皮。播前先把种子搓开，以防发芽慢和出双苗，影响单株生长。8 月中旬到 12 月可分批播种。条播行距 10 ~ 15 cm，开沟深 5 cm；撒播开沟深 4 cm。条播、撒播均覆土 2 ~ 3 cm。每亩地用种量 5 ~ 6 kg。播后用脚踩一遍，然后浇水，保持土壤湿润，以利出苗。同时，还应注意由于香菜出土前的土壤板结，幼苗顶不出土的现象，于播后及时查苗，如发现幼苗出土时有土壤板结现象时，一定抓紧时间喷水松土，以助幼苗出土，促进迅速生长。

五、田间管理

1. 中耕除草

疏松的土壤环境和有利于香菜的生长，适时地中耕、松土、除草是关键。幼苗株高 3 cm 左右时进行间苗、定苗，整个生长期中耕、松土、除草 2 ~ 3 次。幼苗顶土时，进行第一次中耕除草，用轻型手扒锄或小耙子进行轻度破土皮松土，同时拔除杂草，以利幼苗出土、健壮生长；苗高 2 ~ 3 cm 时，进行第二次中耕除草，用小锹或锄头适当深松土（条播的），结合拔除杂草；苗高 5 ~ 7 cm 时进行第三次中耕除草。及早中耕、松土、除草，可促进幼苗旺盛生长，待叶片封严地面后，无论是条播还是撒播的，均不宜再进行中耕松土。

2. 肥水管理

香菜不耐旱，应保持土壤湿润，一般每隔 5 ~ 7 天轻浇水 1 次，全生育期共浇水 5 ~ 7 次。苗期，结合浇水淋施速效肥；生育中期，每亩追施尿素 15 kg；生育后期，可叶面喷施 0.3% 尿素水溶液，溶液中可适当添加磷酸二氢钾，以利植株健壮生长。

六、病害防治

1. 根腐病

发病症状：根腐病多发于地势低洼、潮湿的地块，发病后，植株主根呈黄褐色或棕褐色、软腐，没有或极少须根，用手一拔植株根系就断，地上部表现为植株矮小、叶片枯黄，香菜失去商品性。防治方法：尽量避免在低洼地块种植，防止田间湿度过大；药剂防治以土壤处理为主，可用多菌灵 1 kg 拌土 50 kg 于播前撒于播种沟内，易发病地块可结合浇水灌重茬剂 300 倍液。

2. 叶枯病和斑枯病

发病症状：主要危害叶片，叶片感病后呈黄褐色，湿度大时病部腐烂，发病严重的植株病菌沿叶脉向下侵染嫩茎到心叶，造成严重减产、品质下降。防治方法：用多菌灵 500 倍液浸种 10～15 分钟，将种子洗净后播种；加强田间管理，田间湿度较大时注意通风排湿；可选用 10% 苯醚甲环唑水分散粒剂 1 000～2 000 倍、43% 戊唑醇悬浮剂 2 500～4 000 倍或 70% 甲基硫菌灵 800 倍液。

3. 白粉病

发病症状：白粉病主要危害叶片、茎和花轴，一般先在近地面处叶片上发病，病斑初现白色霉点，后霉点扩展为白色粉斑，生于叶片正反两面。防治方法：发病后可用 15% 三唑酮可湿性粉剂 1500 倍液或 30% 醚菌酯可湿性粉剂 2 000～3 000 倍液喷雾防治，隔 7 天防治 1 次，连防 2～3 次，采收前 7 天停止用药。

七、收获

香菜在高温时，播后 30～40 天即可采收，而在低温时，播种后 40～60 天，便可收获。收获可间拔，也可一次性收获。

第十节　青菜林下栽培技术

贵州本地称的青菜即叶用芥菜（*Brassica juncea*），是十字花科芸薹属一年生或二年生草本植物，是中国著名的特产蔬菜，原产中国，为全国各地栽培的常用蔬菜，多分布于长江以南各省。全省各地均有栽培。芥菜喜冷凉润湿，忌炎热、干旱，稍耐霜冻耐荫，较适林下栽培。贵州一般秋冬季栽培较为普遍。加工和鲜食均可。

一、品种选择

根据加工企业或者消费者的需求，在贵州地区一般选择黔青 4 号（耐抽薹）、黔青 5 号、黔青 6 号（耐抽薹）、地方品种等。

二、播种育苗

（一）苗床选择及整地

苗床一般选择地势较高、排灌方便的地方。青菜可采用穴盘育苗或大田苗床育苗两种方式。穴盘育苗一般选择 70 孔的穴盘，普通的蔬菜育苗基质；大田苗床育苗，为了防止病虫害，苗床一般选择 2 ~ 3 年内未种过白菜、甘蓝、西兰花等十字花科作物，肥沃，排灌方便，保水性良好，无污染的中性或弱酸性沙壤地块作为苗床。

苗床厢面宽 1.2 ~ 1.5 m，厢沟 0.4 m，面积按苗床与大田比 1：50 准备。起厢时施腐熟人粪尿 500 ~ 600 kg/ 亩或 20 ~ 50 kg/ 亩三元复混肥作基肥，与床土混匀、整细、整平备用。

（二）种子处理

为了保证出苗率和培育壮苗，育苗前的种子处理比较重要。种子处理可采用以下 2 种方法。

（1）温汤浸种。将青菜种子放在 50 ~ 55℃温水中浸种 15 ~ 20 分钟，搅拌至水温降至 30℃，继续浸种 4 ~ 6 小时。

（2）药剂浸种。将种子放在浓度 10% 磷酸三钠溶液中浸种 20 ~ 30 分钟，捞出冲洗干净。

三、适时播种

青菜一般以秋播为主，直播或育苗均可。贵州省大部分区域 8—10 月播种为宜，又以白露（9 月上旬）前后播种为最佳，其他季节播种易出现先期抽薹。每亩用种量 30 ~ 50 g，因青菜种子细小，播种时可用 2 ~ 3 倍细沙或干细土拌匀后分 3 次撒播，播后浇透水，使种子与泥土紧密接触，然后用薄膜、草帘或遮阳网覆盖，保持土壤水分，利于出苗整齐。

四、苗期管理

青菜育苗期间温度较高，注意遮阴覆盖，播种后 3 ~ 4 天，出苗达 70% 以上时，揭去覆盖物。幼苗生长期间根据天气情况进行水分管理，保证土壤有充足水分，浇水时间以早晚为宜。苗期追施脱水沼液或清粪水 2 ~ 3 次。当幼苗长出 1 ~ 2 片真叶时适当间苗，保持苗间距离 3 ~ 5 cm，结合间苗拔除杂草 1~2 次。

五、林地选择

选择交通、水源条件好，土壤有机质丰富、疏松肥沃的沙质壤土、黏质壤土，坡度小于 15°，郁闭度在 0.3 以下的林地。

六、定植

（一）整地开厢

根据林地行间宽度，合理开厢作畦，做成 1~1.5 m 包沟的厢，厢高 15~25 cm，厢面宽 0.8~1.2 m，每厢种植 2~3 行。林木行距为 4 m 宽的，可开成 2 厢 1.5 m 包沟；林木行距为 3 m 宽的，也可开成 2 厢 1 m 包沟，厢沟深 20 cm 左右。总而言之，在厢面边沟距树干的距离保持 0.5 m 以上的林木行间，作畦的数量要根据林木行间距离来确定，灵活掌握。结合整地亩用腐熟的有机肥 1 500~2 000 kg，复合肥 50 kg、过磷酸钙 20~30 kg 作基肥。

（二）适时定植

苗龄 20~35 天后，选择阴天上午或晴天下午 15 时以后起苗定植。苗床地要隔夜或当天上午浇透水，以便拔苗。拔苗时剔除较小的苗，选择整齐一致、无病无虫的壮苗定植。一般行距 45~55 cm，株距 35~40 cm，肥力好的地块适当稀植，肥力差的地块适当密植，每亩种植 3 000 株为宜。栽后用低毒高效菊酯类农药兑水浇灌定根，确保成活率。

七、科学管理

（一）科学施肥

青菜移栽成活后，叶片有 5 片真叶时，每亩用 5 kg 尿素对 1 000 kg 沼液或 1 000 kg 清粪水进行第一次追肥，以便保墒补肥、提苗；当有 7~8 片真叶时，每亩用 8 kg 尿素兑 1 000 kg 沼液或 1 000 kg 清粪水进行第二次追肥，促苗健壮越冬；开春后视植株长势情况再追肥 1~2 次，追肥量在第二次的基础上适当增加浓度，并施入适量钾肥，收获前 20 天停止追肥。

（二）中耕除草

未封行之前，结合肥水管理进行中耕除草、疏松土壤。操作时注意不伤叶柄，不要埋没菜心，沟土要清理均匀，以利于排灌。

（三）水分管理

要经常浇水，随时保持土壤湿润即可，如果遇到雨水多的年份，注意开沟排水。

八、病虫害防治

（一）农业防治

选无病虫害种子，异地育苗，培育壮苗；适时播种定植，避开病虫发生高峰期；科学管理肥水、高畦深沟栽培、增施有机肥与磷钾肥，提高植株抗病性；合理轮作、及时清除田间病叶与病株，减少田间病源。

（二）物理防治

利用各种农作物害虫的趋光性达到灭虫目的，安装黑光灯、频振式杀虫灯、黄板、彩色膜覆盖等。

（三）化学防治

1. 合理安排打药时间

整个生育期一般安排 3 次打药。

（1）苗期定植前 1 次，主要防治菜青虫、黄条跳甲、蚜虫等。

（2）移栽缓苗成活后 1 周，打药 1 次，主要防治虫害和病毒病、霜霉病等。

（3）在青菜生长旺盛时期，打药 1 次，主要防治病毒病和霜霉病等。

2. 病虫害

青菜的病虫害主要有病毒病、霜霉病、蚜虫、菜青虫、黄条跳甲及部分地下害虫。

病毒病：5% 氨基寡糖素水剂 300 倍液、6% 寡糖·链蛋白可湿性粉剂 300 倍液、20% 吗胍·乙酸铜 800 倍液或 2% 宁南霉素水剂 100～200 倍液喷施防治喷雾防治；

霜霉病：57% 烯酰·丙森锌水分散粒剂 2 000～3 000 倍液或 25% 甲霜·霜霉威可湿性粉剂 1 500～2 000 倍液喷雾防治。

蚜虫：使用黄板诱杀，采用 5% 吡虫啉乳油 2 000～3 000 倍液喷雾防治；

菜青虫：选用 1.8% 阿维菌素乳油 4 000 倍液。

黄条跳甲：选用 5% 啶虫脒乳油 500～800 倍液喷雾防治。

地下害虫：主要有蛴螬、蝼蛄、金针虫、地老虎、根蛆等，常咬食幼苗根部，造成缺苗断垄。施用的粪肥应充分腐熟，经高温堆肥为佳；结合整地，亩用 0.5 kg 辛硫磷乳油兑水 3～5 kg，拌入 50 kg 细（沙）土中，制成毒土翻入地块或在深翻地块后，喷施白僵菌；或是在晴天傍晚选择喷施阿维菌素等杀虫剂，进行灭杀。

九、采收

可根据鲜食还是酸菜加工进行适时采收，鲜食主要以幼小植株为主，播后 30～60 天即可采收。酸菜加工主要以成熟植株为主，秋播早熟品种一般在 1 月前后采收，秋播晚熟品种一般在 2—5 月采收。

十、加工技术

（一）酸菜加工流程

选取质地较粗糙的青菜品种，放入沸水中上下翻动 1 分钟，立即捞出，不能烫得过火，以半生半熟为宜；将捞出待青菜放入清水中冲洗数次，捞出把水沥干或者捏干；用 50 g 左右面粉或者玉米面与 3～5 kg 清水搅拌均匀，烧开备用；先将青菜放入坛中，之后倒入烧开的稀面水，再加入 250 g 左右酸种（从酸菜成品中取出的酸汤），密封坛口，第二天即可食用。

（二）盐酸菜加工流程

（1）将青菜整株收割，阳光下暴晒 1 天，使其菜蔫而不干，同时准备些蒜苗去除根和叶晾半干。

（2）将晾半干的青菜和蒜清水洗干净，按 100 kg 青菜、15 kg 食盐和 2 kg 烧酒腌制，入坛保存。坛沿放水，以防透气和杂菌感染。批量生产，建一个密封性较好的水泥池，将青菜一层盐一层放入池中，最上面铺一层较厚的盐，用竹席盖上。

（3）腌制半个月后即可食用，将腌制好的青菜取出，经过机器水洗两次，然后进行人工分选，加工成各类酸菜产品，如鱼酸菜、盐酸菜等。

（4）鱼酸菜的加工。将清洗好的腌制青菜根部切成块，分装入袋，包装，然后经过高温灭菌之后，即可上市售卖。

（5）盐酸菜的加工。将腌制好的青菜切成 3 cm 左右的长方形小块按不同级别制作盐酸菜。

第十一节　辣椒林下高效栽培技术

辣椒（*Capsicum annuum* L.）茄科、辣椒属草本植物。原产墨西哥，明朝末年传入中国。辣椒的果实因果皮含有辣椒素而有辣味，能增进食欲。辣椒中维生素 C 的含量较高，在全国各地广泛栽培，贵州省年栽培面积 500 余万亩，位居全国第一。在茄果类蔬菜中，由于辣椒叶片蒸腾量较小，所以相对比较耐旱。较适于在幼龄果园套种。

一、品种选择

选用适应当地生产条件、抗逆性强、优质、高产的辣椒品种。其中菜椒可选用黔椒 3 号、菜椒 201、龙行 3 号等；朝天椒可选用黔辣 10 号、辣研 2 号、黔辣 9331、红簇朝天椒、三樱椒、艳椒 525 等；线椒可选用辣研 201、黔椒 4 号、长研 4 号、红辣十八号等。

二、林地选择

选择交通便利、自然条件好、水源充足、排灌方便、土质肥沃的壤土或沙壤土的幼龄经果林地。坡度小于 15°，郁闭度小于 0.2 的疏林地为宜。用于栽培辣椒的林地，最好 2～3 年内未种过茄果类蔬菜，前茬作物以葱蒜类为宜。

三、种子处理

种子处理可采用以下 2 种方法。

温汤浸种：将辣椒种子在 50～55℃的温水中浸种 15～20 分钟，搅拌至水温降至 30℃，继续浸种 4～6 小时。

药剂浸种：辣椒种子在 10 % 的磷酸三钠溶液中浸种 20～30 分钟，捞出冲洗干净。

四、培育壮苗

1. 育苗方式

采用 160 穴漂盘进行漂浮育苗或用 72 孔的穴盘进行育苗。

2. 基质及育苗设施消毒

基质消毒：40 kg 育苗基质拌 50% 多菌灵可湿性粉剂 8 g。

穴盘、漂盘及育苗池消毒：将旧盘洗净后用 0.1% 硫酸铜溶液浸泡

10分钟或用500倍多菌灵药液浸泡穴盘30分钟。

3. 播种

单穴单粒播种。

4. 苗期管理

发芽期苗床温度白天30℃左右，夜间18～20℃。出苗后白天22～25℃，夜间15～18℃，并注意通风排湿。椒苗长到2片真叶时，追施N、P、K三元复合肥1次，并注意预防苗期猝倒病、灰霉病、立枯病、蚜虫等。椒苗移栽前7～10天，控水炼苗2～3次。

五、整地开厢，适时定植

根据林地行间宽度，合理开厢作畦，做成约1.3 m包沟的厢，厢高15～25 cm，厢面宽约0.9 m，每厢种植2行。林木行距为4 m宽的，可开成2厢1.3 m包沟；林木行距为3 m宽的，则开成1厢即可，厢沟深20 cm左右。总而言之，在厢面边沟距树干的距离保持0.5 m以上的林木行间，作畦的数量要根据林木行间距离来确定，灵活掌握。结合整地亩用腐熟的有机肥1500 kg，复合肥50 kg作基肥。

苗龄6～8片真叶时及时定植，一般选择生长健壮、叶色正常、根系发达、无病虫害的秧苗，定植采取双行单株定植，厢面株行距35 cm×50 cm，地膜覆盖栽培，定植后淋足定根水，并用高效氯氰菊酯等农药兑水喷淋根脚、预防地老虎为害。

六、田间管理

1. 整枝打杈

根据辣椒品种特性进行适当的整枝打杈，除朝天椒留3～4侧枝外，其他类型品种门椒以下抹除侧芽，不留侧枝。

2. 肥水管理

移栽缓苗后，随水追施浓度为0.3%～0.5%的尿素和磷酸二氢钾溶液提苗；在开花结果期，每亩再随水追施复合肥10 kg（分2次追肥，开花坐果期和盛果期，每次追肥量为5 kg）或花期叶面喷施0.5%磷酸二氢钾和硼肥1次。

七、病虫害防治

辣椒生产病虫害防治原则"预防为主，综合防治"。以物理防治为主，化学防治为辅。禁绝使用剧毒、高毒农药。

每 50 亩安装 1 盏太阳能杀虫灯,每亩悬挂黄板、蓝板 50～70 块,诱杀蚜虫、白粉虱、斑潜蝇、蓟马、斜纹夜蛾等害虫。

针对贵州易发疫病、青枯病、病毒病、炭疽病等病害,以及斜纹夜蛾、烟青虫、蚜虫、蓟马、茶黄螨等虫害,选择合适的生物农药或高效低毒、低残留化学农药进行防治。

疫病:发病前每亩随灌水加施硫酸铜晶体 1.5～2.5 kg。发病初期喷洒 0.1% 高锰酸钾和 0.2% 木醋液,严重时隔 7 天再喷施 687.5 g/L 氟菌·霜霉威悬浮剂 800 倍 2～3 次。

炭疽病:在发病前或发病初期,12% 苯醚·噻霉酮水剂 1 000 倍、325 g/L 苯甲·嘧菌酯 1 500 倍或 25% 咪鲜胺锰盐可湿性粉剂 750 倍交替施用,连续喷 2～3 次,收获前 10 天停用;每 7 天使用 1 次,连喷 2～3 次。

青枯病:在发病前或发病初期,用 100 亿芽孢/g 枯草芽孢杆菌 600 倍液灌根,顺茎基部向下浇灌,每株浇灌 150 mL;在苗床用 50 亿 CFU/g 多粘类芽孢杆菌 0.5 g/m²,兑水泼浇;定植后用 100 亿 CFU/g 多粘类芽孢杆菌 1 000～1 500 倍,兑水稀释后灌根,在整个生育期用药 3～4 次,分别在播种(浸种与泼浇)、假植、移栽定植或初发病时泼浇或灌根,累计用药量一般为 1 kg/亩左右;0.3% 四霉素水剂 800～1 000 倍、3% 的中生菌素可湿性粉剂 500 倍液或 20% 噻菌铜悬浮剂 700 倍液灌根,间隔 7～10 天,连用 2～3 次。

病毒病:首先要及时消灭蚜虫和蓟马等害虫,以减少病毒扩展。然后用宁南霉素加 20% 盐酸吗啉胍加锌肥兑水 1 000 倍,叶面喷施,用量为 60～120 mL/m²,兑水后喷雾。在低温来临前施用效果显著。每 7 天喷 1 次,共喷 3～4 次。

蚜虫、蓟马等传毒害虫:害虫为害初期,用 2.5% 鱼藤酮乳油 400～500 倍液或 7.5% 鱼藤酮乳油 1 500 倍液均匀喷雾 1 次;前期预防用 0.3% 苦参碱水剂 600～800 倍液喷雾,害虫初发期用 0.3% 苦参碱水剂 400～600 倍液喷雾,5～7 天喷洒 1 次。虫害发生盛期可适当增加药量,3～5 天喷洒 1 次,连续 2～3 次,喷药时应叶背、叶面均匀喷雾,尤其是叶背;用 10% 吡虫啉可湿性粉剂或 21% 噻虫嗪悬浮剂 3 000 倍液交替喷雾。

烟青虫、棉铃虫等害虫:虫害发生初期可用 16 000 IU/mg 的苏云金杆菌可湿性粉剂 1 000 倍液喷雾,虫害发生较重时可用 4.5% 高效氯氰菊酯乳油 1 500 倍液或 1% 甲基阿维菌素苯甲酸盐微乳剂 3 000 倍液交替喷施,每隔 7 ~ 10 天使用 1 次，连续 2 ~ 3 次。施药时间以上午 10 时之前或下午 17 时之后为佳。

八、采收

分批采收，青椒转色变硬即可采收，红椒在果实完全红熟后采收。采收应尽量选择晴天采收，采收产品要求新鲜、果面清洁、无杂质，无虫及病虫造成的损伤，无异味，色泽一致，质地脆嫩，无机械损伤，无腐烂。

第十二节　折耳根林下栽培技术

一、品种选择

选择折耳根无性繁殖体—地下根茎为繁殖材料，在留种地选择健壮、无有害生物为害的地下根茎作为种茎采挖。选用抗病性强的折耳根品种。

二、林地选择

选择生态环境良好、远离污染源、地势平坦、排灌方便、耕层深厚、土壤结构适宜、理化形状良好、肥力较高、土质为壤土或沙壤土的林地。

三、整地开厢

整地开厢栽种折耳根前，及时清洁田园、清除植株病残体和杂草，并集中除害处理。在林地的行间将地块的土壤翻、耙、整平。根据林地行间宽度，整出宽 0.80 ~ 1.60 m，厢距为 33 cm 左右的厢。再在厢面上开横宽 13 ~ 15 cm、深 10 ~ 15 cm 的播种沟，两播种沟间距离 20 cm。

折耳根主要以根茎为商品，其生长期较长，底肥的数量和质量好坏，直接影响折耳根产量。因此，整平地块后，要在播种沟内施足有机底肥和磷钾肥每亩施腐熟的有机质肥料（圈肥、堆肥）2 500 ~ 4 000 kg、普钙 50 ~ 70 kg、氯化钾 60 ~ 80 kg，将磷钾肥和有机肥料拌合后均匀施入播种沟内，与土壤混合整平后便可以播种。

四、种茎选择及播种

每年春季 2—3 月或秋季 9—10 月均可以栽植。实行轮作制度，轮作期 2 ~ 3 年，不宜与茄科等容易感染白绢病的作物轮作。折耳根因种子发芽率低，一般多采用分根繁殖。目前有 2 种播种方式：长茎播种和短茎播种。长茎播种用种量大，生产上常采用短茎播种。短茎播种：选择新鲜、粗壮、无病虫害、成熟的老茎作种茎，将选好的种茎从节间剪断，每段 4 ~ 6 cm，每段保留 2 ~ 3 个节，播前将其放入 50% 多菌灵可湿性粉剂 800 倍液中消毒，然后平放于播种沟内，株距 5 ~ 8 cm，覆细土 6 ~ 7 cm 厚，如土壤干燥可浇定根水，厢面盖上一层地膜或稻草，保持土壤湿润，提高土温，促进种苗萌发，每亩用种量 70 ~ 100 kg。水培也可以按上述株距扦插入土壤内，保持 3 ~ 4 cm 的浅水层。长茎播种，直接选用粗壮整条折耳根均匀撒在播种沟内；其优点是种茎发芽多，折耳根生长周期短，但用种量大，亩用种 170 kg。播种时如遇到干旱，为保证出苗整齐，在撒好种茎后，直接将种茎浇透水，再盖上细土，盖好土后再浇水 1 次，使泥土和种茎紧密相连，利于发芽生根。

五、田间管理

（一）除草

折耳根出苗后，为了避免杂草消耗养分和遮阴，必须勤除草，以及清理折耳根病株及弱株。除草一般采用人工除草和化学防治相结合的措施进行，折耳根长大封行后，杂草的生长就会受到抑制，影响较小。在株行间松土，但不宜过深，浅耕即可，要做到浅中耕、早除草。拔除杂草时，还要注意理好厢沟和铲除地边杂草，保持土地整洁，减少病虫害的发生。

（二）追肥

追肥根据底肥施肥量及植株长势而定，必须适当追肥 3 ~ 4 次。追肥以农家肥为主，化学肥料为辅。在施用有机肥的同时，最好配合使用一定数量的速效氮肥和钾肥，磷肥则应控制使用。前期生长缓慢，在幼苗萌发至封行前，亩追施尿素 8 ~ 10 kg 作苗肥。在茎叶生长盛期需肥量较大，可亩追施复合肥 10 ~ 15 kg。每采收 1 次，可少量追肥 1 次。为提高人工栽培折耳根的香味和产量，在其生长中后期进行叶面追肥，喷施 0.2% ~ 0.3% 的磷酸二氢钾溶液 2 ~ 3 次。

（三）水分管理

折耳根定植后，须经常浇水，保持土壤湿润。出苗后根据土壤墒情，灵活掌握喷灌、沟灌、浸灌和浇灌等技术措施。折耳根喜湿润不耐干旱，因此干旱时要注意浇水，保持土壤湿润，确保其正常生长发育；折耳根喜欢潮湿但又怕长时间水浸，雨季来临前要注意理沟，保持排水畅通，忌墒面积水，以防土壤积水引起烂根和发生病害，做到合理排灌。

（四）摘心除蕾

及时摘除生长期出现的花蕾，是保证折耳根产量和质量的关键措施。摘除花蕾可以避免因开花结实消耗大量养分而减少地下茎的生长和养分积累。对地上茎叶生长过旺的植株，还应在苗高约 25 cm 时摘心，抑制长高，促发侧枝，并进行培土护根，促进地下茎生长，保证茎粗壮白嫩。

六、病虫害防治

折耳根本身带有鱼腥味，抗病虫害能力较强，较少发病。但目前老种植区已出现白绢病、叶斑病、茎腐病、小地老虎、斜纹夜蛾等病虫害。

（一）白绢病

主要为害植株茎基和地下茎。染病初期呈水渍状或黄褐色坏死，中后期迅速腐烂，病部表面产生大量绢丝状白色菌丝层并着生红褐色至茶褐色油菜籽状菌核。田间此病发病中心向四周辐射扩展状明显，严重田块呈现集团状枯死。

发生特点：病菌主要以菌核或菌丝体在土壤内越冬。条件适宜菌核即萌发产生菌丝从根部侵入发病，发病后在病部产生大量菌丝沿地表或病组织向四周扩展蔓延。酸性土壤高温高湿有利于发病，暴雨、暴晴有利于白绢病的流行，连作地发病很重。每年一般 5—8 月发病，6—7 月是发病的高峰期。

化学药剂防治：播前用 50% 多菌灵可湿性粉剂 800 倍液对种茎进行浸种消毒；发病初期，发现病株带土挖除并销毁，病区施生石灰消毒，周围植株用 40% 菌核净可湿性粉剂 800 倍液、5% 井冈霉素水剂 1 500 倍液灌根。10 ～ 15 天 1 次，最多 3 次。

（二）叶斑病（或称为轮斑病）

主要危害叶片。叶面染病初期出现不规则或圆形病斑，边缘紫红色，中间灰白色，上生浅灰色霉。后期严重时，病斑中心有时穿孔，几个病斑融合在一起造成叶片局部或全部枯死。

发生特点：病菌以分生孢子在病株残体越冬。翌年，产生的分生孢子借风雨传播蔓延，一般 7—8 月发病，8—10 月发病较重。病部又产生分生孢子进行再次侵染。发病一直延续到收获。高温高湿或栽植过密、通风透光差发病重。

化学药剂防治：当植株发病率达 20% 时喷洒 3% 多抗霉素水剂或 78% 波尔·锰锌可湿性粉剂，隔 7 ~ 10 天喷 1 次，连喷 2 ~ 3 次。要注意药剂的交替使用，以免病菌产生抗药性。

（三）茎腐病

种茎土壤带菌是造成折耳根发生茎腐病的重要原因之一；连年种植，重茬地发病严重；有机肥不足、偏施无机化肥、土壤板结等也会造成发病。主要危害植株茎和地下根茎。染病茎部病斑长椭圆形或梭形，略呈水渍状，褐色至暗褐色，边缘颜色较深，有明显的轮纹，上生小黑点，后期茎部腐烂枯死。

发生特点：病菌以菌丝体或菌核随病残土在土壤中越冬。翌春产生分生孢子，借助雨水传播，进行初侵染和再侵染，高温多雨易发病，排水不良，湿气滞留时间长发病重。

化学药剂防治：发病时，用 65% 代森锌可湿性粉剂 400 ~ 600 倍液对土面连喷 2 ~ 3 次，以防病害的蔓延；用 70% 甲基硫菌灵可湿性粉剂或 50% 多菌灵可湿性粉剂 500 ~ 800 倍液灌根，均可收到良好防治效果。

（四）小地老虎

播前及时去除田间杂草，消灭部分虫卵和杂草寄主；当为害株率达 10% 时或虫口密度较高时，用 90% 敌百虫可溶粉剂 0.25 kg 兑水 3 kg，2.5 kg 切碎的新鲜青草或糠皮，傍晚均匀撒于田间，诱杀成虫。

七、采收

折耳根采收时间没有严格限制，可分批采收，食用鲜叶和地上部的，折耳根生长 25 天后就可采收。叶部含有 20% 挥发油成分，含鱼腥草素（癸酰乙醛）和锰元素较多，凉拌、煮汤营养丰富。但研究表明，过早或过量采食鲜嫩叶会影响地下部分生产和产量，初采留桩不宜过低，以促发更多侧枝；采收地下部时，先将地上部割去，分级捆扎鲜销或晒干可作为药材销售；割去茎叶后，收获地下根茎，用稻草或其他遮蔽物盖上，减少失水，将地下根茎清洗过后，分级捆扎，上市销售。

第十三节　韭黄林下栽培技术

一、品种选择

应选用抗病性好、分株能力适中、植株粗壮的品种。适合贵州省栽培的韭黄品种可选择黄韭1号、791雪韭王、雪韭四号等品种。

二、苗床准备

每亩大田用苗需准备 70 ~ 90 m² 苗床。苗床应选择背风向阳、地势较高、土壤肥沃、排水良好、2 ~ 3 年未种过葱蒜类蔬菜田块作为苗床。施入腐熟有机肥 100 ~ 200 kg、过磷酸钙 3 ~ 5 kg、尿素 1.5 kg、草木灰 5 ~ 7 kg，将土壤和基肥混合均匀。畦面宽 1.2 m，沟宽 30 cm，整平苗床。

三、种子处理

种子必须选用当年新鲜种子（储藏时间在半年内），每亩大田用种量为 1 ~ 1.5 kg。用 40 ℃温水浸种 12 小时，除去秕籽和杂质，洗净种子上的黏液后，用湿布包好。在 16 ~ 20 ℃的条件下催芽，每天用清水冲洗 1 ~ 2 次，60% 种子露白即可播种。春播时也可不处理直播。

四、播种

春播时间在 3—4 月；秋播时间在 9—10 月。播种前将苗床杀菌杀虫，将催芽的种子（或干种子）混 2 ~ 3 倍沙子均匀地撒在苗床上，覆盖 1.6 ~ 2 cm 厚的过筛细土，播种后及时覆盖地膜或者稻草。春播适宜覆盖地膜，压实，以利于保温保湿。秋播适宜用遮阳网遮盖，防暴晒或雨水冲刷。

五、苗期管理

70% 幼苗顶土时，应在晴天傍晚及时揭开地膜或遮阳网等覆盖物，逐步练苗。按照"先促后控"原则，及时浇水。齐苗到 3 ~ 4 叶期时，保持土壤湿润，一般 5 ~ 7 天浇 1 次水；苗高 15 cm 后，应适当控水，2 周浇 1 次水，防治韭黄徒长。按照"勤施薄施"原则，及时追肥。结合浇水，从齐苗至 3 ~ 4 叶期间，用 10% 腐熟农家肥或 40% 复合肥每亩按 5 ~ 10 kg 追肥，共 2 ~ 3 次；苗高 15 cm 以后，结合浇水，每 20 天左右适量使用速效氮肥追肥 2~3 次。

六、林地选择

选择排水及灌溉条件方便、2~3 年未种过葱蒜类蔬菜的经果林地，一般林地郁闭度宜小于 0.3。

七、整地开厢

根据林地行间的距离，合理开厢作畦，在保证据林苗主干 50 cm 以上，按行距 150 cm、株 40 cm 左右成行定植，每穴 25~30 株。基肥以农家肥为主，每亩施腐熟农家肥 2~3 t、过磷酸钙 100 kg、碳铵 50 kg。将肥土充分混合均匀平整后开沟作垄，垄宽 50 cm，沟宽 20 cm，深 20~25 cm。

八、适时定植

当韭苗高 15~20 cm 时即可移栽定植。春季 3—5 月、秋季 9—10 月为最佳。移栽前两周停止苗床浇水，开始"蹲苗"，否则一茬新根全部长出，又鲜又嫩，移栽过程中难以保全，栽后长期不能另发新根，缓苗期加长。定值沟浇足底水，剔除弱苗，剪去过长须根和部分先端叶片，减少水分蒸发，以利于缓苗。双行错位移栽，每丛 2 苗，株行距 6 cm。移栽后，及时浇足定根水。

九、田间管理

缓苗期间注意水分补充，保持土壤湿润。韭苗成活后，结合补水，可适当勤施薄施 10% 农家肥 2~3 次；当韭菜进入旺盛生长和分蘗时，每 20 天左右每亩施 40% 复合肥 5~10 kg，共 2~3 次。当韭白高 10 cm 时，可第一次进行培土，培土前施 1 次重肥，每亩可施氮磷钾含量比为 15：15：15 的硫酸钾复合肥 40 kg。

韭菜扣棚软化前要多次进行培土，每生长 10 cm 左右就培土 1 次，每次培土时，可根据韭菜长势，适当追施速效氮肥，每次每亩可撒尿素 5 kg 于种植沟内。有条件的最好加施腐熟有机肥，可提高韭黄品质和抗病性。高温、干旱时及时补充水分，在夏秋多雨季节，及时排水，防止根状茎腐烂。人工及时除去田间杂草，避免病虫害发生。

十、搭棚软化

青韭菜在生长季节要培土 2 ~ 3 次，当韭白长到 20 cm 后，即可搭棚进行遮光软化栽培。南方地区多用稻草和黑塑料薄膜作为遮光材料，且一年四季均可进行。搭棚扎架用竹竿搭成人字架，架高 40 ~ 50 cm，两竹架距离 3 m 为宜，以利于通风、架上用一根竹竿作为横杆，绑牢，拉稳。扣棚时，使韭白露出土 6 cm 左右，割去青韭菜叶子。

十一、病虫害防治

韭黄病害以枯萎病、灰霉病、疫病、软腐病为主，虫害以韭蛆、潜叶蝇为主。防治病虫害坚持以农业防治为主，化学防治为辅的原则，及时清理田间杂草，减少病虫害寄生场所。同时在关键时期还要做好水肥管理，避免田间湿度过大。

枯萎病：用 15% 噁霉灵水剂 1 000 ~ 1 500 倍液、100 亿芽孢 /g 枯草芽孢杆菌可湿性粉剂 1 000 倍液或 50% 甲基硫菌灵可湿性粉剂 500 倍液喷施或灌根，每 6 天 1 次，连施 2 ~ 3 次。

灰霉病：主要危害韭黄叶片，从叶尖开始发病，逐渐向下发展，引起上半部甚至整叶干枯。最初叶片正面或背面散生白色至浅褐色小点，扩大后为椭圆形至梭形，大小为 2 ~ 7 mm。湿度大时病斑上长出稀疏的灰褐色霉层，后期病斑连接成片，致上半叶或全叶焦枯。韭黄收获后往往从刀口处向下腐烂，形成"V"字形斑。距地面较近的老叶，因湿度大生长弱，易发病软腐。防治方法：清除枯萎落叶和杂草，每收割一次要清除一次，清除枯萎叶片集中销毁，通风降低湿度。发病初期用 50% 异菌脲可湿性粉剂按 1 000 ~ 1 500 倍液稀释喷施或 50% 多菌灵可湿性粉剂 500 倍液防治。

疫病：可危害根茎叶。叶片染病后，初呈暗绿色水浸状，病部失水后明显缢缩，引起叶下垂腐烂，湿度大时，病部产生稀疏白霉；假茎受害呈水浸状浅褐色腐烂，叶鞘易脱落，湿度大时，其上也长出白色稀疏霉层，即病原菌的孢子囊梗和孢子囊。湿度大时发病严重，在整地时要做好排水沟。化学防治：用 50% 琥铜·甲霜灵可湿性粉剂 600 倍液或 64% 噁霜·锰锌可湿性粉剂 400 倍稀释液喷施，每隔 7 ~ 8 天喷 1 次，喷 2 ~ 3 次。

黄萎病：可危害叶片，使叶片黄化下垂，逐渐死亡；发病时用 50% 多菌灵可湿性粉剂 500 倍液或 70% 代森锰锌可湿性粉剂 500 倍液喷雾。

虫害：主要以韭蛆和潜叶蝇为主。潜叶蝇和韭蛆这两种虫害会使韭黄的幼茎引起腐烂，受害后长势弱，抗病性差。潜叶蝇的幼虫可用 20% 阿维·杀蝉微乳剂喷雾防治，韭蛆幼虫用辛硫磷乳油或晶体敌百虫灌根防治，还可用 20% 氰戊菊酯乳油 2 000 倍液灌根。

十二、采收

韭白扣棚后，春季、秋季需 10~15 天，夏季需 5~8 天，冬季需 25 天遮光后便软化黄化成功，即可适时地收割。韭黄收割后，可在阴凉处干撕加工，去掉与土壤接触的 1~2 片叶鞘，不可用水清洗，整理捆扎成把。

第十四节　经果林套种蔬菜种植模式

选择林木密度较小、行间距较大、郁闭度较低的经果林地，结合各类蔬菜作物的生长习性，科学的选择种类（辣椒等果菜喜温喜光，郁闭度宜小于 0.2；白菜等叶菜喜凉，郁闭度宜小于 0.3；香菜等耐阴叶菜，郁闭度宜小于 0.5），合理安排适宜的茬口，在林地内进行间套作，形成周年种植的一些模式，供生产上选择应用。

一、一年三熟种植模式

（一）"大白菜—辣椒—莴笋"一年三熟种植模式

1. 第一季大白菜

品种选择：选用耐抽薹品种黔白 5 号、黔白 9 号、韩国强势等。

育苗方式：大棚 + 小拱棚、营养盘育苗。

种植季节：2 月下旬至 3 月上旬播种，3 月底至 4 月上旬定植，地膜覆盖栽培，5 月初至 5 月中旬上市。

2. 第二季辣椒

品种选择：选用优质抗病高产的品种，如辣椒可选长辣红帅、黔椒 4 号等。

育苗方式：大棚或小拱棚穴盘育苗。

种植季节：3 月下旬至 4 月上旬播种，5 月中旬至 5 月下旬定植，地膜覆盖栽培，7 月下旬至 10 月上旬采收。

3. 第三季莴笋

品种选择：选用高产抗病的品种，如春都3号、罗汉莴笋等。

育苗方式：露地育苗，遮阳网覆盖遮阴降温。

种植季节：9月中旬至9月下旬播种，10月中旬至10月下旬定植，地膜覆盖栽培，翌年2月初至2月底收。

（二）"大白菜—南瓜—莴笋"一年三熟种植模式

1. 第一季大白菜

品种选择：选用耐抽薹品种黔白5号、黔白9号、韩国强势等。

育苗方式：大棚+小拱棚、营养盘育苗。

种植季节：2月下旬至3月上旬播种，3月底至4月上旬定植，地膜覆盖栽培，5月初至5月中旬上市。

2. 第二季南瓜

品种选择：可选用高产抗病的品种，小青瓜品种如黔南瓜1号、韩绿珠等，蜜本南瓜品种如金韩蜜本、兴蔬密本等。

育苗方式：露地营养钵或营养盘育苗，遮阳网覆盖遮阴降温。

种植季节：小青瓜5月上旬至6月上旬播种，5月下旬至6月下旬定植，趴地栽培，7月初至9月中旬收获。蜜本南瓜5月上旬播种，5月下旬定植，趴地栽培，8月中旬至9月中旬收获。

3. 第三季莴笋

品种选择：选用高产抗病的品种，如春都3号、罗汉莴笋等。

育苗方式：露地育苗，遮阳网覆盖遮阴降温。

种植季节：8月下旬至9月上旬播种育苗，9月下旬至10月上旬定植，地膜覆盖栽培，12月上旬至翌年1月中旬收。

二、一年两熟种植模式

（一）"甘蓝（青菜）—辣椒（南瓜）"一年两熟种植模式

1. 第一季甘蓝或青菜

品种选择：甘蓝选用冬性强、早熟的品种，如上海牛心、中甘21号、寒春4号等等；青菜选用冬性强的品种，如黔青4号、黔青6号等。

育苗方式：均在大棚内采用穴盘育苗。

种植季节：甘蓝10月中旬至11月上旬播种，12月上旬至12月下旬定植，地膜覆盖栽培，4月上旬至5月中旬上市。青菜9月上旬至10月上旬播种，10月中旬至11月中旬定植，地膜覆盖栽培，翌年1月中旬至3月中旬上市。

2. 第二季辣椒或南瓜

品种选择：辣椒宜选用黔椒4号、黔椒5号、博辣6号等；南瓜可选用高产抗病的品种，小青瓜品种如黔南瓜1号、韩绿珠等，蜜本南瓜品种如金韩蜜本、兴蔬蜜本等。

育苗方式：辣椒大棚内穴盘或漂浮育苗；南瓜大棚内营养钵或穴盘育苗，注意采用遮阳网覆盖遮阴降温。

种植季节：辣椒4月上旬至4月中旬播种，5月下旬至6月初定植，地膜覆盖栽培，7月下旬至10月中旬采收。

小青瓜5月上旬至6月中旬播种，5月下旬至7月上旬定植，趴地栽培，7月初至10月中旬收获。蜜本南瓜5月上旬至5月中旬播种育苗，5月下旬定植，至6月初定植，地膜覆盖栽培趴地栽培，8月下旬至10月中旬收获。

（二）"大蒜—胡萝卜（芹菜、莴笋）"一年两熟种植模式

1. 第一季大蒜

品种选择：可选贵州毕节白皮蒜、麻江红皮蒜等。

播种方式：直播。

种植季节：紫（红）皮蒜通常9月上中旬播种，白皮蒜通常在10月上中旬播种，冬前幼苗期越冬，翌年3—4月可采收蒜薹，5月采收蒜头，一般5月下旬采收结束。

2. 第二季胡萝卜（芹菜、莴笋）

6月上旬直播，9月下旬至11月上旬采收。

品种选择：胡萝卜选用耐热性强的品种，如日本黑田五寸、改良黑田五寸等；芹菜选用耐热、抗病等品种，如津南实芹、意大利夏芹等；莴笋选用耐热、抗病品种，如特耐热二白皮、春都3号、蓉新3号等。

播种方式：胡萝卜直接直播；芹菜或莴笋用大棚或小拱棚覆盖遮阳网遮阴育苗。

种植季节：胡萝卜6月上旬直播，9月下旬至11月上旬采收。芹菜4月中旬至5月上旬播种，6月中旬至7月上旬移栽，8月中旬至10月上旬采收。莴笋5月中旬至下旬播种，6月中旬至下旬定植，8月中旬至9月下旬采收。

（三）"辣椒—芹菜（莴笋、菠菜、香菜）"一年两熟种植模式

1. 第一季辣椒

品种类型：选用优质抗病高产的品种，如辣椒可选长辣红帅、黔椒4号等。

育苗方式：穴盘或漂浮盘育苗。

种植季节：3月上旬至中旬播种育苗，4月中旬至下旬定植，6月下旬至9月上旬采收。

2. 第二季芹菜（莴笋、菠菜、香菜）

（1）芹菜。

品种类型：选育耐热、抗病等品种，如津南实芹、意大利夏芹等。

育苗方式：小拱棚覆盖遮阳网育苗。

种植季节：7月中旬至8月上旬播种，9月中旬至10月上旬移栽，12月上旬至翌年2月上旬采收。

（2）莴笋。

品种类型：选用优质、高产、抗病品种，春都3号、罗汉莴笋等。

育苗方式：搭盖遮阳网遮阴育苗。

种植季节：8月中旬播种，露地育苗，覆盖遮阳网，9月中旬定植，12月中旬至12月下旬采收。

（3）菠菜。

品种类型：选用高产、抗病品种，华菠1号、法国菠菜等。

播种方式：直播。

种植季节：9月中旬至10月中旬直播，10月下旬12月中旬至12月中旬采收。

（4）香菜。

品种类型：选用高产、优质的品种，泰国四季大粒香菜、意大利香菜等。

播种方式：直播。

种植季节：9月中旬至10月中旬直播，12月中旬至12月中旬采收。

三、单作种植模式

一些多年生的蔬菜作物由于生育期较长，或可多次进行收获，不适宜进行轮作，只能进行单一种植。或者成林期，由于遮阴过度，蔬菜作物生

长不良，因此，落叶果树成林期也仅适宜作秋冬栽培，如白菜、甘蓝、花菜、大蒜、菠菜、香菜等的秋冬栽培。本部分主要介绍 2 种蔬菜单一作物技术模式。

（一）韭黄

韭黄系多年生蔬菜，一般一年内不好接茬，多为单作，套种于经果林行间。

品种选择：选用抗病性好、分株能力适中、植株粗壮的品种，如黄韭 1 号、791 雪韭王、雪韭四号等。

生长季节：春播时间在 3—4 月，秋播时间在 9—10 月。韭苗高 15~20 cm 时即可移栽。韭白扣棚后，春季、秋季需 10~15 天，夏季需 5~8 天，冬季需 25 天遮光后便软化黄化成功，即可适时地收割。

（二）折耳根

折耳根可作一年生或多年生蔬菜，但生育期较长，一般一年内不好接茬，多为单作，也适套种于经果林行间。

品种选择：选用抗病性强的折耳根品种。在留种地选择健壮、无有害生物为害的地下根茎作为种茎采挖。

生长季节：每年春季 2—3 月或秋季 9—10 月均可以栽植。需实行轮作制度，轮作期 2~3 年。折耳根采收时间没有严格限制，可分批采收，食用鲜叶和地上部的，折耳根生长 25 天后就可采收。

第六章

林—花生态种植技术

林花模式作为发展林下经济的重要突破口，在巩固脱贫攻坚与乡村振兴的有效衔接中具有重要作用。合理利用林下土地资源进行花卉景观植物生产，可实现资源共享、优势互补、循环相生、协调发展的生态农业模式，践行"绿水青山就是金山银山"的理念，拓展林下经济发展空间，开发生态旅游，有力地促进林业发展方式转变，服务乡村振兴。本章主要介绍林下玫瑰、月季、杜鹃、绣球、百合、黄花石蒜和金钗石斛等种植技术。

第一节 玫瑰林下种植技术

玫瑰（*Rosa rugosa* Thunb.），蔷薇科（Rosaceae）蔷薇属（*Rosa* L.）植物，不仅是一种绿化、美化和保持水土的良好花木，而且用途较广，有很高的经济价值。花可以酿酒、制糖、做糕点、窨茶，还是日用化学工业制造香脂、香水、牙膏及高级化妆用品的配料；花蕾和根晒干可以入药，理气活血；根皮能做丝绸黄褐色染料。玫瑰油价格昂贵，素有"液体黄金"之称。在较为稀疏的林地和林缘地，可以种植玫瑰，能产生较好的经济效益和生态效益，一方面可以采摘玫瑰花进行深加工带动经济发展；另一方面可以玫瑰生态旅游，促进乡村振兴。

一、品种选择

广义上的玫瑰指具有玫瑰花香味用于食用、医疗及保健品的蔷薇属（*Rosa* L.）植物。

依据植物学分类包括玫瑰（*Rosa rugosa*）：丰花玫瑰、紫枝玫瑰等；月季（*Rosa chinensis*）：墨红、金边玫瑰等；突厥蔷薇（*Rosa damascena*）：大马士革玫瑰；白叶蔷薇（*Rosa centifolia*）：千叶玫瑰；法国蔷薇（*Rosa gallica*）：滇红；玫瑰与蔷薇杂交：苦水玫瑰（*Rosa sertata* × *Rosa rugosa*）。

依据花产品用途分类包括精油玫瑰、鲜食玫瑰、玫瑰茶。其中精油玫瑰指鲜花用于加工提取精油，主要品种为大马士革、千叶玫瑰、苦水玫瑰、中天玫瑰。玫瑰茶类指花蕾直接加工制作玫瑰茶，主要品种为丰花玫瑰、紫枝玫瑰、金边玫瑰等。鲜食玫瑰指鲜花直接加工制作玫瑰糖或制作鲜花饼，主要品种为滇红和墨红。

（一）玫瑰栽培的主要品种

重瓣红玫瑰（*R. rugosa* f. plena）、重瓣白玫瑰（*R. rugosa* f. albo ~ plena）以及甘肃兰州的苦水玫瑰（*R. rugosa* × *R. sertata*），山东平阴的丰花玫瑰（*R. rugosa* 'Feng Hua'）、紫枝玫瑰（*R. rugosa* 'Zi Zhi'）等变种或品种。在国外，功能性玫瑰主要包括大马士革蔷薇（*R. damascena*）、百叶蔷薇（*R. centifolia*）、法国蔷薇（*R. gallica*）、白蔷薇（*R.* × *alba*）及其衍生品种，主要用于玫瑰精油加工。

（二）主要品种的形态特征与区别

（1）紫枝系蔷薇属玫瑰多年生落叶小灌木，生长迅速，枝条表皮为紫红色，密布直刺，奇数羽状复叶，叶深绿色覆茸毛，有明显褶皱，边缘有齿。

（2）近似品种丰花与紫枝比较，株型紧，枝条节间短，皮刺较致密，多年生枝呈暗红色，花呈千叶型重瓣。

（3）大马士革，株型松散，枝条布满直刺和刚毛，叶表面较平滑背面有刺。

（4）墨红系蔷薇属月季多年生常绿矮灌木，生长缓慢，花朵大，全年有花，枝有褐色斜刺，叶片深绿，平滑无光泽。

二、适宜种植区

玫瑰林下种植适宜在疏林地或林缘，贵州玫瑰最适宜区为贵阳、黔南、黔西南、遵义、兴义、毕节等地。

三、种植技术

（一）种植基地选择

玫瑰（*Rosa rugosa*）在林缘、林窗、疏林地能正常开花。适宜生长温度 12 ~ 25℃；高过 30℃影响鲜花品质及产量；高过 35℃不能正常生长。降水适中，稍耐旱，不耐涝，生长期需大量的水肥；水源清洁无污染，无重金属有毒有害残留物质，深井、水库水最佳。适宜在土壤肥沃、疏松、排水良好、pH 值呈中性或微酸性沙壤土或轻壤土生长，土壤应无除草剂等有毒有害物质残留，农药、重金属（汞、铬、砷等）、硝酸盐、亚硝酸盐低于允许的标准。

（二）林地改造

林缘：进行结构疏伐或带状改造，清除杂灌木，优化种植玫瑰，提升林地复合经营效益。

林窗：采用择伐与更新技术体系，清除杂灌木，优化调整林分树种结构、年龄结构、层次结构，引进玫瑰种植，提高经营的多重效益。

疏林地：采用近自然的单株择伐与更新技术体系，优化调整林分树种结构、年龄结构、层次结构。在林内进行带状改造或伐孔更新时，引进经济价值高的玫瑰进行种植。

（三）整地

深翻 30～40 cm，每亩施有机肥 4～5 kg、过磷酸钙 50～70 kg，畦宽60～80 cm，高 20～30 cm，畦与畦之间沟宽 80～100 cm。

（四）扦插繁殖

扦插床：扦插床建在通风、透气的大棚内，底部做好透水设计，宽1～1.5 m，高 15～20 cm，长度因场地而定。

扦插基质：泥炭+营养土+蛭石混合基质（6：3：1），扦插前用代森铵或多菌灵、百菌清等消毒。

穗条采集：选择生长健壮、无病虫害的母树树冠中下部采集半木质化穗条。

扦插时间：春秋两季，这两个季节中，空气的温、湿度和土地的温度湿度都比较适宜插穗生根，促进扦插成活。

扦插方法：插穗剪成 5～8 cm 长，斜切 45°，保留上部 2～3 片叶，基部放入 0.3% 的多菌灵药液中消毒 10 分钟，最佳生长调节剂为 200 mg/L 的吲哚丁酸（IBA），插入基质插穗深 5～7 cm，插后注意浇透水。

扦插后管理：扦插完注意喷水保湿，搭建遮阳网（遮阴 70%～80%），湿度保持在 80% 以上。每隔 10 天喷 1 次百菌清或多菌灵，连续 3～5 次。

（五）种植

定植时期：周年均可，以冬末初春季为最佳。

定植密度：墨红、滇红品种定植密度同月季。其他玫瑰品种行距100～150 cm（畦面 60 cm）；确保株距 50～80 cm，由于玫瑰的冠幅较大，林下种植应预留出足够的空间进行种植；紫枝、丰花等品种林下每亩100～120 株。大马士革玫瑰林下每亩 120～150 株。

打塘或开沟：塘沟深 25～30 cm，林下可依苗木定植情况在四周穴施，底施有机细肥，与土混匀，每株施肥量 2 kg。

杀菌、杀虫：定植前可用 70% 甲基硫菌灵可湿性粉剂 1 000～1 200 倍液 +0.5% 阿维菌素可溶液剂 1 200 倍液浸泡 10～15 分钟，晾干后定植；定植时，每亩可用 50% 辛硫磷乳油 1～1.5 kg 拌 10～20 kg 锯木撒施在定植穴处，并回填土壤，杀死或预防地下害虫。

浇水：定植前 3～7 天 1 次浇透水，定植后浇 1～2 次透水。

（六）栽后管理

水分管理：栽植后应立即浇透水，以后根据天气情况适时浇水，保持土壤湿润。开花前后增加浇水次数，越冬前要控水，采花前 7～10 天不允许浇水。

养分管理：发芽后可施肥 1 次，每亩施尿素 3～5 kg，磷酸二氢钾 0.3 kg，4—5 月现蕾期结合施肥浇 1 次透水，每亩施复合肥（N：P：K=15：15：15）10～20 kg。小苗生长期以施尿素为主。

修剪：对于新定植幼株，要及时摘除花蕾，促发新枝，以培养植株为主。大苗春季采花后，将细弱枝、病虫枝、交叉枝剪除。采花植株前 2～3 年，适当留短枝培养植株，以提高产量为主。为暂时提高当年产量亦可留长植。落叶后，剪除细弱枝、病虫枝、交叉枝，粗枝留 50～70 cm，较粗枝留 40～50 cm，中等枝留 30～40 cm。其中生长强势的植株可适当留长，提高来年产量。

（七）采收与包装运输

采收标准：根据加工产品确认，加工花蕾茶的，于花蕾期采收；加工花冠茶的，于花朵开放初期采收；加工蜜饯的，可于花朵完全开放时采收。

采收方式：每天可分批采收；使用干净、清洁、无害的采收容器（如竹筐）。

储放地点：干净、清洁、通风、荫凉、无污染，散开堆放。

包装运输：选用无毒无味的塑料筐包装，使用前清洁干净，不宜装过满，留有通风空隙，专车集中装运。

（八）病虫害防治

病害：墨红主要病害有白粉病、黑斑病，紫枝主要病害有黑斑病、锈叶病，滇红主要病害有白粉病、黑斑病、灰霉病，丰花偶有锈叶病。

虫害：各品种均有出现，无典型性，主要虫害有蚜虫、蓟马、蛾类幼虫、红蜘蛛等。

主要病害发生在高温、雨季，主要虫害发生在3—9月，以"预防为主，综合防治"方针，运用生物、物理、化学措施进行防治，做到开花到采收期禁止打药。

第二节　杜鹃林下种植技术

杜鹃花（*Rhododendron*）属于杜鹃花科（Ericaceae）杜鹃花属落叶灌木，株型优美、花型多样、花色艳丽丰富、花朵繁盛、叶形多样，花期较长，是我国十大传统名花之一，具有极高的观赏价值。杜鹃属植物种类繁多，全世界有1 000余种，我国西南地区（包括贵州、云南、四川）是我国杜鹃花分布最多的区域，杜鹃花分布种类占我国所有种类的65%以上，也是世界杜鹃花分布中心。杜鹃原生境主要生长在中部及西部海拔600～2 400 m的混交林、疏林或灌木丛中。

贵州省是森林旅游资源大省，在旅游产业化大背景下，作为连接绿水青山和金山银山桥梁的林业生态旅游业，发展林下杜鹃种植具有重要的意义。通过把控林间密度和合理的林层结构，在林下种植杜鹃，构建树种丰富、色彩多样、季相变化明显的旅游景观，可以增加独特的色彩，为旅游产业化和乡村振兴服务。

一、品种选择

适宜贵州林下种植的杜鹃花种类或品种比较常见的有大白杜鹃、毛鹃、映山红。

1.大白杜鹃

常绿灌木或小乔木，高1～3 m，稀达6～7 m；树皮灰褐色或灰白色；幼枝绿色，无毛，老枝褐色。冬芽顶生，卵圆形，无毛。叶厚革质，长圆形、长圆状卵形至长圆状倒卵形，上面暗绿色，下面白绿色。顶生总状伞房花序，有花 8~10 朵，有香味；花冠宽漏斗状钟形，变化大，长 3~5 cm，直径 5~7 cm，淡红色或白色。蒴果长圆柱形，黄绿色至褐色，肋纹明显。花期 4—6 月，果期 9—10 月。适宜种植在海拔 1 000~3 300 m 的灌丛中或林下，花具有食用价值。

2. 毛鹃

常绿或半常绿灌木，高达 3 m，分枝稀疏，幼枝密生淡棕色扁平伏毛，叶纸质，二型，椭圆形至椭圆状披针形或矩圆状倒披针形，长 2.5~5.6 cm，宽 8~18 mm，顶端急尖，有凸尖头，基部楔形，初有散生黄色疏伏毛，以后上面近无毛，端尖钝，基楔形，缘有睫毛，叶柄有毛，叶柄长 4~6 mm，叶表、背均有毛而以中脉为多，秋叶狭长倒卵形或椭圆状披针形，质厚而有光泽。耐寒，怕热，耐半阴，不耐长时间强光暴晒，适宜林下种植。

3. 映山红

直立灌木或有时较高，枝和小枝被红棕色扁平糙伏毛、腺头刚毛、长柔毛，稀无毛。叶脱落至半宿存或宿存，常被糙伏毛或粟毛，无鳞片。伞形花序顶生，花冠漏斗形或辐状钟形或钟状漏斗形，红色。喜半阴环境，可种植在林窗、林缘及疏林地。

二、适宜种植区域

杜鹃林下种植适宜在凉爽湿润的地区进行，贵州杜鹃花最适宜区为黔西北、黔西和黔西南的大方县、纳雍县、织金县、金沙县、黔西县、水城县、盘州、六枝县、晴隆县、普安县等地山区；黔北、黔中的习水县、正安县、道真县、湄潭县、桐梓县、贵阳市云岩区、贵阳市乌当区等地山区；黔东南的黄平县、施秉县、镇远县、凯里市、麻江县、丹寨县、雷山县、台江县等地山区。贵州地区杜鹃多为高山杜鹃，适宜生长地为海拔较高地区，需要较大昼夜温差，夏季气温较凉爽，最高气温不宜超过 30℃。

三、种植区域选择及整地

（一）种植区域选择

杜鹃适应性较强，较耐寒，适宜在贵州省内平均温度较低的地区栽植，其喜欢庇荫、潮湿、偏酸性土壤的林间地或山地。林间地或山地空气湿度一般为 70% ~ 90%，土壤含水量一般为 40% ~ 60%，团粒结构好、土质疏松、排水良好且不易干旱的微酸性土壤、沙土或腐殖土为宜，郁闭度 0.3 ~ 0.5、通风透光良好。整体坡度为 20° ~ 40°，种植深度 10 ~ 15 cm，海拔 1 200 ~ 2 000 m 为宜。

（二）林地改造

对林分进行间伐，按照"砍小留大、砍密留疏、照顾均匀"的原则，伐去过密的林木，并对灌杂进行全面清理。

林缘：进行结构疏伐，结合园林设计，对杜鹃进行带状或景观设计种植，提升林地景观种植。

疏林地：采用近自然的疏伐与更新技术体系，优化调整林分树种结构、年龄结构、层次结构。在林内进行带状改造或伐孔更新时，引进经济价值高的杜鹃进行种植，提升森林复合经营效益。

（三）整地

全面翻耕土层 20 cm 以上，把土壤整细、按地形耙平，水平带 2 ~ 3 m 间距开作业道，做好排水沟。种植整地以"窝"或"穴"为主，开穴栽培，穴底稍加挖平，也应有一定的斜度，便于排水。

四、有性繁殖

（一）种子采集与处理

选择果实饱满、无受伤、无病虫害且达到正常生育年龄的树作为采种母树，成熟期为 10 月至翌年 12 月，当蒴果表面由青转黄，由黄变褐，种子成熟后随时采收。

（二）种子处理和储藏

将未开裂的蒴果采收后摊放在室内通风处，让其自然开裂，然后去除果壳杂质，将种子装入纸袋或布袋中，置于阴凉通风处保存。储藏期间要注意翻动、保持通风，避免发霉。

（三）播种育苗

播种时间：选择地势平坦、背风向阳、水源方便、排水良好、土壤疏松、pH 值 5.0 ~ 6.5 的地块。

播种方法：盆播，少量播种时，可采用盆播法，基质多用腐殖土，也可以使用园土、粗土、泥炭、锯末、珍珠岩或泥炭藓等，注意盆和基质的消毒，宜采用 0.3% 高锰酸钾溶液；繁殖池，大面积繁殖时，可建播种繁殖池，内填配合土。播种后注意保温、保湿、适当透气。

（四）苗期管理与移栽

出苗后，适当给予光照，用 90% 的遮阴网；不宜用天然水和自来水浇，宜用 pH 值 6.0 ~ 6.5 的水浇；及时除杂草。待幼苗出土后，温度可稍提高，可逐渐加大透光度和通风，1 ~ 2 个月移栽，通常分次移栽。2 ~ 3 cm 高的幼苗可移入口径 10 cm 的盆中，每盆 1 ~ 3 株，也可移入专用浅箱中。土壤用配合土，pH 值应调整到 6.0 ~ 6.5。

五、无性繁殖

（一）扦插前准备

扦插床：扦插床建在通风、透气的大棚内，底部做好透水设计，宽 1 ~ 1.2 m，高 15 ~ 20 cm，长度因场地而定。

扦插基质：用腐殖土：黄沙：珍珠岩 =3：2：1（体积比）作为基质，扦插前用 45% 代森铵水剂 350 倍液或多菌灵、百菌清等消毒。

（二）扦插步骤

穗条采集：选择生长健壮、无病虫害的母树树冠中下部采集半木质化穗条。

扦插时间：6—7 月，用当年生半木质化嫩枝。

扦插方法：插穗剪成 8 ~ 10 cm 长，斜切 45°，保留上部 2 ~ 3 片叶，基部放入 0.3% 的多菌灵药液中消毒 10 分钟，最佳生长调节剂为 300 mg/L 吲哚丁酸（IBA），插入基质插穗深 4 ~ 5 cm，插后注意浇透水。

扦插后管理：扦插完注意喷水保湿，搭建遮阳网（遮阴 70% ~ 80%），湿度保持在 80% 以上。每隔 10 天喷 1 次百菌清或多菌灵，连续 3 ~ 5 次。

六、栽培技术

（一）栽培地气候

气候区属亚热带高原温凉气候，年平均气温 10 ~ 15℃，日照时数 900 ~ 1 300 小时，年降水量 1 000 ~ 1 200 mm，主要集中在夏季。

（二）环境条件

地貌属于高原中山丘陵，海拔在 800 ~ 1 600 m。栽培土壤要疏松、排水及通气性好，种植地适宜选择通风良好、阴凉、不积水的地方，在地面铺砖、煤渣或黄沙。

（三）取苗

杜鹃为浅根性树种，根系分布在表层 20 ~ 55 cm 以内，且密集成团，挖苗时需在周围切断土块，必须带土移栽。

（四）栽植时间

每年春季、冬季以及雨季可进行定植。春季为 2—4 月，冬季为 10—12 月。栽植时的天气状况，最好选择在阴天进行，晴天宜在下午 17 时以后进行。

七、苗期管理

水分：自来水需盛放几天加 0.5% ~ 1% 食醋调整 pH 值偏酸性后在早晨或傍晚进行喷洒。生长旺季 3 ~ 5 天 1 次，保持基质湿润。10 月以后，25 ~ 30 天浇 1 次。

施肥：生长季节施薄肥 1 ~ 2 次即可，以饼肥等有机肥为主。

温度：夏季要注意遮阴，设施栽培室内温度控制在 30℃ 以下，防止烧苗导致幼苗死亡。冬季低温要防止顶芽冻死，花期要防止花芽冻坏。

花期管理：花期要勤浇水，保持土壤水分，防止倒春寒对花蕾的伤害。

修剪：幼苗生长达到 3 年后，在生长季节之前需要进行打头处理，侧枝在不超过 5 cm 时从侧枝基部摘除，以免在此处长出更多的侧芽。

八、病虫害防治

（一）病害防治技术

1. 叶斑病

主要症状为从叶部侵入，最初在叶片产生淡红褐色斑点，后逐渐扩大相连，呈不规则病斑，病斑不受叶脉限制。植株受害严重时，叶片脱落，嫩枝感病，在枝梢上形成枯死段斑。防治方法：在梅雨之前 8 月底至 9 月初以及 10 月，喷 70% 甲基硫菌灵可湿性粉剂 800 倍液或 1：1：150 波尔多液各 1 次。但在 7—8 月不宜使用，9 月后再用。平时收集老叶、病叶烧掉，加强栽培场地通风。

2. 茎腐病

主要发生在茎部，病株叶片变黄，凋萎的叶片附在树上很长时间不脱落，在根部和木质部间常有白色或褐色的菌丝体，木质部干腐，剖面呈蜂窝状褐纹。防治方法：在 5 月用 70% 甲基硫菌灵可湿性粉剂 200 倍液涂根颈部，7 ~ 10 天再涂 1 次，连续数次。主要应改善场地通风，早晚增加光照，增施钾肥。

3. 白粉病

主要发生在植株叶片，严重时可侵染植株的嫩叶、幼芽、嫩梢和花蕾等部位。突出特点是叶片受害后在叶片表面产生一层白色或灰白色的粉质霉层。发病初期为黄绿色不规则小斑，边缘不明显。随后病斑不断扩大，表面生出白粉斑，最后该处长出无数黑点。染病部位变成灰色，连片覆盖其表面，边缘不清晰，呈污白色或淡灰白色。受害严重时叶片皱缩变小，嫩梢扭曲畸形，花芽不开。防治方法：发病后可用 25% 三唑酮可湿性粉剂 1 500 倍液、30% 醚菌酯可湿性粉剂 2 000 ~ 3 000 倍液喷雾防治或 70% 甲基硫菌灵可湿性粉剂 1 000 倍液喷洒，每隔 7 ~ 10 天 1 次，连续 3 次。

4. 叶肿病

主要症状为嫩叶病部明显肿大、变形，背面凹下，正面隆起，呈半球形。病害初期，叶片表面出现淡绿色、半透明略呈凹陷的近圆形斑，病斑渐变淡红至暗褐色，病部叶片逐渐加厚，正面隆起呈球形至不规则形，严重时全叶肿大呈畸形。病斑表面覆盖一层灰白色粉层，粉层分散后，病部变深褐至黑褐色。新嫩梢芽受害后，顶端形成肉质叶丛或肉瘿。花受侵染后变厚、变硬、肉质形如苹果。最后病部变黑褐色干枯脱落。防治方法：在两次发病高峰前 1 ~ 2 周，喷洒 80% 代森锌可湿性粉剂 500 ~ 800 倍液或 3% 多抗霉素可湿性粉剂 300 倍液，每周 1 次，连续 2 ~ 3 次。平时发现病叶、病梢，应立即摘除销毁。加强环境通风，增强光照，少施氮肥，增强植株的抵抗力。

（二）虫害防治技术

1. 杜鹃冠网蝽

以成虫和若虫群集于杜鹃叶背吸食汁液危害，从而在叶面上出现密集的苍白色小斑点，在叶背上还可见很多黑褐色虫粪和脱皮壳。造成叶片早期干枯脱落，严重的甚至引起植株死亡。防治方法：入冬后，清除杜鹃附近的落叶、杂草，深埋或焚烧，消灭越冬成虫。4月底至5月初在越冬成虫出现后和第一代若虫发生期，喷洒高效氯氰菊酯，7~10天1次，连续喷洒2~3次。

2. 红蜘蛛

被害叶变小、变黄、变红，向后卷，生长不旺，主要是在高温6—8月危害严重，使叶片变黄脱落。防治方法：在3月发生期34%螺螨酯悬浮剂5 000~7 000倍液、10%阿维·哒螨灵乳油1 500~2 000倍液或5%阿维菌素乳油5 500~10 000倍液等喷雾。

3. 玫斑金钢钻

成虫产卵于顶梢嫩叶的背面，幼虫危害时，从嫩梢的皮层吸食，将髓心食尽，造成顶端枯死。秋季孕蕾后，幼虫从蓓蕾下方钻入，将花蕾内部吃空，仅剩外壳。平时难以发觉，到秋冬季节发现顶芽枯死，花苞已经空瘪，翌年春不会开花。防治方法：在出现幼虫（长约1 cm）时，特别是第一代幼虫，用吸食性药剂进行化学防治。平时要加强观察，随时剪除带虫体的枝条顶端。

4. 木蠹蛾

柱食树干，初期侵食皮下韧皮部，逐渐侵食边材，将皮下部成片食去，然后分散向心材部分钻蛀，进入干内，并在其中完成幼虫发育阶段。防治方法：用铁丝勾出幼虫杀灭或用棉球蘸1/200敌敌畏，并用泥土堵塞洞口。

第三节　绣球林下种植技术

绣球属（*Hydrangea*）隶属于绣球花科（Hydrangeaceae）绣球花族（Hydrangeeae），根据传统分类学，该属总共约有73个种，我国约有47个种和10个变种，西南地区是其分布的关键区域。绣球花喜半阴环境，光照过强轻者容易造成叶片褪绿发白，严重时容易造成叶片灼伤焦枯。在适度的光照下，植株生长健壮，叶色浓绿。原生种的绣球，如西南绣球、中国绣球等均生长在林下或在山谷里，因此，绣球在林下种植是一个很好的选择。

绣球可在城市的公园林下种植，给林下公园增加独特色彩，还可减少城市公园林下由于多人踩踏仅有树而无草的现象，在不同层面的群落方面加强城市林下生态系统的稳定性，让城市生态系统的修复能力加强，也在多层面利用了自然资源；此外，部分种植的绣球花卉可以面向市场，给花卉产业带来了新的供求，也给现代人们健康的生活带来了彩色的一笔。

一、品种选择

绣球根据花序及叶片的特征可分为：大花绣球、圆锥绣球、乔木绣球、粗齿绣球（泽八绣球）和栎叶绣球 5 类。

（一）大花绣球

灌木，叶大而对生，浅 / 深绿色，有光泽，呈椭圆形或者倒卵形，边缘具有锯齿。花球硕大，伞形花序近球形，有总梗，小花密集成球形，每一簇花，中间为可育的两性花，呈扁平状，大多数品种的花都为不育花，花期 5—7 月。大花绣球从花型上可以分为单瓣型、重瓣型；从开花方式上又可以分为老枝开花、新老枝都开花。能够承受的最低温度为 -5℃，该类群的品种主要有 14 种，适应于林下种植的为 11 种。

无尽夏：花色在酸性的土壤中为蓝色，在碱性的土壤中为粉色；花期在 5—9 月；该品种的特点是连续开花，新老枝都能够开花、不需要春化，耐寒，抗病性一般、株高 80～120 cm，花枝较软容易倒伏，可做盆栽，切花，也可在林下种植或用作园林景观。

无尽夏新娘：花色为白色中带一点浅蓝色；花期在 5—9 月；该品种的特点是连续开花，新老枝都能够开花、耐寒、耐修剪、株高 80～120 cm，花枝较软容易倒伏，可做盆栽，也可在林下种植或用作园林景观。

魔幻珊瑚：花色为粉红和绿色镶嵌；花期在 6—8 月；该品种的特点是不连续开花，老枝开花，抗病性良好、枝条较为直立，株高 50～60 cm，可做盆栽，也可在林下种植或用作园林景观。

魔幻精灵：花色为酸性土壤紫色，碱性土壤红色；花期在 6—8 月；该品种的特点是不连续开花，老枝开花，萼片边缘白色，抗病性良好、枝条较为直立，株高 50～70 cm，可做盆栽，也可在林下种植或用作园林景观。

魔幻水晶：花色为酸性土壤紫色，碱性土壤粉色；花期在 6—8 月；该品种的特点是不连续开花，老枝开花，花头整齐紧凑，萼片边缘有锯齿，初开浅绿色，后期变为粉色或紫色，抗病性良好、枝条健壮，株高 60～80 cm，可做盆栽，也可在林下种植或用作园林景观。

阿尔卑斯山：花色为酸性土壤紫色，碱性土壤红色；花期在 6～10 月；该品种的特点是连续开花，新老枝都能够开花、抗病性较差、株高 50～70 cm，花枝直立性较好，可做盆栽，也可在林下种植或用作园林景观。

经典红：花色为酸性土壤紫色，碱性土壤粉色；花期在 6—10 月；该品种的特点是非连续开花，老枝开花，萼瓣质厚，枝条粗壮不倒伏，株高可达 1～1.5 m，可做盆栽，切花，也可在林下种植或用作园林景观。

玉石：花色为酸性土壤浅蓝色，碱性土壤浅粉色；花期在 5—9 月；该品种的特点是非连续开花，老枝开花，萼瓣质厚，抗病性一般、株高 40～60 cm，花枝直立性强，不倒伏，可做盆栽，也可在林下种植或用作园林景观。

纱织小姐：花色为酸性土壤萼片边缘浅紫色，碱性土壤萼边边缘浅红色；花期为 6—10 月；该品种的特点是重瓣连续性开花、花头紧凑，颜色鲜亮，花瓣中间白色萼片边浅紫色或浅红色，抗病性一般、株高 80～100 cm，直立性一般，可做盆栽，也可在林下种植或用作园林景观。

爱莎：花色为酸性土壤蓝色，碱性土壤粉色；花期为 6—8 月；该品种的特点是不连续开花，老枝开花，花瓣萼片为爆米花状卷边，生长强劲，枝条粗壮，抗病性良好，株高 80～120 cm，可做盆栽，也可在林下种植或用作园林景观。

湖蓝（好花红）：花色为蓝色、粉色、浅紫色；花期为 5—10 月；该品种的特点是单瓣连续开花，新老枝都开花，花瓣萼片较厚，生长强劲，枝条粗壮，抗病性良好，不易倒伏，株高 80～120 cm，可做盆栽，切花，也可在林下种植或用作园林景观。

（二）圆锥绣球

灌木或小乔木，因花朵呈圆锥状而得名，圆锥绣球是绣球家族中开花较晚的品种，它只在当年春天生长的枝条开花，花期 7—9 月。圆锥绣球花色只有白色和粉色，温度适宜范围较广（-20～35℃），该类群适合种植在林下的有 3 种。

石灰灯：花色初期为浅绿色，逐渐变为纯白色；花期为 7—10 月；该品种的特点是单瓣连续开花，花头呈圆锥状，新老枝都开花，生长强劲，枝条粗壮，抗病性强，不易倒伏，株高 0.8～1.2 m，可做盆栽，也可在林下种植或用作园林景观。

大花圆锥绣球：花色初期为浅绿色，逐渐变为纯白色；花期为 7—10 月；

该品种的特点是单瓣连续开花，花头呈圆锥状，新老枝都开花，枝条较细软，易倒伏，株高 1.5～2 m，可做盆栽，也可在林下种植或用作园林景观。

香草草莓：花色初期为浅绿色，逐渐变为纯白色，中后期逐渐变为粉红色；花期为 7—10 月；该品种的特点是连续开花，花头呈圆锥状，新老枝都开花，枝条较细软，易倒伏，株高 1.5～2 m，可做盆栽，也可在林下种植或用作园林景观。

（三）乔木绣球

原产于美国，新枝开花。温度适宜范围较广（-20～30℃），露地过冬没任何问题，该类群有 3 个种适合在林下种植。

安娜贝拉：花色初期为浅绿色，逐渐变为纯白色；花期为 6—10 月；该品种的特点是单瓣连续开花，花头紧凑，枝条较细软，易倒伏，株高 80～120 cm，可做切花，是做永生花良好的原材料，也可在林下种植或用作园林景观。

无敌安娜贝拉：花色初期为浅绿色，逐渐变为纯白色；花期为 6—10 月；该品种的特点是单瓣连续开花，花头紧凑，枝条粗壮，枝条直立性一般，花朵直径可达 20～25 cm，株高 80～120 cm，可做切花，也是做永生花良好的原材料，也可在林下种植或用作园林景观。

粉色安娜贝拉：花色初期为浅粉色，逐渐变为粉色；花期为 6—10 月；该品种的特点是单瓣连续开花，花头较松散，枝条较细，容易倒伏，株高 60～80 cm，主要用于盆栽，也可在林下种植或用作园林景观。

（四）粗齿绣球

灌木，原产于朝鲜和日本。边缘一圈大朵不育花，环绕中间米粒可育花能够承受的最低温度为 -5～10℃，该类群有一个品种可种植在林下。

塔贝：花色为酸性土壤蓝色，碱性土壤粉色；花期为 5—8 月；该品种的特点是连续开花，花头较松散，花瓣四周围绕一圈不可育花，中间为米粒状可育花，枝条直立性较好，株高 60～80 cm，抗病性较好，主要用于盆栽，也可在林下种植或用作园林景观。

（五）栎叶绣球

落叶灌木，原产美国东南部，高达 1.8 m。枝干粗壮具绵毛。叶片宽暖形，3～7 裂，叶表面灰绿色，叶背面具白色绒毛。圆锥花序，直立，开花初期花瓣白色，后渐转变为淡紫色。花期5—7月。能够承受的最低温度为-5℃。

二、适宜种植区

绣球花为短日照植物，平时栽培要避开烈日照射，以60%~70%遮阴最为理想。盛夏光照过强时适当的遮阴可延长观花期，因此，林下种植适宜在森林覆盖率达60%左右的地区。绣球花的生长适温为18~28℃，冬季温度不低于5℃。花芽分化需5~7℃条件下6~8周，20℃温度可促进开花，见花后维持16℃能延长观花期，注意高温使花朵褪色快；贵州绣球的最适宜区为黔东南地区雷山县、台江县、剑河县、榕江县、黎平县、黄平县、施秉县、玉屏县等地区；黔南地区三都县、贵定县、龙里县、惠水县、都匀市、独山县等地区；黔中地区乌当区、开阳县、息烽县、修文县和清镇市等地区。黔西北地区汇川区、播州区、桐梓县、绥阳县、正安县、凤冈县、湄潭县、余庆县、习水县、道真仡佬族苗族自治县、务川仡佬族苗族自治县、赤水市和仁怀市等地区。黔西北地区江口县、玉屏县、石阡县、思南县、印江县、德江县、沿河县和松桃县等地区；黔西北地区水城县、盘州市、六枝特区、平坝区、镇宁县、普定县、关岭县、紫云县、七星关区、赫章县、威宁县、纳雍县、织金县、黔西县、金沙县和大方县等地区。这些县区的高海拔区及贵州省其他各县市（区），夏季最高气温一般不超过30℃，冬季最低气温也在绣球适应的最低气温上，符合绣球生长的气候要求。

三、种植基地选择及整地

（一）种植基地选择

绣球喜欢排水良好、湿润但不积水的土壤。浇水过多可能会导致开花数量少。根据您实际的土壤情况，来调整浇水的频率和量。黏性土壤比沙性土壤的持水性要强，但同时缺水时又不容易很快吸水，所以发现土壤干燥时，建议使用滴灌系统或者软管来人工补水。夏季较凉爽，最高地温一般不超过28℃，冬季不十分严寒，一般最低地温不低于5℃，土层厚20 cm以上、团粒结构好、土质疏松、排水良好且不易干旱、微酸或者微碱性沙壤土、沙砾土、沙土。海拔380~1 700 m适宜。不同海拔高度的山区，也可以通过选择一些小气候条件，如低山区宜选温度较低湿度较大的阴坡或有遮阴条件的树林种植，中山区宜选择半阴半阳的山坡，高山区宜选择阳坡。

（二）整地

整地的目的在于改良土壤的物理结构使其具有良好的通气透水条件，便于根系伸展，促进土壤风化，有利于微生物活动，加速有机质分解，便于绣球花的吸收利用，同时还可将土壤中的病原物及害虫等翻于地表，经日晒及严寒而灭杀之，从而预防和减少病虫害的发生。

绣球花属于宿根花卉，根系较大需深耕 40 ~ 50 cm。同时，因土壤质地不同，整地深度也有差异，一般沙土宜浅耕，黏土宜深耕同时黏土应预先掺入沙或有机肥后再进行翻耕，以改良土壤的物理结构。整地的同时，应清除杂草、宿根、砖块、石头等杂物，把土表渣滓清除干净，直接挖穴栽种；陡坡的地方可稍整理成小梯田，开穴栽培，穴底稍加挖平，也应有一定的斜度，便于排水；雨水多的地方，种植场地不宜过平，应保持一定的坡度，有利于排水。若不立即栽种时，翻耕后不必急于将土块细碎整平，待种植前再灌水，然后整平。挖定植穴或定植沟时，应注意将表土与底土分开放置，以便栽苗时将表层的熟土填入坑底，利于花卉根系的生长。

四、有性繁殖

将种子置于 4℃ 环境最优的低温干燥储存；储藏 4 个月后使用 75% 酒精消毒 30 秒后再用 8% 次氯酸钠消毒 1 分钟能消除种子的污染，并且要使用 B-5 培养基进行培养，全部培养过程无须暗处理操作，待种子萌发后移栽到准备好的林下土壤中栽培，待幼苗长出。

1. 基质

准备绣球花喜疏松、肥沃、排水良好的土壤。可将醋糠（主要成分为谷壳）、牛粪、草炭、田园土等量混匀，放置使其充分熟化后再用。

2. 移栽及整形

幼苗移栽后适当遮阴，叶面喷水，以利缓苗。待新叶长出时，进行摘心促进分枝，及时疏除过密枝、重叠枝，留 3 ~ 5 枝，以获得良好的株形。

3. 温度

生长适温 15 ~ 27℃。在长江以北地区冬季需移入 5℃ 以上的温室越冬。在炎热夏季，通过遮阴、加强通风、叶面喷水等措施进行降温。

4. 光照

绣球花喜半阴环境。光照过强轻者容易造成叶片褪绿发白，严重时容易造成叶片灼伤焦枯。在适度的光照下，植株生长健壮，叶色浓绿。炎热夏季，用 75% 遮阳网进行遮阴，并通过它的起落来调节光照。晴天，上午 10 时拉上遮阳网，下午 4 时拉开遮阳网；阴雨天全部去除遮阳网。遮阳网的作用主要是避免光照过强灼伤植株叶片；绣球对光的需要适合种植在林下，在林下免除了遮阳网的使用。

5. 浇水

浇水不宜过多，以经常保持土壤湿润为宜。夏季干热时，可向叶面喷水，降低水分蒸腾速率。冬季浇水以"见干见湿"为原则，休眠期间控制浇水，维持半干状态。现蕾前后需水量显著增加，应每日浇水 1 ~ 2 次。

6. 施肥

生长期间每 10 ~ 15 天施 1 次腐熟的矾肥水（水 400 ~ 500 L、豆饼 10 ~ 20 kg、猪粪 20 ~ 30 kg、硫酸亚铁 5 ~ 6 kg），每 15 天叶面喷施 1 次 0.1% 的尿素或 0.1% ~ 0.2% 的硫酸亚铁溶液。花芽分化期间，适当增施 P、K 肥。休眠期间停止施肥。

五、无性繁殖

绣球花在生产中多采用分株、压条、扦插法等无性生殖的方式进行繁殖。

1. 分株繁殖

宜在早春萌发前进行。分株时先把母株从盆内倒出，抖去大部分旧的培养土露出新芽和萌蘖根系的伸展方向，并把盘结在一起的根系分解开，尽可能少伤根，用利刀将分蘖苗和母株相连部分切割开，分别栽植。

2. 压条繁殖

一年四季均可进行。选择生长健壮、半木质化的枝条，在下部靠近节的部位用刀刻伤韧皮部，用潮湿的苔藓、泥炭土或培养土将刻伤部位包好，外面再包以塑料薄膜，上下捆紧。如果温度适宜，1 个月左右即可生根。在压条部位以下剪断去掉塑料膜，上盆。

3. 扦插繁殖

在温室内一年四季均可进行扦插繁殖。一般在 5—6 月，结合早春修枝及花后整形进行。选择嫩枝、木质化或半木质化无病虫害的枝条，长

10 ~ 15 cm，保留顶部 2 ~ 3 片叶并各剪去 1/3 ~ 1/2，速蘸 ABT 生根粉 250 mg/L 滑石粉浆，然后插于河沙、蛭石或珍珠岩为基质的苗床中，适当 遮阴，保持叶面湿润，18 天左右开始生根以后逐渐减少喷水次数，增加光 照，1 个月左右即可移栽。

六、种植管理

1. 水分

绣球要保持盆土湿润，但不宜浇水过多，特别雨季要注意排水，防治 烂根。土壤通透性差或者浇水过于频繁易导致叶片和芽点发黑。

2. 肥料

大部分绣球叶大花大，在生长季节对肥料的需求：在 8—10 月进行花 芽分花，花后要及时追肥，以复合肥为主，冬季进入休眠时可以适当补充 磷钾肥，以保证来年生长的需要，早春 3 月萌芽后就可以 10 天左右补充 水溶肥或者缓释肥。大部分绣球有时候叶子会出现发黄的现象，这是由 于缺铁症，需要喷施 1 000 倍的硫酸亚铁或者螯合铁，10 天 1 次，连续 3 次。

3. 花色调控

做蓝色栽培时，基质 pH 值要保持在 5.0 ~ 5.5，可使用生理酸性肥料 并施用硫酸铝 1 000 倍浇灌及使用过磷酸钙降低 pH 值，以利于植物对铝 的吸收；做红色栽培时，应使基质 pH 值保持在 7 ~ 8，可施用钙镁磷肥提 高基质 pH 值，同时提高土壤中磷的浓度，以抑制铝吸收。

4. 休眠期修剪

对于新老枝条都开花的品种：短枝和细枝不留芽，从基部剪切，长枝 条要从基部留 2 ~ 3 对芽，剪切要在留芽上方 1 ~ 2 cm 处；每株留粗壮枝条 4 ~ 5 枝，长度 10 ~ 12 cm，每株保留饱满休眠芽 10 ~ 12 个；对于老枝条开 花的品种：短枝和细枝不留芽，从基部剪切，未开过花的粗壮枝条需要保留 不做任何处理；对于已经开过花的长枝条修剪和新老枝条都开花的绣球修剪 方法一样。第一类残花只在花头下修剪，第二类轻剪或于秋季 / 晚冬全剪。

七、病虫害防治

1. 叶斑病

主要危害叶片，病斑圆形至多角形，褐色或暗灰色，边缘紫褐色或近 于黑褐色。

防治方法：发病初期喷洒 65% 代森锌可湿性粉剂 500 倍液或波尔多液（1：1：200）隔 7 天喷 1 次连续防治 2～3 次。

2. 锈病

主要危害叶片，叶面出现较大的浅黄色至锈褐色孢子堆，病叶干枯和破碎。

防治方法：发病季节，喷洒 15% 三唑酮可湿性粉剂 800 倍液。

3. 立枯病

主要危害叶片、茎部，近地面叶片产生水渍状黄褐斑，并蔓延到茎部，导致叶片干枯，茎秆变黑腐烂。

防治方法：发病初期喷洒 75% 百菌清可湿性粉剂 800 倍液或 50% 福美双可湿性粉剂 500 倍液。

4. 白粉病

主要危害叶片，严重时可侵染茎。叶面表现一层浅灰色霉层，以后逐渐成浅褐色。

防治方法：发病期间喷洒 15% 三唑酮可湿性粉剂 1 000 倍液或 70% 甲基硫菌灵可湿性粉剂 1 000 倍液，隔 7 天喷 1 次连续喷 2～3 次。

5. 介壳虫

主要危害幼嫩的茎叶，致使叶色发黄，枝干干枯。

防治方法：少量发生时，用软刷轻轻刷除，再用水冲洗干净。用药剂防治时，最好在若虫孵化期喷施 10% 多杀霉素悬浮剂 5 000～6 000 倍液或 80% 敌敌畏乳油 1 000 倍液喷雾，一般 5～7 天喷 1 次，连续喷洒 3 次以上；或 3% 呋虫胺颗粒剂拌毒土撒施。

第四节　百合林下种植技术

百合科属百合科植物具有很高的观赏、药用和食用价值，部分百合种类还具有耐阴的特性，适合林下种植。合理利用新植林地、幼龄果园和采伐迹地空置土地空间，适度规模种植百合，可培育功能性花卉新兴产业，打造林地花海景观，推动花卉产业与生态旅游、森林康养融合发展，提高林下经济效益。

一、品种选择

自然界中的百合野生资源种类繁多，性状各异。千百年来，经人工驯化栽培、实生选育、杂交育种等多种手段和方法，选育并形成了可供人们种植栽培的品种。按用途分类，百合可分为切花百合、药用百合、食用百合3大类。结合林下种植特点，这里重点介绍食用百合和药用百合品种。

1. 卷丹百合

卷丹百合，学名斑百合，为百合科（Liliaceae）百合属多年生草本球根植物。因花色火红，花瓣反卷，故有"卷丹"之美名，又因花瓣上有紫黑色斑纹，很像虎背的花纹，故有"虎皮百合"之雅称。卷丹百合原产我国、日本、朝鲜等地，现各地多有种植。

卷丹百合花朵有很高的观赏价值，可做蔬菜食用，同时也是名贵的中药材，有滋补、强壮、镇咳、去痰之功效，对肺结核及慢性气管炎的治疗有很高的疗效。球茎扁圆形，纵径 3.5～7 cm，横径 4～8 cm，鳞瓣肥厚、宽卵形，长 2.5～3 cm，宽 1.4～2.5 cm，鳞瓣白色、微黄，略有苦味；卷丹百合茎高 0.8～1.5 m，具白色锦毛，有黑紫色斑点；叶狭披针形，长 3～7.5 cm，宽 1.2～1.7 cm，无毛、无柄，上部叶腋着生珠芽；花 3～6 朵或更多，花被橙红色，反卷，有紫黑色斑点，蜜腺有白色短毛，两边具有乳头状突起，雄蕊四面张开，花丝长 5～6 cm，淡红丝，花药矩圆形，长 2 cm。

卷丹是目前贵州栽培面积最大的食用百合，主要以露地栽培为主。生产上卷丹百合以传统地方品种为主，产地不同造成品种变异，进而引种引起种质差异，先后选育卷丹平头品系、卷丹尖头品系、宜兴百合（卷丹）、秦岭卷丹、渝百合 1 号（卷丹）等，贵州栽培的主要品种主要来源于湖南龙山的卷丹平头品系与尖头品系。

2. 龙牙百合

"龙牙百合"又称"麝香百合"。鳞茎白色，近球形，横径 2.0～4.5 cm，单个重 250 g 左右，抱合紧密，仔鳞茎 2～4 个。鳞片长 8～10 cm，狭长肥厚，正面看形似龙牙，故名"龙牙百合"。产量高，淀粉含量达 33%～38%，适宜加工。每亩产量为 1 000～1 500 kg。龙牙百合野生资源在贵州分布广泛，生于 300～920 m 的山坡草丛中、疏林下、山沟旁。贵州省威宁、赫章、正安等有一定规模种植。

3. 兰州百合

兰州百合为川百合的变种，是多年生草本植物，为我国食用百合的最佳品种。鳞茎白色，球形或扁球形，鳞茎高 2～4 cm，横径 2.0～2.4 cm，近圆卵形。鳞片肥大洁白，品质细腻无渣，纤维少，绵香纯甜，无苦味；

茎直立，圆柱形，常带紫色斑点；叶多生，中部密集，条形；花下垂，橙黄色；蒴果为长圆形，花期6—7月，果期8—9月，单个重约200 g，每亩产量为800~1 500 kg。生长周期较长，一般从培育木子到成品需5~6年。至今培育出的兰州百合新品种有兰州百合1号和兰州百合2号等。在林下栽培时，应注意是在林树过道或稀疏的林树、果树下栽培。贵州威宁地区可适度发展。

二、林下种植管理技术

（一）药用百合

1.种苗繁殖

药用百合种植常用鳞片繁殖和小鳞茎繁殖。鳞片繁殖过程如下：选择无病虫害健壮的老鳞茎，用刀切去基部，剥下鳞片，阴干数日后于5—6月生长季节，将鳞片插入预先准备好的苗床内。扦插土宜用粗沙或黑土粒，其质地松软，保水、排水和通气性能良好，有利于发根。小鳞茎繁殖过程如下：百合老鳞茎（母球）在生长过程中，于茎轴上逐渐形成多个新的小鳞茎（子球），可用作种栽继续繁殖。一般于秋后挖起沙藏。翌年春季，在整平耙细的高垄上，按行株距15 cm×3 cm开沟条播。

2.选地整地

百合宜选择排水良好、疏松、腐殖质丰富、土层深厚、半阴疏林下或坡地的微酸性土壤种植。整地前，施入腐熟的厩肥或堆肥2 500 kg/亩、过磷酸钙33 kg/亩，加入50%二嗪磷乳油0.7 kg/亩进行消毒。同时深翻入土，整平耙细，做成宽1.2 m的平垄，两边开30 cm宽的沟，以利排水。

3.定植和日常管理

最好在9—11月栽种。行距一般按20~25 cm，开深10~12 cm的沟，小鳞茎按株距10~15 cm栽入沟内，再在株间施适量的土杂肥作基肥，但肥料不要与鳞茎接触，以免烧伤。然后覆盖厚5 cm左右细土。覆土不宜过浅，否则鳞茎易分瓣，影响产量和质量。覆盖土后稍加压紧。

定植后翌年春季开始松土除草，以保持田间无杂草。但中耕次数不宜过多，而且要浅锄，不要刨伤鳞茎。以鳞茎和种子繁殖的百合幼苗，在第2~3年每年追施2~3次稀薄液肥，最好是腐熟的沼液肥。一般定植后，当幼苗生长1个月左右时，追施1次稀薄沼液肥，花期前后增施1~2次磷钾肥。注意施肥时要离茎基稍远处开沟施入，施后覆土。夏季高温多雨季节，应注意排水。因为过多的水分对地下茎的生长有害，容易引起腐烂。因此，及时排水是百合栽培中的一项重要技术措施。6—7月，除留种地外，要及时摘除花蕾。

4. 病虫害防治

叶斑病：①应选择无病鳞茎作种子，保持田间通风透光；②实行轮作，雨后及时排水，降低地面湿度；③播前对土壤、鳞茎进行消毒；④发病前后喷洒50%多菌灵可湿性粉剂800倍液、50%甲基硫菌灵可湿性粉剂500倍液或77%氢氧化铜可湿性粉剂500倍液，每5~7天喷1次。

种蝇（又叫根蛆）：注意施用的肥料要充分腐熟，可用90%敌百虫可溶粉剂800倍液浇灌。蚜虫危害嫩茎、叶，可用10%吡虫啉可湿性粉剂1 500倍液、2.5%联苯菊酯乳油3 000倍液或20%甲氰菊酯乳油2 000倍液喷雾防治。

5. 采收加工

用鳞茎繁殖栽种的百合，于翌年秋季地上部茎叶枯萎后进行采挖。采后洗净，去须根、茎杆，将小鳞茎选出作种用；将大鳞茎加工成药材。大鳞茎加工晒干后，用袋子包装后放置在通风干燥处储藏，注意防潮发霉和虫蛀。一般可以产干成品230 kg/亩。

（二）食用百合

1. 品种选择

百合山地、林下栽培应选用地下鳞茎大、产量高、品质好的品种。目前，南方适宜的百合品种主要有卷丹百合、龙牙百合等。

2. 地块选择

百合适应性较强，喜干燥阴凉，怕水渍，忌连作。种植时，应选择土层深厚、疏松含沙、肥沃通气、排水良好的微酸性（pH值6.5~7.0）土壤，以半阴干旱的林地为宜。种植林地坡度较大或者排水不佳时，要设置等高梯级，并做好配套排灌设施。实践中也可以选择山地新植果园或其他植物林下间作，如蜜桔、板栗、银杏、油橄榄、油茶等林下都有过种植百合的报道。

3. 整地施肥

百合种植前要提前深翻土地，施足基肥。若之前种植其他林树或果树施过基肥，则种植百合时可适当少施肥料，严毅等在油橄榄林下种植百合时分析了百合土壤养分及有效成分含量，发现百合对有机质吸收量最大，其次是全磷和有效磷，对氮和钾的需求量不大，所以一般可在土地翻耕时，结合整地，多施有机肥、磷肥，每亩施入充分腐熟有机肥 3 000 ~ 5 000 kg，饼肥 80 ~ 120 kg，磷肥 30 kg 作为基肥。同时施入生石灰 50 kg 进行土壤消毒。施肥后耙平作垄。南方林地，雨水较多，种植时多采用高垄进行栽培。垄面宽度可以依地块大小而定，一般垄宽 1.5 m 左右，垄间沟宽 40 ~ 50 cm，沟深 20 ~ 30 cm。垄面平整，中间稍高，以利排水。

4. 播种

（1）种球选择。种球大小与质量直接影响播后百合长势和产量。生产上选种时应综合考虑，一般选择 50 g 左右，大小均匀，鳞片洁白、抱合紧密、鳞茎盘完好、根系健壮、无病虫害的中等种球为繁殖种球。

（2）种球消毒。播种前，可用 300 mg/L 壳聚糖、50% 多菌灵可湿性粉剂 800 倍液或 70% 甲基硫菌灵可湿性粉剂 500 倍液浸种 20 ~ 30 分钟，捞出晾干后播种。

（3）播种。一般应在 9 月上旬至 10 月上旬进行，此时播种百合种球不需要提前进行春化处理；3 月上旬播种需要对百合种球进行春化处理。百合宜浅植，播种时避开林树在垄面上开出 5 ~ 7 cm 深的播种沟，每亩用量 10 ~ 15 kg，再用 50% 多菌灵可湿性粉剂 500 倍液喷播种沟，做好土壤消毒和防虫处理。中等规格种球可按照株距 15 ~ 20 cm、行距 20 ~ 25 cm 进行播种。其他规格种球可依照大小适当调整株行距。播种时，将种球鳞茎朝上放置于种植沟内，确保百合鳞球种不与磷肥和有机肥直接接触，然后覆土与垄面齐平。种植深度以种球顶端离表土 3 ~ 5 cm 为宜。栽植过深，容易导致出苗迟缓、茎秆细弱甚至缺苗。

5. 田间管理

（1）中耕除草。春季苗高 10 cm 左右时，及时中耕，中耕深度宜在 15 cm 左右；花蕾摘除后，应再进行 1 次中耕。时间应选择在晴天时进行，深度以 4 cm 左右为宜，不宜过深，以防止伤害百合鳞茎。除草可结合中耕同时进行，人工除草每年 3 ~ 4 次，以保持田间无杂草为宜。

（2）追肥。早春出苗前后，种植地块土壤肥力较差或基肥用量不足的，可以每亩追施三元复合肥 15 ~ 20 kg，同时补充施入一些草木灰，增加肥效。追肥过程中，注意不要过多施入过磷酸钙及氯化钾等酸性肥料，以避免烧伤即将出土的幼芽。4 月上旬，当苗高约 10 cm 时，要根据实际营养状况及时追施提苗肥，促进幼苗生长。夏至前后珠芽收获后，如叶色褪淡，应适量补施速效化肥，防百合早衰。一般亩施 10 kg 复合肥或尿素

5 kg 即可。打顶后，可以每亩施用复合肥 30 kg 左右。6 月下旬鳞茎膨大转缓时，可叶面喷施 0.2% 磷酸二氢钾加 0.3%～0.5% 尿素混合液，以延长功能叶的寿命，有利于增加产量。珠芽抹除后，每亩及时补施尿素 10～15 kg 或叶面喷施 0.5% 的磷酸二氢钾，防止植株早衰。

（3）打顶、摘蕾、去珠芽。5 月中旬，当植株苗高 35～40 cm 时，及时打顶摘心，控制地上部分生长，保证植株适宜的生长量和光合同化叶面积。实践中，应根据植株长势而定，生长势旺的植株应早打多打，而对于生长势较差的植株可推迟打顶或少量摘心，平衡生长。具体操作时间应选择在晴天上午进行，以利于伤口的愈合，减少病菌侵入。现蕾后，要及时摘除花蕾，以减少养分大量消耗，促进鳞茎发育和产量、品质的形成。摘花时间不宜过迟，以免造成养分消耗，并且因组织老化较难折断。生产上摘蕾要多次进行，以保证摘除干净。摘蕾期间应避免盲目追肥，以免茎节徒长，影响鳞茎发育肥大。卷丹百合打顶摘心后，植株叶腋珠芽开始出现，生产上应选择晴天，及时用短棒轻敲百合基部，打去珠芽，从而抑制珠芽养分消耗，促进地下鳞茎生长，防止植株早衰。抹珠芽时应细心，以防碰断植株和伤及功能叶片。

（4）雨后排水。百合极不耐涝，南方梅雨季节，尤要注意疏通田内外沟系，做好雨后田间积水排除工作，防止雨后因涝渍使植株早枯和鳞茎腐烂。

6. 病虫害防治

（1）病害防治。百合山地林下栽培主要病害有立枯病、炭疽病、根腐病、软腐病等。生产上应坚持"预防为主，综合防治"的植保方针：①种球消毒，用 50% 的福美双 500 倍溶液浸泡种球 15 分钟可防治立枯病；②农业防治，合理轮作，避免病菌通过土壤传播；雨季做好田间排水，降湿控病；合理密植，保持株间通风透光。发现病株，立即拔除烧毁；③化学防治，炭疽病防治可用 70% 甲基硫菌灵可湿性粉剂 500 倍液或 80% 福美双可湿性粉剂 800 倍液喷施，根腐病防治可用 70% 甲基硫菌灵可湿性粉剂 500 倍液或 14% 络氨铜水剂 300 倍液，软腐病防治可用生石灰和硫磺（50：1）混合粉 150 g/m²，对初期病株周围土壤消毒，也可用 8% 春雷·噻霉酮水分散粒剂 1 000 倍液或 0.3% 四霉素水剂 800～1 000 倍液喷施、灌根。

（2）虫害防治。百合林地栽培主要虫害有蚜虫、赤足根螨等。

蚜虫在百合整个生长过程中都会产生危害，主要危害百合茎秆、叶片和花蕾。通常，蚜虫以成虫、若虫群集在叶子背面和嫩芽上吸取汁液，造成被害叶片卷曲、变形，严重时植株萎缩，生长不良，花蕾畸形，同时还传播百合花叶病（LMV）、百合无症病（LSV）、百合环斑病（LRSV）和百合丛簇病（LRV）等病毒病。

农业防治：消灭越冬虫源，清除杂草，进行彻底清田；剪除严重受害的叶片、茎秆，并集中焚毁。物理防治：设置与百合高度持平的黄色粘板诱杀成虫。生物防治：保护利用天敌，主要天敌有捕食性瓢虫、草蛉、食蚜蝇、蚜茧蜂、食虫蝽和蜘蛛等。化学防治：越冬卵孵化后及危害期及时喷洒 10% 吡虫啉可湿性粉剂 1 500 倍液、10% 烯啶虫胺水剂 2 000 ~ 3 000 倍液喷雾或 21% 啶虫脒可溶性液剂 2 500 倍液等交叉喷雾防治。

刺足根螨于田间或储藏期间危害百合种球，在鳞片和土壤中腐烂残片中越冬。种球受害后形成大小不一的褐色斑块，严重时鳞片表面只剩表皮，鳞片逐渐腐烂。危害轻则使百合植株长势衰弱，重则使植株不能正常开花，失去商品价值。

农业防治：在储藏百合时室内保证通风干燥。物理防治：用 40℃热水处理百合鳞茎 1 ~ 2 小时（根据鳞茎大小时间有差异）。生物防治：百合栽种前 10 天左右，在百合种茎中释放 2 ~ 3 龄中华草蛉幼虫数头。药剂防治：对田间已发生根螨的百合，用阿维菌素灌根。

7. 采收

8 月上旬，立秋前后，百合植株地上部分枯黄至地上部分完全枯死时，地下鳞茎已充分发育成熟，为适宜采收期。生产上，可选择晴天掘起鳞茎，剪去茎秆，切除地下部分，运回室内进行储藏或加工处理。

第五节　黄花石蒜林下种植技术

黄花石蒜，别名忽地笑，是石蒜属中花朵最美的种类之一，其花色鲜黄艳丽，花序硕大，花瓣反卷，花型奇特，为辐射状伞形花序，且花梗挺直、粗壮，花期正逢夏季少花季节，是一种较为理想的切花材料。尽管黄花石蒜观赏价值和药用价值很高，然而它全株有毒素，不能食用。

黄花石蒜喜阳光，但光照过强可能会导致其不开花，喜温暖潮湿环境如阴湿山坡、岩石及石崖下，但也能耐半阴和干旱环境，稍耐寒，生命力颇强，对土壤无严格要求，如土壤肥沃且排水良好，则花朵格外繁盛。花期是在 8—9 月。贵州省山林间就有野生黄花石蒜，利用林下环境开展黄花石蒜仿野生种植，虽然产量不如大田栽培，但投入成本少，增殖的球茎和鲜花可多年持续采收，亦可形成林下花境，助力美丽乡村建设。我国石蒜属植物约有 15 种，贵州省产 4 种，常见的红花石蒜、稻草石蒜等也可利用林下空地进行仿野生栽培，除了作为观赏花卉进行销售外，也可作为药材原材料，市场广阔。

一、种球生产

1. 种子播种

9—10 月采集成熟种子，育苗泥炭土穴盘播种，种子轻微覆土，于 15～25℃ 条件下育苗，种子可陆续出苗，一般至翌年春季，即可抽出一片叶子。石蒜属植物的自然结实率和繁殖率均较低，种子播种至开花成株需要 3～5 年，生产上应用较少。

2. 自然分球法

黄花石蒜植株可产生一定量的子球，可在 5—6 月植株叶片枯萎时，将母株带子球挖出，将子球剥离进行分栽。一般自然分球法的增值系数在 1～2，子球从形成到开花需 2～3 年，因此无法在短时间内进行大量快速繁殖。

3. 扦插法

气温在 16～21℃ 时，选取围茎 8 cm 以上的健壮球茎，去除褐色外表皮，剪去原有根系，利用 1∶1 000 多菌灵或甲基硫菌灵消毒浸泡 30 分钟，清洗干净阴干备用。切口方式根据鳞茎的大小分为十字形切（四分切）和米字形切（八分切）。一般鳞茎围径 9～11 cm 采用四分切，围径大于 11 cm 采用八分切。切好的鳞茎放阴凉通风处阴干，浸入多菌灵药液中 1 分钟，取出晾干即可栽种；将母球埋在杀菌剂预处理（1∶800 多菌灵溶液消毒）过的湿润河沙或泥炭土中，以覆盖母球 1～2 cm 为度。保持温度在 16～25℃、湿度 70% 左右。若遇高温天气，需定时喷雾降温。切割后的鳞茎扦插后，每隔 15 天再用多菌灵溶液消毒 1 次。3 个月后鳞片与基盘交接处可见不定芽形成，逐渐生出小鳞茎球，经分离栽培后可以成苗。扦插法增殖系数可达 7 以上，成为主要繁殖方式。

二、林下种植技术

1. 林地选择和平整

选择黄花石蒜引种栽培林地时以土壤疏松、肥沃，偏酸性、近水源的人工林为佳。清除林地上的杂物残体，对林地进行行间深耕，深度 20～25 cm。结合林地深耕施用有机复合肥，30～40 kg/ 亩；在杨树的行间或马褂木的行间，距林木的基部 30 cm 处，各作 1 条宽 40～50 cm，深 25 cm 的低畦，在此 2 条低畦之间根据林木行间距离的不同再作 1～2 条低畦。

2. 种球准备

6—7 月植株休眠期，将休眠黄花石蒜种球清理掉枯叶老根，放置到阴凉通风的地方储存备用。

3. 栽植季节和方法

切忌在长叶以后的冬季或早春移栽。喜温暖的气候，最高气温不超过30℃，旬平均气温 24℃，适宜生长。冬季日平均气温 8℃以上，最低气温1℃，不影响生长。黄花石蒜栽植一般采用穴种栽植，穴种的株距为 15～20 cm，行距为 20～25 cm；按行距开挖栽植沟，沟深 5～8 cm；开好栽植沟后，将黄花石蒜的球茎根部朝下，按株距 15～20 cm 放入沟中，覆土。覆土厚度以鳞茎顶刚埋入土面为佳，最后浇定根水。

4. 日常管理

春、夏时节及时搂草。当自然降水过多时，及时疏通沟畦，排出积水，以防鳞茎腐烂。开花前 20 天至开花期必须要供给适量水分，以达到开花整齐一致，且延长花期。一般每年施肥 2 次，在种植后返青萌芽时或抽葶开花前，可将生物速效性肥施入土中或直接喷洒在植株叶面上；开花、采种后球茎膨大前可进行追肥，要减施氮肥，增施磷、钾肥，使球茎健壮充实。

5. 病虫害防治

黄花石蒜很少有病虫害发生。常见病害有炭疽病等。

（1）炭疽病。鳞茎栽植前用 0.3% 硫酸铜液浸泡 30 分钟，用水洗净，晾干后种植。发病初期，可用 50% 甲基硫菌灵可湿性粉剂 700 倍液再加75% 百菌清可湿性粉剂 700 倍液、50% 苯菌灵可湿性粉剂 1 500 倍液或80% 多菌灵可湿性粉剂 600 倍液喷洒。

（2）斜纹夜蛾。斜纹夜蛾主要以幼虫危害叶子、花蕾、果实，啃食叶肉，咬蛀花葶、种子，一般危害盛发期在 7—9 月。用 50% 氰戊菊酯乳油4 000～6 000 倍液、25% 灭幼脲悬浮剂 1 500～2 000 倍液或 1.8% 阿维菌素乳油 4 000 倍液轮换喷雾防治。

（3）石蒜夜蛾。幼虫入侵黄花石蒜的植株，通常叶片被掏空，且可以直接蛀食鳞茎内部，受害处通常会留下大量的绿色或褐色粪粒，要经常注意叶背有无排列整齐的虫卵，发现即刻清除。防治上可结合冬季或早春翻地，挖除越冬虫蛹，减少虫口基数；发生时，喷施 1.8% 阿维菌素乳油 4 000 倍液。

（4）蓟马。蓟马主要在球茎发叶处吸食营养，导致叶片失绿，尤其是果实成熟后发现较多，可用 25% 吡虫啉可湿性粉剂 3 000 倍液，连续 2 ~ 3 次轮换喷雾防治。

三、采收方法

1. 种球采收

经过 3 ~ 4 年栽培的黄花石蒜就可以进行种球采收。采收时选择晴天土干时，在离黄花石蒜球茎 5 cm 处用铁铲挖掘，采后留存部分小球茎作种球，将其余部分去除种球枯叶、枯茎及残根，除去泥土，按要求进行种球分级、包装、放室内储存，室内温度保持 5 ~ 10℃为佳，保持室内干燥，空气流通，以防种球腐烂。

2. 切花采收

黄花石蒜栽培 3 年后即可每年采收种球或切花进行销售。于开花前 20 天至开花期供给适量水分，使开花整齐一致，且延长花期。待黄花石蒜花蕾膨大至将开未开时是最佳采收时期，将花序自基部剪切下来，立即插入含保鲜液的水桶中，水没过基部即可。统一分级包装后，即可经冷链运输至销售终端。

第六节　金钗石斛林下种植技术

金钗石斛（Dendrobium nobile）又名石斛，是重要的中药材，也是著名的观赏兰花，具有茎秆挺拔，花繁色艳的特点，是现代春石斛最重要的育种亲本。贵州省气候条件极适宜金钗石斛生长，是金钗石斛最大最重要的产区，近年来，赤水金钗石斛除作药用外，也大量作为花卉进行销售，市场需求旺盛。金钗石斛原生境就是林下环境，于树上或石上附生生长，非常适宜林下种植。

一、品种选择

金钗石斛广布于我国贵州、云南、四川、广西、西藏、台湾等各省以及泰国、缅甸等地，生态型众多。贵州省赤水传统栽培的金钗石斛主要有鱼肚、竹叶、七寸和蟹爪兰 4 个类型，其中以鱼肚兰数量最多，占比约

90%，其余为辅助品种。各生态型石斛在株型、花色、花型、开花性上有一定差异，贵州省赤水产区的金钗石斛适应性强，株形优美，适合贵州省大部分地区栽培。目前，观赏金钗石斛还没有正式审定或登记的商业化品种，主要靠种植户自行选育，在生产过程中，应选择适应性强、观赏性状好和容易开花的个体，建议以深红、大花个体为主，适量搭配纯白、白花红唇和覆轮等特殊个体。

二、适宜种植区

贵州省中低海拔地区均可在林下开展金钗石斛种植，其中赤水、兴义等热区是金钗石斛的最适种植区域。如要种植其他石斛种类，建议先进行少量的引种试验。

三、种苗繁育技术

（一）试管苗生产

目前金钗石斛的商业试管苗分为实生苗和分生苗两种，实生苗由种子试管播种而来，后代种苗有性状分离；分生苗由组培无性克隆而来，种苗与母本材料完全一致。试管苗生产需要专业的生产设施和技术，一般都由专业公司进行生产，种植户可以向专业种苗公司购买组培瓶苗按上述驯化过程进行驯化栽培获得种苗或者直接购买驯化种苗。瓶苗驯化技术如下。

1. 出瓶苗的选择及炼苗

出瓶苗以高质量组培苗为宜，即选择株高 3 cm 以上，具有 3 个节以上，叶片 4~6 片，根系 4~5 条，根长 3 cm 以上的石斛苗。出瓶前将出瓶苗放置于温室内阴凉通风处炼苗 2~3 天，让其适应自然光照和温度，以提高后续的移栽存活率。

2. 出瓶栽培

石斛为附生兰花，原生境中多附生在树上或岩石上，其气生根对空气要求较高，如果采用泥土等透气性较差的基质栽培，往往造成石斛根系死亡，严重影响植株生长。因此，应采用保水透气的材料如松树皮、火山石、水苔等作为栽培基质，一般选用水苔或树皮，将其发透水后，沥水过夜备用即可。

出瓶时间以 3—4 月气温不低于 15℃时最佳，将完成炼苗的组培苗从培养瓶中取出，去除不包含根系的大块培养基，然后用清水缓慢冲洗掉根系周围的培养基，一定要冲洗干净，否则残留的培养基霉变会导致石斛幼苗烂根。将完成清洗的出瓶苗放置于阴凉通风处晾干至其根部发白变软，然后以 3 ~ 5 株为一丛，用处理过的水苔将其根部包裹后，植入直径 5 cm 透明塑料杯中，水苔上表面、植株基部与水线平齐；或以 3 ~ 5 株为一丛放入杯中，将 0.3 ~ 0.5 cm 规格的发酵树皮浸泡湿润后填入塑料杯，轻压至水线以下即可。

3. 驯化栽培管理

将假植于塑料杯的种苗放入配套的 48 孔育苗托盘中，然后摆放在活动苗床上，喷施代森锰锌，于 80% 遮阴网下缓苗培养 1 周，保持通风并将湿度控制在 80% 左右。缓苗期结束后转为驯化期日常管理，一般在水苔还没有完全干透前及时浇透水，等水苔接近干透时再浇下一次水，营造出干湿交替的环境，有利于石斛生长；用树皮种植的可用 300 目花洒每周浇透水 2 ~ 3 次。每周喷施 1 次水溶性复合肥（N : P : K=20 : 20 : 20）1 000 倍液，保持种植环境通风良好，控制空气湿度为 70% ~ 80%、遮光度 70%。组培苗驯化培养 3 ~ 5 个月、根系饱满时即可作为种苗进行定植栽培。

（二）扦插苗生产

石斛种植户也可利用已有的石斛植株，通过扦插进行无性增殖获得种苗。

高芽苗：金钗石斛在生产过程中会产生高芽，将高芽剪下来可以作为种苗使用。一般应在高芽苗已展叶但还未生根的时期，将高芽苗带节剪下，3 ~ 5 株假植到上述 5 cm 育苗杯中，栽培基质、栽培条件同上。

扦插苗：将成熟金钗石斛茎段切分成带腋芽的单节，将节段放置到通风、潮湿的环境中诱导腋芽生长，待腋芽长至展叶但还未生根的阶段，2 ~ 3 节假植到上述 5 cm 育苗杯中，栽培基质、栽培条件同上。培养 2 ~ 3 个月后，根系饱满时即可作为种苗进行定植栽培。

四、金钗石斛栽培方法

（一）规模化盆栽技术

栽培基质：0.5 ~ 0.8 cm 规格的橡树皮，发酵松树皮。林下非保护地栽培受气候影响较大，不宜使用水苔作为栽培基质。

栽培容器：通常以 8.3 cm 透明育苗杯作为定植容器，也可选用类似大小的容器，配套 15 孔托盘使用。注意不宜使用过大的容器。

栽培设施：选取郁闭度 70% 左右，较平坦、开阔的林地，用木材或竹材搭建高 60~80 cm 高，120 cm 宽，长度随地形而定的苗床架。

定植方法：事先将发酵树皮充分发透水备用，在 2.5 寸（1 寸≈3.3 cm，全书同）透明塑料杯底部放 0.5~0.8 cm 规格的树皮，将用树皮驯化栽培 3~5 个月的种苗从塑料杯中脱出，放入大杯中央，沿四周填充树皮于驯化苗基部，轻压至水线以下。最后将种植的石斛放入 15 孔育苗托盘中，再放置到苗床上培养，喷施代森锰锌。定植换杯后可在杯中加入缓释肥 2 g。选择发酵树皮驯化种苗，在定植杯中放 1/5 的基质，将种苗自育苗杯中取出，放入定植杯中，将基质加满至透明育苗杯水线处。

栽培管理：定植苗后应浇透水，以后生长期内的水分管理具体可结合当地气候进行，注意保持基质处于湿润状态，不要持续干燥即可，如遇持续干旱气候，可用花洒浇 2~3 次透水。每周喷施 1 次水溶性复合肥（N：P：K=20：20：20）1 000 倍液；入秋后增加喷施磷酸二氢钾 2 000 倍液 2~3 次。

（二）仿生态栽培法

1. 丹霞石附石栽培

丹霞石是赤水地区特有的石材，具有吸水保湿的特性，非常适宜石斛生长，本地区石斛生产多将石斛节段用线卡订到大型丹霞石上栽培。近年来，当地石斛种植者选取适宜大小的丹霞石，绑缚上石斛（生产上可将 3~5 条高芽苗用水草胶固定到石头表面），放置到林下，经过 2~3 年，可形成丛生石斛附石盆景，观赏价值高，市场价格佳。

2. 橡树皮附木栽培

橡树皮也就是软木皮，是栓皮栎的树皮，这种树每 2~5 年可取 1 次皮而可以继续成活，是一种生态环保的兰花栽培材料。将橡树皮打碎成颗粒可以用于石斛盆栽，将橡树皮裁剪成 20 cm×30 cm 的小板，可用于石斛板植。

将水苔种植的种苗脱盆后，绑缚到树皮板上距上端 1/3 处，挂到林中树干上栽培，2~3 年后，可形成板植石斛商品，这类产品在家居装饰中可悬挂于墙面，形成立体景观，市场上很受欢迎。

3. 木桩栽培

将杉树截成长 15~20 cm 的木段，将水苔种植的种苗脱盆后，绑缚到木段截面上，放置于林下潮湿处仿野生栽培，2~3 年后可形成木桩石斛商品。

以上仿野生种植方式的石斛基本上是在裸露的石头、树皮上生长，受环境影响大，应选择湿度大的环境，管护上应注意勤浇水、施肥。

五、主要病虫害防治

（一）虫害

1. 蜗牛和蛞蝓

这两种害虫均喜温暖潮湿环境，白天藏匿于水沟、花架下泥土等阴暗处，晚上啃食石斛新芽、新叶和花，致使植株、花朵残缺，失去观赏价值。应定期清洁植株杯底及四周杂草，并喷洒四聚乙醛进行灭杀。

2. 蓟马和红蜘蛛

这两种害虫均以锐利的口器刺吸石槲叶片和花朵的汁液，影响植株正常生长，蓟马可喷施 60 g/L 乙基多杀菌素悬浮剂灭杀，红蜘蛛可喷施阿维菌素灭杀。

（二）病害

1. 软腐病

该病在高温多湿的大棚蔓延较快，可侵害石斛的叶片、芽、鳞茎，感病初期叶片出现水渍状绿豆大小病斑，最后病斑变成黑色并下陷，可导致整个叶片腐烂或脱落，致使植株死亡。一般农药对软腐病无效，主要采取预防，要保证棚内通风透气，光线充足，发生病害时及时将病叶剪除，再用 0.5% 波多尔液喷洒。

2. 炭疽病

该病往往发生在管理粗放的大棚，石斛种植太密、植株受伤害、水分失调等造成根系不发达的弱株易受害。感病后叶片上出现若干淡黄色或灰褐色的区域，使整叶枯死。用 65% 代森锰锌可湿性粉剂 600 ~ 800 倍液或 75% 百菌清可湿性粉剂 800 倍液喷施预防；病害发生时要严格控水，并去除病叶，再喷施 50% 多菌灵可湿性粉剂 800 倍液或 75% 甲基硫菌灵可湿性粉剂 1 000 倍液。

3. 黑斑病

该病在低洼积水且通风不良的环境下易发，感病后叶片上出现褐色小斑点，严重时小斑点互相衔接成片，致使整株枯黄脱落。及时去除病叶，待新叶展开时喷施 75% 百菌清可湿性粉剂 500 倍液或 80% 代森锰锌可湿性粉剂 500 倍液。

第七章

竹笋生态培育技术

贵州省地处世界竹类植物分布的中心范围内，属中国长江—南岭散生竹、丛生竹和混生竹区，竹类种质资源较为丰富。2017 年全省竹笋产量为 14.59 万 t，其中遵义市产量最高，占全省产笋量的 89.79%，遵义市竹笋主要由赤水市生产的毛竹笋和合江方竹笋、桐梓等县（区）生产的金佛山方竹笋以及其他种类竹笋组成。2019 年底全省现有竹林总面积约 470 万亩，居全国第九位，竹资源重点集中在黔北赤水河、黔东南清水江、黔北大娄山和黔东武陵山，占全省竹林面积 90% 以上，全年全省竹材采伐量 68.47 万 t，鲜竹笋产量 20 万 t，总产值 80 亿元。本章主要介绍毛竹、金佛山方竹、早竹、篌竹的竹笋生态培育技术。

第一节　毛竹笋生态抚育技术

毛竹［*Phyllostachys edulis*（carr.）H. de lehaie f. edulis］是我国竹类植物中分布最广的竹种，广泛分布于南方 27 省区，自然分布东起台湾，西至云南东北部，南自广东和广西中部，北至安徽北部，河南南部都有分布，人工种植已超过此范围。毛竹有人工纯林，也有与杉木、马尾松或其他阔叶树组成的混交林。福建、江西、浙江、湖南、四川、广东、广西、安徽等省份是我国毛竹资源最丰富的地区，约占全国毛竹林总面积的 89%，竹林培育和产业发展也较为发达，贵州省毛竹林有 120 万亩。从垂直分布看，从海拔几米到 1 000 m 均有毛竹分布，而生长好的毛竹一般都分布在海拔 800 m 以下的山地。

一、生物及生态学特性

毛竹是禾本科、刚竹属单轴散生型常绿乔木状竹类植物，竿高可超 20 m，粗可达 20 cm 以上，老竿无毛，并由绿色渐变为绿黄色，壁厚约 1 cm（但有变异），竿环不明显，低于箨环或在细竿中隆起。在毛竹的分布范围内，年平均温度 15 ~ 20℃，1 月平均温度 1 ~ 8℃，年降水量 800 ~

1 800 mm。毛竹分布的北缘地带,年平均温度 14℃左右,1 月平均温度 1℃左右,极端最低温度 –15℃左右,年降水量 800～1 000 mm,年蒸发量 为 1 200～1 400 mm,毛竹垂直分布上限的温度又常常低于其水平分布北 限的温度。毛竹竿型粗大,宜供建筑用,如梁柱、棚架、脚手架等,篾性 优良,供编织各种粗细的用具及工艺品,枝梢作扫帚,嫩竹及竿箨作造纸 原料,笋味美,鲜食或加工制成玉兰片、笋干、笋衣等。

(一)毛竹适宜区

贵州省毛竹林按水、热等立地要素适宜程度与生产力等级划分为最适 宜区、适宜区和较适宜区。其中,最适宜区主要是都柳江流域、清水江中 下游、赤水河下游和锦江流域,包括赤水、黎平、天柱、台江、榕江、锦 屏、剑河、从江、雷山、三穗、三都、习水、印江、江口、松桃、碧江区 等;适宜区主要是舞阳河流域、清水江上游、乌江中下游和赤水河中游, 包括沿河、德江、思南、凤冈、桐梓、仁怀、红花冈、汇川、湄潭、石 阡、镇远、岑巩、瓮安、施秉、黄平、清镇、福泉、凯里、麻江、平坝、 丹寨、惠水、万山、玉屏等;较适宜区主要是黔中山地偏南部分,包括都 匀、普定、安顺、关岭、紫云、镇宁、平塘、长顺、独山等。垂直方向的 适宜带在北部为 600～1 100 m、东部为 500～1 000 m,较适宜带在北部为 ＜ 600 m 或 ≥ 1 100 m,东部为 ＜ 500 m 或 ≥ 1 000 m。

(二)林地选择

立地级中,Ⅰ为坡地厚土型、Ⅱ为坡地薄土型、Ⅲ为山脊厚土型、Ⅳ为 山脊薄土型。立地类型中,厚土型(≥ 50 cm),薄土型(30～50 cm);立 地亚型中,厚黑土型(≥ 30 cm),薄黑土型(＜ 30 cm)。

1. 笋用林地选择

最适宜区适宜带Ⅰ～Ⅱ立地级,适宜区适宜带Ⅰ立地级的毛竹林。

2. 笋材林地选择

最适宜区适宜带Ⅰ～Ⅲ立地级,适宜区适宜带Ⅰ～Ⅱ立地级的毛竹林。

二、幼林培育

(一)实生苗分株育苗

利用毛竹实生苗分蘖丛生的特性,可以进行连续分株育苗,在春季,将一年生竹苗整丛挖起，根据竹丛大小和生长好坏，用快锹或剪子从竹苗基部切开，分为 2~3 株一小丛，尽量少伤分蘖芽和根系，剪去竹苗枝叶 1/2，按 30~35 cm 的株行距，在圃地打浆栽植，浇水壅土，成活率在 90% 以上。分株苗 1 年后每丛可分蘖 10 株以上，平均高 0.5~1 m，抽鞭数根。第二年将大竹苗出圃造林，小竹苗又可用同法分株移植，连续 4~5 年，竹苗仍保持良好的分蘖性能，每年可以不断地大量生产优质竹苗。

（二）实生苗压条育苗

实生分蘖苗的节芽具有萌蘖生根的能力，也可以用以育苗。在竹苗丛的周围选择出土不久，尚未展叶的分蘖苗，轻轻向外压倒，基部和中基埋入土中，梢部留外。压条埋土后一个月左右，入土苗节即可生根。生根后，剪去梢部，促使土中各节抽枝成苗。从 3—8 月均可压条，但以 5—6 月的效果最好，生根最快。

（三）培育步骤

1. 除草松土

每年应进行松土除草 2~3 次。第一次在 6 月，中国江南一带正进入雨季，杂草灌木生长很快，结合松土进行除草，杂草容易腐烂，并且此时嫩草不带种子，除后林地比较干净彻底，可减轻来年的杂草生长。第二次在 9 月，杂草生长已近尾声，选择这一季节松土，可以改善林地的卫生环境，清除病虫寄生和越冬场所，减少翌年的病虫危害，注意此期松土以不伤竹鞭为宜。第三次在 2 月，天气逐渐回暖，杂草开始生长，此时松土除草，可将杂草扑灭在萌芽时期，有利于竹子生长。注意 2 月的松土以浅削，除去杂草为宜。勿松土太深，否则对毛竹来说，容易伤及竹笋，尤其是竹株四周，有鞭的地方。

2. 施肥灌溉

在毛竹的幼年阶段，选择 6 月和 9 月的生长旺季施用速效化肥。每丛新竹每次可施化学氮肥 100 g 左右或人粪尿 5~10 kg。新造竹林，竹鞭伸长不远，施肥以围绕竹株开沟施入为好。随着立竹量的增加，竹林逐渐达到郁闭，施肥量可逐年增加，施肥方法也可改沟施为均匀撒施，结合松土，将肥料翻埋入土。

除了在母竹栽植时要浇足定植水以外，造林后的第一年，加强水分的管理至关重要。如遇久晴少雨，新造母竹因鞭根受损，吸水存在一定困难，容易引起失水。因此，如遇土壤干燥，应及时进行浇水灌溉，补充林地水分。

3. 留笋养竹

毛竹新造竹林在前 2 年,由于竹林稀疏,要保护所有出土竹笋,严禁采笋,增加立竹度,为翌年的发笋成竹积累基础。新造竹林在进入第三、第四年时,随着竹鞭的向外扩展和立竹数量的增加,出笋已开始远离母竹。此时应根据留远挖近,留强挖弱,留稀挖密的原则,疏除离母竹较近的部分竹笋。

三、竹笋抚育

1. 土壤垦复

毛竹林垦复分为全垦、带垦和块状垦复 3 种。全垦指的是对林地进行全面垦复。适用于坡度 25° 以下的较平缓竹林地。垦复季节通常是选择毛竹出笋大年的冬季实施垦复。因为此时期正是林地无冬笋孕育的时候,垦复作业不会对翌年的竹林产量造成负面影响(翌年林地不出笋)。垦复深度与壮鞭数呈正相关,竹鞭段的数量以土层 20~50 cm 为最多,垦复松土须达 20 cm 左右,并尽可能地将竹蔸和老竹鞭清除。每隔 5~6 年垦复 1 次,并结合竹林结构管理等配套技术措施,控制杂草灌木的生长,可取得很好的收效。

2. 灌溉

毛竹林主要分布在山地斜坡,通常情况下都无法像农田那样实施灌溉。林地水分供应的主要来源依赖于自然降水,夏秋季节的干旱会影响翌年毛竹林出笋;阴坡的毛竹林生长优于阳坡等现象。在中国雨量较少的北方地区引种毛竹,年灌水达到了 5~8 次。即使是在毛竹的自然分布区,如能有条件经常地引水灌溉竹林,也可明显地提高笋竹产量。

3. 施肥

笋用林基肥提倡施用有机肥,有机质量相当于 1~1.5 t/hm² 的菜饼肥和厩肥等,施后深埋至 20 cm 左右。追肥的肥类与肥量比为氮 150~200 kg/hm²、磷 40~50 kg/hm² 和钾 80~100 kg/hm²,或相当元素量的专用肥和复合肥。

笋材林的肥类与肥量比为氮 150~200 kg/hm²、磷 30~40 kg/hm² 和钾 60~80 kg/hm²,或相当元素量的专用肥和复合肥。

为了达到竹林合理施肥的目的,当前生产上有撒施、带施、穴施、竹篼施和竹腔施肥等。生产实践中,由于有机肥体积和用量较大,因此竹林中的施用时间,一般都结合冬季的竹林垦复,开沟深施。而速效性化肥的施用时间，由于我国毛竹林分布广、林地条件差异大、经营目标不一致等特点，不同研究得出的结论也不尽相同，比较认可的施肥时间为换叶后6—7月和孕笋期9月为好。冬笋出土前，在2月前后追肥对降低退笋率和提高成竹质量效果明显，是适宜的施肥时间。从施肥次数看，多次施肥的效果优于单次施用，但次数越多，成本越大，实际当中应灵活掌握。

4. 采伐

伐竹季节一是在出笋大年的晚秋，二是冬季砍竹。采伐的原则是：砍老留幼、砍密留疏、砍小留大、砍弱留强。决定竹子的采伐年龄，应该考虑既有利于竹材利用，又有利于竹林培育。对于普通的用材毛竹林应该是三度以下留养，四度填空，五度以上不予保留。立竹的砍伐通常有齐地伐竹、带篼伐竹和带半篼伐竹3种方式。

5. 采笋留竹

冬笋的管护与挖掘：挖冬笋既是生产收获，也是一年中抚育管理的一个环节，必须注意挖笋方法。改变沿鞭寻笋的不良方法，尽可能根据地表泥块松动或裂开，仔细观察长有冬笋的地方，开穴挖笋。挖笋过程要注意不伤根、伤鞭，挖后要覆土盖穴。

春笋的留养与疏笋：随着春季气温的渐渐回升，林内旬平均气温达10℃左右时，孕育的冬笋开始破土而出，长成春笋。在自然状态下一般总有50%的春笋会在生长中途败退死亡，称之为退笋。

对不同着生深度竹笋退笋率的研究表明，同一林分，随着竹笋着生深度的增加，其退笋发生率渐减，着生深度10 cm以内的浅鞭竹笋，绝大部分退死，特别是5 cm以内的则完全退死。因此，这部分浅鞭笋应尽早挖取利用。

笋用毛竹林在经营上要挖鞭笋，以增加林地的经济收入。为使断鞭后新出的叉鞭不至于细小孱弱，应辅以重施肥和选择适宜的挖鞭笋季节。在鞭芽萌动和新鞭开始生长的初期挖掘鞭笋，容易引发叉鞭大量生长，不可避免地会产生细弱鞭段；而在新鞭生长的稍后季节挖掘鞭笋，则因避开了鞭芽萌动的适宜时节，断鞭后不易引发大量叉鞭，对竹林继续生长的负面影响要小，但挖鞭笋的强度不宜太大，竹林空地应尽可能不挖。

四、病虫害防治

贵州省毛竹林以食叶害虫为主、病虫害有害不成灾，仍需贯彻预防为主、综合治理的策略。

（一）主要病害

毛竹枯梢病：严禁从疫区调运母竹，避免人为扩散。清除林内病竹、病枯枝。病区竹林内不留小年竹；在发病当年冬季，砍除林内发病严重的当年新竹，结合当年钩梢加工毛料，清除当年病竹上的病梢，延缓林内病原积累速度，减轻下年度新竹发病程度，甚至可根除病害。在未经清除病原的病区，如预计当年具备严重侵染条件，即初夏多雨，夏秋干旱，应于5月下旬至6月中旬，采用50%多菌灵可湿性粉剂、50%苯菌灵可湿性粉剂、15%甲基硫菌灵可湿性粉剂1 000倍液或1%波尔多液喷洒，每隔10天1次，连喷2~3次，有防治效果。

毛竹（笋）秆基腐病：低洼积水竹林，应开沟排水，降低地下水位，以减轻病情；清除林内病竹及残体，运出林外烧毁，以减少侵染源；出笋前，即3月下旬，于竹林内撒生石灰每亩125 kg，并浅翻一遍，有防病效果；或出笋后，4月中旬，用15%氟硅酸水剂100倍液，喷洒林地和笋，有保护及治疗作用；或笋高1.5 m左右时，对竹笋周围2 m范围内土壤和笋基外壳，用40%福美·拌种灵可湿粉剂200倍液喷雾杀菌，用药量每笋1 g；发现病株后，剥除基部竹箨，加速木质化，并对病部喷施70%甲基硫菌灵可湿性粉剂200倍液。

（二）主要虫害

竹蝗：竹蝗对产卵地有选择性，产卵集中，可挖掘消灭；在幼蝻未上大竹前，群集在小竹及禾本科杂草上，应及时喷洒400亿个孢子/g球孢白僵菌可湿性粉剂1 500~2 500倍液、2.5%敌百虫粉剂或2.5%溴氰菊酯乳油超低容量喷雾，每公顷15 mL；已上大竹的跳蝻，可用2%敌敌畏烟剂防治，每公顷7.5~11.25 kg。

竹斑蛾：摘除卵块及小幼虫；在小面积发生，用100亿活芽孢/mL苏云金杆菌可湿性粉剂200倍液喷雾；大面积发生时，不必防治，因天敌较多，下一代虫口就会下降；为避免造成损失，大发生初，在幼虫3龄前，可喷2.5%敌百虫粉剂或用2%敌敌畏烟剂熏杀。

竹织叶野螟：加强抚育，大年竹山秋冬挖山，可击毙幼虫或土茧，供蜘蛛、蚂蚁捕食，成虫期灯光诱蛾；卵期释放赤眼蜂，每公顷120万头。

竹金黄镰翅野螟：灯光诱杀成虫；幼虫期喷50%辛硫磷乳油2 000倍液或20%杀灭菊酯乳油、20%氯氰菊酯乳油10 000倍液，每亩用药1.5 mL。

竹绒野螟：在林缘用黑光灯、清水粪或咸菜卤水加0.5%的90%晶体敌百虫诱杀成虫；在 5 月底于小年竹林内释放松毛虫赤眼蜂，每公顷 105 万头；在 3 月中下旬，于竹林喷撒 2.5% 敌百虫粉剂，每公顷 45 kg，或 90% 敌百虫可溶粉剂、80% 敌敌畏乳油 1 000 倍液。

竹篦舟蛾：灯光诱杀成虫；卵期释放赤眼蜂，每公顷 105 万头；喷洒 2.5% 敌百虫粉剂，每公顷 45 ~ 60 kg，或用 80% 敌敌畏乳油 2 000 倍液、50% 辛硫磷乳油 2 500 ~ 3 000 倍液喷洒。

竹镂舟蛾：灯光诱杀成虫；卵期释放赤眼蜂，每公顷 105 万头；大发生时可放 2% 敌敌畏烟剂，唯有中毒幼虫落地后，又恢复后再次上竹取食；击竹时幼虫会落地，可在地面喷药，用 50% 辛硫磷乳油、80% 敌敌畏乳油 1 500 倍液。

华竹毒蛾：注意山谷、山洼中竹林虫情，一经发现，及时消灭；用 80% 敌敌畏乳油 2 000 倍液，喷竹竿上的卵或人工摘除竹竿中下部的卵块、虫茧；幼虫期用 2.5% 敌百虫粉剂，每公顷 45 kg，90% 敌百虫可溶粉剂、80% 敌敌畏乳油 2 000 倍液喷杀，效果良好。

第二节 金佛山方竹笋生态抚育技术

金佛山方竹 [*Chimonobambusa utilis* (Keng) keng f.] 自然分布于海拔 1 000 ~ 2 200 m 温凉、湿润、多雾山地。主要分布在贵州、四川、重庆和云南三省一市，以贵州的面积最大，达 80 万亩，集中分布于大娄山山脉中段的桐梓、正安、绥阳等县。因其标本最早采集于重庆南川区金佛山，故定名为金佛山方竹。

一、生物及生态学特性

金佛山方竹是禾本科、寒竹属植物体木质化竹类植物，竿高 5 ~ 10 m，直径 2 ~ 5 cm，节间圆筒或略呈四方形；竿之表面平滑无毛，竿环隆起。箨鞘厚纸质，矩形或长三角形，背面具淡棕色斑点，无毛；箨舌全缘；箨叶微小。竿芽呈卵形至圆锥形，各复以鳞片，形如小笋。每节分枝 3 枚，近于水平开展；叶片质地较坚韧，长 5 ~ 16 cm，宽 1 ~ 2.5 cm，次脉 5 ~ 10 对，小横脉明显。金佛山方竹出笋始于 9 月上中旬，结束于 10 月中旬，历时 30 ~ 40 天，出笋顺序自高海拔向低海拔逐渐过渡，日最大发笋量出现在 9 月下旬。

二、幼林培育

（一）实生苗造林

方竹造林一般选地海拔应在 1 300 ~ 2 300 m，土壤为砂页岩、紫色页岩和碳酸岩类发育的酸性至中性土壤均可，土层深厚、疏松肥沃的微酸性壤质土和山地黄棕壤最好。首先将定植带内的杂草、灌丛及藤刺全部砍除，乔木树种全部保留，带内全面翻挖扦细，然后根据造林密度定植挖穴，实生苗造林定植穴长 × 宽 × 深为 50 cm × 50 cm × 30 cm。挖穴时表土和心土要分开放，以免栽植时好先填表土再填心土。一般来说方竹造林密度一般在每亩 74 ~ 167 穴［株行距（2 ~ 3）m ×（2 ~ 3）m］。实生苗造林每穴 2 ~ 3 株，株行距 2 m × 3 m 或株行距 3 m × 3 m。

（二）培育步骤

1. 套种

新造竹林 1 ~ 2 年内可套种农作物，以耕代抚。套种作物以豆类、绿肥等为宜，不宜种耗肥量大或高秆作物及攀缘性作物。以抚育竹林为主，中耕不能损伤竹鞭和鞭芽。农作物收获后秸秆铺于林地，让其腐烂成肥。

2. 除草、松土、施肥

若未套种农作物，每年应除草松土 1 ~ 2 次，分别于 4—5 月、10—11 月进行，直到竹林郁闭。杂草铺于林地腐烂成肥。为加速幼林郁闭，定植后结合松土、除草施肥。根据林地坡度选择施肥方法，定植后 2 ~ 3 年内，采用穴施或沟施，随着竹鞭的扩展逐步采用撒施。每次每公顷施肥量为含氮 60 kg，含磷 20 kg，含钾 20 kg。4—5 月施肥以速效肥为主，10—11 月以迟效有机肥为主。施肥时注意不要损伤新留母竹。造林后根盘处盖草覆土保墒。若久旱不雨，土壤干旱时，应及时灌溉。若久雨不晴，林地积水时需及时排水。

3. 疏笋疏竹

及时疏去弱笋、小笋及退笋，保留盛期出土生长健壮竹笋长成新竹。幼林期间，常有局部地方竹株过密，影响更新生长，应于春末夏初择伐。每年新竹展叶前后钩梢，以减少雪压、冰挂、风倒损失，促进竹鞭延伸，促进发笋成竹。

三、竹笋抚育

1. 调整立竹密度

林分立竹密度与立竹径级关系密切，在正常情况下密度大地径小密度小地径就大。在已成林分中为了培育径级大、产量高的竹林必须视林分现状调整立竹密度。对于立地条件好培育大径级（地径 4 cm 以上）竹林，每亩控制在 800 ~ 1 500 株；培育中径级（地径 2.5 ~ 4 cm）的林分，每亩保留立竹 1 500 ~ 2 500 株；培育小径级（地径 2.5 cm 以下）的林分，每亩保留立竹 2 500 ~ 3 500 株。这种调整过程，一定要分年度逐步实施，第一年间伐量在 30% ~ 40%，间伐时按照"四砍四留一不准"的原则即砍密留稀、砍小留大、砍老留嫩、砍弱留强，不准砍林中空地的散生竹和林缘竹。

2. 调整林分年龄结构

一年生至四年生的方竹出笋量最高，5 年后开始衰退，7 ~ 8 年逐渐枯死。据调查，一株三年生根鞭可达 12 m，一般要求林分中一年生竹占 30%，二年生至四年生竹占 60%，五年生至六年生竹占 10%，七年生以上的老竹林全部砍除。

3. 留笋养竹

盛期出土生长健壮的竹笋应选留育竹，后期及其他时间出土的竹笋不留育竹，应及时采取。方竹出笋多在 8 月上旬到 9 月下旬，海拔高出笋早，海拔低出笋迟，前期出土的竹笋径级大，生长健壮，应留作母竹，中期竹笋选留母竹，后期竹笋质量较差，一般采取食用。当年培育的新竹总数量不得少于占合理立竹密度的 30% 以上。

4. 竹林施肥

每年采笋结束后，每公顷开沟施入厩肥或堆肥、土杂肥 20 ~ 30 t。每年 4—5 月于鞭芽分化前施速效肥 1 次，撒施，每公顷用量，含氮 150 ~ 200 kg，含磷 30 ~ 40 kg，含钾 50 ~ 80 kg。

5. 竹笋采收

在 8 月上旬至 10 月下旬采收。开始时间海拔较高处早于海拔较低处。除 1 年竹数量和质量选留长竹笋以外，全部采收。采笋时应从竹蔸处切断。采笋高度根据笋径大小确定。竹笋高度在 20 ~ 35 cm 采收较好。

四、病虫害防治

（一）主要病害

竹丛枝病：主要症状为：病竹生长衰弱，病枝细弱，叶形变小，有的病枝节数增多，延伸较长；病枝侧枝丛生，丛生枝节间缩短，叶退化成鳞片状；病竹数年内全部枝条逐渐发病全株枯死。主要防治方法：及时砍除病枝、病竹焚烧；加强竹林抚育管理，保持合理立竹密度。

竹秆锈病：多发生在竹竿的中下部或基部，发病位黑褐色，材质变脆。及时砍除病竹焚烧。喷 0.5~1 波美度石硫合剂，每周喷 1 次，连续 2~3 次。

竹煤污病：主要发生在叶片及小枝上，叶表面布有黑色煤污斑点，影响叶片光合作用，病叶常易脱落。该病由蚜虫或介壳虫为害引起。防治方法同蚜虫和介壳虫。

（二）主要虫害

竹笋夜蛾、竹象鼻虫：主要表现为幼虫蛀食竹笋。主要防治方法为及时挖去被害竹笋，杀死幼虫；成虫羽化时用黑光灯诱杀；50% 敌百虫可湿性粉剂稀释 1 000 倍液喷洒林地 2~3 次，间隔 7 天 1 次。

竹织叶野螟：表现为幼虫吐丝卷叶取食。主要防治方法为：成虫期灯光诱杀；50% 敌百虫可湿性粉剂 500 倍液喷雾；50% 杀螟松乳油 1 000~2 000 倍液喷雾。

华竹毒蛾：主要咬食竹叶。防治方法为灯光诱杀；40% 辛硫磷乳油 800~1 000 倍液喷杀；50% 马拉硫磷乳油 500~1 500 倍液喷雾。

第三节　早竹笋生态抚育技术

早竹（*Phyllostachys praecox* C. D. Chu et C. S. Chao）又名雷竹，原产于浙江、安徽，以浙江西北丘陵平原地带，临安、余杭和德清等地为分布中心。引种地区主要是江苏、上海、福建、湖南、江西、贵州等地。

一、生物及生态学特性

早竹是禾本科，刚竹属乔木状竹类植物。竿高可达 10 m，幼竿深绿色，节暗紫色，老竿绿色、黄绿色或灰绿色；竿节最初为紫褐色，节间并非向分枝的另一侧微膨大，而是向中部微变细。早竹笋期为 2 月中下旬至 4 月中下旬，在刚竹属中出笋最早。据调查，早竹笋自 2 月 15 日开始出土至 4 月 27 日停止，笋期前后历时 72 天，其中 3 月 11 日至 4 月 3 日的出笋量较为集中。早竹要求温暖湿润的气候条件，其原产地浙江的临安、余杭和德清一带的气候特点是：年平均气温 15.4℃，1 月平均气温 3.2℃，极端最低气温 -13.3℃，7 月平均气温 29.9℃，极端最高气温 40.2℃，全年大于 10℃的活动积温为 5 100℃左右，年无霜期 235 天左右，全年日照 1 850～1 950 小时，全年降水量 1 250～1 600 mm，有明显的春雨期、梅雨期和秋雨期。

二、幼林培育

1. 水分管理

造林后宜盖草覆土保墒。土壤干燥时，及时浇灌；林地积水时需及时排水。

2. 间作、松土、除草

新造竹林前两年可间作农作物。不宜间作芝麻、荞麦等。间作以抚育竹林为主，中耕不能损伤竹鞭和鞭芽。若未间作农作物，宜松土除草。1 年 2 次，5—6 月深翻 25～30 cm；8—9 月松土 15～20 cm。

3. 施肥

提倡生态经营，多施有机肥，控制化肥施用量，减少面源污染。

第一年：种植时，每株（丛）母竹可施复合肥 0.15 kg 和腐熟有机肥 10 kg。

第二、第三年：2 月和 9—10 月施复合肥 2 次，每年 750 kg/hm²。

第四年：按照成林管理施肥。

4. 新竹留养

留远挖近、留大挖小、疏笋养笋，选留均匀分布的健壮母竹，促使提早成林。造林后第一年，留新竹 1 500～2 500 株/hm²；第二年、第三年，留新竹 3 500～4 500 株/hm²

5. 钩梢与补植

新竹 6 月进行钩梢，留枝 10～16 盘。成活率不足 85% 时应及时进行补植。

三、竹笋抚育

1. 新竹留养

每年留养新竹 3 750 ~ 4 500 株 /hm²。出笋盛期开始留养，立竹量一般保持在 12 000 ~ 18 000 株 /hm²，母竹留养宜在出笋盛期，因为盛期所发之竹最为健壮。留母过早，养分消耗多，竹笋产量受到影响；晚期竹笋生长弱，留母竹过迟，母竹质量差。

2. 土壤管理

林地土壤管理分别在 5—6 月和 8—9 月进行。5—6 月的工作通常在新竹已基本展枝发叶后进行，主要工作有：①竹株采伐和清理，根据竹林结构要求，伐除老龄竹和病残竹，挖掉竹蔸，并清理出林外，保持林地卫生状况良好；②土壤深翻，全林深翻 25 ~ 30 cm，并结合施肥将肥料翻入土层；③地下鞭管理，结合土壤深翻，清除老龄鞭，并对浮鞭进行埋鞭处理，埋鞭方法为开掘深 25 cm、宽 20 cm 的沟，将鞭置于其中，鞭梢向下，先覆土 8 ~ 10 cm，逐渐踏实，继续覆土耙平即可，如镇压不实，往往降雨后又会上浮，8—9 月的主要工作为施笋芽分化肥和削草松土，并通过松土将肥料翻入土中。

3. 施肥

第一次施肥 2 月中旬，施尿素，沟施或撒施，450 ~ 750 kg/hm²。

第二次施肥 5—6 月，施尿素 450 ~ 750 kg/hm²，腐熟厩肥 35 ~ 45 t/hm²，垦翻入土 20 ~ 25 cm。

第三次施肥 9—10 月，施复合肥 300 ~ 450 kg/hm²，过磷酸钙 150 ~ 250 kg/hm²，厩肥 30 ~ 35 t/hm²，垦翻入土 15 ~ 20 cm。

4. 钩梢

抽枝展叶后进行钩梢，留枝 12 ~ 16 档。

5. 开花竹处理

早竹为零星开花竹种。一般开花早竹林除较为寒冷的 12 月和 1 月，一年四季都在零星开花，但有较为集中的 2—3 月、4—5 月和 9—10 月 3 个盛花期，其中又以 4—5 月开花为最多。应及时挖去开花竹，加强管理，增施氮肥，促进更新复壮。

6. 出笋特征

早竹笋期为 2 月中下旬至 4 月中下旬，在刚竹属中出笋最早。据调查，早竹笋自 2 月 15 日开始出土至 4 月 27 日停止，笋期前后历时 72 天，其中 3 月 11 日至 4 月 3 日的出笋量较为集中。在出笋期间，气温平均每降低 1℃，减少出笋数量 64 ~ 78 株 /hm²。降水对早竹出土生长也有影响，春季雨后，温度上升，往往有大量竹笋出土。但久旱不雨，土壤过于干燥，即使温度适宜，早竹笋仍出土缓慢，数量也少，早竹笋期的月降水量应不少于 105 mm。

7. 竹笋采收

（1）不覆盖竹园的竹笋采收：根据土壤的深浅，控制竹笋的长度，及时进行采收，土壤深厚的，竹笋出土后即可采收；土壤浅的或浅鞭竹笋，在竹笋出土长 10 ~ 15 cm 时采收。

（2）覆盖竹园的竹笋采收：覆盖后，当竹笋即将露出覆盖物时，及时进行采收。除选留足够的母竹笋外，应全部采收。扒开覆盖物，用锄或撬从笋基部切断，整株挖起，注意不伤及竹鞭。

四、病虫害防治

预防为主，科学防控，综合治理。采笋期禁止使用化学农药。在竹笋生产过程中不得使用国家明令禁止使用的农药。主要虫害有金针虫、竹螟等，除加强营林措施外，要结合化学防治。

（一）主要病害

1. 竹丛枝病

致病菌为竹瘤座菌，在竹产区广泛发生。发病期 4—10 月，感病竹长出大量细长、节间短缩的枝条，叶片变得很小；竹株生长势减弱，竹笋产量下降。将病枝及时清除，感病严重竹株连根挖掉；5—6 月，用 25% 三唑酮可湿性粉剂 250 倍液喷雾。

2. 竹疹病

致病菌为黑痣菌属，在竹产区广泛发生。发病期 4—5 月，竹叶表面产生黄色至褐色的斑块。感病后竹叶易脱落枯死，竹笋产量下降。在发病期采用 25% 三唑酮可湿性粉剂 500 倍液喷雾。

（二）主要虫害

1. 竹笋夜蛾 *Oligia vulgaris*

分布于长江流域以南及陕西。主要发生在早竹笋期及幼竹生长期（4—6 月），幼虫取食竹笋，导致竹笋长势很差甚至死亡。出笋前地面喷杀虫剂。6 月初灯光诱杀成虫。

2. 沟金针虫 *Pleonomus canaliculatus*

主要分布于长江流域以南。在笋期，幼虫取食竹笋的地下部分及根部，导致竹笋长势很差甚至死亡。成虫期用黑光灯诱杀；6月用白僵菌粉炮，1亩2个。

3. 竹蚜虫 *Takecallis*

包括竹梢凸唇斑蚜 *Takecallis taiwanus* 等种类，在长江流域以南广泛分布，其幼虫和成虫在笋尖、叶背、幼枝上吸食汁液，造成退笋、嫩枝和嫩叶枯萎，并诱发煤污病。在发病期采用 10% 吡虫啉可湿性粉剂 1 000 ~ 1 500 倍喷雾防治。

4. 贺氏线盾蚧 *Kuwanaspis howardi*

在浙江、湖北、湖南、江西、江苏、安徽、云南等地均有分布。主要通过吸食竹竿的汁液危害秆部，并诱发煤污病。采用 5% 吡虫啉乳油 1∶2 竹腔注射，每株 2 mL。

5. 竹瘿广肩小蜂 *Aiolomorphus rhopaloides*

在浙江、江西、湖南、江苏、安徽、福建等地均有分布。主要通过吸食竹小枝的汁液影响枝条和叶的发育，导致枝叶枯萎，影响竹笋产量。采用 5% 吡虫啉乳油 1∶2 竹腔注射，每株 2 mL。

第四节　篌竹笋生态抚育技术

篌竹（*Phyllostachys nidularia* Munro）水平分布于西起四川和云南的长江流域及以南各省（区），垂直分布上限在东部浙江天目山可达 1 200 ~ 1 500 m、西部四川和贵州可达 1 800 m，分布区北缘的秦岭、桐柏山和伏牛山也可达 1 000 m。分布区内篌竹多与村居相伴、呈小块状散生，其中四川东部和重庆东北部、贵州东北部、浙江西北和安徽南部山区是篌竹的集中分布区。

一、生物及生态学特性

篌竹（*Phyllostachys nidularia* Munro）是禾本科，刚竹属乔木状竹类。篌竹竿高 10 m、粗 4 cm 左右，笋期 4—6 月，花期 4—8 月、少见。实肚竹（*P. nidularia* f. *farcata*）、蝶竹（*P. nidularia* f. *vexillaris*）、光箨篌竹（*P. nidularia* f. *glabrovagina*）、黄杆绿槽篌竹（*P. nidularia* f. *speciosa*）和绿杆黄槽篌竹（*P. nidularia* f. *mirabillis*）5 个变型的主要生态学特性和原种相

近，均分布于篌竹的自然分布区内。

篌竹中心分布区地处东南季风带，年平均温度14～18℃，1月平均温度2～8℃，7月平均温度26～28℃，≥10℃积温4 500～6 000℃、230～280天，全年无霜期≥300天，年降水量800～1 800 mm，年太阳总辐射量4 000～4 500 MJ/m²。适宜于黄壤、红壤、黄棕壤、淋溶性石灰土和河流冲积土生长，在土壤瘠薄的山坡地、河溪旁及沙滩地上也能生长，以土层深厚、肥沃湿润，酸性或微酸性沙质壤土生长较好。

二、幼林培育

1. 留笋养竹

4—6月出笋期，保留大笋和健壮笋，清除退笋和病虫笋，适量蓄留小竹笋。

2. 抚育间作

秋季或晚冬早春，每年抚育1次。清除杂灌杂草及老弱病残竹。间作以耕代抚，间种作物距竹苗距离大于30 cm。

3. 松土施肥

松土结合抚育进行，围绕竹丛，深度15～30 cm，壅土扶苗。施肥结合松土进行。沿竹苗根盘两侧30 cm处开沟，施肥沟宽15～20 cm、沟深15～30 cm。有机肥按1 500～2 000 kg/hm²施肥，复合肥按800～1 000 kg/hm²施肥。

三、林笋抚育

1. 劈山

每1～2年冬季劈山抚育1次，清除林地杂灌、藤草以及老弱病残竹等。抚育比对照篌竹林的出笋量和成竹量可分别提高21.05%和48.86%。

2. 垦复

每3～4年冬季垦复林地1次，可结合劈山进行。坡度＜15°宜全垦或块状垦复，≥15°宜带状轮垦、水平带宽及带间距2～3 m。垦复深度≥20 cm，清除伐桩、老鞭和竹蔸等。

3. 笋用林培育

笋用林立地条件：适宜带Ⅰ立地级～Ⅱ立地级，一般带Ⅰ立地级（表7-1）。

表 7-1　立地级划分

立地级	地形地貌	土层厚度（cm）	腐殖质层厚度（cm）
Ⅰ	山谷台地	≥60	≥3
Ⅱ	丘陵山原	30～60	1～3
Ⅲ	适宜带山脊	≤30	≤1

培育指标：林分平均胸径 2 cm 时，密度 2.5 万株 /hm²；平均胸径 4 cm 时，密度 0.6 万株 /hm²。一年生竹：二年生竹：三年生竹：≥四年生竹的株数比例为 34：33：33：0。篌竹郁闭度值≥0.6，其他树种郁闭度值 <0.1。其他径级时参照执行。

施肥：在 6 月底可增施 1 次速效肥。同时施氮 100～120 kg/hm²，施磷 20～40 kg/hm²，施钾 40～60 kg/hm²。

采笋：遵循"采小留大、采密留稀、采劣留优、不采林缘笋、少采走鞭笋、留前期笋采中后期笋、小年小采和大年大采"的原则。采笋时间为开始出笋的 10 天后至出笋结束，采收高度 20～30 cm、齐地采摘。

4. 笋材两用林培育

篌竹笋材兼用林适宜密度界于笋用林和材用林之间，宜年年间伐，其一年生竹：二至三年生竹：≥四年生竹的株数比例宜为 1：1：1。

四、病虫害防治

预防为主，综合治理。做好主要病虫害的检验检疫及防治，制止蔓延扩散。

（一）主要病害

竹秆锈病：冬孢子 9 月至翌年 3 月、夏孢子 5—6 月成熟，风传。防治方法：禁止带病竹苗造林；合理竹林密度；发现个别病株时及早砍伐烧毁；株发病率 <20% 竹林，在 3 月底用刀刮除冬孢子堆及其周围上下 10 cm、左右 5 cm 的竹青，并用 20% 三唑酮乳油 5 倍液涂抹冬孢子堆。

竹丛枝病：病菌经风雨和病株传播，病枝梢端鞘内产生白色粒状物。主要防治方法：避免带病竹苗造林；保持竹林适当密度，松土施肥；每年 3 月和 9 月，子实体没有释放前及时发现丛枝病株，剪除烧毁；用 50% 多菌灵可湿性粉剂或 20% 三唑酮乳油 500 倍液喷雾，每周 1 次、连续防治 3 次。

叶斑病：病菌在病叶越冬，3—4月子囊孢子借雨传播。防治方法：把病株和带病落叶清理至林外，集中销毁；新竹放枝展叶前的阴雨天傍晚，用30%敌敌畏烟剂15～30 kg/hm² 防治；用10%吡虫啉可湿性粉剂2～3倍液进行竹腔注射防治，注射量2～5 mL/株。

（二）主要虫害

竹笋禾夜蛾：1年一代，危害竹笋，卵越冬。防治方法：11月至翌年3月清除竹林杂草；清除退笋和虫害笋；危害严重的竹林，5—6月用黑光灯或性信息素诱杀；幼虫4月初上笋时，在林地和笋上用5%甲氨基阿维菌素苯甲酸盐2 000～3 000倍液喷雾，间隔10日喷2次以上；或用15%茚虫威悬浮剂2 000倍液喷雾1次。

一字竹笋象：1年一代，危害竹笋，成虫越冬。主要防治方法：成虫有假死性，人工易捕捉；5月初，用2.5%溴氰菊酯2 000倍液喷洒竹林防治成虫。

黄脊竹蝗：1年一代，取食竹叶，卵在1～2 cm，土内越冬。防治方法：在产卵地挖除卵块，使用25%灭幼脲悬浮剂，用药量为300～375 mL/hm²，加清水稀释至15～75 kg防治初孵若虫；材用林竹腔注射5%吡虫啉乳油2～4 mL/株防治。

第八章

林—草生态种植技术

林草复合系统因可增加林地空气湿度、降低气温和风速、减弱光照强度、减少自然灾害的发生，改善土壤理化性质、提高部分土壤养分含量、增加水土保持效益，增加生物多样性，而被广泛推广应用。

林草复合与生态种养循环有机融合是林下经济高质量发展的重要模式。不仅可有效提高土地利用率和生产效率，而且可增强畜禽体质，有效降低抗生素的滥用，改善动物养殖福利，是符合国家畜禽产品绿色安全生产、现代农业高质量发展的客观需要，具有广阔的发展前景。本章重点介绍林下牧草种植区划、林下放牧草地建植技术、林下刈割草地建植技术以及林下天然草地改良技术，为实现林、草、畜禽立体种养融合发展和资源循环利用，促进和带动林下特色优势产业健康发展，助力乡村振兴的重要举措。

第一节　林下牧草种植区划

贵州牧草种质资源极为丰富，以禾本科植物为例，全国野生禾本科草本植物 180 属 766 种，贵州天然草地上就有 101 属 320 种，属和种分别占全国的 56% 和 41.6%，这在南方各省（区）中是比较突出的。据不完全统计，贵州天然草地上有维管植物 203 科 1 025 属 4 725 种（包括变种），这些植物中可作为牲畜饲料的有 86 科 1 410 种。

贵州山区有大量退耕地、幼林及疏林地，采取在林间、林下种植多年生禾、豆科牧草，建立人工、半人工草地改善其植被组成、增加植被覆盖度，能有效地防止水土流失。因大部分饲草喜阳，林下草地建植较适于郁闭度 0.6 以下的较稀疏的林地；坡度大于 35° 常以生态型为主，小于 30° 则可以饲用为主。

一、适宜性草种选择

贵州境内最低海拔 137 m，最高 2 900 m，全省高差达到 2 763 m，形成了"一山有四季，十里不同天"的立体性气候特征。加之贵州多为喀斯特石漠化地区，各地土壤状况不一致。要根据各地气候特点和土壤状况选择草种，如果草种选择不当，易造成牧草生长不良、草地退化等问题。因此，选择合适的草种是牧草种植的第一个关键环节。

从草地经济生产和生态效益的角度出发，人工草地特别是永久性人工草地建设以多品种混播为佳，其中又以豆科禾本科牧草混播为最好。多品种混播能充分地利用光、肥、气、热等自然资源，提高草地的生产能力。且多品种混播能较好地发挥各品种不同的适应性和抗逆性，丰富物种多样性，提高草地的生态稳定性，延长草地寿命。从生态稳定性和长期性来看，应根据不同生态类型筛选高产、优质牧草混播组合，以保证牧草高产稳产的持续性。

适宜喀斯特山区地质气候生长的优质牧草主要有多年生黑麦草、多花黑麦草、燕麦草、苕子、紫云英、皇竹草、苏丹草、紫花苜蓿、籽粒苋、洋萝卜、小黑麦、菊苣、三叶草、鸭茅、百脉根、高羊茅等。

这些草种（品种）在不同的生态区表现特性不同，根据生态区的小气候特征和立体气候变化情况采用不同的草种和组合，如在干热河谷低海拔区通常选用耐热、耐旱的暖季型牧草皇竹草、矮象草、胡枝子等；而在高海拔降水量丰富的地方可选用多年生黑麦草、多花黑麦草、洋萝卜、小黑麦、鸭茅、苇状羊茅、白车轴草、红车轴草、紫花苜蓿等。

二、林下牧草种植类型与模式

生产中根据贵州地区草地类型、海拔高度及气候条件，将草地区划按照海拔高度划分为3个区域：高海拔地区、中海拔地区、低海拔地区。

（一）高海拔地区

1. 人工常年草地种植模式

在1 200 m以上的高海拔地区，人工常年混播草地以鸭茅+多年生黑麦草（多花黑麦草）+白车轴草、鸭茅+多花黑麦草+红车轴草或鸭茅+多年生黑麦草+紫花苜蓿为主；季节性高产草地以种植青贮玉米、洋萝卜、小黑麦、燕麦为主。

2. 改良草地模式

1 200 m以上高海拔区草地改良以围栏封育，带状划破草地补播白车轴草、鸭茅、黑麦草的方式改良；同时追施氮、磷肥或复合肥，并清除有毒有害或不良牧草、控制合理放牧。

（二）中海拔地区

1. 人工常年草地种植模式

在 800～1 200 m 的中海拔地区，主栽牧草有多年生黑麦草、多花黑麦草、威宁球茎草芦、扁穗牛鞭草、青贮玉米、菊苣、扁穗雀麦、苇状羊茅、白车轴草、百脉根、鸭茅、紫花苜蓿、宽叶雀稗、红车轴草、菊苣、青贮玉米、甜高粱、洋萝卜等。人工多年生混播草地以鸭茅 + 多年生黑麦草 + 苇状羊茅 + 白车轴草（百脉根）、鸭茅 + 苇状羊茅 + 宽叶雀稗 + 白车轴草（紫花苜蓿、红车轴草）为主；人工常年单播草地以皇草、扁穗牛鞭草单种为主；季节性草地以种植青贮玉米、甜高粱为主。

2. 改良草地模式

在 800～1 200 m 中海拔区天然草地改良以围栏封育，带状划破草地补播白车轴草、百脉根、鸭茅，穴播补植白刺花、多花木兰为主。

（三）低海拔地区

1. 人工常年草地种植模式

在 800 m 以下的低海拔地区，主栽牧草有宽叶雀稗、东非狼尾草、百喜草、非洲狗尾草、柱花草、大翼豆、皇草、扁穗牛鞭草、青贮玉米、甜高粱等。人工多年生混播草地以狗尾草 + 大翼豆；宽叶雀稗 + 柱花草 + 大翼豆为主；人工常年单播草地以皇草、扁穗牛鞭草、百喜草单种为主；季节性草地以种植青贮玉米、甜高粱为主。

2. 改良草地模式

在 800 m 以下的低海拔地区天然草地采用带状划破草地补播宽叶雀稗、柱花草、狗尾草、穴播木豆、多花木兰、白刺花等进行改良；同时追施氮、磷肥或复合肥，并清除有毒有害或不良牧草、控制合理放牧。

第二节　林下放牧草地建植技术

一、林地选择及预处理

根据地形、坡度、郁闭度等实际情况，进行林分的选择和预处理。坡度 35° 以上的林地，不宜开垦种草；15° 至 35° 的林地，可沿等高线开垦出几条略平的地带，不宜开垦成相连的梯田；15° 以下的林地，根据实际情况局部处理即可。可结合林分管理和郁闭度调控，进行局部间伐，林分密度建议调整为 450 ~ 900 株 /hm²，形成"斑块式"或"条带式"平整地块。

二、整地与施肥

整地前清除地段上灌木、杂草、小石块等杂物，可沿着等高线翻耕土地，耕深 20 ~ 30 cm，将表层粗细整平；提倡免耕处理。结合翻耕施足底肥。施粪肥量 30 000 kg/hm²；粪肥不充足的，施粪肥 7 500 kg/hm²、磷肥 450 kg/hm²、氮肥 150 kg/hm²。推荐测土配方施肥。

三、草种选择及组合

林下放牧草地可根据放牧动物分为林下养鸡草地、林下放鹅草地、林下放猪草地、林下放羊草地和林下放牛草地。一般应选择耐阴性较强的多年生牧草品种，如白车轴草、鸭茅、苇状羊茅等。宜采用豆科和禾本科组合的多草种混播。

（一）林下养鸡草地

无论选择果园放牧养鸡，还是选择生荒地、灌木疏林地放牧养鸡，之前都必须清理地面的有毒植物和有害杂物，在保护果树和树木的前提下进行翻耕，深度一般在 10 cm 以上。考虑到鸡不是草食家禽，鸡的消化系统结构特点（消化道短；盲肠虽有消化纤维素的作用，但从小肠来的食物只有 6% ~ 10% 进入盲肠）决定了鸡对粗纤维的消化能力很低。因此，建植牧草品种应选择营养价值高、粗纤维含量相对较低的豆科牧草为主，混播以少量禾本科细嫩牧草。结合贵州山区的实际，可选择白车轴草、紫花苜蓿、多花黑麦草、菊苣和少量籽粒苋等优良牧草品种，分区混播，利于轮牧，在牧草的高度达到 10 cm 以后可利用。

（二）林下放鹅草地

青绿期长，适口性好；鲜草产量高，营养丰富，要有良好的耐践踏性和持久性；适合林地种植，如紫花苜蓿、黑麦草、鸭茅和菊苣等。可选择多年生黑麦草、白车轴草、紫花苜蓿、鸭茅等优质牧草种籽，豆科与禾本科草种比例按 3：7 混播。

（三）林下放猪草地

可选择紫花苜蓿、多花黑麦草和菊苣等优良牧草品种混播。

（四）林下放牛羊草地

选择耐践踏的品种，如白车轴草、鸭茅、苇状羊茅等。

四、播种

（一）播种期

春季和秋季均可播种，宜秋季播种。注意播前土壤墒情，保证土壤潮湿；也可查询天气预报，选择降雨前播种。

（二）播种量

混播草地播种量根据各草种在混播中所占比例而定，计算方法为该草种单播量 × 所占比例 ×1.2。提供以下 7 套混播组合方案。

白车轴草 3.6 kg/hm²、鸭茅 5.4 kg/hm²、苇状羊茅 10.8 kg/hm²。

白车轴草 3.6 kg/hm²、鸭茅 7.2 kg/hm²、苇状羊茅 7.2 kg/hm²。

白车轴草 4.5 kg/hm²、多年生黑麦草 6 kg/hm²、鸭茅 6 kg/hm²、高羊茅 6 kg/hm²。

黑麦草 11.19 kg/hm²、鸭茅 4.476 kg/hm²、白车轴草 2.984 kg/hm²、紫花苜蓿 3.73 kg/hm²。

白车轴草 4.5 kg/hm²、鸭茅 5.25 kg/hm²、多年生黑麦草 10.5 kg/hm²。

白车轴草 4.5 kg/hm²、鸭茅 7.5 kg/hm²、多年生黑麦草 10.5 kg/hm²。

紫花苜蓿 6.0 kg/hm²、鸭茅 5.25 kg/hm²、宽叶雀稗 10.5 kg/hm²。

（三）播种方式

将混播的几个草种按比例混合好，撒播或条播，播后轻耙，覆土不超过 1 cm。

五、草地管理

出苗后 1 个月追施尿素 1 次，施肥量 150 kg/hm²。缺苗较多的地方，应及时补播。根据牧草生长和利用情况，适当追施复合肥。结合草地分区，在整地后或播种后建设围栏；围栏应坚固、耐用，高度不低于 1.2 m，孔隙大小以放牧动物不能钻出为宜。当牧草完全覆盖地面或草丛高度达到 20 cm 时即可开始放牧。放牧强度视草地生长情况而定；夏季应降低放牧强度。提倡划区轮牧。将草地划分为若干个轮牧小区，并确定放牧利用顺序。

鸡群实行围栏分区轮牧，一般可将牧地分为几个小区，视牧草生长情况，20～30 天轮牧 1 次。鸡群规模以 500 只左右为宜，每亩载鸡量以 40～60 只为宜，以免对林区生态系统的平衡造成破坏。鸡只多时，可采取多点投放、分散饲养的方法，既利于管理，又降低疾病风险。

林下养鹅要注意合理放牧。林下养鹅一般 1 亩地养 80 只左右比较合理，如果太多，就形成鹅多草少，不能满足鹅每天的采食量，另外还会造成争食，最后导致出栏时鹅的体重大小不一。放牧鹅群大小一般 100～200 羽一群。遇气候恶劣不能放牧时，可通过饲养员采割新鲜的牧草补充，保证雏鹅有足够的青料供给。

猪群放牧强度一般为 1.0～1.5 亩 / 头。

牛羊群在第一个小区放牧 3～8 天后，转入第二个小区继续放牧，依次类推，35～45 天利用完全部小区，再从第一个小区重新开始放牧。

第三节　林下刈割草地建植技术

一、场地选择

林下刈割草地的建植应选择在坡度小于 10°，地势相对平坦开阔，土层厚度大于 30 cm 以上的，土壤质地和水热条件较好的地段。通常，富含有机质，肥水充足和距居民点、养殖业农户和畜群点较近、交通方便的亚高山疏林，可作为林下刈割草地的选择。

二、地块整理

土地整理是指牧草播种或移栽前进行的一系列土壤耕作措施的总称，整地的主要作业包括浅耕灭茬、翻耕、深松耕、耙地、耢地、镇压、平地、耖田、起垄、作畦等。要求与牧草种子基地建设的地块整理相同。地块整理前需先测试土壤中的氮、磷、钾、有机肥及有关微量元素含量，或查阅当地土壤调查资料，了解土壤养分水平，以便制定相应的施肥计划。

三、播种技术

（一）种子要求

播种的种子要求纯净度高、籽粒饱满匀称、生命力强、含水量低，豆科牧草种子要求含水量为 12%~14%、禾本科牧草种子的含水量为 11%~14%。

（二）播种前种子处理

为了保证播种质量。播前应根据不同情况对种子进行去芒、清选、浸种、根瘤菌接种等处理。

（三）播种

1. 播种时间

贵州大部分地区的牧草播种一般采用春播或夏播，最适宜播种期为 4 月，最迟不超过 6 月中、下旬，以保证牧草和饲料作物有足够的生长期，既可获得高产，也有利于多年生牧草越冬。

2. 播种方式

刈割草地播种采用条播、点播（穴播）或撒播等方式进行单播或混播。

（1）条播。条播是牧草栽培中最常用的一种基本方式、其中包括同行条播、同行条播和交叉播种。同行条播是各种混播牧草种子同时播于同一行内，行距通常为 7.5~15 cm；同行条播则可采用窄行间行条播及宽行间行条播，前者行距 15 cm，后者行距 30 cm。当播种 3 种以上牧草时，一种牧草播于一行，另 2 种分别播于相邻的 2 行，或者分种同行条播，保持各自的覆土深度。也可 30 cm 宽行和 15 cm 窄行相间播种。

在窄行中播种耐阴或竞争力强的牧草，宽行中播种喜光或竞争力弱的牧草。交叉播种是先将一种或几种牧草播于同一行内，再将一种或几种牧草与前者垂直方向播种，一般把形状相似或大小近等的草种混在起同时播种。条播深度均一，出苗整齐，利于同杂草竞争，也便于中耕除草、施肥等田间管理。

（2）撒播。撒播是整地后把种子尽可能均匀地撒在土壤表面并轻耙覆土的播种方式。无株行距，不能进行中耕除草，撒播因覆土厚度不一，常出苗不整齐，成熟度不一，田间管理不方便。撒播适宜于在降水量较充足的地区进行，但播前必须清除杂草。

（3）点播（穴播）。点播是在行上、行间或垄上按照一定株距开穴点播种子的方式。该播种方式最节省种子，出苗容易，间苗方便，播种比较费工，主要用于株高叶大的饲料作物如饲用甜菜、芜根萝卜、饲用玉米等。

（4）混播。混播是按牧草形态（上繁与下繁、宽叶与窄叶、深根系与浅根系）的互补、生长特性的互补、营养互补（豆科与禾本科）或对光、温、水、肥的要求各异的原则进行混播组合，最常见的混播牧草多数是豆科与禾本科混播。混播牧草的播种方法有同行复种、交叉播种、间条播种、撒—条播（行距 15 cm，一行采用条播，另一行进行宽幅的撒播）。

3. 播种量

播种量的多少主要由种子的净度和发芽率来决定。一般可按照以下2 种公式计算：

单播时牧草的播种量 = 种子用价为 100% 的播种量 / 种子用价（%）

种子用价（%）= 发芽率（%）× 纯净度（%）

混播时牧草播种量 = 牧草在混播中的比例 × 单播牧草的播种量 / 牧草的种子用价

播种量（kg/ 亩）= ［基本苗数 × 千粒重（g）］/［种子发芽率（%）× 种子净度（%）× 出苗率（%）×100］

4. 播种深度

播种深度是指土壤开沟的深浅和覆土的厚薄。开沟深度原则上在干土层之下；牧草以浅播为宜，播种过深，子叶不能冲破土壤而被闷死；播种过浅，水分不足不能发芽。决定播种深度的原则是：大粒种子应深、小粒种子应浅；疏松土地应深，黏重土地应浅；土壤干燥者稍深，土壤潮湿者宜浅。饲料作物播种深度较牧草深，轻质土壤 4 ~ 5 cm，黏重土壤 2 ~ 3 cm，小粒饲料作物则更应浅些。

四、田间管理

1. 破除土壤板结

地表出现板结，用短齿耙或具有短齿的圆镇压器破除。

2. 间苗和定苗

在保证合理密植所规定的株数基础上，去弱留壮；第一次间苗应在第一片真叶出现时进行，过晚浪费土壤养分和水分；定苗（即最后一次间苗）不得晚于 6 片叶子。进行间苗和定苗的时候，要根据规定密度和株距进行；对缺苗率超过 10% 的地方，应及时移栽或补播。

3. 中耕

干旱寒冷地区，中耕覆土有利于多年生牧草越冬，中耕时间和次数应根据牧草饲料种类、土壤情况及杂草发生情况而定，第一次中耕应在定苗前进行，易浅，一般为 3～5 cm；第二次中耕在定植后进行，稍微深一些，目的是促进次生根深扎；第三次中耕在拔节前或拔节后进行，应浅些。中耕最好与施肥结合进行，对于干旱土壤，中耕次数可多些；对于黏质土壤，雨后应及时中耕。

4. 杂草防除

除灭杂草宁早勿晚，要尽可能将其消灭在开花结籽之前。

5. 追肥

一般情况下，在牧草 3～4 片叶时要及时追苗肥，一般使用尿素，5～10 kg/亩，追肥以化肥为主，追肥方法可以撒施、条施、穴施、施肥或叶面喷肥等。追肥时间一般在禾本科牧草的分蘖、拔节期；豆科牧草为分枝、现蕾期。为了提高牧草产草力，每次收割后和返青期也应追肥。

一般禾本科牧草需要氮肥较多，应以施氮肥为主，适当配以磷肥和钾肥；豆科牧草则以磷、钾肥为主，配合施少量的氮肥，特别是幼苗期根瘤菌尚未形成时。混播草地施肥以复合肥为主，氮的施入量以 1.5～2 kg/亩为宜、秋季追肥以磷、钾肥为主，以便牧草能安全越冬。

6. 灌溉

在干旱的地方，牧草返青前、生长期间、入冬前宜进行适当的灌溉，以提高牧草产量。

7. 返青期管理

牧草返青芽萌动后，生长速度加快，对水肥比较敏感，此时应根据牧草种类特性进行施肥。返青期间为保护返青芽的生长，加强围栏管护，禁止放牧。

五、林下刈割草地利用

1. 刈割时期

禾本科牧草首次刈割时期以抽穗到开花这段时间为宜；豆科牧草以现蕾到开花初期为宜。

2. 刈割留茬高度

禾本科牧草的刈割留茬高度为 4～5 cm；以根茎再生为主的豆科牧草（苜蓿、白车轴草、红车轴草等）的刈割留茬高度以 5 cm 左右为宜；以叶腋芽处再生为主的豆科牧草（红豆草等）的刈割留茬高度为 10 ~ 15 cm。当年最后一次刈割时的留茬高度要比平时多 5 cm，以利于来年春天牧草及早返青。

3. 刈割次数和刈割频率

不同牧草的刈割次数不同。刈割频率原则上要以能保证牧草有足够的恢复再生、蓄积营养的时间而定，一般牧草两次刈割间隔的时间至少要在 40 ~ 50 天。

4. 饲草利用方式

刈割后的饲草可以作为鲜饲，也可以青贮、调制青干草和加工成草粉等。

第四节　林下天然草地改良技术

林下天然草地改良技术是指利用天然或人工措施对林下退化的天然草地进行改良的技术，使其满足饲草生长发育的需求。常用的林下天然草地改良技术主要有 3 种。

一、全垦式改良技术

（一）技术描述

用推土机清理灌木和杂草。地面二犁二耙 15 ~ 20 cm 深，在地面翻耕前，测定土壤养分含量，根据养分含量水平确定施何种有机肥或复合肥做基肥，施肥后进行翻耕和耙地，选择黑麦草、鸭茅、白车轴草、红车轴草、高羊茅等进行单播或混播，可以撒播，也可以条播，豆科牧草种子播种前要进行根瘤菌接种，播种时间选择秋季 9—10 月较好，种植的牧草出苗后注意杂草防除。

（二）适用范围

适宜在平地和坡度小于 25° 的缓坡地带。

（三）优点

用高产优质的牧草代替原有植被，提高牧草产量，改善牧草品质。

（四）缺点

对土壤扰动大，成本较高，同时在有坡度的地方易造成水土流失。

（五）注意事项

新建草地需要适当保护，禁止放牧，一旦牧草开始分蘖或分枝，即可轻度放牧。已经建植成功的草地不要过分保护，避免杂草丛生、牧草过于成熟老化，营养价值下降。

二、半垦式改良技术

（一）技术描述

刈割有毒有害植物和利用价值低的杂草，采用穴播或沿等高线间隔一定距离（1.5～2.0 m）整理一条外高内低的补播带（带宽 0.5～1.0 m）。带面开垦深度为 15 cm，将地表土壤整细，秋季 9—10 月播种较好，待下雨前将种子撒播于地面上，覆土 1～2 cm 即可。草种可选择鸭茅、高羊茅、白车轴草、红车轴草等进行单播或混播。

（二）适用范围

坡度≥ 25° 的陡坡地带。

（三）优点

适宜陡坡采用，成本较低。

（四）缺点

坡度比较陡，缺乏适宜的机械，需要靠人工，劳动强度大。

（五）注意事项

陡坡地种植牧草要注意水土流失，用铁丝围栏或者生物围栏分区轮牧利用。

三、化学免耕技术

（一）技术描述

使用化学除草剂＋拔除的方法清除地表植物后进行播种。除草剂一般采用广谱灭杀性除草剂，如草甘膦、百草枯等。在晴朗无风、7—8 月杂草和其他植物生长旺盛期喷施除草剂，1 周后检查杂草杀灭情况，并及时补喷遗漏区域和效果不佳处，补喷 10～20 天后将枯物清除；于雨季来临前及时播种，播后可采用家畜践踏等方式使种子与土壤充分接触；播种后

15～30天查看出苗状况，如有漏播或缺苗的情况，及时补播。选择适应当地气候和土壤、产量高、适口性好、营养丰富的优良牧草品种，采取单播或混播，一般选择多年生黑麦草、鸭茅、扁穗牛鞭草、苇状羊茅、宽叶雀稗、白车轴草、红车轴草、百脉根、紫花苜蓿等牧草。紫花苜蓿、白车轴草等豆科牧草种子需做硬实处理并接种根瘤菌剂，再以50 kg/亩钙镁磷肥为种肥，与其他牧草草种混匀。豆科与禾本科以3：7混播比例播种，可采用撒播或条播。播种前用钙镁磷肥50 kg/亩作基肥，以后每年追施维持肥（钙镁磷肥）40 kg/亩。建植后草地应进行围栏封育，防止家畜破坏，并至少于3个月后才开始利用。

（二）适用范围

山高坡陡、降水量多、易水土流失、不易进行机耕的地块以及用耕作方法不易清除的恶性杂草地带。

（三）优点

提高土壤有机质含量，减轻水土流失，低成本、高效率、操作简单，灵活方便，效果好。

（四）缺点

杂草开始老化时除草效果不佳，易造成环境污染，农药残留会影响牧草生长，不利于深根系牧草生长。

第九章

林—畜生态养殖技术

　　贵州林下生态养殖生产多以半放牧小规模家庭养殖为主体，养殖分布相对分散、养殖周期较长、肉产品风味独特，素以"优质、美味、绿色"著称，深受广大消费者青睐，已成为"黔货出山"的独特标志，如跑山牛、小香猪、黑山羊等。为进一步夯实贵州生态畜牧业发展基础，结合贵州良好的山地环境条件、资源特点及产品质量优势，发展林下生态家畜养殖将是畜牧业的重要内容，有利于做大做强贵州优质畜产品区域品牌。

　　目前，贵州生态畜牧养殖模式占比在10%～20%，如何结合贵州山地资源环境特点及现代家畜产品市场消费变化需求，因地制宜构建贵州林下家畜生态养殖的发展模式和规范化、标准化生产应用技术支撑体系，实现产业发展资源有效利用和效益最大化，对推进贵州生态畜牧业健康可持续发展和规模化发展进程具有良好的经济、社会及生态意义。本章主要介绍羊、牛、猪的林下生态养殖技术。

第一节　林下生态养羊技术

　　林下养羊是利用林地杂草、枝叶及生态环境等资源，按照"草畜平衡、林畜配套、生态循环"原则，从事林下牧羊的一种生态养殖模式。这种模式充分利用贵州山区丰富的林地资源，实现"树茂、羊肥、人富"良性结合。贵州省林下养羊主要以肉羊为主，饲养品种主要有贵州黑山羊、贵州白山羊、黔北麻羊、波尔山羊、南江黄羊和简州大耳羊等。

一、品种选择

（一）贵州黑山羊

　　主要产区为毕节、六盘水、黔西南、黔南等市州，贵州全省均有分布。具有被毛纯黑、肉质优良、体型较大、合群性好、采食性广、游走能力和抗逆性强等特点。平均初生重1.5 kg，3月龄重7.2 kg，6月龄重

12.7 kg，周岁重 22 kg，成年公羊 44.3 kg，成年母羊 35.1 kg。

（二）贵州白山羊

主要产区为黔东北乌江中下游的沿河、思南、务川等县，其他县市少有分布。具有遗传性能稳定，肉质好，板皮质量好等特点。平均初生重 1.5 kg，3 月龄重 7.1 kg，6 月龄重 12 kg，周岁重 20 kg，成年公羊 34.2 kg，成年母羊 31.9 kg。

（三）黔北麻羊

主要产区为遵义习水县和仁怀市，其他县市少有分布。具有遗传性能稳定、抗逆性强、耐粗饲，抗病力强、性情温顺等特点。平均初生重 1.7 kg，3 月龄重 9 kg，6 月龄重 16 kg，周岁重 26 kg，成年公羊 41.5 kg，成年母羊 39.8 kg。

（四）波尔山羊

原产于南非，于 20 世纪 90 年代引入贵州，用于杂交改良本地山羊。具有体躯呈圆桶状，主要部位肌肉丰满，体躯圆厚而紧凑，四肢短而壮等特点。平均初生重 4.4 kg，3 月龄重 13 kg，6 月龄重 28 kg，周岁重 76 kg，成年公羊 110 kg，成年母羊 90 kg。

（五）南江黄羊

主要养殖地区在四川省南江县，于 20 世纪末引入贵州，用于杂交改良本地山羊。具有被毛黄色，毛短而富有光泽，面部毛色黄黑，鼻梁两侧有一对称的浅色条纹等特点。平均初生重 2.28 kg，3 月龄重 12.85 kg，6 月龄重 28 kg，周岁重 76 kg，成年公羊 66.87 kg，成年母羊 45.64 kg。

二、养殖模式与规模

（一）养殖模式

1. 养殖模式

林下养羊宜以放牧加补饲（半放牧）模式，同时应结合林地资源及林下草地情况，因地制宜确定养殖数量及规模，建议以适度规模的家庭牧场为主。

2. 划区轮牧

采用轮封、轮育、轮牧的方法，控制放牧强度，防止过牧引起羊只啃吃树枝嫩叶，践踏树木，实现林牧结合，互相促进。可根据林地地势、气候和不同季节中牧草生长情况，利用坑沟、山岭、道路等把林地划分成若干片区，并按照一定的次序轮牧，一般每个片区放牧 5 ~ 7 天，然后让其休养一个月左右再重新轮回利用。

（二）规模

1. 载畜量

一般林乔木林地按 6 ~ 8 只 / 亩，灌木林地按 2 ~ 3 只 / 亩核定载畜量。

2. 群体结构

群体规模控制在 100 ~ 200 只为宜，其中能繁母羊应占 50% 以上，及时淘汰老、弱、病残和低繁殖力的母羊，使羊群保持旺盛的繁殖率。公母比例 1 :（25 ~ 35），公羊每年更换，避免近交衰退。

三、选址与圈舍

（一）选址

羊场宜选建在林地居中地段，要求避风平坦、高燥向阳，通风良好，排水方便，交通便利，距离交通主干道 1 km 以上。

（二）圈舍

羊舍用土墙或砖木及水泥瓦或石棉瓦等建造净高不低于 2.6 m 楼台漏缝地板式。大小长度依饲养规模和发展目标确定，一般按 2 ~ 3 m²/ 只计算，板材可选用 5 ~ 7 cm 宽的木条，木条之间的距离 1.5 ~ 2 cm，离地高度 1.5 m 左右，舍外设有运动场。

四、饲养管理

（一）放牧管理

1. 林地选择

林地应该远离村庄，地势开阔高燥，通风光照，有充足的清洁水源，无污染，可利用的野生牧草资源丰富，无毒草、毒蛇及野兽出没。注意不宜在幼林地内放牧。

2. 放牧时间

每天的放牧时间不低于 6 小时，夏秋季因日长夜短，气温高，羊的饮水量增加，应该增加饮水并适当补盐，冬春季昼短夜长，气温低，牧草老化，适当延长放牧时间，让羊只多摄入营养，应放全天羊。参考时间是早晨 9—11 时，下午 4—6 时。

3. 归牧补饲

每年秋冬季节枯草期给予补充一定数量草料和精料，草料以禾本科和豆科青干草、农作物秸秆、薯类藤叶等为主，搭配一定比例的青贮饲料，青贮饲料建议饲喂量：成年羊 1.0 ~ 1.5 kg/（只·天），育成羊 0.5 ~ 1.0 kg/（只·天），哺乳期羊 0.3 ~ 0.5 kg/（只·天）。春夏季节盛草期可只补充精料。饲精料建议为混合精料（玉米 70%，豆类 17%，麸皮 10%，食盐 1%，电解多维 1%，矿物质及微量元素 1%）。按群体平均 250 ~ 300 g/（只·天）补精料，补饲时间为下午收羊时。

（二）羊群管理

1. 自繁自养

初养时最好到种羊场或规模养羊户中挑选健康无病的种羊，禁止从疫区和交易市场上购买种羊。之后从自家羊群中选留培育母羊，每年重新引进并更换种公羊，要严格进行检疫并隔离观察饲养 1 个月，经全面检查确认健康后方可混群饲养。

2. 羔羊补饲

按每只羔羊 0.3 m² 计算，准备补饲隔栏，补饲隔栏进出口宽 20 cm，高度 35 cm，保障羔羊能自由进出，大羊无法进入。在羔羊 15 ~ 21 日龄开始补料，如产羔周期较长，羔羊出生不集中，可以按羔羊大小分批进行。补饲精饲料主要以玉米、豆饼、麸皮等为主，补饲粗饲料以优质干草和新鲜青草为主。要注意根据季节调整粗饲料和精饲料的饲喂量，早春羔羊补饲时间在青草萌发前，干草要以苜蓿为主，同时混合精饲料以玉米为主；而晚春羔羊补饲时间在青草盛期，可不喂干草，但混合精饲料中除玉米以外，要加适量的豆饼，以保持日粮蛋白质水平不低于 15%。每天放料 1 次，以羔羊在 30 分钟内吃净为佳，时间安排在早上或晚上。

3. 育肥羊管理

育肥羊单独分群，归牧后自由采食发酵全混合日粮，育肥前期精粗比 60：40，后期精粗比 70：30，精饲料应提高能量浓度，粗饲料应多种混合使用。育肥羊的管理每天坚持"五定""五净""三看"法，"五定"即饲养人员固定、饲料配方固定、每圈饲养羊只固定、投料时间固定、投料量固定；"五净"即草料净、饮水净、饲槽净、圈舍净、羊体净；"三看"即看精神、看食欲、看粪便；发现异常及时登记并处理。

五、种羊淘汰

种母羊年淘汰率20%，种公羊年淘汰率100%。种羊出现以下情况之一种羊的将淘汰为肉羊：后备母羊超过15月龄以上不发情的；断奶母羊3个月不发情的；母羊连续2次、累计3次妊娠期习惯性流产的；母羊连续三胎活产仔均1只的；因疾病以及其他因素丧失种用价值的。

六、生物安全

1. 消毒管理

场门、生产区门前消毒池内的消毒液必须保持有效的浓度，消毒液每周一进行更换。每次更换要有记录，廊道的消毒垫必须保持潮湿（消毒液浸湿）且及时清理干净。

入场前必须喷雾消毒脚踩消毒垫或消毒池1分钟，消毒垫（池）的消毒液用农可福（1∶300倍稀释）或菌疫灭（1∶300倍稀释）。

圈舍按规定打扫卫生后，每周带羊喷雾消毒1次卫可安（1∶150倍稀释）或安灭杀（1∶150倍稀释）。消毒剂要现配现用，混合均匀，避免边加水边消毒现象。不同性质的消毒液不能混合使用，消毒时确保栏舍密封性；每次轮换使用消毒剂，消毒后关门窗的时间不得低于60分钟。

2. 羊主要传染性疫病的免疫防控

疫苗接种免疫是目前羊传染病防控最主要的方法技术手段。要根据羊只的不同日龄段及养殖生产周期建立疫苗免疫程序，对羊群进行疫苗免疫接种。其免疫程序见表9-1。

表9-1 羊主要疫病防控疫苗免疫参考程序

日龄（天）	疫苗名称	免疫剂量	免疫方法	备注
10~15	羊口疮弱毒苗	1头份	嘴唇皮肤划线接种	1年2次免疫
20~25	羊痘病毒弱毒苗	1头份	尾根腹面皮下划线接种	1年2次免疫
30~35	口蹄疫灭活苗	1~1.5头份	颈部肌内注射	1年2次免疫
40~45	羊反刍兽疫灭活苗	1头份	颈部肌内注射	2年1次免疫
50~55	三联四防灭活苗	1.5头份	颈部肌内注射	1年1次免疫
55~60	羊传染性胸膜肺炎灭活苗	1.5头份	颈部肌内注射	1年2次免疫

3. 驱虫保健

每年清明节前后（4月上旬）和霜降前后（10月下旬）分别给羊群进行1次预防性驱虫，对于寄生虫感染严重羊场或雨水较多的年份在6月下旬至7月上旬再进行1次驱虫。驱虫药物可选用阿苯哒唑和盐酸左旋咪唑拌精料或混食盐饲喂，其对线虫、绦虫和吸虫均有驱除作用。发现体外寄生虫感染时可肌注伊维菌素或用0.5%～1%敌百虫溶液进行药浴，同时羊舍、用具及周围环境一并喷洒杀螨剂，间隔1周再进行1次，以巩固效果。

七、常见疾病诊断及防治

（一）感冒及小叶性肺炎

感冒主要由气温变化诱发，如处理不及时，导致体外升高，如病程进一步发展易演变为小叶性肺炎。主要表现为精神较差，临床症状为羊采食量下降，咳嗽、体温升高、流涕、肺呼吸音变粗、有湿性啰音，不具有传染性。

治疗方法：用清热解痛药物和抗菌药青霉素、链霉素注射。重症羊用头孢噻呋钠结合0.95%氯化钠溶液输液治疗。

（二）羊传染性脓疱病（羊口疮）

主要由羊传染性脓疱病毒感染，为人畜共患病。临床上呈群发接触性感染，唇型较为多见，羔羊最易感。在口角、上唇、鼻镜、口腔黏膜上出现散在的小红斑，逐渐便为丘疹和小结节，继而成为水泡、脓疱。破溃后，形成黄色或棕色的疣状结痂。羔羊多因继发感染较重死亡。

防治方法：过氧化氢清洗脓疱、弃结痂，硼酸水或高锰酸钾水清洗疮面，碘甘油或抗生素涂布。重者结合抗感染治疗。

（三）山羊皮下淋巴脓肿

致病原因：由伪结核棒状杆菌感染，是一种接触性、散发性、慢性传染病。皮下局部淋巴结发生肿胀、干酪样坏死，有时在肺、肝、脾、子宫角等组织巴结肿大坏死。严重的在皮下呈串珠结节状。

防治方法：发病早期，用青霉素、头孢噻呋局部注射。后期化脓时，按化脓创手术处理。

（四）传染性结膜炎

其致病因素较多，如散发性大肠杆菌、鹦鹉热支原体等，是一种高度接触性传播性疾病。临床主要表现为充血、潮红、流泪，重者有脓性分泌物，失明。

防治方法：将眼结膜用硼酸水或生理盐水清洗干净，用红霉素眼膏涂擦或青霉素涂抹。

（五）羊出血性败血症

主要为多杀性巴氏杆菌感染，为一种条件性、高度接触性传染病，冬春季节交替气温骤变容易发生。发病较快，高热，多呈急性死亡，患羊呼吸急促、流清口水，眼结膜发绀；后期流脓性鼻液、咳嗽、呼吸困难；肺组织弥漫性炎性变化（大叶性肺炎），胸腔积液。

防治方法：发病早期，用青霉素钾、链霉素肌内注射，每天 2 次，同时肌内注射 10% 氟苯尼考溶液。重症病羊用 10% 磺胺嘧啶钠注射液或磺胺间甲氧与 5% 葡萄糖注射液静脉输液。

（六）泰勒虫、巴贝斯焦虫病

主要由泰勒属和巴贝科血液原虫感染引起的一种血液寄生虫病，蜱为中间宿主。多发生于春夏季节，患羊两眼外凸明显，颌下、脸颊皮下明显肿胀，眼结膜苍白无色，无黄染，患羊有反刍，但采食停止，颈静脉放血时血液稀薄呈淡血水状，血液流在地上呈浸润状无凝集。病死亡尸僵完全，内脏器官如肝、脾、肾、肠及肠系膜等苍白无充血出血病变呈缺血样表征，心脏肥大，心包积液。

药物防治：用 4-氨基苯磺酰胺钠盐注射液 15 mL，黄芪多糖注射液 10 mL，5% 葡萄糖 250 mL 静脉注射，每天 1 次，连用 3～4 天。

（七）羊脑棘球蚴病（包虫病）

由多头绦虫的幼虫寄生在山羊的脑、脊髓内，狗为中间宿主。感染后引起脑炎、脑膜炎及一系列神经症状。

防治方法：羊包虫基因重组亚单位疫苗预防注射，每年 1 次；用吡喹酮按每千克体重 50 mg 定期驱虫。

（八）羊螨病

由疥螨、痒螨寄生在体表引起慢性皮肤病。疥螨寄生在皮肤角化层下，痒螨寄生在皮肤表面，以皮肤局部瘙痒、脱毛为临床特征。

防治方法：定期用药物有敌百虫、菊酯类（双甲脒）药浴，每年 2 次；用伊维菌素皮下注射。

（九）肝片吸虫

主要寄生在肝脏及胆管内，外观呈扁平叶状、呈棕红色。感染羊以消瘦、腹泻为临床特征。

防治方法：主要用抗蠕敏、硝氯酚氯、硝柳胺等驱虫药定期驱虫，用法、用量参照药物说明书。

（十）羊布鲁氏菌病

为布鲁氏杆菌感染引起的一种人畜共患慢性传染病，多为隐形感染，其流行特点、临床病理变化均无明显特性。生产中以侵害羊生殖系统为主，感染发病母羊以习惯性流产、公羊以睾丸炎为特征。

防治方法：定期开展血清学感染阳性监测，对感染疑似羊群采集血清样本，用琥平板抗原凝集实验诊断进行筛查，感染阳性羊只按照《中华人民共和国动物防疫法》相关规定进行扑杀及无害化处理。平常要严格检疫，严禁从疫区引种。

（十一）代谢性酸中毒

主要发生原因为长期过量饲喂精料或青贮饲料引起。主要临床病理特性为采食量降低，瘤胃蠕动较弱，舌表面黏滑，口腔有酸臭味，眼结膜发绀。

治疗方法：碳酸氢钠 150~200 mL、10% 葡萄糖 250~300 mL、维生素 C 10 mL 静脉滴注，同时用党参、黄芪、苍术、木香、陈皮等中草药组方配合治疗。

八、粪污处理

1. 处理原则

羊场粪污处理的原则是实施干湿分离，雨污分离，对于粪便、饲草料残料等采集堆积发酵还田的方式进行处理，对于冲洗圈舍等产生的污水通过六级沉淀池净化后用于灌溉用水。

2. 堆肥发酵

用高架床饲养的羊只，羊床下的羊粪每半年清理 1 次。堆肥发酵的方式：一是自然堆肥发酵，发酵周期为 3 个月以上；二是混合农作物秸秆一起堆积高温发酵，羊粪与农作物秸秆的比例为 6∶4，发酵周期为 2 个月以上。

九、养殖档案

严格按照相关标准做好养殖过程中的档案记录，主要包括种母羊配种记录、产羔记录、引种记录、销售记录、饲草料使用记录、兽药使用记录、消毒记录、病死羊无害化处理记录等。

第二节 林下肉牛生态养殖技术

充分利用贵州丰富的森林资源，发挥林下可用土地、天然草地等资源的作用，采用"白天进林放牧，晚上归牧补饲"模式，根据合理载畜，林下平衡原则，开展林下肉牛养殖，是降低养牛成本，促进牛群健康，资源利用最大化的生态养牛模式。适宜贵州林下养殖肉牛品种主要有关岭牛、思南牛、黎平牛、威宁牛、务川牛等 5 个地方肉牛品种。

一、品种选择

1. 关岭牛

主产于贵州省西南部的 19 个县（区、市），具有典型的山地牛的体态特征和较好的役用、肉用性能，善爬高山、陡坡，对复杂的气候条件有良好的适应性。数量多，分布广、体质结实、抗病力强、耐粗饲、肉细嫩多汁、适应性强。

2. 思南牛

思南牛的中心产区在思南县，主要分布于贵州省内的铜仁市及遵义的凤冈、余庆、瓮安等县市。在国家《牛》遗传资源志中同属于巫陵牛。具有体质结实、肢蹄强健、行动灵活、善于登山、耐劳、耐寒、抗湿及耐粗饲等特性，适于山区耕作和放牧，有较好的挽力和肉用性能。

3. 黎平牛

黎平牛原产于贵州东南部黎平县，主要分布于黔、湘、桂三省（区）交界的黔东南州的榕江、从江、锦屏、三穗、天柱和黄平等县市及周边地区。是贵州省东南部地区的肉役兼用型地方小黄牛品种，具有体型丰满、结构紧凑、性情温驯易管理、适应性强、耐粗饲、行动灵敏、性成熟早、繁殖力强、肉质细嫩鲜美等特性，但存在体型小、生长速度慢、生产性能不高等不足。

4. 威宁牛

威宁牛的中心产区在贵州西部高寒山区的威宁县，分布于赫章、毕节、纳雍、大方、黔西和金沙等县市。具有耐粗饲、耐寒、善爬坡、易育肥和肉用性能较好等特点，能适应黔西北高寒山区的生态环境和放牧饲养条件，是一个具有较大选育潜力的地方品种。

5. 务川牛

务川牛主产于贵州省遵义市务川仡佬族苗族自治县，分布于近邻的凤冈、道真、绥阳、遵义、正安和德江等县市。是当地群众经过长期选育形成的地方品种，体表黑色，具有适应性强、抗病、抗湿、抗寒、肉味鲜美、不易发生难产等特点，但也存在体格较小、尻部尖斜、股部肌肉欠丰满、乳房发育欠佳、生长速度较慢、体成熟较晚等不足。

二、适宜养殖林区选择

肉牛林下生态养殖没有地区、地域要求，在贵州省各个地区均可开展养殖。但需要注意的是，在林地类型的选择上需要慎重。根据《中华人民共和国森林法》及《林地管理暂行办法》规定禁止在幼林地和特种用途林内砍柴、放牧。因此，在林地选择上，幼林地、未成林地、国家特别规定灌木林地无法用于林下养殖，应选择高大乔木林下、林带稀疏地区、坡度较缓（尽可能小于 30°）的荒山草坡、林边间隙草地、荒山草场开展肉牛养殖。适宜的林地宜选在远离村庄，地势开阔高燥，通风光照，有充足的清洁水源，无污染，可利用的野生牧草资源丰富，无毒草、毒蛇及野兽出没。养殖规模及数量要根据林地面积及饲草资源条件确定，尽量避开森林覆盖面较大的针叶林地（郁闭度在 0.2 ~ 0.3）。

三、养殖规模及林下载畜量

载畜量是管理林区草场的核心指标之一，也是监测草畜平衡的重要指标。不合理的载畜量会导致牛只摄入牧草减少，从而刨食草根，影响草地产量，更有甚者，由于长时间觅食，反复践踏林区草地表层，致使土地外漏，严重破坏林区生态环境，陷入"夏壮、秋肥、冬瘦、春死"的恶性循环，影响林下养殖的可持续发展。

必须依据林区可食牧草、储备草料、可供精料等饲料供给状况，结合牛只养殖品种、放牧采食特点和营养需求水平，计算合理的林下载畜量，并将林下实际载畜量控制在限额内，才能既防止林区草地超载引起的林区退化，又能最大限度确保农牧民增收和实现草地畜牧业可持续发展。

传统载畜量计算方法与生产实际有一定差异。因此，以保护生态为前提，以林下肉牛养殖可持续发展为目标，按照不同季节牧草的生长特点、产量、品质和其他饲料供给量，对贵州林下养殖肉牛提供指导：载畜量＝（单位面积产草量 × 可利用率）/（牲畜日食草量 × 放牧天数）。该方法直观简便，但需要考虑牛群结构的合理性，控制公母牛数量在合理区间，避免第二年牛只迅速增加而造成超载放牧。

四、圈舍修建

（一）选址

根据养殖规模、当地的主风向、地势、地形、土地利用规划等因素综合考虑确定选址。选址应交通便利，符合当地政府划定的生态红线，避开禁养区；距离主要居民区、县道以上交通干道、畜禽屠宰加工厂和交易场500 m 以上，距离生活饮用水源地及其他畜禽养殖场 1 000 m 以上；牛场应建设在地势较高、干燥、平坦的地方，背风向阳坡，坡度不超过25°；根据常年主导风向，场址应选在居民区和公共建筑群下风方向，水电有保障。

（二）圈舍建设要求

通用要求是：建牛舍应经济实用，尽量就地取材，降低成本；符合兽医卫生要求，科学合理布局：舍内干燥卫生，空气新鲜；冬季保温性能好、夏季通风效果好；墙壁、天棚等结构的导热性小，耐热，防潮；地面保温，不透水、不打滑；污水、尿等能自然排放通畅。分为拴系式和围栏式两种饲喂方式。

拴系式牛舍按照牛舍跨度大小和牛床排列形式，可分为单列式和双列式。内部依次为喂料通道、食槽、牛床、排尿沟、清粪道。喂料通道（净道），位于牛舍纵向的正中间，宽为 1.80 ~ 2.00 m；饲槽口（上）净宽0.45 ~ 0.6 m，深 0.3 ~ 0.35 m，饲槽内沿（靠牛床）高 0.35 ~ 0.45 m，饲槽前沿（靠饲道）高于内沿 0.2 m，槽底为圆弧形，饲槽内表面要清光；隔栏或颈夹位于饲槽内沿与牛床连接处，高度应高于 1.5 ~ 1.8 m；牛床长度一般为 1.6 ~ 1.8 m，向后（排尿沟方向）倾斜度为 1.5% ~ 2%，前高后低，地面要粗糙，防止牛滑倒；排尿沟的宽度为 0.25 ~ 0.35 m，深为 0.2 m，排尿沟应不渗漏，表面光滑，尿沟要向牛舍的长度方向倾斜 1% ~ 3%；除粪通道在排尿沟后面，宽度为除粪车的宽度，约 1 m。

围栏式牛舍是在牛舍内不拴系，不固定的一种饲养方式，将牛通过分群、隔离、进行散放饲养，牛自由采食、自由饮水的一种圈养方式。围栏式牛舍的建设在饲喂通道、饲槽、栏杆等与拴系式牛舍相同，区别是不设牛床和运粪道，而是把牛舍内原牛床位置面积加宽，牛舍长根据场地和需要确定，在牛舍的纵向，要根据分群的大小，设若干隔栏，每个隔栏都要求能活动，以便分群管理。围栏式牛舍的特点是对牛的管理更简单，适合养殖机械的使用，劳动效率更高，但牛舍占地面积较大，有条件的地方建议采用围栏式牛舍。

（三）饲草选择

根据养殖规模的不同，在林下养殖模式中饲草的选择也有所区别：在10头以下的养殖模式中，饲草料根据当地情况选择适口性较好牧草（贵州地区事宜种植小黑麦草、皇竹草、根茎类、块茎类及青绿玉米等），补饲方面选择玉米面、豆粕、麦麸等高蛋白高能量的饲料，辅以 1% 碳酸氢钙、1% 食盐，保证其微量元素的供给足够；10~50 头养殖模式下的牛只在以上基础上，可进行青贮饲料的制作与储存。青贮品质、营养价值、采食量和产量等综合因素的影响，禾本科牧草的最适宜刈割期为抽穗期，而豆科牧草开花初期最好，专用青贮玉米（即带穗整株玉米），多采用在蜡熟末期收获；青贮时饲草含水量保持在 60% 左右较为适宜；禾本科和豆科牧草及叶菜类等切成 2~3 cm，玉米等粗茎植物切成 0.5~2 cm，柔软幼嫩的植物也可不切碎或切得长一些；一般小型窖当天完成，大型窖 2~3 天内装满压实；添加剂一般在装填的同时添加，用水将添加剂混合均匀，逐层添加；任何切碎的植物原料在青贮设施中都要装匀和压实，而且压得越实越好，尤其是靠近壁和角的地方不能留有空隙；用塑料布将青贮料充分密封，并在后期定期查看，以免发生漏气、鼠害等问题。

五、管理要点

（一）饲喂原则

精、粗饲料要合理搭配，粗饲料是根本，粗饲料要求要喂饱，放牧加补饲养殖要根据不同季节根据林下牧草产量及品质科学补饲精料；防异物、防霉烂，由于肉牛的采食特点，饲料不经咀嚼即咽下，故对饲料中的异物反应不敏感，因此饲喂肉牛的精料及粗料都应注意防止异物渗入，切忌使用霉烂、冰冻的饲料喂牛，保证饲料的新鲜和清洁，雨天或雨后不易放牧；保证充足清洁的饮水，在牛圈食槽边或运动场安装自动饮水器或在运动场设置水槽，经常放足清洁饮水，让牛自由饮用；放牧加补饲养殖要在牧区周边保证水源干净清洁，对于没有天然水源的牧区要人工筑井或引水筑池，确保让牛自由饮水；根据肉牛的生理特点，选择适当的饲料原料，以干物质为基础，日粮中粗料比例应在40%～70%，在育肥后期粗料比例也应在30%。

（二）营养需求

林下养殖模式中，肉牛育肥的营养需求能否满足直接影响养殖户的收益，在冬季牧草短缺的情况下，放牧转向舍饲，此时进行高精料饲喂可提高牛只抗寒能力，同时尽快地积累脂肪，以期达到快速出栏的效果。根据贵州常见饲料，给出如下满足肉牛营养需求的冬季饲料配方以供参考：玉米面40%，豆粕10.2%，酒糟18.7%，青贮秸秆29.8%，食盐0.3%，苏打1%，育肥前期（100～200 kg）至育肥后期（400～500 kg）粗精料比例由7∶3逐渐过渡至3∶7，全周期内保持自由饮水，根据实际条件可适当添加温水，确保牛只健康。

（三）犊牛饲养

犊牛以随母哺乳为主，为了提高犊牛增重或提早断奶，有条件下亦可用代乳粉兑水哺喂，犊牛生后3周开始训练吃料草，以刺激瘤胃发育，促进瘤胃功能完善，补充母乳不足的营养。训练犊牛所用饲料每次都是新鲜料，最好是颗粒料，一般情况下经1周训练饲喂便可自己采食精料。2月龄每天0.4～0.5 kg，3月龄日喂0.8～1 kg，以后每增加2月龄，日增加精料0.5 kg，至4～6月龄断奶时犊牛日喂犊精料达2 kg。

（四）能繁母牛育成牛饲养

犊牛满6月龄断奶后，转入育成牛群饲喂阶段，进行后备母牛培育和商品牛的生产。其中育成母牛饲养需要促进消化器官的发育及性成熟，12～15月龄达到300～350 kg初配体重。12～18月龄的育成母牛，体躯接近成年母牛，可大量利用低质粗料。18～24月龄的后备母牛，已开始配种，生长变缓，饲喂过程中应适当控制精料的喂量，以免牛体过肥。

（五）商品牛育成牛饲养

分为直线育肥和吊架子育肥。其中，直线育肥指犊牛断奶后直接转入育肥阶段，给予充足营养，精料为主（干物质含量应占肉牛体重的2.5%～3%），粗料为辅，进行强度育肥，经过育肥体重达到450 kg以上即出栏屠宰。吊架子饲养前期饲养目标是促进幼牛骨骼、肌肉生长发育，利用架子牛补偿生长的特点，饲料按逐渐变换原则，进行分阶段强化补饲饲养，先适应后育肥，先以粗效果饲料为主，后期以精料为主，前期高蛋白饲料，后期高能饲料，适时出栏。

（六）环境卫生管理

"以防为主，防重于治"为主旨，参照《肉牛饲养兽医疫病防控准则》（NY 5126—2002）等有关规定，贯彻好主动疫病防控理念强化主动积极的疫病防控意识，充分认识疫病防控工作的重要性，提高疫病防控的自觉性和主动性，普及疫病防控知识，制定科学的疫病防控制度；认真贯彻和落实疫病防控规范，实施林下及周边区域封闭管理，做好检疫工作。

（七）其他

养殖场中肉牛按月龄、体重大小、公母、品种等分群饲养管理；犊牛出生后或购进后，应立即给予编号；购进的牛只或自养架子牛转入育肥前，应做 1 次全面的体内外驱虫和防疫注射；牛舍应定期消毒，每出栏一批牛，牛舍要彻底清扫消毒；饲料（尤其是精料）更换应采取逐渐变换的办法，第一天可以更换 10%，第二天更换 20%~30%，第三天更换 40%~50%，经过 1 周时间全部更换过来为宜；气温低于 -15℃要采取防寒保暖措施，气温高于 26℃，要采取防暑降温措施；养殖户每天要认真观察每头牛的精神、采食、粪便和饮水状况，以便及时发现异常情况，并要做好详细记录。

（八）养殖档案

根据养殖户饲养管理实际情况，建立牛只对应的养殖档案，档案中应详细记录牛只耳标号、初始体重、出栏体重、体尺指标、疾病及治疗情况、母牛产犊情况、犊牛初生重、接种疫苗情况等，尽可能细致地记录养殖所需数据，做到细化管理，为高效养殖提供帮助与支撑。

六、疾病预防

（一）主要传染性疫病免疫防控

1. 制定免疫计划

明确本地区牛口蹄疫、牛出败等传染病感染毒株亚型种类及其发生季节、流行规律、了解牛群的生产、饲养、管理和流动等情况，以便根据需要制定相应的防疫计划。做好布鲁氏菌病的感染阳性检测，对感染阳性牛要及时淘汰并做无害化处理（表9-2）。

表9-2　免疫接种程序

疫苗名称	接种日龄（天）	接种方法及剂量
牛出败多价灭活苗	90～360	1.5头份颈部肌内注射，1年2次
口蹄疫灭活苗	60～360	1.5头份颈部肌内注射，1年2次

2. 完善消毒设施

消毒的主要目的在于消灭牛体的表面、设备器具及场内的病原微生物，切断传播途径，防止疫病的发生或蔓延，保证奶牛健康和正常的生产。牛场一般防疫消毒的设施有消毒池、消毒室、隔离舍、高压蒸汽灭菌器。

3. 制定卫生防疫制度

始终坚持防重于治的卫生防疫理念，实现保障牛健康、促进生长发育并且对于提高产量的意义非凡。林下养殖模式则应该更加重视牛的卫生防疫，出现疫病流行会对养殖户经济方面造成不容忽视的损失。

（二）常见疾病的诊断与治疗

1. 蠕虫病

一般感染早期无临床症状，感染后期主要表现为牛消瘦、病畜精神不振，食欲减退，消化不良，反刍无力，排粥样粪便，肛门周围、后肢、尾巴都受到污染，不愿运动，明显消瘦，体质衰弱，放牧掉队。严重的体质衰竭，瘫卧不起，随粪便排出米粒大的绦虫节片。

防治方法：口服15 mg/kg的芬苯达唑、20 mg/kg的吡喹酮或皮下注射剂量为0.2 mg/kg的伊维菌素也能达到很好的驱虫效果。

2. 球虫病

病牛精神不振，被毛混乱，体温基本正常或者稍微升高，排出染血的稀粪，症状严重时体形消瘦，经常躺卧在地，反刍和瘤胃蠕动停止，但肠蠕动增强，排出混杂血液的粪便，有时会混杂纤维性薄膜，并散发恶臭味，且稀粪往往附着在尾部及后肢上。另外，排粪时呈现里急后重，但要注意与牛肠炎鉴别诊断。

防治方法：病牛可按每千克体重肌内注射0.1 g磺胺六甲氧嘧啶溶液肌内注射，每2天1次；或按每千克体重5 mg氨丙啉口服，每天1次，连续使用2～3天；需要注意的是，病牛体内寄生的处于不同生殖阶段的球虫对各种抗球虫药物的敏感性存在差异，且容易产生抗药性，因此临床治疗时要联合使用多种驱球虫药物，具有较好的治疗效果。

3. 牛肝片吸虫

主要寄生在肝脏及胆管内，外观呈扁平叶状、呈棕红色。感染羊以消瘦、腹泻为临床特征。

防治方法：主要用抗蠕敏、硝氯酚氯、硝柳胺等驱虫药定期驱虫，用法、用量参照药物说明书。

4. 焦虫病

主要由泰勒属和巴贝科血液原虫感染引起的一种血液寄生虫病，蜱为中间宿主，多发生于春夏季节，牛一旦感染发病会导致牛体温升高，体温在 $39.3 \sim 41.8℃$，稽留热型。病牛体表淋巴结肿大，有疼痛感，呼吸变得急促、心跳速度加快，眼结膜变得潮红，并伴随着流泪，外表症状表现为食欲减退、精神状态较差，长时间行走有疲惫感；颈静脉采血见血液稀薄、呈淡血水样。感染后期病牛的病情逐渐加剧，体温持续升高，维持在 $40 \sim 41.8℃$，外表症状表现为鼻镜干燥无水珠，严重时鼻镜出现干裂、精神萎靡、完全失去食欲，停止反刍，弓腰缩腹。眼结膜表现为苍白或呈黄红色，出明显消瘦，严重患牛 $7 \sim 14$ 天后死亡，尸体消瘦，血凝不良，脾肿大比正常增大的 $2 \sim 3$ 倍，肝明显肿大。

防治方法：黄芪多糖注射液 30 mL 或 5% 葡萄糖 500 mL 静脉注射，一日一次，连用 $3 \sim 4$ 天。

5. 牛病毒性腹泻（黏膜病）

多见于幼犊，表现高热，持续 $2 \sim 3$ 天，腹泻，呈水样，粪带恶臭，含有黏液或血液，大量流涎、流泪，口腔黏膜（唇内、齿龈和硬腭）和鼻黏膜糜烂或溃疡，严重者整个口腔覆有灰白色的坏死上皮，孕牛可引起流产，犊牛先天性缺陷。

防治方法：目前没有特效抗病毒药能治疗本病，病牛需通过对症治疗来降低死亡率，从而降低牛场的经济损失。可在饮水中加入补液盐、矿物微量元素和电解多维，以补充因腹泻造成的矿物元素丢失，也能起到抗应激和提高机体新陈代谢水平的作用。如果出现体温升高，且高热稽留，为了防止长期高热对神经系统造成影响，可肌注氨基比林或口服对乙酰氨基酚片让其退烧，同时配合使用广谱抗生素，防止退热过程中出现继发感染。

6. 异食癖

根据牛只缺乏营养成分的不同，其中舔舐不锈钢、粪尿、泥土以及塑料等物品最为常见，若是缺乏蛋白质或者必需氨基酸，牛只会出现舔舐粪尿的情况，缺乏维生素尤其是 B 族维生素也会表现出该症状；若是缺乏矿物质、微量元素或营养物质间比例失衡，牛只表现出舔舐泥土、金属、塑料，需要及时处理，以免牛只吞入异物造成其他创伤性疾病的发生，影响牛只健康。

防治方法：在饲养过程中注意观察牛只情况，出现异食癖及时调整饲料配比，调控营养需求以保证牛只获得全面均衡营养。同时要保证充足的新鲜水源，控制牛只饲养密度，缺乏水分以及饲养密度过大均会造成异食癖。补充添砖是较为常见的补充矿物质及微量元素的手段，可以在一定程度上预防异食癖的发生。

7. 瘤胃臌气

在生产上因发病原因不同可分为食滞性臌胀和泡沫性臌胀。气滞泡沫性臌胀多由采食时摄入过多新鲜豆科牧草引起，发病急、反刍减少或停止、口腔有泡沫样流涎，左肷部臌胀，用拳用力挤压有弹性、但无铁实感，叩之如鼓，气促喘粗，张口伸舌，左腹部迅速胀大，摇尾踢腹，听诊瘤胃蠕动音消失或减弱。食滞性臌胀多由补饲精料或发酵精饲料（玉米面、豆粕及麦麸等）过多引起，主要表现为发病慢、牛只反刍次数减少，左肷部臌胀，用拳用力挤压有弹性和铁实感，听诊瘤胃蠕动音减弱。

防治方法：①泡沫性臌胀，在春节放牧时，预防牛采食过量多汁、幼嫩的青草和豆科植物（如苜蓿）等。急性发病时用 5 ~ 8 cm 柳枝条去皮后插入牛顺气穴，用二甲基硅油 8 ~ 12 g、硫酸钠 250 g 兑温水 2 ~ 3 kg 一次性灌服；或用松节油 10 ~ 12 mL、硫酸钠 250 g 兑温水 2 ~ 3 kg 一次性灌服；②食滞性臌胀，在补饲时注意饲料精粗料的比例，大豆、豆饼类饲料要用开水浸泡后再喂，饲养员推料及时并注意观察牛只反刍及剩料情况。急症时可以使用导管针从左肷部插入放气，放气时不能持续时间较长，要有 1 ~ 2 分钟的间歇期，拔出针头后需用碘伏对伤口处进行消毒防止感染。用鱼石脂 6 ~ 8 g、95% 酒精混合融化，加生采油 500 mL 混合一次性灌服，待臌气消退后，用兽用中草药组方"平胃散"与"四君子汤"加减组方，将中草药粉碎后用温开水混合灌服，每日一剂，连用 2 ~ 3 天。

8. 牛出败

主要为多杀性巴氏杆菌感染，为一种条件性、高度接触性传染病，冬春季节交替气温骤变容易发生。发病较快，高热，多呈急性死亡，患羊呼吸急促、流清口水，眼结膜发绀；后期流脓性鼻液、咳嗽、呼吸困难；肺组织弥漫性炎性变化（大叶性肺炎），胸腔积液。

防治方法：发病早期，用青霉素钾、链霉素肌内注射，每日 2 次，同时肌内注射 10% 氟苯尼考溶液。重症病牛用 10% 磺胺嘧啶钠注射液或磺胺间甲氧与 5% 葡萄糖注射液静脉输液。其药物使用剂量要在兽医专业人员的指导下确定。

9. 牛肺疫

也称牛传染性胸膜肺炎，俗称烂肺疫。病初体温升高至 40 ~ 42℃，鼻孔扩张，鼻翼扇动，有浆液或脓性鼻液流出。呼吸高度困难，呈腹式呼吸，有吭声或痛性短咳。前肢张开，喜站。反刍迟缓或消失，可视黏膜发绀，臀部或肩胛部肌肉震颤。若病情恶化，则呼吸极度困难，病牛呻吟，口流白沫，伏卧伸颈，体温下降，最后窒息而死。病程 2 ~ 4 周，也有延续至半年以上者。

防治方法：对全群牛只进行牛肺疫疫苗接种，若有外购牛只进入需要严格隔离，并接种肺疫疫苗；若有牛只感染肺疫，需要立即隔离，并将饲养场所进行全面消毒工作。患病牛只采取注射克罗因子（用人用药地塞米松注射液 5 mL 稀释一瓶克罗因子）进行治疗，注射时建议多点注射，一个点注射 15 ~ 20 mL，这样容易吸收，药品起效快。病牛在治疗期间，饮水里面加入小苏打（食用碱）或者红糖少量有助于病牛体能恢复。

10. 流行性感冒

发病黄牛多半出现精神沉郁、咳嗽流涕、食欲不佳，部分重症牛只会出现明显弓背、四肢无力、呼吸困难，同时有可能伴随着发烧。

防治方法：在温度变化较大的季节要时刻关注牛只情况，保证饲养环境温度维持在合理区间，对于发病牛只，可采取肌内注射 30% 安乃近（犊牛 20 mL，成年黄牛 30 ~ 40 mL）或注射青霉素钠（1.3 万 ~ 1.4 万单位/kg 体重、链霉素 3 万 ~ 3.5 万单位/kg 体重，注射用水 50 ~ 100 mL 稀释，每日肌内注射 2 次，连用 3 ~ 5 天），用药对于重症牛只可以酌情加大，剂量应根据兽医指导进行添加。

11. 牛前胃迟缓

牛只在患病后表现为消化不良、食欲降低甚至拒食、反刍停止以及便秘等，同时存在胀气、下痢或者便秘症状。随着病情的不断发展，病牛便秘次数逐渐减少，粪便干硬并且颜色暗淡。在患病早期，病牛仅仅表现为消化不良，及时对其进行有效的治疗常常可以痊愈。一些牛只呈慢性发病，主要表现为反刍无规律，出现间歇性的瘤胃臌气，瘤胃蠕动速度变缓，交替出现便秘以及下痢症状。在发病后期，病牛常常表现为毛发杂乱、贫血以及脱水等症状，可能因自体衰弱而引发死亡。

防治方法：选择 10% 氯化钠 500 mL 与 5% 葡萄糖 500 mL 静脉滴注；或用兽用中草药组方"平胃散"与"四君子汤"加减组方，将中草药粉碎后用温开水混合灌服，每日一剂，连用 2～3 天。

12. 牛结节性皮肤病

患牛头、颈、躯干、四肢皮肤有散在的直径 1～2 cm 的硬结节，结节处皮温较高，牛只逐渐消瘦，淋巴结肿大，皮肤水肿，局部形成坚硬的结节或溃疡触之牛痛感明显。病牛精神、食欲无明显变化。

防治方法：严格按照《牛结节性皮肤病防治技术规范》的要求扑杀病牛并做好无害化处理，同群牛进行隔离，限制牛只、牛产品和饲料及相关用具的移动，放牧林区、圈舍和隔离环境彻底消毒，做好蚊虫的消杀工作，同时对周边养牛场（户）开展排查，限制周边牛只移动和交易。必要时，牛可采用山羊痘疫苗（按照山羊的 5 倍剂量）紧急免疫。

第三节　地方特色猪林下生态养殖技术

林下生态养猪是指利用林下资源，采用"舍饲＋青绿饲草""舍饲＋放养"等养殖模式，以耐粗饲、抗逆性强和易育肥地方猪种资源为主。林下放养可充分利用林地牧草资源，降低饲料成本，同时在生态环境作用下，猪群充分运动、拱土等，不仅有效控制背膘厚度，还可能通过食草补充各类维生素与矿物质，提升抗病能力，改善猪肉品质，保障猪肉产品安全。

一、品种选择

贵州省地方猪特色品种资源为 7 个，分别为柯乐猪、黔北黑猪、香猪、黔东花猪、关岭猪、白洗猪和江口萝卜猪。其中，以柯乐猪、黔北黑猪和香猪 3 个特色猪种的品种利用及开发程度大、存栏量高、养殖区域广泛，开展林下生态养殖可行性高。

1. 柯乐猪

柯乐猪是贵州省优良地方猪种，中心产区赫章县可乐彝族苗族乡，属于乌金猪系列，具有中等偏大体型，较大且呈漏斗状的腹部，表现出较强耐寒抗湿和抗逆性，能适宜在贵州喀斯特地区湿冷的复杂养殖环境，4月龄育肥阶段柯乐猪及其土杂猪开展林下放养最适。

2. 黔北黑猪

黔北黑猪是贵州省分布较广的一个地方品种，中心产区在遵义市湄潭县、道真县等区域，具有耐粗饲、屠宰率高、易育肥、肉品质较好、体型较大、脂肉兼型、杂交优势明显等特点，常作为杂交父本进行开发利用，4月龄黔北黑猪及其土杂猪开展林下放养最适。

3. 香猪（从江香猪）

香猪（从江香猪）是国家优良微型地方猪种，中心产区在贵州省从江县的宰便、加鸠2个区及三都水族自治县都江区的巫不乡，具有"一小二香三纯四净"的特点，4月龄从江香猪及其土杂猪开展林下放养最适。

二、选址条件

要求远离人口聚居区、屠宰场、养殖场、垃圾场、人饮水源保护区，需离交通主干线2 000 m以上，离乡村主干道500 m以上。其次，拥有放牧林地和圈舍建设用地，水源条件良好，水量充足、水质好、无污染。放养区域地面无荆棘，地势平坦、无积水，坡度小于15°以下，最好选择有小山脉、岩层等天然屏障将放牧区自然分隔开的安全地块。圈舍建设要求地势较高，排水良好，土壤干燥，背风向阳。此外，不宜在6年以下的幼林地内进行放养，应选择粗壮松林、花椒、核桃等猪不啃咬的树林，否则易造成林地破坏。

三、养殖布局

1. 放养区规划

林下放养区域利用铁丝网、生物围栏、围墙等进行全部包围阻断，并在放养场中间，再次利用牢固型铁丝网进行隔断，划分为左、右林下放养区，便于每隔45天开展分区轮养。

2. 圈舍修建规划

在左、右林下放养区修建圈舍，面积按每头育肥猪1.5 m²计算，内外墙面用灰沙抹平（粉糊抹平），便于猪补饲精料、饮水、睡觉等。圈舍采用单列式结构设计，猪栏设计参数见表9-3。

表9-3　林下养猪圈舍猪栏设计参数

类别	长（mm）	宽（mm）	高（mm）	隔条间距（mm）	备注
育肥栏	3 000 ~ 3 200	2 400 ~ 2 500	900 ~ 1 200	100	
窗户	2 600 ~ 2 800	—	1 000 ~ 1 200	—	在边墙高1.5 m处安装
栏门	—	800 ~ 900	900 ~ 1 200	≤100	钢筋焊制
食槽	3 000	300	80 ~ 120	—	
粪尿沟	3 000 ~ 3 200	300	50 ~ 100	—	靠后墙角，低于地面

圈舍内地面：圈内地面用灰沙抹平硬化（不抛光），排粪口最低，高低倾斜坡度为2% ~ 3%，从高处朝排粪口方向扫出细纹，利于排水。

圈舍人行通道：硬化道宽120 ~ 150 cm。

饮水器：在猪圈排粪尿口上方50 cm处各安装一个自动饮水器，两个饮水器之间的水平距离为50 cm。

3. 道路布局

在左、右林下放养区，修建2 ~ 4条通向圈舍硬化路（长根据现场决定，宽1 m，厚15 cm），便于猪和养殖人员前往圈舍。

4. 养殖密度

如采用"舍饲+青绿饲草"养殖模式，在养殖区域内建议按5头/亩的标准配置青绿饲草地；如采用"舍饲+放牧"养殖模式，建议按2 ~ 3头/亩的标准配置放牧林地。

四、饲料选择

精饲料一般选择玉米、米糠、麦麸皮等为主；精饲料日粮配方：玉米69%、豆粕18%、麸皮10%、碳酸氢钙1%、磷酸氢钙0.8%、饲料盐0.4%、赖氨酸0.25%、蛋氨酸0.1%，复合维生素0.05%、预混料0.5%。

青绿饲料一般选择块茎类、块根类、叶菜类以及优质高蛋白牧草。

五、饲喂方法

1. 调制饲料

林下养猪精饲料生喂或熟喂需根据原料特点进行选择，谷实饲料如玉米、大麦和小麦及其加工副产品糠麸类适宜生喂，但大豆、豆饼、棉籽饼和菜籽饼等适宜煮熟饲喂。

2. 饲喂次数

从猪食欲与时间的关系上来看，猪群的食欲以傍晚最盛，早晨次之，午间最弱，这种现象在夏季更趋明显，饲养员需对放养猪补饲精料 2 次，在上午 9 时、下午 18 时进行，建议柯乐猪和黔北黑猪每次补饲精料 1.5 kg/ 头，而香猪每次补饲精料 1.0 kg/ 头。

六、管理要点

1. 调教训练

在林下放养区域，建立定点、定时、定口令的制度，调教训练期约 1 个月，使猪形成条件反射，只要听到口令，可自动向圈内跑去吃食、饮水。

2. 分区轮养

以 45 天为标准，在左右林下放养区开展循环轮养。

3. 适时出售育肥猪

林下环境好、青绿饲草充足，猪生长发育速度快，当柯乐猪、黔北黑猪体重达 80 ~ 90 kg/ 头、香猪体重达 30 ~ 40 kg/ 头时，已达生长高峰期，后期将以脂肪沉积为主，不再继续快速生长，这时应及时出栏，获得最佳养殖经济效益。

七、场地消毒

在林区放养过程中，每隔 7 天对圈舍或放养活动场所消毒 1 次。在放养活动区域，采用 2% 戊二醛按 1：200 兑水喷洒或三氯异氰尿酸钠按每升水 400 mg 配置成水溶液喷洒；在圈舍区域，采用福尔马林熏蒸消毒：25 mL/m³。

八、免疫接种

开展猪瘟、猪蓝耳病和猪口蹄疫病群体补充免疫，免疫程序具体方法见表 9-4。

表 9-4   免疫接种程序

疫苗名称	接种日龄（天）	接种方法及剂量（头份/头）
猪瘟疫苗（传代细胞/兔源）	135 ~ 150	颈部肌内注射：2
猪繁殖与呼吸系统综合征疫苗（蓝耳病）	150 ~ 160	颈部肌内注射：2
口蹄疫（O 型）	160 ~ 170	颈部肌内注射：2

九、常见疾病诊断与防治

每天在给猪投喂饲料时，如果投料 5 分钟后，猪始终未采食，或投喂第二次饲料时，如果发现饲槽内有大量剩余饲料，说明猪只处于亚健康状态，需尽早筛查原因，及时治疗。

1. 猪传染性胸膜肺炎

其特征为表现呼吸急促、咳嗽，急性型开始体温升高至 41.5℃以上，持续不退，随后出现呼吸困难，呈明显犬坐式腹式呼吸，并伴有阵发性咳嗽。

防治方法：加强饲养管理，对猪场进行严格消毒，改善卫生条件；平时用泰乐菌素 + 多西环素 + 维生素 C 粉 + 板蓝根颗粒，按厂家指导用量混饲定期预防；发病期用按 50 kg 体重 500 万单位泰乐菌素肌内注射，同时用青霉素、链霉素或头孢氨苄注射配合治疗，控制继发性炎症。

2. 猪丹毒

主要发病症状为高热、体温多在 41℃以上，皮肤上形成大小不等、性状不一的紫红色疹块，用手触摸有不规则的"硬块"感，俗称"打火印"，尤其是 3 月龄以上的猪感染性最强，具有传染性。

防治方法：用季铵盐碘或戊二醛消毒剂带群消毒，每日 1 次；按 50 kg 体重 400 万单位青霉素肌内注射，每日 2 次，连用 2~3 天。

3. 猪感冒及肺炎

在发病早期主要表现为采饲量减少、部分流清鼻涕、耳根发凉；在发病中后期易转变成肺炎，主要现为食欲不振、精神萎靡、体温升高在 40℃以上、呼吸异常且咳嗽，但无传染性。

防治方法：发病早期用 30% 安乃近或 10% 氨基比林与青霉素钾混合肌内注射，一日 2 次；在发病中后期用青霉素钾和链霉素与注射用水混合注射，也可用头孢噻呋钠与 30% 安乃近混合注射，每日 2 次，连续用药 2~3 天。其药物使用剂量要在兽医专业人员的指导下确定。

4. 猪寄生虫病

林下养猪最易感染寄生虫病。寄生虫分体外和体内 2 类，体外寄生虫以螨虫危害最大，体内寄生虫主要以蛔虫为主。

（1）猪体外寄生虫病——猪疥螨。其特征为感染猪耳部皮屑脱落，出现过敏性皮肤丘疹，逐渐蔓延至背部与躯干两侧，猪常在墙壁等处摩擦，严重时造成出血和结缔组织增生，局部脱毛。防治方法：参照药品使用说明，采用阿维菌素或伊维菌素肌内注射；也可用除癫灵兑水皮毛喷洒。

（2）猪体内寄生虫病——猪蛔虫。其特征为感染猪生长缓慢、消瘦，被毛粗乱无光、黄疸，采食饲料时经常卧地，有时咳嗽、呼吸短促，粪便带血。防治方法：阿苯达唑片、芬苯达唑片拌饲料使用，其使用剂量参照药品使用说明。

十、无害化处理

1. 粪污无害化处理

建议采用粪污堆积发酵技术；猪粪由于碳氮比较低和含水量较高，不适宜单独堆肥，可在发酵前在猪粪中适当添加稻草、粉煤灰和木屑等。堆肥发酵是好氧过程，在混匀物料时，要做到拌匀、勤翻、透气为佳。水分控制在 60%~65%，表现为用手抓一把物料，指缝见水印不滴水，落地即散为宜。

2. 病死猪无害化处理

无害化处理建议采用直接掩埋法；选择地势处于下风向，远离人口集中区域、主要河流及公路、动物饲养厂、动物屠宰加工场所等，掩埋坑底高出地下水位 1.5 m 以上，防渗、防漏。坑底洒一层厚度为 5 cm 生石灰或漂白粉，将病死猪投入坑内掩埋，最上层尸体距离地表 1.5 m 以上，掩埋后，立即用氯制剂对掩埋场所进行 1 次彻底消毒，第一周内应每日消毒1 次。

十一、养殖记录

工作人员需做好疫苗免疫、诊断用药、投料饲喂、无公害处理、生产销售等方面的详细记录。

第十章

林—禽生态养殖技术

贵州生态禽养殖生产多以半放牧、全放牧小规模家庭养殖为主体，养殖分布相对分散、养殖周期较长、禽蛋产品风味较为独特，通常以"优质、美味、绿色"著称，深受广大市民消费青睐，已成为贵州禽产品"黔货出山"的重要核心标志。为进一步夯实贵州生态畜牧业发展基础，结合贵州良好的山地环境条件、资源特点及产品质量优势，发展林下生态家禽养殖将是未来发展的重点方向，有利于做大做强贵州优质畜禽产品区域品牌。但林禽生态养殖必须做到科学规划和规范化养殖，如养殖密度过大、布局不合理，粪污、病死禽处理不当等，极易对局部环境植被带来破坏和环境交叉污染，甚至给禽蛋食品卫生安全带来潜在危害；同时，因饲养管理技术不到位，极易出现鸡群死淘率过高、生产性能（潜能）发挥不足、生产成本过高等问题，致使养殖生产效益低下甚至严重亏损。

目前，贵州生态禽林下养殖模式占比在 60% ~ 65%，如何结合贵州山地资源环境特点及现代家禽产品市场消费变化需求，因地制宜构建贵州林下家禽生态养殖的发展模式和规范化、标准化生产应用技术支撑体系，实现产业发展资源有效利用和效益最大化，对推进贵州生态家禽健康可持续发展和规模化发展进程具有良好的经济、社会及生态意义。本章主要介绍鸡、鹅林下生态养殖技术。

第一节 林下生态养鸡技术

利用贵州丰富的林草地资源和良好的生态环境优势开展鸡林下生态养殖，通过延长鸡养殖生产周期和野外放牧，一是鸡长时间野外活动，抗逆性增强、减少了皮下脂肪量、提高了肌间脂肪和血红蛋白量；二是鸡养殖到 120 ~ 150 天，基本处于性成熟和体成熟阶段，羽色光亮、貌相美观漂亮、肉质富有弹性，市场接受度较高；三是采食大量野外林草和昆虫，提高了肉中氨基酸含量和风味物质丰度，从而改善并提高了鸡的肉蛋品质及口感，以满足当前国内居民消费市场对高品质特色禽产品的日益增长和需求，提升贵州特色禽产品在国内的市场竞争能力。由于鸡林下生态养殖受林地资源条件和野外环境因素的影响较大，加之养殖生产时间周期较长，给养殖管理、环境控制、疫病防控、产品质量安全风险控制等都将带来不利影响。因此，必须结合不同地域环境条件，因地制宜建立养殖生产模式、针对市场目标灵活制定生产计划和从养殖生产技术规范应用入手提高生产水平，才是搞好鸡林下生态养殖的关键。

一、肉鸡林下生态养殖技术

（一）养殖场地选择及基本要求

1. 林地选择

以桃树、栗树、柑橘等乔木为主的高冠成熟果林和天然灌木林地，坡度在 45° 以下，由于鸡对植物根系有一定的破坏性，不建议在以藤本为主的果林地从事林下鸡养殖。养殖规模及数量要根据林地面积及饲草资源条件确定，尽量避开森林覆盖面较大的针叶林地（郁闭度在 0.5 以下）。

2. 场地选址

养殖场选址不能在风景名胜区、旅游区和人畜饮水源的上游等禁养区域，要远离工厂和城镇居民区 1 000 m 以上，距离县乡公路主干道 500 ~ 1 000 m。

3. 基本条件

水、电、路必须畅通，水源必须符合人畜饮用水卫生质量要求。

（二）场地规划和布局

1. 放牧区规划

根据林地面积，大规模专业养殖按每个群体单元 1 500 ~ 2 000 只，庭院小规模养殖按每个群体单元 200 ~ 1 000 只划定放牧区域。每个区域用 1.5 ~ 2.5 m 高的金属围网或栅栏隔离封闭，在距离人行通道和林地边缘 1.5 ~ 2 m 进深处安装围网或栅栏，构建天然生物隔离带，禁止鸡随意进出放牧区和外来人员接触鸡群。

2. 放养密度

放养密度视林草资源条件而定，果林地每亩 30 ~ 50 只、天然灌木林地每亩 50 ~ 200 只（如每亩林地养殖密度在 150 ~ 200 只，必须加大全价饲料的供应量）。

3. 圈舍布局

小鸡育雏圈舍单独建在放牧林区外围，育成鸡圈舍建在放牧区域内。建圈舍前首先要明确鸡群的放牧方位和划定放牧区域，再根据实地情况落实鸡舍修建方位。

（三）圈舍修建及要求

1. 育雏鸡圈舍

（1）如采用地面方式育雏，雏育舍面积按每平方米50只计算；如采用网上多层方式育雏，育雏面积按网面平面方计算，每平方米50只。

（2）育雏舍修建最好为砖混结构，要做到密闭保温和适度通风，同时配备必要的升温设备。

2. 育成鸡圈舍

（1）圈舍面积大小按每平方米10~12只计算，房檐高度1.6~1.8 m，房脊高度3~3.5 m；鸡舍要预留单独的人工通道和鸡群放牧通道，鸡群放牧通道面向放牧区域，两个通道不能相互交叉重叠；鸡舍周围按照深度20~30 cm、宽度40~50 cm挖排水沟，便于雨季山水排放畅通。

（2）鸡舍建筑材料可就地取材，但圈舍修建必须做到牢固、安全，在冬季既能保温又能通风。

（3）如选择地面平养，地面必须硬化，便于场地清洗和消毒；如选择单层网上平养，网床安装要便于鸡粪清理。

（四）鸡粪及病死鸡无害化处理设施建设

1. 鸡粪无害化处理设施

在距离鸡场下风口方向50~100 m处修建鸡粪无害化处理池和钢架阳光棚，其面积大小根据养殖规模及数量进行规划设计。

2. 病死鸡无害化处理池

在距离鸡场下风口方向30~50 m处修建病死鸡无害化处理池，其规格大小根据养殖规模及数量进行设计，处理池要封闭和安装安全警示标识，池中注入王水（22.8%~25.8%浓盐酸和2.5%~3.1%浓硝酸铵3:1比例组成）或强碱（解离常数大于26），有条件的养鸡场可安装焚尸炉。

（五）品种选择

以市场目标为导向选择适宜的品种。如以辣子鸡加工为主，建议选择

882、良凤花、墟岗黄、金陵麻黄鸡等国内中速型肉鸡品种，养殖周期在100～120天，公鸡出栏体重在 3.5～4.5 kg；如以鲜活鸡销售为主，建议选择铁脚麻、香鸡 3 号、威宁鸡、乌蒙乌鸡、瑶鸡、黔东南小香鸡、赤水竹乡鸡、兴义矮脚鸡等国内地方优质鸡品种，养殖周期在 120～150 天，公鸡出栏平均体重在 2.5 kg 以下，母鸡处栏体重在 1～1.5 kg。

（六）疫病免疫防控

制定科学、合理、有效的疫苗免疫程序是每一个养鸡生产场疫病防控的重要技术手段，鸡免疫程序的制定都要根据不同地区、不同品种特性、不同疫病流行区域及特点来进行参考制定，千万不要生搬硬套。要注意搞好疫苗质量、运输、保管以及接种方法等日常管理工作。林下优质肉鸡养殖主要疫病防控疫苗免疫参考程序见表 10-1。

表 10-1　肉鸡林下生态养殖疫苗免疫参考程序

日龄（天）	免疫内容及方法	使用剂量及方法	备注
1	鸡马立克弱毒细胞苗	1～1.5 头份颈部皮下注射	雏鸡出场前 8 小时内免疫
3～5	鸡新支 H120 弱毒冻干苗	1～1.5 头份，点鼻、点眼	用电解多维饮水处理应激反应
12	鸡法氏囊 B87 冻干苗	1～1.5 头份，点鼻、点口	用电解多维饮水处理应激反应
17～18	鸡痘冻干苗和禽流感 H5+H7 双价灭活疫苗	鸡痘为 1 头份翅下接种；禽流感 0.3 mL 皮下注射	用电解多维饮水处理应激反应
21～22	鸡新支 H52 二联冻干苗	2 头份饮水	水中按 0.2%～0.3% 添加脱脂奶粉
26～27	鸡法氏囊 B87 冻干苗	2 头份饮水	水中按 0.2%～0.3% 添加脱脂奶粉
35～36	鸡新支二联灭活疫苗	0.5 mL 皮下注射	用电解多维饮水处理应激反应
50～55	禽流感 H5+H7 双价灭活疫苗	0.5 mL 皮下或肌内注射	用电解多维饮水处理应激反应
65	鸡痘弱毒苗	1 头份翅下接种	——
75～76	鸡新支 H52 二联冻干苗	2 头份饮水	——

（七）饲养管理技术要点

1.鸡育雏阶段的管理（1～30日龄）

（1）场地消毒。按清洗→消毒剂喷撒→熏蒸消毒→通风等工作流程进行。消毒剂选择季铵盐碘、戊二醛、苯扎溴铵或氯制剂等兑水喷洒（使用量参照产品使用说明书），熏蒸消毒用福尔马林或中草药烟熏剂密闭熏蒸10～12小时，进鸡前打开鸡舍门窗自然通风10小时以上。

（2）鸡苗饮水与开食。鸡苗进场先饮水2小时后再开食，饮水为冷开水，水中按0.05%加入电解多维；第1～2天将饲料用水拌润后放入开食盘中自由采食，2天后再用饲料桶替换开食盘放入小鸡颗粒饲料，24小时供水供料。如开食不当，容易出现鸡苗开食不均或经长途运输的鸡苗因饲喂干饲料导致二次脱水，引起鸡只消化不良。

（3）温度、密度要求与管理。适宜的温度、湿度是鸡苗育雏的重要保证，温湿度计放置在距离鸡上方10 cm处并远离火源；在鸡苗育雏过程中，温度要尽量保持恒定，不要忽高忽低，在变温期要逐步过度，1周后每天降1℃左右。当温度突然增高时不要急于去熄火降温，可用打开天窗和其他通风口的方式解决，避免造成盗汗；温度过低时要迅速及时恢复升温，避免鸡感冒。在低温高湿季节或新建的圈舍易出现鸡舍湿度过大盗汗现象，此时可将舍内温度提高3～4℃，同时打开天窗或上通风口进行排湿。其育雏温、湿度、密度要求见表10-2。

表 10-2　鸡苗育雏温湿度、密度参照数据

日龄（天）	温度（℃）	湿度（%）	密度（只）
1～7	32～34	65～70	60～80
8～15	30～32	60～65	50～60
16～20	28～30	60～65	50
21～25	25～28	60	50

（4）常规疾病药物保健及要求。以下药物使用要求为白天用药，晚上饮用清水。

2～5日龄，防治鸡苗感冒和应激反应：选择用10%恩诺沙星100 g与50%卡巴匹林钙100 g和适量的电解多维兑水100～150 kg饮用。

8～12日龄，防治鸡苗肠道感染：选择6.48%硫酸新霉素100 g或5%庆大霉素100 g兑水100～150 kg饮用。

15~20 日龄（变温期），防治鸡苗感冒：选择 10% 阿莫西林 100 g 兑水 100~150 kg 饮用。

22~25 日龄，防治鸡球虫病：选择 10% 氨丙啉 100 g 或 10% 磺胺喹噁啉钠 100 g 兑水 100~150 kg 饮用。

30~35 日龄，防治鸡慢性呼吸道病：选择 5% 多西环素 100 g 加 10% 恩诺沙星 100 g 混合兑水 150 kg 饮用。

（5）鸡苗脱温转群。对具备条件的鸡场，可将鸡苗转入过度圈舍饲养；对条件有限的鸡场和养殖小户可将鸡苗直接转入放牧区育成鸡圈舍饲养。鸡苗转群尽量选择在晚上进行，可减少抓鸡带来的过度应激。

2. 鸡育成期过渡阶段的管理（31~60 日龄）

（1）鸡进场前的准备。鸡苗进场前要做好相关准备工作，有序开展饲养管理。

检查鸡场水、电、路是否完好和畅通，鸡舍是否漏雨，排水沟是否完好。

场地清洗和消毒：将鸡舍周边的杂物清理干净，鸡舍地面、网床及器具要用水清洗干净后再消毒，使用季铵盐碘、戊二醛或氯制剂等专用消毒剂（使用剂量参照说明书）对鸡舍、器具及周边环境进行喷撒。如为污染场，要在鸡舍周边环境撒上一定量的生石灰，场地经消毒后停场半年以上再使用。

饲料储备：储备 5~7 天的全价肉小鸡饲料用于饲料过度，35 日龄后逐步过渡到肉中鸡全价饲料。

药品储备：准备一定量的抗应激、感冒、慢性呼吸道感染、肠道感染、球虫病等防治药品。

（2）饲喂。鸡苗进场后要做好饮水和开食，加强各饲喂环节的管理。

饮水和开食：脱温鸡进场先休息 1~2 小时后再进行饮水和开食；饮水中加入适量的电解多维处理应激反应，对经长途运输的脱温鸡苗要将干饲料用水拌润后饲养 1 天，避免鸡群出现饲料消化不良。

饲料桶、饮水器摆放：不能直接将饲料桶、饮水器直接放在地面上，避免水、料污染。将饲料桶和饮水器用砖垫高或用铁丝悬挂，高度以不影响鸡只采食为准。

饲料过渡：第 1~2 天用 70% 肉小鸡饲料和 30% 肉中鸡饲料混合饲喂；第 3~4 天用 50% 肉小鸡饲料和 50% 肉中鸡饲料混合饲喂；第 5~6 天用 30% 肉小鸡饲料和 70% 肉中鸡饲料混合饲喂；第 7 天后全部更换为肉

中鸡饲料。主要营养指标：粗蛋白 19%~20%、能量 2 850~2 900 大卡。

定时定量供料：饲料量要根据鸡的日龄大小灵活调整，每天按 2~3 次固定喂料时间，24 小时提供饮水。

（3）鸡群观察。随时观察鸡群饮水、采饲、粪便、精神状况是否正常，是否有肠道、呼吸道、死亡等异常情况出现，如有 1%~2% 的鸡只出现异常，要尽快查明原因，及时制定应对处置方案。

3. 鸡放牧阶段的管理（61~150 日龄）

（1）公母分群。随着鸡在育成期日龄增长和体重增加，公鸡易踩踏母鸡和抢食，不利于母鸡采饲，从而影响母鸡生长和鸡群出栏整齐度。因此，在鸡放牧饲养阶段，要将公鸡和母鸡分群饲养。

（2）把握好放牧时间。要根据季节温湿度变化、环境条件及品种生产特性灵活选择鸡群放养时间段，遇到天气温度过低或下暴雨期间应禁止放牧。

（3）加强青绿饲料补给。如放牧地饲草严重不足，要适当提供一定量的青绿饲料及牧草。有条件的鸡场，可在林地周边农闲地、冬闲田大量种植紫花苜蓿、三叶草、紫云英等高蛋白牧草，通过人补草可减少 15%~20% 的饲料用量。

（4）鸡群驯化。每次供料时可通过"声源"条件反射对鸡群进行驯化调控。

（5）天敌预警。在每个单元放牧区域放养 2~3 只成年鹅作为预警动物，预防天敌、兽害和被人偷窃。同时要注意放牧区域的深坑、暗沟及水塘，防止鸡只意外死亡。

（6）定期消毒。圈舍内外及鸡群活动场所应每周定期消毒 2 次，要储备 2 种以上不同的消毒剂交替使用，发生疾病期间应增加消毒次数。

（7）严控外来人员进出。场地应尽量谢绝参观，特殊情况下应控制参观者人数，在鸡场出入口通道上放置消毒盆或修建消毒池，人员、车辆经消毒后方可进出。

（8）定期驱虫。鸡群在 90 日龄左右用左旋咪唑、阿苯达唑或伊维菌素等药物驱肠道线虫和绦虫，先用药驱虫 1 次，间隔 1 周后再用药 1 次，连续 2 次驱虫（方法及用量参照使用说明）；用"灭害灵"对鸡身、鸡笼、网床及垫料进行喷洒，杀灭跳蚤、螨、虱等体外寄生虫。

（9）疫苗补充免疫。参照免疫参考程序定期完成后期疫苗补充免疫，提高鸡群免疫抗体水平以抵御主要传染性疫病发生风险。但在鸡群生病期间慎用疫苗免疫，待疾病处置痊愈后再进行。

（10）饲料营养要求。鸡非草食家禽，仅靠放牧采食远不能满足其生长营养需求，在育成放牧期间要早晚饲喂肉大鸡全价饲料。饲料选择可使用全价颗粒饲料或肉鸡专用浓缩料配制，肉大鸡饲料主要营养指标为粗蛋白 16%~17%、能量 3 050~3 150 大卡。如使用鸡浓缩料，须按照饲料生产厂提供的配方比例说明书使用要求进行配制。对庭院小规模养殖户和以养殖黔东南小香鸡、赤水竹乡鸡、兴义矮脚鸡等贵州地方优质鸡为主的鸡场，在饲料配比加工时可因地制宜使用一定量的如米糠、稻谷、菜粕、豆渣、红薯等地方饲料原材料，但菜籽粕的饲料添加量应控制在 3%~5% 以内，其他原材料的饲料添加量应控制在 5% 以内。饲料中严禁添加激素类促生长剂、动物源性原材料及相关违禁药品。

（八）常规疾病诊断与防治

鸡常规疾病的预防和处置要根据鸡群的健康状况进行灵活调整。鸡放牧期间易发生感冒、支原体感染、球虫、禽霍乱、肠道感染等疾病，疾病发生后，应请专业技术人员进行诊断和指导用药，做到早发现早治疗，并建立相应的休药期。

1. 感冒及肺炎

鸡群在放牧期间受到野外环境因素变化影响较大，下雨、高温高湿、气温骤变等均易导致鸡感冒发生，如处理不及时，极易形成肺炎导致患病鸡死亡。主要表现为精神沉郁、采饲量下降、呼吸有啰音、鸡冠发紫等临床症状，但不具有传染性。

防治方法：选择 10% 恩诺沙星或 10% 阿莫西林与 50% 卡巴匹林钙混合饮水。

2. 鸡毒支原体感染

鸡毒支原体感染简称鸡慢性呼吸道病，是一种较为常见的条件性、慢性消耗性疾病，其发生往往与季节气候变化和鸡群抗病性能下降有直接的相关性，在发病早期虽然不会引起鸡群大面积死亡，但能严重抑制鸡的生长和生产性能发挥和影响鸡群整齐度，如不及时治疗，在发病后期极易导致感染鸡只死亡。同时，在鸡毒支原体感染发生过程中，极易破坏鸡呼吸道黏膜上皮细胞和绒毛膜系统防御屏障，进而为新城疫、传染性支气管炎、禽流感等病毒打开了感染通道。因此，在养鸡生产中对该病的防治应当引起高度重视。

防治方法：选择泰乐菌素、多西环素、阿奇考霉素或替米考星等药物治疗，同时辅以恩诺沙星、中药制剂"清温败毒散"等使用。当继发有大肠杆菌感染时，应辅以氟苯尼考、环丙沙星或安普霉素等防治肠道感染类药物配合使用。

3. 鸡球虫病

鸡球虫病在临床上根据其发病情况的不同分为小肠球虫和盲肠球虫。盲肠球虫为柔嫩艾美尔球虫卵感染，主要表现为盲肠急性出血，以拉血痢或红黄相间稀便为典型特征，20 日龄后的鸡群均易发生；小肠球虫为鸡毒害艾美尔球虫卵感染，主要损伤部位为鸡十二指肠和小肠，往往与肠道沙门氏菌、大肠杆菌共感染现象并存，30 日龄后的放养鸡群较为多见。鸡球虫病的发生与场地环境湿度过大和污染不洁密切相关。

防治方法：盲肠球虫可选择 5% 氨丙啉或 30% 磺胺氯丙嗪钠饮水。小肠球虫可选择抗球虫类中药制剂与防治大肠杆菌类药物如安普霉素、环丙沙星或硫酸新霉素等配合使用。

4. 鸡大肠杆菌病

鸡大肠杆菌病主要为禽致病性大肠杆菌感染导致，其表现形式可分为原发性和继发性感染。原发感染与种蛋、水源、饲料、环境污染等具有密切的相关性；继发感染与其他细菌、病毒性疾病发生后造成鸡肠道菌群紊乱有关，在临床治疗是要注意鉴别。

大肠杆菌原发感染药防治方法：加强鸡群的饮水、饲料以及环境卫生管理；选择氟苯尼考、硫酸新霉素或磺胺类药物饮水治疗。

大肠杆菌继发感染防治方法：在制定其他细菌或病毒感染原发性疾病方案时，兼顾配合使用氟苯尼考、硫酸新霉素或安普霉素等药物，也可选择治疗肠道疾病的兽用中草药制剂如白头翁散、三黄散、穿心莲散等配合使用。

5. 禽霍乱

禽霍乱又名禽巴氏杆菌病、禽出血性败血症，为一种引起鸡、鸭、鹅等禽类高度接触性传染病，其主要致病原为多杀性巴氏杆菌。该病的发生与气候骤变、生产性应激等因素有关，多发生在季节交叉变化时节，以发病急、死亡率高、传播快、急性败血性变化为主要临床特征。

防治方法：可选择磺胺类、氟苯尼考或单硫酸卡拉霉素等药物治疗。

（九）鸡粪及病死鸡无害化处理

鸡粪要定期清理，并将鸡粪集中堆积，在鸡粪中按 0.3% ~ 0.5% 添加复合微生态制剂（活菌含量每克不低于 20 亿），用塑料膜覆盖密闭厌氧发酵 20~25 天后作为有机肥原料使用；病死鸡要及时放入无害化处理池或进行焚烧处理，不能长时间暴露于露天环境。

（十）建立健康养殖档案

要按照国家畜禽养殖生产管理要求建立健康养殖档案，做好每批鸡养殖档案记录，包括生产、饲料、兽药使用、消毒、免疫、诊疗和病死鸡无害化处理等，养殖档案记录保存 2 年以上。

（十一）掌握出栏周期

优质肉鸡林下生态养殖面对的市场销售渠道多以"鲜活鸡"批发零售和电商平台线上销售为主要方向，要根据市场价格情况做到定期及时出栏，出栏时间周期一般控制在 150 日龄左右较为适宜，避免养殖时间过长导致生产成本过高，影响养殖生产经济效益。

鸡群出栏时如遇到市场价格周期波动较长或因人、畜"重大疫情"防控市场管制，各养殖场（户）将面临鸡销售困难、价格过低及养殖亏损的困难局面。鉴于 150 日龄出栏鸡群处于性成熟和体成熟阶段，建议采取如下方式规避市场风险：

（1）如遇"短期"的市场价格波动，在拓展市场销售渠道的同时，可适当延长饲养周期（约 30 天），在不影响鸡群体质消耗的情况下，要适当调整饲料营养标准或控制饲料采饲量，适度控制饲养成本。

（2）如遇到市场价格波动周期较长（90~120 天），建议将母鸡的饲养管理及时转变为蛋鸡饲养模式，从饲料、体重、密度、光照、保健、免疫等方面做及时调整，利用鸡 3 个月的"生理性"产蛋高峰期和"土鸡蛋"灵活的市场销售渠道及价格优势，将"卖鸡"改为"卖蛋"，利用鸡蛋的销售利润用于支付鸡群的饲料成本，待市场价格恢复正常后，再将鸡群整体出栏销售，可有效规避 90~100 天的市场波动周期，最大限度保障养殖生产经济效益。

二、肉蛋兼用型优质鸡林下生态养殖技术

（一）养殖场地选择及基本要求

1. 林地选择

选择以桃树、栗树、柑橘等乔木为主的高冠成熟果林和天然灌木林

地，坡度在45°以下。由于鸡对植物根系有一定的破坏性，不建议在以藤本为主的果林地从事林下鸡养殖。养殖规模及数量要根据林地面积及饲草资源条件确定，尽量避开森林覆盖面较大的针叶林地（郁闭度在0.5以下）。

2. 场地选址

场地选址不能在风景名胜区、旅游区和人畜饮水源的上游等禁养区域，要远离工厂和城镇居民区1 000 m以上，距离县乡公路主干道500~1 000 m。

3. 基本条件

水、电、路必须畅通，水源必须符合人畜饮用水卫生质量要求。

（二）场地规划和布局

1. 放牧区规划

根据林地面积，大规模专业养殖场按每个群体单元800~1 000只、庭院小规模养殖户按每个群体单元200~500只划定放牧区域。每个区域用1.5~2.5 m高的金属围网或栅栏隔离封闭，在距离人行通道和林地边缘1.5~2 m进深处安装围网或栅栏，构建天然生物隔离带，禁止鸡随意进出放牧区和外来人员接触鸡群。

2. 放养密度

放养密度视林草资源条件而定，果林地每亩30~50只、山林地每亩50~100只。

3. 圈舍布局

小鸡育雏圈舍单独修建在放牧林区域外围，育成鸡圈舍修建在放牧林地区域内；圈舍修建前首先要明确鸡群的放牧方位和划定放牧区域，再根据实地情况落实鸡舍修建方位。

（三）圈舍修建及要求

1. 小鸡育雏舍

（1）选择多层网上育雏，育雏舍面积按网面平面方计算，每平方米50只。有条件的养殖场在育雏舍修建时，网面积可以按照每平方米20~25只修建安装，当鸡苗育雏脱温结束后可直接转为育成舍使用。

（2）育雏舍修建最好为砖混结构，要做到密闭保温和适度通风，同时配备必要的升温设备。

2. 育成（生产）鸡舍

（1）育成圈舍面积大小按每平方米8只计算，房檐高度1.8~2 m，房脊高度 3.2 ~ 3.6 m；鸡舍要预留单独的人工通道和鸡群放牧通道，放牧通道面向放牧区域，两个通道不能相互交叉重叠；鸡舍周围挖深度 0.2 ~ 0.3 m、宽度 0.4 ~ 0.5 m 的排水沟，便于雨季山水排放；圈舍内用木头、钢管等材料搭建 0.6 ~ 2 m 高的"人"字形栖息架，便于增强鸡群活动量和体重控制。

（2）在鸡舍内、鸡舍外墙或林地放牧区指定区域按照每个 10 ~ 15 只鸡搭建产蛋箱，产蛋箱距离地面高度 0.45 ~ 0.60 m 标准，规格为 0.60 m × 0.65 m × 0.50 m，产蛋箱上方要加盖雨棚。

（3）鸡舍建筑材料可就地取材，但圈舍修建必须做到牢固、安全和冬季既能保温又能通风。鸡舍周围按照深度 0.2 ~ 0.3 m、宽度 0.4 ~ 0.5 m 挖排水沟，便于雨季山水排放畅通。

（4）如选择地面平养，地面必须硬化，便于场地清洗和消毒；如选择单层网上平养，网床的安装要便于鸡粪的清理。

（四）鸡粪及病死鸡无害化处理设施建设

1. 鸡粪无害化处理设施

在距离鸡场下风口方向 50 ~ 100 m 处修建鸡粪无害化处理池和钢架阳光棚，其面积大小根据养殖规模及数量进行规划设计。

2. 病死鸡无害化处理池

在距离鸡场下风口方向 30 ~ 50 m 处修建病死鸡无害化处理池，其规格大小根据养殖规模及数量进行设计，处理池必须封闭和安装安全警示标识，池中注入王水（由 22.8% ~ 25.8% 浓盐酸和 2.5% ~ 3.1% 浓硝酸铵 3：1 比例组成）或强碱（解离常数大于 26），有条件的养鸡场可安装焚尸炉。

（五）品种选择

选择以绿壳蛋鸡、红羽高产蛋鸡以及其他肉蛋兼用型有色羽鸡品种为主。主要生产指标：母鸡鉴别率在 90% 以上，年平均产蛋性能在 60% 以上，成年母鸡出栏体重在 1.4 ~ 1.75 kg。

（六）疫病免疫防控

根据养殖生产周期、不同区域疫病流行特点制定主要疫病防控疫苗免疫程序，严格执行免疫计划。要注意搞好疫苗质量、运输、保管以及接种方法等方面的日常管理工作。疫苗免疫参考程序见表 10-3。

表 10-3　蛋肉兼用型优质鸡林下生态养殖疫苗免疫参考程序

鸡日龄（天）	免疫内容及方法	使用剂量及方法	备注
1	鸡马立克弱毒细胞弱毒苗	1～1.5 头份颈部皮下注射	雏鸡出场前 8 小时内免疫
3～5	鸡新支 H120 二联弱毒冻干苗	1～1.5 头份，滴鼻、滴眼	电解多维饮水处理应激反应
12	鸡法氏囊 B87 冻干苗	1～1.5 头份，滴鼻、滴口	电解多维饮水处理应激反应
17～18	鸡痘冻干苗和禽流感 H5+H7 双价灭活疫苗	鸡痘为 1 头份翅下接种，禽流感为 0.3 mL 皮下注射	电解多维饮水处理应激反应
20～21	鸡新支 H52 二联冻干苗	2 头份饮水	水中按 0.2～0.3% 添加脱脂奶粉
26～27	鸡法氏囊 B87 冻干苗	2 头份饮水	水中按 0.2～0.3% 添加脱脂奶粉
35～36	鸡新支二联灭活疫苗	0.5 mL 皮下注射	电解多维饮水处理应激反应
50～55	禽流感 H5+H7 双价灭活疫苗	0.5 mL 皮下或肌内注射	处理应激反应
65	鸡痘弱毒疫苗	鸡痘 1 头份翅下接种	电解多维饮水处理应激反应
75～76	新支 H52 二联冻干苗	2 头份饮水	
90～95	鸡新新城疫、禽流感（H7）二联灭活疫苗	0.5 mL 皮下或肌内注射	电解多维饮水处理应激反应
120～135	鸡新城疫、减蛋综合征二联灭活疫苗	0.5 mL 肌内注射	电解多维饮水处理应激反应
240	鸡新支 H52 二联冻干苗或新城疫 IV 苗	2 头份饮水	
260	禽流感 H5+H7 双价灭活疫苗	0.5 mL 皮下或肌内注射	电解多维饮水处理应激反应

（七）饲养管理技术要点

1. 鸡育雏阶段的管理（1～30 日龄）

育雏方式采用立体网面育雏，其育雏密度、温度、湿度、管理方法及常规药物保健与优质肉鸡育雏方式基本一致，其管理流程可参照"肉鸡林下生态养殖技术"中育雏管理要点执行。

2. 育成阶段的管理（31～120 日龄）

（1）鸡进场前的准备。鸡苗进场前要做好相关准备工作。

检查鸡场水、电、路是否完好和畅通，鸡舍是否漏雨，排水沟是否完好。

场地清洗和消毒：将鸡舍周边的杂物清理干净，鸡舍地面、网床及器具要用水清洗干净后再消毒；使用季铵盐碘、戊二醛、氯制剂等专用消毒剂（使用剂量参照说明书）对鸡舍和周边外环境进行喷撒。如为污染场，要在鸡舍周边外环境撒上一定量的生石灰，场地经消毒后停场半年以上再使用。

饲料储备：采购 5～7 天的全价肉小鸡饲料用于饲料过度，35 日龄后逐步过渡到产蛋鸡育成饲料。

药品储备：准备一定量的抗应激、感冒、慢性呼吸道感染、肠道感染、球虫病等疾病预防保健药品。

（2）饲喂。鸡苗进场后要做好饮水和开食，做好各饲喂环节的管理。

饮水和开食：鸡苗进场先休息 1～2 小时后再进行饮水和开食，在饮水中加入适量的电解多维处理应激反应；经长途运输的脱温鸡苗，要用水将饲料拌润后饲养 1 天，再调整饲喂干饲料。

饲料桶、饮水器摆放：将饲料桶和饮水器用砖垫高或用铁丝悬挂，高度以不影响鸡采食为准，不能直接将饲料桶、饮水器放在地面上，避免水、料污染。

饲料过度：第 1～2 天，用 70% 小鸡饲料与 30% 蛋鸡育成饲料混合饲喂；第 3～4 天，用 50% 肉小鸡饲料与 50% 蛋鸡育成饲料混合饲喂；第 5～6 天用 30% 肉小鸡饲料与 70% 蛋鸡育成饲料混合饲喂；第 7 天后全部替换为蛋鸡育成饲料，蛋鸡育成饲料主要营养指标为粗蛋白 15.5%～16%、能量 2 750～2 800 大卡。

限饲：固定供饲时间及饲料投放次数，白天供水供料，晚上关灯停饲。

（3）体重控制。鸡体重过度超标或过轻，都会影响其生产性能（潜能）的发挥，因此，在育成期对鸡进行体重控制显得非常重要。

饲料采食量要根据不同品种鸡的营养需要及周龄体重进行调整，每20 天按 2%～3% 分组称量鸡体重，每组不小于 20 只。

如体重超标，短期内要对鸡饲料增加量进行适度控制；如体重不达标，要查明原因，若为饲料营养因素导致，要及时对饲料配方进行调整，若为饲料量供给不足导致，要对每周的饲料增加量进行调整。对体重调整仍不达标的弱小鸡要及时做淘汰处理。

（4）鸡群观察。随时观察鸡群饮水、采饲、粪便、精神状况是否正常，是否有肠道、呼吸道、死亡等异常情况出现，如有 1%～2% 的鸡只出现异常，要尽快查明原因，及时制定应对处置方案。

3. 生产期（放牧）阶段的管理（121～300 日龄）

（1）提供光照。鸡群在 120～135 日龄进入开产阶段，由于光照与鸡卵泡发育密切相关，因此，每天晚上要进行人工补光，有利于促进鸡卵泡发育，每天光照总量控制 17～17.5 个小时。第一周晚上 19 时左右提供光照 1 小时，以后每周递增小时，直到人工补光总量达到 5.5 个小时。其中，将 1 小时的人工光照调整到早上 6—7 时。

（2）饲料营养要求。在鸡开产初期阶段，要将蛋鸡育成饲料逐步替换为产蛋期饲料。严控饲料质量关，饲料可购买产蛋鸡专用全价饲料或购买 3% 或 5% 添加系列的产蛋期专用核心预混料进行配制，饲料配制要根据核心饲料生产厂提供的玉米、豆粕、油脂等添加标准进行，可在饲料中按照 0.05% 比例添加微生态制剂或 1%～2% 的紫花苜蓿草粉，禁止使用霉变饲料原材料和违禁饲料添加剂。产蛋期饲料主要营养指标为粗蛋白 16%～16.5%、能量 2 850～2 950 大卡。

（3）鸡群管理。做好鸡群的日常管理工作，是降低死淘率的重要关键环节，要安排专人负责管理。

把握好放牧时间：要根据季节温度变化、环境条件及品种特性灵活掌握鸡放牧时段。遇到天气温度过低或下暴雨期间应禁止放牧。

鸡群驯化：固定饲料喂养时间，在供料时可通过"声源"条件反射对鸡群进行驯化调控。

加强青绿饲料补给：如放牧地饲草严重不足，要适当提供一定量的青绿饲料或牧草。有条件的鸡场，可在林地周边农闲地、冬闲田大量种植紫花苜蓿、三叶草、紫云英等高蛋白牧草，通过人工补草，能有效降低饲料用量和提高鸡蛋品质。

天敌预警：在每个放牧单元区域放养 2～3 只成鹅作为预警动物，预防天敌、兽害及被人偷窃。同时要注意放牧区域的深坑、暗沟及水塘，防止鸡意外死亡。

定期消毒：鸡舍内外环境及鸡群活动场所应每周 2 次定期消毒，要储备 2 种以上不同的消毒剂交替使用，在疾病发生期要适度增加消毒次数。

严控外来人员进出：场地应尽量谢绝参观，特殊情况下应控制参观者人数，在鸡场出入口通道上放置消毒盆或修建消毒池，人员和车辆经消毒后方可进出鸡场。同时要控制周边环境噪音干扰，鸡场周边 50 m 范围内禁止鸣笛、放鞭炮，避免造成鸡群应激影响产蛋。

定期检查产量箱及鸡习惯产蛋的刺笼和草篷，坚持每天清理宿蛋，避免宿蛋时间过长变质。

（4）定期驱虫。鸡群分别在产蛋初期（120 日龄）和产蛋中期（200～250 日龄）用左旋咪唑、阿苯达唑或伊维菌素等药物驱肠道线虫和绦虫，每个驱虫阶段先用药 1 次，间隔 1 周后在用药 1 次，做到连续 2 次驱虫（方法及用量参照使用说明）；用"灭害灵"对鸡身、鸡笼、网床、垫料进行喷洒，杀灭跳蚤、螨、虱等体外寄生虫。

（5）免疫抗体检测。定期采集鸡群血清样本，委托专业技术部门进行鸡新城疫、禽流感的免疫抗体监测，如鸡群免疫抗体水平过低或均匀度不高，要及时调整免疫计划，实施疫苗强化免疫。

（6）预防保健。产蛋鸡群在生产期容易发生输卵管炎、肠道感染、卡白细胞原虫病、代谢性脂肪肝等，为保障蛋品质量安全，鸡群在产蛋期间严禁使用抗生素和化药制剂。因此，鸡群在产蛋期间的饲养管理和药物保健显得至关重要，在保障鸡群饲料营养的同时，在饲料中要定期添加益生素和抗原虫、抗炎、肠道感染、感冒及免疫增强类的中草药制剂，最大限度减少疾病的发生，保障蛋品质量安全。

（7）集中育肥。由于产蛋期间鸡体营养消耗较大，出栏期体重普遍偏轻。要随时了解成鸡市场价格信息，在市场价格较好阶段，可以考虑将鸡出栏淘汰。在准备淘汰前 30 天左右，可减少鸡群放养时间，将鸡产蛋饲料更换为肉大鸡饲料，待鸡体重增加后及时出栏销售。

（八）常规疾病诊断与防治

肉蛋兼用优质鸡养殖生产周期均在 1 年左右，在养殖期间易发生输卵管炎、卡白细胞原虫病、代谢性脂肪肝及支原体感染、球虫、禽霍乱等疾病，疾病发生后，应请专业人员进行诊断和指导用药，要做到早发现早治疗。

1. 输卵管炎

产蛋初期鸡群最为常见，初次产蛋时产道组织黏膜容易损伤，造成毛细血管出血，损伤组织受到泄殖腔中存留的肠道致病菌感染，进一步形成输卵管炎症变化，患病鸡呈现产血蛋、脱肛等病理现象。

防治方法：选择兽用中草药制剂"三黄散"与"益母草散"拌饲料使用 1 周，同时用鱼肝油拌饲料辅助治疗。

2. 代谢性脂肪肝

主要发病原因为体脂肪长期沉积导致肝脏组织脂变、质地变脆。生产上呈现鸡急性死亡，死亡鸡只体膘良好，体型偏大、偏重，个别鸡死亡时有尖叫声，口腔内含有少量鲜血，鸡冠失血性苍白；肝脏失血性黄色脂变，质地脆，用手触摸有油腻感，在肝叶背侧或腹腔内沉积有大量凝血块。

防治方法：对 280 日龄后的鸡群用中草药制剂"疏肝散"定期拌饲料预防使用，每次连续用药 1 周，间隔用药时间在 25~30 天。

3. 住—鸡卡白细胞原虫病

主要由住—鸡卡白细胞原虫感染，库蠓为中间宿主。当细胞原虫进入鸡血液后导致血液红细胞溶血性变化。夏、秋炎热季节是该病发生的高峰期，由库蠓大量繁殖长期叮咬鸡只，导致原虫进入鸡血液大量繁殖，破坏了血液中的红细胞，出现溶血性缺血反应。主要表现为鸡群采食正常，但产蛋量明显下降，大部分鸡冠苍白，积粪中夹杂有大量浅绿色粪便；部分鸡只皮下有散在性出血点，左侧肘关节周边肌肉有浸润性出血，胆囊充盈，肠内容物呈浅绿色；腹腔内主要脏器色泽变淡，呈缺血性反应。

防治方法：育成期用磺胺间甲氧可溶性粉加电解多维饮水，连用 4~5 天；产蛋期用"青蒿散""球虫血痢散"等中草药制剂定期拌饲料预防。

4. 感冒及肺炎

下雨、高温高湿、气温骤变等均易导致鸡感冒发生，如处理不及时，极易形成肺炎导致患病鸡死亡。患病鸡主要表现为精神沉郁、采饲量下降、呼吸有啰音、鸡冠发紫等临床症状，但不具有传染性。

防治方法：选择 10% 恩诺沙星或 10% 阿莫西林与 50% 卡巴匹林钙混合饮水。

5. 鸡毒支原体感染

鸡毒支原体病俗称鸡慢性呼吸道病，是一种由鸡毒支原体感染引起的一种条件性、慢性消耗性疾病。其发生往往与季节气候变化和鸡群抗病性能下降促发有直接的相关性，在发病早期虽然不会引起鸡群大面积死亡，但能严重抑制鸡的生长和生产性能发挥，影响鸡群整齐度，如不及时治疗，在发病后期极易导致感染鸡只死亡。同时，在发生过程中，鸡毒支原体极易破坏鸡呼吸道黏膜上皮细胞和绒毛膜系统防御屏障，进而为新城疫、传染性支气管炎、禽流感等病毒打开了感染通道。因此，在养鸡生产中对该病的防治应当引起高度重视。

防治方法：选择泰乐菌素、多西环素、阿奇考霉素或替米考星等药物治疗，同时辅以恩诺沙星、中药制剂"清温败毒散"等使用。当继发有大肠杆菌感染时，应辅与氟苯尼考、环丙沙星或安普霉素等防治肠道感染类药物配合使用。

6. 鸡球虫病

鸡球虫病在临床上根据其发病情况不同分为小肠球虫和盲肠球虫。盲肠球虫多为柔嫩艾美尔球虫卵感染，主要表现为盲肠急性出血，以拉血痢或红黄相间稀便为典型特征，20 日龄以后的鸡群均易发生；小肠球虫多为鸡毒害艾美尔球虫卵感染，主要损伤部位为鸡十二指肠和小肠，往往与肠道沙门氏菌、大肠杆菌共感染并存，30 日龄以后的放养鸡群较为多发。鸡球虫病的发生与场地环境湿度过大和污染不洁密切相关。

盲肠球虫防治方法：选择 5% 氨丙啉或 30% 磺胺氯丙嗪钠饮水。

小肠球虫防治方法：选择抗球虫类中药制剂与防治大肠杆菌类药物如安普霉素、环丙沙星或硫酸新霉素等配合使用。

7. 鸡大肠杆菌病

鸡大肠杆菌病主要致病原为禽致病性大肠杆菌。其表现形式可分为原发和继发性感染。原发感染与种蛋、水源、饲料、环境污染等具有密切的相关性，继发感染与其他细菌、病毒性疾病发生后造成鸡肠道菌群紊乱有关，在临床治疗是要注意鉴别。

大肠杆菌原发感染防治：加强鸡群的饮水、饲料以及环境卫生管理，发生时选择氟苯尼考、硫酸新霉素或磺胺类药物饮水治疗。

大肠杆菌继发感染防治：在制定其他细菌或病毒感染原发性疾病治疗方案时，兼顾配合使用氟苯尼考、硫酸新霉素或安普霉素等肠道类药物，也可选择治疗肠道疾病的兽用中草药制剂如白头翁散、三黄散、穿心莲散等配合使用。

8. 禽霍乱

禽霍乱又名禽巴氏杆菌病、禽出血性败血症，其主要致病原为多杀性巴氏杆菌。为一种引起鸡、鸭、鹅等禽类高度接触性传染病，该病的发生与气候骤变、生产性应激等因素有关，多发生在季节交叉变化时节，以发病急、死亡率高、传播快、急性败血性变化为主要临床特征。

防治方法：可选择磺胺类药物、氟苯尼考或丁胺卡拉霉素等治疗。

（九）鸡粪及病死鸡无害化处理

要定期清理鸡粪，并将鸡粪集中堆积，在鸡粪中按 0.3% ~ 0.5% 添加复合微生态制剂（活菌含量每克不低于 20 亿），用塑料膜覆盖密闭厌氧发酵 20～25 天后作为有机肥原料使用；病死鸡要及时放入无害化处理池或进行焚烧处理，不能长时间暴露于露天环境。

（十）建立健康养殖档案

要按照国家畜禽养殖生产管理要求建立健康养殖档案，做好每批鸡养殖档案记录，包括生产、饲料和兽药使用、消毒、免疫、诊疗和病死鸡无害化处理等，养殖档案记录保存 2 年以上。

第二节　林下生态养鹅技术

鹅是以草饲为主的家禽，育成期间饲料中牧草的使用量可达 70% 以上。鹅林下生态放养具有林草利用率较高、耐粗饲、饲料成本低、瘦肉率高、肉胆固醇含量较低、毛绒经济附加值较高等优点，具有良好的产业发展前景。如通过鹅精细化饲养管理和结合短期育肥技术应用，其养殖经济效益显著。

一、养殖场地选择

（一）林地选择

选择以桃树、栗树、柑橘等乔木为主的高冠成熟果林和天然灌木林地，坡度在 45° 以下，林地周边带有水、草滩涂的区域为最佳首选。养殖规模及数量根据林地面积及林草资源条件确定。

（二）鹅场选择

鹅场选址不能在风景名胜区、旅游区和人畜饮水源的上游等禁养区域，要远离工厂和城镇居民区 1 000 m 以上，距离县乡公路主干道 500～1 000 m。

（三）基本条件

水、电、路必须畅通，水源品质必须符合人畜饮用卫生质量要求。

二、场地规划和布局

（一）放牧区规划

根据林地面积，大规模专业养殖场按每个群体单元 500～800 只，庭院小规模养殖户按每个群体单元 100～200 只划定放牧区域。每个区域用 1.5～2.5 m 高的金属围网或栅栏隔离封闭，在距离人行通道和林地边缘 1.5～2 m 进深处安装围网或栅栏，构建天然生物隔离带，禁止鹅随意进出 放牧区和外来人员接触鹅群。

（二）放养密度

放养密度视林地资源条件而定，果林、灌木林地每亩 15～20 只。

（三）圈舍布局

小鹅育雏舍修建在放牧林区外围，育成鹅圈舍修建在林地放牧区内。 圈舍修建前，先明确鹅群的放牧方位和放牧区域，再根据实地情况确定圈 舍修建方位。

（四）戏水池

鹅属于水禽类，戏水有利于鹅羽毛梳理和高温时节体温调节。戏水池 尽量选择天然水塘，也可在地势低洼处修建人工水塘，但必须提供流动水 源。其水面面积根据养殖数量确定。

三、圈舍修建及要求

（一）鹅育雏圈舍

如选择地面方式育雏，雏育舍面积按每平方米 15 只计算，地面必须 硬化，用木板、钢丝网、塑料网或竹栏将地面间隔成 1 m×1.5 m×0.5 m 的 方格，网格内添加 3～5 cm 厚的垫草；如选择多层网上方式育雏，育雏舍 面积按网面平面方计算，每平方米 15 只。育雏舍修建最好为砖混结构， 圈舍修建要做到密闭保温和适度通风，同时配备必要的升温设备。

（二）鹅育成圈舍

圈舍地面面积大小按每平方米 4～5 只计算，房檐高度 1.6～1.8 m，房 脊高度 3～3.5 m；圈舍要预留单独的人工通道和鹅群放牧通道，放牧通道 面向放牧区域，两个通道不能相互交叉重叠；圈舍周围挖排水沟，排水沟 深度为 20～30 cm，宽度 40～50 cm。圈舍建筑材料可就地取材，但必须做 到牢固、安全和冬季既能保温又能通风。圈舍地面硬化，便于鹅粪清理、 场地清洗和消毒；在距离地面 0.6 m 处搭建单层网床；在圈舍周边区域修 建固定流动饮水槽，规格为 0.4 m×0.15 m×（15～20）m。

四、无害化处理

（一）粪污无害化处理设施

在距离鹅场下风口方向 50～100 m 处修建鸡粪无害化处理堆积池、污水两级沉淀池和钢架阳光棚，其规格大小根据养殖规模及数量进行规划设计。

（二）病死鹅无害化处理池

在距离鹅场下风口方向 30～50 m 处修建病死鹅无害化处理池，其规格大小根据养殖规模及数量进行设计，处理池必须封闭和安装安全警示标识，池中注入王水（22.8%～25.8% 浓盐酸和 2.5%～3.1% 浓硝酸铵 3：1 比例组成）或强碱（解离常数大于 26），有条件的养鸡场可安装焚尸炉。

五、品种选择

选择 100 日龄体重在 4.5 kg 以上的肉鹅品种。如贵州平坝灰鹅、朗德鹅、广西杂交狮头灰鹅、广东狮头鹅、福建丽嘉鹅、四川白鹅等。

六、疫病免疫防控

鹅传染性疫病相对较少，主要有小鹅瘟、禽流感、副黏病毒、浆膜炎、传染性肝炎等。鹅苗进场后要制定合理的疫病防控免疫程序，要按照制定的免疫时间、疫苗种类、免疫方法等做好疫苗免疫。鹅疫苗免疫参考程序见表 10-4。

表 10-4　鹅疫苗免疫参考程序

鸡日龄	免疫内容及方法	使用剂量及方法	备注
1～2	小鹅瘟血清抗体	0.3 mL 颈部皮下注射	在血清中按 500 羽鹅添加头孢噻肟钠 1 g 混合注射
12～5	禽流感 H5+H7 双价灭活疫苗	0.3 mL 皮下或肌内注射	用电解多维饮水处理应激反应
20	鹅副黏病毒灭活苗	0.5 mL 肌内注射	用电解多维饮水处理应激反应
28～30	传染性浆膜炎多价灭活苗	0.5 mL 肌内注射	用电解多维饮水处理应激反应处理应激反应
45～50	禽流感 H5+H7 双价灭活疫苗	0.5 mL 肌内注射	—

七、饲养管理技术

（一）鹅育雏阶段的管理（1～20日龄）

1. 场地消毒

场地按清洗→消毒剂喷撒→熏蒸消毒→通风等工作流程进行。场地消毒使用季铵盐碘制剂、戊二醛、苯扎溴胺或氯制剂等消毒剂兑水喷洒（使用量参照产品使用说明书），熏蒸消毒用福尔马林或中草药烟熏剂密闭熏蒸10～12小时，鹅苗进场前打开舍内门窗自然通风10小时以上。

2. 鹅苗饮水与开食

鹅苗进场后先饮水2小时再开食，饮水为冷开水，水中按0.05%加入电解多维，开食的第1～2天，将育雏饲料用水拌润后放入开食盘中自由采食，2天后再饲喂干饲料，做到24小时供水供料。由于小鹅消化机能不健全，育雏期间不建议饲喂青绿饲草，避免发生腹泻脱水死亡。

3. 温度、密度要求与管理

适宜的温度、湿度是鹅苗育雏的重要保证，温湿度计放置距鹅苗高度10 cm处并远离火源；在鹅苗的育雏过程中，温度要尽量保持恒定，不要忽高忽低，在变温期降温要逐步过度，降温幅度不能过大。由于鹅饮水量较大，育雏舍内湿度较高，如温度过低，易出现盗汗现象。因此，当湿度过大时可将舍内温度提高3～4℃，同时打开天窗或上通风口进行排湿。育雏温、湿度、密度见表10-5。

表10-5　鹅苗育雏温湿度、密度参照数据

日龄（天）	温度（℃）	湿度（%）	密度（只）
1～7	30～32	70～75	20
8～15	28～30	65～70	15
16～20	25～28	60～65	10～12

4. 常规药物保健及要求

以下药物使用要求为白天用药，晚上饮用清水。

（1）2～5日龄，防治鹅苗感冒和应激反应。10%恩诺沙星100 g与50%卡巴匹林钙和适量的电解多维兑水100～150 kg。

（2）8～12日龄，防治鹅苗传染性浆膜炎和慢性呼吸道病。10%氟苯尼考100 g与5%多西环素100 g兑水100～150 kg。

（3）15~20日龄，防治鹅肠道感染。5%庆大霉素100 g兑水100~150 kg

5. 疫苗免疫

按照制定的主要疫病免疫参考程序的时间、疫苗种类、免疫方法做好疫苗免疫。

（二）鹅育成中期的管理及要求（21~40日龄）

1. 鹅转群前的准备

（1）检查鹅场水、电、路是否完好和畅通，圈舍是否漏雨，排水沟是否完好。

（2）场地清洗和消毒。将圈舍周边的杂物清理干净，圈舍网床及器具要经水清洗干净后，使用季铵盐碘、戊二醛、氯制剂等专用消毒剂兑水（使用剂量参照说明书）进行喷洒消毒。

2. 饲喂

鹅苗进场后要做好饮水和开食，并做好饲料过度及青绿饲草料的添加。

（1）饮水和开食。脱温鹅苗进场后先休息1~2小时再进行饮水和开食，饮水中加入适量的电解多维处理应激反应。

（2）饲料过渡。将小鹅育雏饲料逐步过渡到育成饲料（也可用肉鸡中鸡饲料替代），饲料主要营养指标为粗蛋白17%~18%、能量2 950~3 050大卡；在饲料中按20%、30%和50%比例逐步添加青绿饲料及牧草。

3. 鹅群观察

随时观察鹅群在饮水、采饲、粪便、精神状况等方面是否异常，是否有肠道、呼吸道、死亡等异常情况出现，如有1%~2%的鹅出现异常反应，要尽快查明原因，及时制定应对处置方案。

（三）鹅育成阶段的放牧管理及要求（41~100天）

1. 全天候放牧

鹅属于水禽，对野外环境气候变化抗逆性相对较强，除暴雨时间外，可实施全天候放牧。对林地较宽、饲草资源较为丰富的养殖场，可采用人工野外游牧。

2. 饲料营养要求

放牧期间，青绿饲料占总饲料量的65%~70%，全价日粮饲料占30%~35%。鉴于国内目前鹅饲料生产技术尚不成熟，鹅育成饲料可用肉大鸡饲料或猪育成饲料替代，在饲料中可添加5%的菜籽粕或2%调和油，以提高饲料能量，饲料补给时间可分别在中午和晚上 2 次进行。

3. 放牧驯化

在补料过程中可通过"声源"条件反射对鹅群进行驯化调控。

4. 加强青绿饲料及牧草的供给

如鹅场饲草料供给不足，需要采取人工补给青绿饲料及牧草或适当提高全价饲料添加量。

5. 定期消毒

对圈舍及舍外环境应要定期消毒，外环境可用生石灰撒布，舍内环境用消毒药水每周 2 次定期消毒，要储备 2 种以上不同的消毒剂交替使用。

6. 定期驱虫

鹅群在 60 ~ 70 日龄期用左旋咪唑、阿苯达唑或伊维菌素等药物驱肠道线虫和绦虫，先用药驱虫 1 次，间隔 1 周后再用药 1 次，既连续 2 次驱虫（方法及用量参照使用说明）；用灭害灵对鹅身、器具、网床进行喷洒，杀灭跳蚤、螨、虱等体外寄生虫。

7. 严控外来人员进出

鹅场应尽量谢绝参观，特殊情况下应控制参观者人数，在鹅场出入口通道上放置消毒盆或修建消毒池，人员、车辆经消毒后方可进出。

8. 短期育肥

鹅属于草食家禽，采食量大，为降低饲料成本和提高肉品质，在放牧期间以采食青绿饲料及牧草为主。育成期体型大、体重轻，为提高养殖经济效益，宜实施短期育肥，待鹅在短期内快速增重后出栏，可实现养殖利益最大化。

（1）出栏前 20 天（80 ~ 100 天）将鹅停牧，集中到圈舍饲养并结合人工添加青绿饲草；或缩小鹅放牧活动范围，减少放牧时间。

（2）将育肥饲料的比例从 30% ~ 35% 提高到 65% ~ 70%，青绿饲料比例从 65% ~ 70% 降至 30% ~ 35%。

八、常规疾病诊断与防治

鹅在养殖期间易发生感冒、传染性浆膜炎、禽霍乱、肠道感染等疾病，疾病发生后，应请专业人员进行诊断和指导用药，做到早发现早治疗，并建立相应的休药期。由于鹅饮水浪费较大，疾病治疗时通过饮水途径给药会影响药效，将药物通过拌饲料混匀使用效果较好。

（一）感冒及肺炎

下雨、高温高湿、气温骤变等均易导致鹅感冒发生，如处理不及时，极易形成肺炎导致患病鹅死亡。主要表现为精神沉郁、采饲量下降、呼吸异常等临床症状，但不具有传染性。

防治方法：选择 10% 恩诺沙星或 10% 阿莫西林与 50% 卡巴匹林钙混合饮水或拌料饲喂。

（二）大肠杆菌感染

鹅由于长期在野外环境放牧和戏水池中觅食污水，极易发生大肠杆菌病。在禽病临床上以"拉黄、白痢"及"菜绿色"稀便为临床特征。

防治方法：使用氟苯尼考、硫酸新霉素或安普霉素等肠道类药物拌料，也可选择兽用中草药制剂如白头翁散、三黄散、穿心莲散等配合使用。

（三）传染性浆膜炎

鹅传染性浆膜炎是由鸭疫里默氏杆菌感染引起的一种传染性疾病，10 日龄后的鹅、鸭均易感染发病，主要表现为"跛行、扭头、头颈扭曲僵硬、角弓反张"等神经症状，以浆膜变性及肝脏炎性病变为主要病理特征，若处理不及时，其死亡率较高。

防治方法：用 10%～20% 氟苯尼考粉与 5% 庆大霉素粉混合拌饲料使用；或用 10%～20% 氟苯尼考粉与 5% 单硫酸卡拉霉素粉混合拌饲料使用。

（四）禽霍乱

禽霍乱又名禽巴氏杆菌病、禽出血性败血症，其致病原为多杀性巴氏杆菌感染，鸡、鸭、鹅等禽类均易感和接触传染。该病的发生与气候骤变、生产性应激等因素有关，多发生在季节交叉变化时节，以发病急、死亡率高、速度快、急性败血性变化为主要临床特征。

防治方法：可选择磺胺类药物、氟苯尼考或丁胺卡那霉素治疗。

九、粪污及病死鹅无害化处理

定期清理鹅粪，由于鹅粪的水分含量较高，建议大规模鹅场对粪污实施干湿分离，将脱水后的鹅粪集中堆积，在鹅粪中按 0.3%～0.5% 添加复合微生态制剂（活菌含量每克不低于 20 亿），用塑料膜覆盖密闭厌氧发酵

20～25天后作为有机肥原料使用；污水经沉淀池发酵后直接用于果园施肥或集中排放。要及时将病死鹅放入无害化处理池或进行焚烧处理。

十、建立健康养殖档案

要按照国家畜禽养殖生产管理要求建立健康养殖档案，做好每批鹅的养殖档案记录，包括生产、饲料和兽药使用、消毒、免疫、诊疗和病死鹅无害化处理等，养殖档案记录保存2年以上。

第十一章

林—蜂生态养殖模式

　　贵州省有蜜蜂 58 万群，其中东方蜜蜂 51 万群，以中华蜜蜂（简称中蜂）为主，西方蜜蜂 7 万群，以意大利蜜蜂（简称意蜂）为主。贵州本土中蜂有 2 种类型，即华中中蜂和云贵高原中蜂（统称为贵州中蜂），前者广泛分布于贵州中部、北部和东南部，而后者集中分布于贵州西部地区。作为贵州山区传统饲养的蜜蜂品种，贵州中蜂不仅为人们提供蜂蜜、花粉、蜂蜡、蜂毒等珍贵的食品和药品，丰富人类食谱，保障人类身体健康，也为全省主要农作物和经济作物提供授粉服务，促进作物提质增产。"十三五"以来，贵州蜂业发展迅速，已成为全省农村经济的新增长点，在助推林下经济快速发展，巩固拓展脱贫攻坚成果同乡村振兴有效衔接中发挥了重要作用。本章对生态林、经果林、其他经济林林下养蜂模式及其关键配套养殖技术进行了介绍。

第一节　生态林林下养蜂模式

　　贵州省生态环境良好，绝大部分地区植被繁茂，蜜源丰富。随着近几十年来退耕还林、长江上游保护等政策的实施，全省生态环境得到有效保护，次生林迅速恢复，全省森林覆盖率由 20 年前的 45% 上升到现在的 60%，为林下养蜂提供了优越的条件。然而，各地蜜源分布不均，林下养蜂，首先需要确定生态林的蜜源植物结构，再根据蜜源、蜂种、人才等条件核算养殖规模。本节以中蜂养殖为例，介绍生态林林下养蜂要点。

一、林下传统养殖模式

　　传统养蜂管理简易、管理环节少，投入水平低，适于文化水平、技术水平低、自然保护区等地区闲散劳动力定地饲养。传统养蜂就是在蜜源丰富的林区，将自制木桶内涂抹蜂蜡后分散安放于山林岩壁、树丛或草丛中，蜂群自行投住蜂桶后，进行简易的饲养管理，充分利用当地蜜源形成产量，养殖数量几桶到几百桶不等，1 年仅取 1 次蜜，年平均采蜜量

5～10 kg/ 桶，接近 42 波美度，市场价格约 300 元 /kg。传统饲养具有"粗放、慢酿、少取、优质、保价"的特点，充分利用林区资源，林区蜜源的丰富度决定传统养蜂的产量；该养殖模式可在广大山区，文化、技术相对落后的地区推广。

二、庭院式（小农经济）林下养蜂模式

庭院式林下养蜂根据本地蜜源情况及自身承受能力，确定养殖数量。一般养殖规模 10～30 群，庭院式养蜂主要为活框定地饲养，以当地中蜂品种为主，利用闲暇时间进行饲养管理，养殖方式相对粗放，根据当地蜜源情况，可采蜜 1～2 次，预期年产蜜量 5～7.5 kg/ 群，销售价 200 元 /kg。需要一定的养殖技术和文化水平，该养殖模式适合贵州大多数地区。

三、林下规模化养蜂模式

在蜜源、气候条件较好，经济发达的优势产区，适应发展规模化、标准化、产业化的养蜂生产。规模化养蜂对技术要求较高，应配套相应的养蜂生产工具、养蜂生产设备，各个环节应严格按照饲养管理技术标准执行，规模化养蜂根据林区蜜源实行定地养蜂和转地放养，定地养蜂在大流蜜期应增强群势提升规模，保证蜂群与蜜源林规模相匹配；缺蜜期，压制蜂群繁殖缩小规模，等待下一个流蜜期到来前再繁蜂。转地放蜂根据不同地区蜜源分布情况可制定一条转地放蜂采蜜路线，贵州省主要蜜源林按照开花流蜜先后时间大致为洋槐、毛栗、女贞、冬青、乌桕、荆条、蔷薇、泡类、五倍子、柃木，因此可根据主要蜜源的规模及分布确定放蜂路线和规模，科学精养追求高产稳产。规模化养蜂一般养殖蜂群数量 100～1 000 群，1 年可采蜜 3～4 次，预期年产蜜量 10～25 kg/ 群，销售价 120～200 元 /kg。

第二节　经果林林下养蜂模式

贵州省经果林种类繁多，种植面积大，分布地域广。据统计，目前全省果树种植面积 985 万亩（不包括刺梨），其中，部分果树花的蜜粉丰富，能被蜜蜂采集利用，林下养蜂不仅可为果树授粉，同时可生产商品蜜；部分果树花的蜜腺不发达，但能产生较多花粉，林下养蜂可有效提高其坐果率，但不能生产商品蜜。本节仅针对贵州省常见的 15 类果树，按照开花

时间顺序，逐个介绍其分布、花期及泌蜜特征、蜂群管理、预期蜂蜜产量、蜂蜜特征及授粉效果。

一、采蜜授粉模式

（一）蓝莓

（1）分布。贵州是全国蓝莓栽培面积最大的省份，约16万亩，以兔眼系列的品种为主。集中分布在黔东南州麻江县、黄平县和丹寨县等地。

（2）花期及泌蜜特征。蓝莓3月上旬至4月上旬开花，花期20～30天，花期较长，蜜粉丰富，泌蜜随着温度变化而变化，日气温20～30℃，泌蜜量随温度升高而增加，气温高于30℃后，泌蜜量下降。

（3）蜂群管理。中、意蜂均可利用。选用群势6脾以上的中蜂或12脾以上的意蜂，在蓝莓花期前7天左右进场，每群中蜂可承担3～5亩、意蜂可承担5～8亩蓝莓的采蜜、授粉任务，6～8群为一组坐北朝南摆放，蜂群摆放要前低后高，进入初花期须作清框处理。花期须加强蜂群保温，严防倒春寒，控制分蜂热，预防分蜂，控王产卵，提高蜂蜜产量和授粉效果。

（4）预期产量及授粉效果。每群中蜂在蓝莓花期可产蜜3～5 kg，意蜂可产蜜10～20 kg。蓝莓蜜呈浅琥珀色，结晶颗粒细腻，结晶后呈白色，具清淡花香，味芳香、微酸。利用蜜蜂授粉可使蓝莓坐果率提高35%，结实率提高35%，平均单果重增加0.33 g，平均果径增加0.69 mm，果实可溶性糖、维生素C及总酚含量均有所增加，并可有效稳定蓝莓品质，延长蓝莓储藏保鲜期。

（二）澳洲坚果

（1）分布。贵州澳洲坚果种植面积约2万亩，主要有Pahaha（788）、Own Choice（O.C）、H2等品种。主要分布在低热河谷地区，以望谟县（5 150亩）、关岭县（3 360亩）、兴义市（2 350亩）的种植面积最大。

（2）花期及泌蜜特征。澳洲坚果4—5月开花，花期较长，花量大，蜜粉丰富，但授粉过程中存在自交不亲和性，且不同品种间的花期不一致等现象。

（3）蜂群管理。中、意蜂均可利用。选用群势6脾以上的中蜂或12脾以上的意蜂，在澳洲坚果花期前7天左右进场，每群中蜂可承担3～5亩、意蜂可承担5～8亩澳洲坚果的采蜜、授粉任务，6～8群为一组背风向阳处摆放，蜂箱摆放要前低后高，进入初花期须作清框处理。定期清理蜂箱，避免巢虫危害。采蜜期间应控制分蜂热，预防分蜂，提高授粉效果或使用处女王采蜜，提高蜂蜜产量。

（4）预期产量。分布集中的区域可生产商品蜜，澳洲坚果蜂蜜口感绵厚醇香，颜色如琥珀般晶莹剔透，可达42波美度以上，超过国家标准一级蜂蜜品质。

（三）荔枝

（1）分布。贵州荔枝种植面积约6万亩。主要分布在低热河谷地带，如赤水市、习水县、罗甸县、望谟县等地。

（2）花期及泌蜜特征。荔枝2—4月开花，因品种和地域原因，开花时间稍有差异。荔枝花朵数量多，花期长，群体花期约30天，泌蜜量大，花期蜜多粉少，主要流蜜期20天左右。在相对湿度为80%以上，温度20~28℃时开花最盛，泌蜜最多。有大小年现象。

（3）蜂群管理。中、意蜂均可利用。选用群势6脾以上的中蜂或12脾以上的意蜂，在荔枝花期前7天左右进场，每群中蜂可承担3~5亩、意蜂可承担5~8亩荔枝的采蜜、授粉任务，6~8群为一组背风向阳处摆放蜂群，蜂箱摆放要前低后高，进入初花期须作清框处理。采蜜期间应做好蜂群遮阴、散热措施，控制分蜂热，预防分蜂，控王产卵，提高蜂蜜产量及授粉效果。因荔枝花粉少，不能满足蜂群繁殖，需注意补给花粉脾。

（4）预期产量及授粉效果。每群意蜂可产蜜10~25 kg，大年可达30~50 kg；每群中蜂可产蜜5~16 kg，大年可达20 kg。荔枝蜜呈浅琥珀色，结晶乳白色，颗粒细，味甜美，香气浓郁，为上等蜂蜜。蜜蜂为荔枝授粉可使荔枝坐果率提高33.94%，增产38.57%，单果重提高6.63%。

（四）龙眼

（1）分布。在贵州低热河谷地带有少量分布，以习水县、赤水市、望谟县、罗甸县为主。

（2）花期及泌蜜特征。龙眼3月中旬至6月中旬开花，品种多的地区花期长达30~45天，泌蜜期15~20天，开花适温20~27℃，泌蜜适温24~26℃。花期蜜多粉少，泌蜜以上午最多，下午渐少，高温高湿天气，泌蜜最盛。有大小年现象。

（3）蜂群管理。中、意蜂均可利用。选用群势6脾以上的中蜂或12脾以上的意蜂，在龙眼花期前7天左右进场，每群中蜂可承担3~5亩、意蜂可承担5~8亩龙眼的采蜜、授粉任务，6~8群为一组背风向阳处摆放蜂群，蜂箱摆放要前低后高，进入初花期须作清框处理。采蜜期间应对蜂箱采取遮阴、散热措施，预防分蜂，控王产卵，提高蜂蜜产量及授粉效果。因龙眼花粉少，不能满足蜂群繁殖，需注意补给花粉脾。

（4）预期产量及授粉效果。正常年份，每群意蜂可产蜜 15~25 kg，大年可达 50 kg，每群中蜂可产蜜 5~15 kg。龙眼蜜为琥珀色，气味香甜，香味浓郁，结晶呈暗乳白色，颗粒略大，为上等蜂蜜。利用蜜蜂为龙眼授粉可提高坐果率 8.73%，增产 4.17 倍。

（五）柑橘

（1）分布。贵州省柑橘类果树约 100 万亩，主要分布于惠水县、兴义市、兴仁市、望谟县、册亨县、安龙县、罗甸县等地。

（2）花期及泌蜜特征。柑橘喜温暖湿润的气候，2—5 月开花，因品种、地区及气候差异，在一个地方的花期 20~35 天，盛花期 10~15 天。柑橘蜜粉丰富，泌蜜适温 22~25℃，相对湿度 70% 以上泌蜜多。

（3）蜂群管理。中、意蜂均可利用。选用群势 6 脾以上的中蜂或 12 脾以上的意蜂，在柑橘花期前 3 天左右进场，每群中蜂可承担 3 亩、意蜂可承担 5 亩左右柑橘的采蜜、授粉任务，6~8 群为一组背风向阳处摆放蜂群。蜂箱摆放要前低后高，进入初花期须作清框处理。采蜜期间应对蜂箱采取遮阴、散热措施，控制分蜂热，加继箱，预防分蜂，提高蜂蜜产量及授粉效果。

（4）预期产量及授粉效果。分布集中的低热河谷地带可生产商品蜜。柑橘花粉黄色，柑橘蜜呈淡黄色，气味芳香，甘甜可口，容易结晶呈乳白色，为优良蜂蜜。利用蜜蜂为柑橘授粉可提高坐果率 20.91%，增产 24.93%。

（六）板栗

（1）分布。在贵州多地均有分布，长顺县、册亨县、望谟县等地有集中栽培，主要品种有接板栗、油板栗、中秋栗等。

（2）花期及泌蜜特征。板栗是雌雄异花同株植物，花期 4—5 月，雌花开花早，雄花开花晚，开花泌蜜约 15 天，在阳光充足，土壤含有 40% 左右水分时，流蜜旺盛。蜜、粉都比较丰富，尤其是花粉，对蜂群繁殖十分有利。

（3）蜂群管理。中、意蜂均可利用。选用群势 6 脾以上的中蜂或 12 脾以上的意蜂，在板栗花期前 7 天左右进场，每群中蜂可承担 3~5 亩、意蜂可承担5~8亩板栗的采蜜、授粉任务,6~8群为一组背风向阳处摆放蜂群,蜂箱摆放要前低后高。板栗蜜略苦,花粉丰富,对蜂群繁殖十分有利。在采蜜期间需对蜂箱采取遮阴、散热措施,预防分蜂,提高蜂蜜产量及授粉效果。

（4）预期产量及授粉效果。分布集中的地区可生产商品蜜,板栗蜜呈浅暗黑色或深琥珀色,不易结晶,蜜略带苦涩味。利用蜜蜂授粉可提高板栗坐果率和产量。

（七）拐枣

（1）分布。在贵阳、黄平、三都、荔波、锦屏等多地有分布。

（2）花期及泌蜜特征。拐枣5—7月开花,花期约35天。拐枣蜜粉丰富,泌蜜适宜温度为20~28℃,蜜蜂喜采。

（3）蜂群管理。中、意蜂均可利用。选用群势6脾以上的中蜂或12脾以上的意蜂,在拐枣花期前3天左右进场,每群中蜂可承担5~8亩、意蜂可承担8~10亩拐枣的采蜜、授粉任务,6~8群为一组背风阴凉处摆放蜂群,蜂箱摆放要前低后高。在采蜜期间需采取遮阴、散热措施,定期清理蜂箱,预防巢虫危害发生,控王产卵提高蜂蜜产量及授粉效果。

（4）预期产量及授粉效果。分布集中的地区可生产商品蜜,拐枣蜜呈琥珀色,味芳香。利用蜜蜂授粉可提高拐枣结实率。

（八）采蜜授粉

（1）分布。贵州柿种质资源丰富,地方柿品种资源有130多个,广泛种植在海拔200~1 800 m的区域内。全省柿树种植总面积约为2.7万亩,主要栽培品种为贵阳水柿、惠水方柿和玉屏无核糯柿,主要分布在黔南州（6 500亩）、铜仁地区（6 000亩）、毕节地区（4 500亩）、黔西南州（3 000亩）等地。

（2）花期及泌蜜特征。柿树5—6月开花,花期15~20天。柿树蜜多粉少,泌蜜适宜温度为28~30℃。相对湿度60%~80%,晴天气温20~28℃时,泌蜜量最大。有大小年。

（3）蜂群管理。中、意蜂均可利用。选用群势4~6脾的中蜂或8~10脾的意蜂,在柿树花期前3天左右进场,每群中蜂可承担5~8亩、意蜂可承担8~10亩柿树的采蜜、授粉任务,4~6群为一组背风阴凉处摆放,采蜜期间需对蜂箱采取遮阴措施,定期清理蜂箱,预防巢虫危害发生,预防分蜂,提高蜂蜜产量及授粉效果。因柿花粉少,不能满足蜂群繁殖，需注意补给花粉脾。

（4）预期产量及授粉效果。分布集中的区域可生产商品蜜。柿蜜呈浅琥珀色，甘甜芳香，易结晶，结晶后颗粒细腻，呈乳白色，为上等蜜。采用蜜蜂授粉后坐果率提高 3.09%，采收的果实占幼果总数的 66.55%，而自花授粉采收的果实仅占幼果总数的 12.35%。经蜜蜂授粉的柿果呈黄色，果肉具有黑色条纹，味甜可口，但自花授粉的柿果呈黄绿色，果肉为浅黄色，味苦。蜜蜂授粉后产量可提高 40%，果实成熟早。

（九）枇杷

（1）分布。贵州是枇杷属植物的起源中心之一，资源丰富，多地均有种植，以中熟的大五星为主，主要分布于开阳县、罗甸县、关岭县、荔波县、瓮安县、黔西县、台江县等地。

（2）花期及泌蜜特征。枇杷 10—12 月或翌年 1 月开花，花期长 60 天，部分地区因品种和气候原因，花期可长至 70～130 天。枇杷花蜜粉丰富，气温 15℃开始泌蜜，20℃泌蜜增多，在昼热夜冷、南风回暖、空气湿润的条件下，泌蜜更多，是中蜂的重要冬季蜜源。

（3）蜂群管理。因花期气温低，一般只有中蜂能采集商品蜜。选用群势 6 脾以上的中蜂，在初花期进场，每群中蜂可承担 3～5 亩的授粉任务，蜂箱摆放须前低后高，选择场地要背风向阳。蜂群要加强保温措施，因昼夜温差大，须根据蜂群群势适当调节巢门大小。及时取蜜，取蜜时间须安排在晚上，此外，要避免蜜压子，以免花期结束时工蜂所剩无几，造成以蜂换蜜的被动局面。花期后期，须留足蜂群越冬饲料，适时退场，避免盗蜂，紧脾越冬。

（4）预期产量及授粉效果。正常年份，每群中蜂可产蜜 5～10 kg。枇杷蜜呈浅琥珀色，有枇杷香味，结晶后呈乳白色，颗粒略粗，为上等蜜。利用蜜蜂授粉比自然授粉坐果率提高 3.16%，单株产量增加 30.43%，畸形果率降低 9%，果实具有优越的商品性。

二、授粉模式

（一）桃

（1）分布。贵州省桃栽培总面积约 100 万亩，主要分布在贵阳市、黔南州、六盘水市、安顺市等地。

（2）花期及泌蜜特征。桃树 3—4 月开花，花期 20 天左右，花粉黄色，粉多蜜少，能满足蜂群繁殖需要，可作为蜂群春繁的辅助蜜粉源。

（3）蜂群管理。授粉蜂种应选用适应当地气候的中蜂。初花期进入授粉场地，1群蜂（以4脾每群为例）可承担3～5亩桃树的授粉任务，6～8群为一组坐北朝南摆放。因桃花蜜少粉多，可饲喂浸泡过花瓣的糖浆诱导蜜蜂授粉，提高蜂群访花频率。因桃花流蜜量少，需保证蜂群饲料充足、严防盗蜂。

（4）预期授粉效果。利用蜜蜂为桃树授粉可提高桃子坐果率约50.8%，同时减少畸形果，提高果实含糖量和产量。

（二）梨

（1）分布。贵州梨树种植面积约50万亩，全省各地均有栽培，主要分布在贵阳市、兴义市、兴仁县、望谟县、安龙县、罗甸县、江口县等地。

（2）花期及泌蜜特征。梨树3—4月开花，花期长约20天。早春对蜂群恢复和发展有利。花粉淡黄色，数量较多，蜜腺位于花托内壁，呈黄色，泌蜜适宜气温在20～25℃。多数品种为自花不育，需蜜蜂等昆虫传粉才能结果。因花蜜含糖量低，对蜂群引诱力弱，蜜蜂不喜采集。但梨花花粉营养价值优良，可为春季的辅助蜜粉源。

（3）蜂群管理。授粉蜂种应选用适应当地气候的中蜂。梨树初花期进入授粉场地，1群蜂可承担5亩左右梨树的授粉任务，6～8群为一组坐北朝南摆放。因梨花对蜂群引诱力弱，可饲喂浸泡过花瓣的糖浆诱导蜜蜂授粉，提高蜂群访花频率。因梨花流蜜量少，需保证蜂群饲料充足，严防盗蜂。

（4）预期授粉效果。利用蜜蜂为梨树授粉，可提高坐果率25%，提高产量37.74%，果实含糖量可提高1%，同时，畸形果减少，单果重增加。

（三）李

（1）分布。全省李树种植面积268万亩，各地均有栽培。镇宁县李树种植面积17万亩，主要品种有冰脆李、蜂糖李，"镇宁蜂糖李"2017年获国家农产品地理标志登记保护。沿河县李树种植面积10万亩，"沙子空心李"2006年获国家地理标志保护产品。

（2）花期及泌蜜特征。开花时间因品种、地区和气候不同而异，大致在2—4月开花，花期约20天。李花蜜粉丰富，蜜蜂爱采，对早春蜂群恢复和发展有一定作用，可作蜂群春繁的辅助蜜粉源。

（3）蜂群管理。授粉蜂种应选用适应当地气候的中、意蜂。选用群势

5~6脾的中蜂或10~12脾以上的意蜂，在李树初花期进入果园，每群中蜂可承担3~5亩、意蜂可承担7~8亩李树的授粉任务，4~5群为一组坐北朝南摆放，蜂群摆放要前低后高。花期须加强蜂群保温，严防倒春寒，控制分蜂热，预防分蜂，提高授粉效果。

（4）预期授粉效果。蜜蜂授粉受精早，花落得早，花期缩短2.5天。蜜蜂授粉能提高李子坐果率50%，增产35.39%，同时能有效改善果实品质，减少畸形果。

（四）苹果

（1）分布。全省苹果种植面积约50万亩，主要分布在威宁县一带。目前，"威宁苹果"已获国家农产品地理标志、国家地理标志保护产品、国家绿色食品等多项认证。

（2）花期及泌蜜特征。开花时间因品种、气候、树龄、树势、地区不同而异，一般3~4月开花，群体花期10~20天，盛花泌蜜期7~12天。苹果花蜜粉丰富，质地优良，蜜蜂爱采，对早春蜂群繁殖和采集蜂培育有较大作用。苹果为虫媒异花授粉植物，利用蜜蜂授粉，增产效果显著。授粉适宜温度15.5~21℃，26℃以上花粉萌发力减弱。此外，在苹果连片集中地区，气候适宜，蜂群群势强时，还能生产少量苹果蜜。

（3）蜂群管理。授粉蜂种应选用适应当地气候的中、意蜂，选用群势5~6脾的中蜂或12~14脾以上的意蜂在苹果初花期进入授粉场地，每群中蜂可承担5亩、意蜂可承担8亩左右苹果的授粉任务，6~8群为一组坐北朝南摆放，蜂群摆放要前低后高。授粉期间需对蜂箱采取遮阴措施，预防分蜂，提高授粉效果。

（4）预期授粉效果。蜜蜂授粉可提高苹果坐果率44.5%，提高产量30%，同时，能有效改善果实品质，减少畸形果和农药激素污染。

（五）樱桃

（1）分布。贵州樱桃主要分布在中部、西北部和北部，包括贵阳市、安顺市和毕节地区。毕节市为贵州樱桃的主产区，面积约170万亩，其次为纳雍县（8.61万亩）、镇宁县（8万亩）、织金县（4.05万亩）、赫章县（2.38万亩）、大方县（2.34万亩）。2007年赫章县获"中国樱桃之乡"称号。2017年，"镇宁樱桃"获国家农产品地理标志登记保护。

（2）花期及泌蜜特征。樱桃2—4月开花，花期20天左右，蜜粉多，是早春蜂群繁殖的有效辅助蜜源。

（3）蜂群管理。授粉蜂种应选用适应当地气候的中、意蜂。选用群势 5~6 脾的中蜂或 10~12 脾以上的意蜂，在樱桃初花期进入授粉场地，每群中蜂可承担 3~5 亩、意蜂可承担 5~8 亩樱桃的授粉任务，6~8 群为一组坐北朝南摆放，蜂群摆放要前低后高。花期须加强蜂群保温，严防倒春寒，控制分蜂热，预防分蜂，提高授粉效果。

（4）预期授粉效果。蜜蜂授粉可以提高樱桃坐果率 43%，增加产量，畸形果减少 65%。

（六）石榴

（1）分布。贵州石榴主要分布在织金县、务川县、盘州市、石阡县、黔西县、威宁县等地，主要品种有软籽石榴、红宝石等。其中，盘州市有软籽石榴 10 万亩，威宁县有石榴 20 万亩。

（2）花期及泌蜜特征。石榴 5—7 月开花，花期 15 天，花朵数多，泌蜜产粉丰富，蜜蜂爱采，对蜂群繁殖有利。

（3）蜂群管理。授粉蜂种应选用适应当地气候的中、意蜂。选用群势 5~6 脾的中蜂或 10~12 脾的意蜂，在石榴初花期进入授粉场地，每群中蜂可承担 3~5 亩、意蜂可承担 5~8 亩石榴的授粉任务，5~8 群为一组坐北朝南摆放，蜂群摆放要前低后高。授粉期间需对蜂箱采取遮阴措施，预防分蜂，提高授粉效果。

（4）预期授粉效果。蜜蜂为石榴授粉可提高石榴坐果率 148%，使石榴单果重增加 21.5%。

（七）猕猴桃

（1）分布。贵州猕猴桃种植面积位居全国第三，约 62 万亩，主要品种为贵长、红阳。其中贵长集中分布在修文县、开阳县、清镇一带，红阳主要分布在水城、六枝一带。此外桃松县、播州区等地也有种植。

（2）花期及泌蜜特征。猕猴桃 2—5 月开花，花期 10~15 天。红阳开花时间较早（2—3 月），贵长开花较晚（4—5 月），集中开花时间 1 周左右。猕猴桃雌雄异株，需昆虫或人工授粉方能结果。猕猴桃花粉丰富，白色至淡黄色，但蜜腺均不发达，不能产蜜。

（3）蜂群管理。授粉蜂种应选用适应当地气候的中、意蜂。选用群势 4~5 脾的中蜂或 8~10 脾的意蜂，在猕猴桃开花数量达到 10% 左右进场授粉，1 群蜂可承担 2 亩左右猕猴桃的授粉任务，蜂群在果园内分散放置，授粉期间需对蜂箱采取遮阴措施。需饲喂浸泡过花瓣的糖浆诱导蜜蜂授粉，适当奖励饲喂，提高授粉效果。

（4）预期授粉效果。猕猴桃雌雄株比例小于 10∶1，雌雄花开花时间同步时，蜜蜂授粉可提高猕猴桃坐果率 24.4%，使畸形果下降 24.5%，二级果增加 3.3%，一级果增加 21.2%，增产 32.2%。

第三节　其他经济林林下养蜂模式

大力发展特色经济林是贯彻"绿水青山就是金山银山"理念的重要举措，是巩固脱贫攻坚成果和加快国家级生态文明试验区建设的迫切需要，对实行乡村振兴具有积极的意义。然而，并非所有的经济林均可实现林下养蜂，部分经济林甚至是有毒蜜源，不宜林下养蜂；而部分经济林虽然是有毒蜜源，但因其花粉营养价值高，林下养蜂可生产商品花粉，但对技术要求较高。本节对贵州省种植面积较大 4 类经济林林下养蜂模式进行介绍。

一、油茶林下养蜂模式

贵州是全国重点油茶产区之一，全省油茶面积约 300 万亩，主要分布在黔东南州、铜仁地区、黔西南州等地，其花期一般从 10 月持续到翌年 1 月，单株花期 20 天左右，单花开放时间一般为 5 ~ 6 天，盛花期 30 ~ 40 天，盛花期时，泌蜜量大，花粉丰富。油茶属于异花授粉植物，使用蜜蜂为油茶授粉能提高其坐果率，可生产花粉，但无法生产商品蜜。

油茶为有毒蜜源，因意蜂生产油茶花粉的技术相对成熟，生产上推荐养殖意蜂，不推荐养殖中蜂。选用 6 ~ 8 脾的意蜂在油茶开花前 1 周进场，每 6 ~ 8 亩放置 1 群，能提高油茶坐果率和产量 1 ~ 2 倍。油茶花蜜对蜜蜂有毒，蜜蜂采食后会出现中毒现象，引起蜜蜂幼虫死亡，因此放蜂期间应注意饲喂酸饲料，保障水源，加强保温，及时脱粉。

二、茶林下 / 间养蜂模式

贵州是全国茶园种植面积规模最大的省份，种植规模约 752 万亩，全省各县均有茶园。茶树花期为 9 月下旬至 12 月上旬，花期长、泌蜜多，花粉丰富，是秋冬季良好蜜粉源植物，茶园放蜂主要生产商品花粉。

茶为有毒蜜源，因意蜂生产茶花粉的技术相对成熟，生产上推荐养殖意蜂，不推荐养殖中蜂。选择 10 ~ 12 脾以上的意蜂，在茶树开花前 1 周进场，每 10 亩放置 1 群，每群能生产茶花粉 3 ~ 5 kg，其售价比杂花粉高

50% 以上。蜜蜂采食茶花蜜后也会出现中毒的现象，引起蜜蜂幼虫死亡，放蜂期间应注意饲喂酸饲料，保障水源，加强保温，及时脱粉。

三、刺梨林下/间养蜂模式

贵州刺梨资源丰富，截至 2018 年底，种植面积已达 260 万亩，主要分布在六盘水、黔南州、毕节市、安顺市等地。刺梨 4 月中下旬至 7 月中上旬开花，花期 3 个月左右，花粉丰富，是优质的粉源植物。蜜蜂为刺梨授粉可提高其产量和质量，具有良好的经济效益，对蜂群繁殖也有一定的作用，但刺梨林下/间养蜂不能生产商品蜜和花粉，不适宜大规模养殖。

中蜂和意蜂均可为刺梨授粉，在贵州西部地区推荐云贵高原型中蜂，在贵州其他地区推荐华中生态型中蜂，意蜂在全省均可，但需注意中、意蜂场地应间隔 3 ~ 5 km，以防盗蜂。选用群势 3 ~ 4 脾的中蜂或 6 ~ 8 脾的意蜂在刺梨开花前 1 周进场，每 6 ~ 8 亩放置 1 群。刺梨粉多蜜少，放蜂期间应注意补充饲喂适量稀糖水，并为蜂箱遮阴。

四、花椒林下养蜂模式

贵州花椒种植面积占全国花椒种植面积的 3%，超过 100 万亩，主要分布在务川、习水、桐梓、德江、晴隆、关岭、贞丰等县，花期 4—5 月，4 月上中旬开花泌蜜，泌蜜量受气温影响，天气晴暖、闷热无风的天气泌蜜较好，如果出现 25 ~ 30℃的高温天气，花椒泌蜜涌，蜂群采蜜积极。此外，花椒泌蜜与光照关系密切，光照较差的地方泌蜜较少，阳坡光照充足、土质肥沃的地方的泌蜜量相对好。花椒仅是蜜蜂的一种辅助蜜源，对蜂群繁殖有一定作用，但林下养殖不能生产商品蜜和花粉。

中蜂和意蜂均可在花椒林下养殖，在晴隆、关岭、贞丰等地推荐云贵高原型中蜂和意蜂，在遵义地区、铜仁地区推荐养殖华中生态型中蜂和意蜂。选用群势 3 ~ 4 脾的中蜂或 6 ~ 8 脾的意蜂在花椒开花前 1 周进场，每 6 ~ 8 亩放置 1 群。蜜蜂为花椒授粉可提高其产量和质量，同时花椒也可作为蜂群繁育的辅助蜜源。放蜂期间如遇蜂群缺蜜，应适当补充饲喂稀糖水。

第四节　关键配套技术

当前中蜂饲养有两种不同的方式，即活框饲养与传统饲养，两种方式各有特点，也有其必要性。活框饲养主要分布在经济相对发达的地区，生产上采用现代活框蜂箱，便于操作管理，产量也明显优于传统饲养的蜂群。活框饲养的蜂蜜收取多利用摇蜜机。本节主要针对活框饲养技术，对生态林和经果林林下养蜂配套技术进行介绍。

一、蜂种选择

贵州省蜜蜂广泛分布于遵义、铜仁、黔东南、黔南和安顺地区及毕节地区。中蜂蜂种类型有华中型和云贵高原型，部分地区也饲养少量意蜂。中蜂个体较意蜂小，采集力不及意蜂，但中蜂善于利用零星蜜粉源，可定地或小转地饲养，而意蜂只能利用大蜜源，蜜源结束后须转场。中、意蜂场地选择应间隔 3 km 以上，避免发生盗蜂，尤其是大蜜源后期。

（一）华中型中蜂

广泛分布于遵义、铜仁、黔东南、黔南和安顺地区。华中型中蜂蜂王一般呈黑灰色，鲜有棕红色，雄蜂黑色，工蜂多呈黑色，腹节背板有明显的黄环。工蜂性温顺，易管理，防盗能力差。华中型中蜂春繁时间早，繁殖快，育虫节律陡，抗寒能力较强，低温阴雨天仍能出巢采集。蜂群群势强，在主要流蜜期到来时群势可达 6 ~ 8 脾，最大群势可达 13 ~ 15 脾，年平均产蜜量 20 ~ 40 kg。

（二）云贵高原型中蜂

主要分布于威宁县、纳雍县、赫章县一带。云贵高原型中蜂蜂王体色多为黑褐色，雄蜂黑色，工蜂体色偏黑、个体大、性情凶暴、盗性较强。云贵高原型中蜂耐寒性较好，繁殖力强，最高日产卵量可达 1 000 粒以上。蜂群群势强，单王流蜜期群势可达 7 ~ 8 脾，最高群势可达 15 ~ 16 脾，年平均产蜜量 15 ~ 30 kg。

二、蜜源介绍

蜜源是养蜂生产的物质基础，贵州四季蜜粉源植物丰富，共有 293 种，其中栽培蜜粉源植物 50 余种，天然蜜粉源植物 240 余种，既有乔木、灌木、藤本，也有多年生和一年生草本。在此仅重点介绍贵州省常见的主要蜜源植物、辅助蜜源植物、粉源植物和有毒蜜源植物。

（一）主要蜜源植物

贵州省能被中蜂利用并形成商品蜜的主要蜜源植物有油菜、紫云英、蓝莓、乌桕、荆条（黄荆）、野藿香、柃（野桂花）、鸭脚木、盐肤木（五倍子）、枇杷。此外，林下套种的诸葛菜、紫花苜蓿、苕子、三叶草、益母草、玄参、头花蓼等绿肥和中药材也是较好的蜜源。

（二）主要辅助蜜源植物

辅助蜜源植物可以是栽培种，也可以是野生种，贵州省春季主要辅助蜜源植物有佛甲草、小果蔷薇、白刺花、泡桐、洋槐、柑橘等；夏季主要有瓜类（冬瓜、南瓜、西瓜、香瓜）、悬钩子、芝麻、胡枝子、草木樨、香椿、板栗（茅栗）等；秋季主要有川莓、楤木（刺包头）、荞麦、玄参、鬼针草、野菊花等；秋冬季主要有香薷、紫苏、辣蓼、千里光等。

（三）主要粉源植物

凡数量较多，花粉丰富，蜜蜂爱采集，对养蜂生产和蜜蜂生活有重要价值的植物统称为粉源植物。贵州省主要粉源植物有蚕豆、木豆、豌豆、田菁、老虎刺、萝卜、芝麻菜、黄瓜、南瓜、蒲公英、野菊、榆树、柳树、桃、苹果、梨树、樱桃、玉米、飞龙血掌（牛丹子或见血飞）等。此外，马尾松、樟子松、杉木、侧柏、草麻黄、小叶杨、杨梅、白桦锥栗、小红栲、海南栲、竹叶栎、麻栎、构树、葎草、桑树、红叶树、秋茄树、拐枣、火棘、毛樱桃、山刺玫、黄刺玫、栽秧泡、悬构子、覆盆子、大乌泡、黄泡、茅莓、珍珠莓等是辅助粉源植物。

（四）有毒蜜源植物

凡蜜蜂能够采集，但其花粉或花蜜对蜜蜂或人有毒的植物统称为有毒蜜粉源植物，广义上也称为有毒蜜源植物。即能使蜜蜂幼虫、成年蜂发病或死亡的蜜粉源植物，或者植物对蜜蜂本身无毒，但人食用蜜蜂所采集的这些植物花粉花蜜后，能产生不适症状，甚至导致死亡的植物，统称为有毒蜜源植物。

一般而言，有毒蜜源植物是有毒植物的一部分，但有毒植物并不等于有毒蜜源植物。如漆树、橡胶等是有毒植物，但这些植物并不是有毒蜜源植物，而是重要的蜜源植物。判断有毒蜜源植物的原则是植物花蜜或花粉对人或蜂是否有毒。贵州省主要有毒蜜粉源植物有博落回、雷公藤、昆明山海棠、南烛、钩吻、油茶。

1. 博落回

又称野罂粟、号筒杆、山号筒、通天窍、黄薄荷。多年生大形草本植物，茎可高达 2 m，花期 6—8 月，喜生长于温湿的山林、灌丛间。主要分布于我国长江以南、南岭以北的大部分地区。博落回花蜜和花粉有毒，对人和蜂都有剧毒。人轻度中毒表现为口渴、头晕、恶心、呕吐、胃烧灼及四肢麻木；重度中毒表现为昏迷、精神异常，心律失常甚至死亡。

2. 雷公藤

又称黄蜡藤、菜虫药、苦树皮、断肠藤。落叶藤本灌木，高可达 9 m，花期 6—8 月，喜生长于背阴的山坡、灌木丛。分布于我国台湾、福建、江苏、浙江、安徽、湖南、湖北、广西、云南、贵州等地。雷公藤剧毒，对蜂无毒，但蜜蜂生产的雷公藤蜜对人有毒。雷公藤蜜呈深琥珀色，味苦涩，人食用后表现为剧烈腹痛、血便、血压下降、休克及呼吸衰竭等中毒症状。

3. 昆明山海棠

又称火把花、断肠草、紫金皮。攀缘性灌木，花期 5—8 月，常生长于山坡向阳面的灌木丛、林地。分布于我国浙江、湖南、江西、四川、云南、贵州等地。目前尚未发生过蜜蜂中毒现象，但对人有毒。人食用过量的昆明山海棠蜂蜜后，出现头晕、头痛、四肢发麻、精神亢进、产生幻觉、惊厥、剧烈腹痛、腹泻等中毒症状，严重者可出现混合型循环衰竭而死亡。

4. 南烛

又称乌饭树、乌饭叶、饭筒树、染菽。常绿乔木或灌木，花期 6—7 月，常生长于温暖潮湿的山坡、路边或灌木丛。分布于湖南、湖北、广东、广西、云南、贵州、四川等地。南烛对蜂是否有毒目前尚不清楚，但对人有毒，中毒症状为呕吐、多便、多尿、神经末梢麻痹、肌肉痉挛。

5. 钩吻

又称野葛、胡蔓藤、烂肠草、断肠草、大茶药。常绿木质藤本，花期 5—11 月，常生长于丘陵、疏林或灌木丛中。分布在长江以南山区，以广东、广西、福建、台湾为主，湖南、江西、海南、贵州等地也有分布。钩吻草全株有毒，人误食茎叶 1~3 g 后会出现视物模糊、全身乏力、沉睡等症状。钩吻花粉有剧毒，人食用含有花粉的蜂蜜会发生严重中毒甚至死亡，一般服食后即刻或半小时内病发。服食量小先出现恶心、呕吐、腹胀痛等消化系统症状，服食量大可迅速出现昏迷、严重呼吸困难、呼吸肌麻痹、死亡。

6. 油茶

又称茶子树、茶油树。常绿灌木或乔木，花期 10 月至翌年 1 月，野生油茶常生长于缓坡。分布于浙江、江西、河南、湖南、广西、云南、贵州等地。油茶蜜粉丰富，对人无毒，对蜂有毒。油茶花蜜中的生物碱、半乳糖等多糖类物质会引起蜜蜂中毒，出现烂子、死蜂现象。

7.其他有毒蜜源植物

（1）对人和蜂都有毒。八角枫、乌头、白喉乌头、北乌头、拟黄花乌头、准格尔乌头、大麻、毒芹、莨菪、藜芦、大麻、曼陀罗、毛茛、密头菊蒿、喜树、羊踯躅、野罂粟、苦皮藤。

（2）对人有毒，对蜂无毒。白杜鹃、苍耳、杜鹃、高山杜鹃（小叶杜鹃）、夹竹桃、马桑、昆明山海棠、雷公藤、博洛回。

（3）对人有毒，对蜂的毒性未知。狼毒、林地乌头、商陆、山地乌头、醉鱼草、怀槐。

（4）对蜂有毒，对人无毒。茶、贯叶连翘、黄花石蒜、酸枣。

三、林下养蜂采蜜模式配套技术

（一）载蜂量核算

中蜂有效采集半径为 1.5 km，面积 7 km² 范围内，按 50 群蜂为基准，根据蜂群年产量核算蜂群承载量。定地饲养的中蜂，单季产量超过 5 kg/群，在流蜜期气候较好时，能实现稳产高产的生态林区，视为优良蜜源区，饲养蜂群可大于 50 群。而在单季产量不足 2.5 kg/群，且蜜味不佳，流蜜期气候变化较大，不能实现稳产的，视为下等蜜源区，饲养蜂群应低于 50 群。一般情况下，定地饲养的中蜂场规模不宜超过 100 群，蜜源条件良好的生态林，养殖密度可酌情加大，蜜源条件一般的生态林每个蜂场以 30～50 群为佳。

（二）场地选择及蜂群安置

（1）蜜粉源条件。大宗商品蜜源关系到蜂蜜的产量，辅助蜜粉源关系到养蜂的成本和蜂群健康。因此，蜂场应选在附近蜜粉源植物丰富、分布广的生态林地。

（2）环境条件。在选址设置蜂场之前要重点考察当地的小天气和小环境，不应在有强气流，空气不流通、污染源等地设置蜂场。尽量选择夏季有枝叶遮阴，避免选择郁闭度高的常绿林。

（3）地形位置。根据当地地形以及蜜源分布情况来决定，在山林地区，蜂场应设置在蜜源南面，背风、向阳，地势要略低于蜜源地；若在平坦林地，蜂场宜设置在蜜源地的中心地带。

（4）交通条件。考虑到蜜蜂运输、蜂蜜采收、蜂群管理，蜂场最好选择在交通便利的地方。

（5）安全性。蜂场安全性非常关键，不仅蜂要安全，人也要安全。注意避开人、畜以及经常打农药的地方。

（6）蜂箱应前低后高摆放在背风、向阳的地方，离地面有一定距离，避免蚂蚁、蟾蜍等天敌的侵害。中、意蜂蜂场至少间隔 3 km，避免蜜源后期因缺蜜盗蜂造成不必要的损失。

（三）蜂群管理

1. 蜂群饲喂

（1）饲喂糖水。蜜蜂糖水饲喂分为奖励饲喂和补助饲喂。奖励饲喂主要目的是刺激蜂王产卵、促进工蜂育虫、诱导蜜蜂采蜜，按照糖：水=1：1 的比例，少量多次，于夜间饲喂蜂群；补助饲喂主要目的是防止蜂群缺蜜，在外界蜜源缺少或越冬前，按照糖：水 =2：1 的比例，于夜间饲喂蜂群。

（2）饲喂花粉。蜜蜂繁殖期间仅补饲蜂蜜饲料不能保证蜜蜂健康发育，粉源不足时，必须饲喂花粉。选用来源清楚、无霉变、新鲜的花粉加入适量的蜂蜜或糖浆，充分搅拌、消毒，压制成饼状，置于子脾的框梁上供蜜蜂采食。遇寒流时将花粉拌糖浆制成花粉团饲喂。

（3）喂水喂盐。注意把握喂水喂盐的时间，蜂群春繁和夏季需水较多，每个蜂群每天需采水 200 ~ 300 mL，将干净清洁的水加入自动饲喂器中进行补饲；在夏季注意补饲盐类，一般在糖浆中加入 1% 的食盐（或水中加 0.3% 的食盐）进行补饲。

2. 群势调整

（1）合并蜂群。失王又没有储备蜂王的蜂群、交尾失败的新蜂群、失去生产能力的弱群、越冬前群势在 4 脾以下的弱群均需进行合并。合并时弱群并入强群，无王群并入有王群。合群主要是防止蜂群相互排斥引起打架厮杀，要消除处理好群界性，通常采用喷烟、1：1 喷洒、1：1 喷醋或者喷洒空气清新剂处理蜂群味道消除群界性。

（2）人工分群。人工分群的目的是为了增加蜂群数量，扩大生产力，促进蜂群繁殖，是控制分蜂热和扩大蜂场规模的有效手段。在原蜂群旁边放一个空箱，然后在原蜂群中提出一张子脾、一张蜜脾和粉脾放入到空箱里，抖进半数以上的蜜蜂。几小时后，给新分群诱入一只优质的新产卵王。新分群群势不强，在管理上应注意不要随意移动蜂箱位置和改变巢门方向，并保证蜜粉源充足。

3. 适龄采集蜂培育

提前培育强群和适龄采集蜂是夺取蜂蜜高产和提高授粉效果的基础。工蜂从卵期到幼蜂出房需要 20 天，内勤工作需要 19 天，积累采集蜂 7 天，共计 46 天。在主要蜜源植物吐粉泌蜜前 46 天开始培育适龄采集蜂；或者在主要蜜源植物吐粉泌蜜前 75 天开始培育适龄采集蜂。培育适龄采集蜂时，若气温低要加强保温，每晚进行奖励饲喂；花粉不足时饲喂花粉饼。根据群势及时加脾扩巢。

4. 四季管理

（1）春季管理。在蜂群恢复阶段，外界气温比较低，倒春寒严重，蜂群群势不强，采用紧脾、缩小巢门、堵塞蜂箱缝隙、迟撤蜂箱保温物等方法对蜂群加强保温。延迟春繁，防止温度骤降引起烂子。当气温升高，外界流蜜逐渐增多，子脾面积不断扩大，幼蜂陆续出房，巢脾已不能满足蜂王产卵及工蜂工作需要时，应及时加脾扩巢增强群势。出现赘脾或梁框上有新蜡点时，加入整张巢础造脾。封盖子脾中的旧脾、虫害脾移至两侧，待幼蜂出尽后提出箱外化蜡。清明节前后，当地中午气温达到 20℃时，准备育王换王工作，当年蜂场换王率应超过 70%。

（2）夏季管理。利用夏初的辅助蜜源（如板栗、毛栗、拐枣、蔷薇科野生蜜源）平衡和恢复群势，一般以 4～5 框群势越夏。外界断蜜后全面检查群内存蜜情况，饲料不足的蜂群用 2∶1 的糖水连续饲喂。越夏期间尽量做箱外观察，少开箱。7—8 月高温期遮阴防晒，干旱缺水时箱内可加水脾。

（3）秋季管理。秋季主要蜜源流蜜期间组织强群采蜜，弱群繁殖。将弱群正出房的子脾补给生产群以维持强群，保持 5 足框以上群势。流蜜期初期及时清脾，中期及时取蜜，后期应及时更换老王、劣王，培育适龄越冬蜂。在流蜜末期，抽出部分巢脾，留下 1～3 张空巢脾供蜂王产卵，应尽力扩大蜂王产卵圈，以繁殖大量适龄越冬蜂。留足蜜脾作为越冬饲料，每脾足蜂留蜜 1.5～2 kg，如不足，用 2∶1 的糖水连续饲喂补足，保证 2/3 以上的蜂脾储蜜超过 6 cm 宽。

（4）冬季管理。对蜂群进行全面检查，弱群并入强群，紧缩巢脾，使得蜂多于脾。留在巢箱内的巢脾，选用 1 年以上的脾。越冬期蜜蜂怕热、怕冷、怕振动、怕异味刺激。根据天气变化调节巢门的大小，使巢温不致过高或过低。降低蜜蜂死亡率，保证蜂群安全越冬。

5. 蜂群转地

选择天晴的夜晚等蜂群全部回巢后用卡扣或者枪钉固定蜂脾和隔板，固定完后关闭巢门，装车启运。转运途中尽量减少颠簸防止损伤蜂群。蜂群的摆放密度为间隔半径 3～5 m，巢门方向避免一致，开巢门时间应间隔一段时间，防止蜂群迷巢、结团、冲群。待蜂群稳定后撬脾去钉，检查蜂群是否正常，然后根据蜂群实际情况采取相应的管理措施。

（四）蜂蜜采收、储存及运输

取蜜要取 1/2 以上封盖的成熟蜜，选择晴天的早晨进行。可以采用二次摇蜜的方式取蜜，即第一次摇蜜时直接将巢脾放入摇蜜机，取出含水量较高的蜜用于饲喂蜜蜂，第二次摇蜜时用割蜜刀割开封盖蜡后放入摇蜜机，摇出的蜂蜜作为商品蜜。

蜂蜜应储存在 11℃ 以下的无污染的环境中，须避光、防雨淋，并避免撞击与振动。成品应遵循"先产先销"的原则。

蜂蜜在运输前要求桶盖盖牢，无渗漏，标签牢固，标注清楚。在运输过程中，不得与有毒有害物品混装运输、混存混放，避免日晒雨淋，防止温度急剧变化，搬动应轻起轻放，防碰撞、跌落，不得抛摔。

四、林下养蜂授粉模式配套技术

中蜂通常采用定地或小转地饲养，选择合适的养殖场地，事关中蜂养殖的成败。养蜂场地的选择，在山坡上，可依据地势，将山坡平整成带状梯土，将蜂群分别安置在不同层次的梯土上，形成阶梯式排列。巢门前地势应开阔，有利于工蜂飞行。蜂群不宜摆放在当风的山顶，高压线下及变压器附近或易受震动、烟熏之处及人畜活动多、干扰大的道路旁。

（一）主要配套蜂具

主要配套蜂具有蜂箱，防护用具（面网和手套、养蜂工作服、喷油器）、饲喂器，隔王板，大闸板，起刮刀、蜂王产卵控制器、分蜂群收捕器、蜂刷、埋线器、割蜜刀、巢础、巢框、囚王笼、摇蜜机和榨蜜机，火焰喷灯，手压喷壶等。

（二）授粉蜂繁育技术

提前培育强群和适龄采集蜂：所谓适龄采集蜂，通常是指出房后 13～

37 日龄的青、壮年工蜂。

（1）培养蜂王。授粉蜂群在有新王的情况下授粉积极性最高，蜂群繁殖能力也强，这对需要长时间授粉的植物非常重要。因此，当蜂群群势达 5 脾足框蜂，就应着手组织育王群，培育新蜂王。

（2）分蜂。分蜂是主要工作，当蜂群群势达 6~8 框时就采用一分为二的办法分蜂。在蜜粉源条件差的地方采取 1 年 2 次分蜂的办法，让蜂群加快繁殖速度。在蜜粉源条件好的地方，也可以采取 1 年 3 次分蜂，最后一次分蜂必须在蜜源结束前一个月完成。当蜜源结束后至越冬前，蜂群群势调整到 2~4 脾足蜂。

（三）花期蜂群管理技术

（1）蜂箱排列。对于执行授粉任务的蜂场而言，蜂群排放方式应考虑蜜蜂飞行半径，风向等因素。一般应采用小组散放，不宜集中或单群排放。

（2）蜂群保温。早春外界温度低且变化大，如果不加强保温，大部分蜜蜂为了维持巢温而降低了出勤率，影响蜜蜂的授粉效果。因此，放蜂地点选择在避风向阳处更为理想；加强保温可采用箱内和箱外双重保温的办法。

（3）群势选择。授粉蜂群应选择强群，研究表明，强群与弱群相比，出勤采集温度低 2~3℃，更利于经济作物的授粉。

（4）蜂脾比例。采取蜂多于脾的管理方法，蜂多于脾，保证蜂箱内温度正常，提高蜜蜂的出勤率，增强授粉效果。

（5）脱收花粉。在粉源充足的条件下，采取脱收花粉的办法，提高蜜蜂采花授粉的积极性。避免蜂箱内有过多的花粉，造成粉压子的现象。当蜂群处于积极繁殖状态，而花粉仅仅能满足蜂群需要，没有剩余时，蜜蜂采集积极性最高。

（6）防止中毒。授粉期内农药的管控，防止蜂具及授粉范围内的蜜粉源和水源被污染。

（四）蜂花粉采收技术

（1）花粉采收时期的选择。蜂群采回巢内的花粉过多，会限制蜂王的产卵，影响蜂群的发展。这时可以人为脱收花粉，生产商品花粉。春季花粉量多，但正值蜂群繁殖期，蜂群需要大量花粉，只可酌情采收少量商品花粉。夏季以后，粉源充足时可大量生产商品花粉。采收的花粉可留作蜜蜂饲料。采收花粉时还需注意部分有毒花粉。

（2）采收花粉的方法。用机械或手工直接从植物花朵中采收花粉；用一根小于巢房的空心管插进储满蜂粮的巢房里转动一下取出，用细棍将蜂粮捅出来；用花粉截留器（脱粉器）截留蜜蜂携带回巢的花粉团。

（3）花粉储存。新鲜花粉中含水量高，还含有各种微生物和虫卵，如果保存条件不当，容易造成花粉发霉和各种虫卵孵化。因此，新采收的花粉须及时进行干燥、去杂、灭菌和密封处理，处理过的花粉须储存于 -5℃ 或阴凉干燥处。

五、主要病虫害防治

中蜂主要病害有中蜂囊状幼虫病、欧洲幼虫腐臭病、微孢子虫病，主要虫害有蜡螟、胡蜂等；意蜂主要病害有美洲幼虫腐臭病、白垩病，主要虫害有蜂螨和微孢子虫。蜜蜂病虫害要预防为主，治疗为辅，用过药的蜂群，应立即退出采集。

（一）中蜂囊状幼虫病

（1）症状。虫体由珍珠白色逐渐变黄、黄褐、褐色，巢房不封盖或封盖被内勤蜂咬开，可见"龙船状"的尖头，腐烂虫体不具黏性，无臭味，易清除。

（2）预防要点。在春季外界气温低、早晚温差大或冬季，需对蜂群做好保温措施，在箱内采用隔板夹群饲养并于隔板外加保温物对提高巢温更为显著；在可以换王的时候，及时换王，提高蜂群对病害的抵抗性。

（二）欧洲幼虫腐臭病

（1）症状。虫体由白色变为浅黄色、黄色、浅褐色，直至变为黑褐色，最后在巢房底部腐烂，干枯，成为无黏性、易清除的鳞片，有酸臭味，"花子"严重。

（2）预防要点。选育抗病力强的品系；在春季外界气温低、早晚温差大或冬季，需对蜂群做好保温措施；病群内的重病脾取出销毁或严格消毒后再使用。

（三）美洲幼虫腐臭病

（1）症状。多发生于封盖期，死亡幼虫头部伸向巢房口，腐烂过程中，能使蜡盖颜色变深、湿润、下陷、穿孔。

（2）预防要点。来源不明的饲料不要饲喂蜂群，若必须饲喂时，要经过高温消毒 15 分钟后才能使用；及时控制蜂群内的螨害，避免蜂螨携带、传播病原菌；选用抗病蜂种。

（四）白垩病

（1）症状。幼虫在封盖后的头 2 天或前蛹期死亡，幼虫躯体先肿胀，微软，后期失水缩小成坚硬的块状物。

（2）预防要点。降低蜂箱内的湿度，蜂群应摆放在地势高、干燥、排水和通风良好的地方；蜂群内的饲料浓度要高；晴天注意翻晒保温物。

（五）蜡螟（俗称巢虫、绵虫）

（1）症状。子圈出现白头蛹、花子，巢脾坑洼不平，甚至有洞，蜂蛹死亡，轻则群势下降，产蜜量降低，重则巢脾被毁，蜂群飞逃。

（2）预防要点。在平时管理中，需定期清除箱底蜡屑及蜡螟幼虫，避免幼虫上脾侵害蜂群，定期更换蜂箱，并用灼烧、暴晒等方式消除虫源；在适合造脾的时节，给蜂群加础造脾，淘汰旧脾；饲养强群，提高蜂群护脾能力。

（六）蜂螨

（1）症状。幼虫巢房内死虫死蛹，成年蜂畸形，四处乱爬，无法飞行。

（2）预防要点。在春繁前或换王断子期，可采用喷洒双甲脒、甲酸或硫磺熏蒸等方法杀灭蜂螨，平时可以在蜂群内悬挂螨扑灭杀蜂螨。应注意轮换用药，避免蜂螨产生抗药性。

（七）微孢子虫

（1）症状。患病初期工蜂飞翔能力减弱，行动迟缓，偶见下痢，蜂群逐渐削弱。

患病后期工蜂失去飞翔能力，常爬在巢脾框梁上或在巢门前无力爬行。患病蜂腹部变黑，用镊子拉出整个消化道会发现中肠灰白色、环纹不明显，失去弹性。

（2）预防要点。蜂具与场地消毒，越冬期间平衡保温与通风的关系，早春饲喂酸性饲料，调节蜜蜂肠道酸度，适度使用烟曲霉素防治。

（八）胡蜂

（1）症状。胡蜂体大凶猛，可在野外或蜂巢前袭击蜜蜂。一般于夏末初秋季节，胡蜂盘旋于蜂场上空追逐捕食蜜蜂，或守候在巢门前捕食进出的外勤蜂，扰乱工蜂出勤。对于群势较弱的蜂群，胡蜂还能破坏巢门，攻入蜂巢，劫掠幼蜂和蛹，造成蜂群被迫弃巢飞逃。一般 5 月开始出现，7—8 月危害最为严重。

（2）预防要点。用自制竹篦或用小竹丫做成的小竹扫帚拍杀胡蜂；将普通巢门换成圆孔巢门或在巢门前安装 1 cm×1 cm 过塑金属网编成的斜坡式巢门保护罩，防止胡蜂侵入蜂箱。或者用 3 cm×3 cm 的木条钉在巢门上方的蜂箱外壁上，木条与巢门踏板的距离 8 mm（舌型巢门需拆掉），均能防治胡蜂入巢为害。

第十二章

高效生态种养模式实例

　　近年来，贵州省农业科学院组织多个专家团队，与全省各地基层农技部门、农业企业、专业合作社等开展了广泛合作，指导选择适宜当地的林下产业发展模式，研发推广配套的林下生态种养殖技术，并对关键技术进行培训，取得了一大批典型的产业发展成功案例，对当地产业提质增效和农户脱贫增收起到了较好的示范带动作用，以科技支撑有力助推了全省林下经济健康发展。

第一节　林菌生态种植模式

一、林下种植红托竹荪模式实例

　　时间：2020 年 3—10 月。

　　地点：铜仁市石阡县枫香乡鸳鸯湖管委会松树林。

　　基地规模：60 亩。

　　品种：红托竹荪 yzs020。

　　实施单位：铜仁市石阡县国荣乡宏发水果产业农民专业合作社。

　　产量与产值：占地 60 亩，种植红托竹荪菌棒 4 万棒，种植成本 32 万元（含人工及管理费），于 7 月 3 日测产，竹荪鲜品产量为 369.97 g/ 棒，后实际采收后获得红托竹荪干品 825 kg，按 600 元 /kg（无硫）计算，产值为 49.5 万元。毛利润为 17.5 万元。

　　生态社会效益：红托竹荪属于贵州特色珍稀食用菌，喜阴湿，林下种植可以利用林下具有较好的遮阴和保湿效果，不需要搭建大棚，管理简单，实现了轻简化种植，深受老百姓欢迎，有利于乡村振兴战略推进。由于每亩林地种植 40 m²，对林下环境的保护和循环连续种植具有积极的作用。目前，红托竹荪林下种植模式在贵州得到了广泛推广，种植规模达到 5 万余亩，已经成为林下经济的主要种植模式。

二、林下种植白鬼笔（冬荪）模式实例

时间：2020 年 1—12 月。

地点：毕节市大方县慕俄格街道办事处凉井村二组。

基地规模：100 亩。

品种：白鬼笔（冬荪）。

实施单位：贵州乌蒙腾菌业有限公司。

产量与产值：占地 100 亩，林下种植冬荪有效种植面积 4 000 m²，种植成本 30 万元（含人工及管理费），实际采收获得冬荪干品 900 kg，按 480 元 /kg（无硫）计算，产值为 43.2 万元，毛利润为 13.2 万元。

生态社会效益：冬荪属于贵州特色珍稀食用菌，喜阴湿，林下种植可以利用林下具有较好的遮阴和保湿效果，管理方便，适宜轻简化种植，深受老百姓欢迎，有利于乡村振兴战略推进。在林下采取小穴式或小厢式栽培的模式，每亩林地有效种植面积 40 m²，可以保持冬荪种植过程中菌材间伐与树木生长的有效平衡，对林下环境的保护和循环连续种植具有积极作用。目前，冬荪林下种植模式在贵州省毕节市得到了广泛推广，种植规模达到 2 万余亩，冬荪已形成了林下经济的主要品种之一。

三、林下种植猴头菇模式实例

时间：2020 年 10 月至 2021 年 4 月。

地点：黔东南州三穗县长吉镇司前村。

基地规模：1 200 亩。

实施单位：三穗县林业生态开发有限责任公司。

产量与产值：占地 1 200 亩，种植猴头菇菌棒 140 万棒，菌棒成本 3.5 元 / 棒，产量为 0.6 kg 鲜品，销售价 5 元，总产量为 1 680 t，产值为 1 680 万元。基础设施投入 1 500 余万元，按 5 年折旧，人工费为 280 万元，毛利润为 610 万元。

生态社会效益：利用林下生态环境进行猴头菇种植，只需要搭建简易的避雨遮阴棚，棚的规格可以根据地势而定，不破坏树林，通过猴头菇种植对林下环境进行清理同时增加了喷灌设施，对预防火灾等起到积极的作用。林下种植猴头菇投资小、品质优，适合农户分散式发展，有利于乡村振兴战略的推进。目前猴头菇林下种植成为三穗的"一县一业"，2021 年总规模将达到 3 400 余亩。

第二节　林药生态种植模式

一、林下种植天麻模式实例

时间：2019 年 11 月至 2020 年 12 月。

地点：毕节市百里杜鹃管理区普底乡红丰村杂木林下。

基地规模：150 亩。

品种：乌天麻。

实施单位：贵州云上乌蒙天麻生物科技有限公司。

产量与产值：占地 150 亩，林下种植乌天麻有效种植面积 6 300 m²，种植成本 56.7 万元（含人工及管理费），实际采收新鲜乌天麻 22 000 kg，鲜品按 40 元 /kg（统货）计算，产值为 88 万元，毛利润为 31.3 万元。

生态社会效益：天麻属于贵州道地药材，喜阴湿，以林下种植效果最佳。由于管理简单，能够充分利用闲置林地带动农户增收，天麻在贵州具有较好的产业基础。在林下采取小穴式或小厢式栽培的模式，每亩林地有效种植面积 40 m²，可以保持天麻种植过程中菌材间伐与树木生长的有效平衡，对林下环境的保护和循环连续种植具有积极作用。目前，天麻林下种植模式在贵州省得到了广泛推广，种植规模达到 8 万余亩，天麻已形成了林下经济的主要品种之一。

二、石榴林下种植白及实例

时间：2017 年 4 月至 2021 年 4 月。

地点：贵州省遵义市红花岗区巷口镇巷口村。

基地规模：270 亩。

实施单位：遵义黔秀白及种植专业合作社。

实施效果：自 2017 年开始，在遵义市红花岗区巷口镇建设石榴林下白及生态种植基地 270 亩，经相近基地生长发育情况相似的栽种 4 年后测产，2020 年夏秋季采挖平均亩产鲜品 4 390 kg，目前价格亩产值 61 460 元，亩收益 4 万元，平

均每亩年收益 1 万元，栽种 4 年每亩为当地农户带来土地租金、劳务收入
9 460 元。石榴树几乎没有日常管护成本，珍稀兰科植物促进了石榴树生长
发育。

三、喀斯特稀疏林地免耕种植白及实例

时间：2019 年 11 月至 2021 年 4 月。

地点：贵州省麻江县宣威镇卡乌村。

实施效果：黔东南州麻江县创
新扶贫资金使用思路，与公司建
立"建股管赢"模式，对卡乌村全
村 241 户村名实现利益连接，采取
"流转兜底、就业保障、分红激励、
带动发展"方式，林地租金为每
年每亩 80 元，保底分红为每年每
亩 120 元，人工抚育费用每年每亩
20 元，采挖清洗等 2 000 元 / 亩，

项目参与农户年均增收 920 元 / 亩。此外，销售完成后，扶贫资金量化入
股部分按照 7∶3 的比例对农户分红，按照目前市场价格预估每亩可分红
3 000 元左右。为农户达到"一达标、两不愁、三保障"标准提供了强力
保障，形成了"科研机构成果转化、企业负责供销两端、扶贫资金兜底扶
志、村级合作社抓好协调服务、农户全产业链参与"的产业组织形式，推
动多方互利共赢，强化多重收益保障，确保群众稳定增收，巩固了脱贫攻
坚成果，以产业有力支撑乡村振兴。

四、附树栽培石斛实例

时间：2013 年 4 月至 2021 年
4 月。

地点：贵州省安龙县坡脚"石
斛谷"。

实施效果：安龙县西城秀树农
林有限责任公司通过实行"123"
扶贫模式，采用"公司 + 合作社
+ 基地 + 农户"的产业化经营模

式，通过土地流转、入股、参与管理、采收用工等方式，让农户从土地流转上获得补贴收入，同时通过参与石斛生产劳动获得另一份收益。石斛谷基地带动一批建档立卡贫困劳动力就业，让他们就近转化为产业工人，兼顾了就业增收和照顾家庭，加快了脱贫步伐。同时，公司分别于 2016、2017 年，利用财政扶贫资金共 811.33 万元入股经营，直接带动了者贵村集体和栖凤街道贫困户入股分红增收，截至 2019 年，累计支付分红资金 170.71 万元，带动 652 户建档立卡贫困户增收，覆盖贫困人口 2 282 人。

第三节　林下生态养鸡模式

一、林下肉鸡生态养殖实例一

时间：2020 年 5—12 月。

地点：黔东南州从江县。

品种：黔东南小香鸡。

规模：2.3 万只；庭院经济 54 户，每户 200～500 只。

组织生产方式：合作社 + 农户。

实施单位：从江县两料农民种养殖专业合作社。

产值与效益：由合作社提供 30 日龄脱温鸡苗给贫困农户，农户圈舍过渡饲养 30 天，再林下放养 90 天，总计 150 天出栏。存活率 90%，出栏 2.07 万只，公母平均体重 1.3 kg，每千克直接养殖成本 27 元，市场销售平均价格为每千克 50 元；总产值 134.55 万元，利润 61.893 万元。如按每年出栏两批计算，其经济效益更加显著。

就地取材修建鸡舍

放牧围栏安装

从江小香鸡果林地放养　　　　　　　从江小香鸡灌木林地养殖

社会效益：黔东南小香鸡为贵州地方特色优质鸡品种，具有体矮小、肌肉紧实、肉质细嫩、肉味鲜美等特点，以小、香闻名，深受当地消费市场的青睐，市场销售价格稳定。以前，由于农户传统养殖方式较为粗放，饲养周期均在 320 天以上，养殖周期长、死淘率高、出栏率低、养殖成本高，每家农户养殖数量在 10 ~ 50 只，缺乏规模效应，经济效益不显著。由于黔东南小香鸡具有显著的地域消费特性，通过小群体、适度规模控制，鸡出栏时农户到市场自由交易，摆脱了对中间销售商的过度依赖，价格高、效益好，如农户每批养殖 200 只、1 年出栏 2 批次，每户年均利润收益可达 1.2 万元左右。由贵州省农业科学院专家服务团队制定养殖规划方案和提供一对一现场技术指导，经林下生态养殖规范化技术的应用，控制了养殖生产出栏周期、存活率从 70% 提高到 90%，在激发农户养殖积极性的同时，也教会了农户自身的生产技能。

二、林下肉鸡生态养殖实例二

时间：2018 年 6 月至 2019 年 12 月。

地点：黔东南州丹寨县龙泉镇高跃村。

品种：广西大发香鸡 3 号。

规模：13 万只；合作社 6 万只，农户 7 万只（每户 500 ~ 1 500 只）。

组织生产方式：公司 + 合作社 + 农户。

实施单位：贵州黔宝土鸡养殖有限公司。

产值与效益：由公司提供 30 日龄脱温鸡苗给合作社和贫困农户，圈舍过渡饲养 30 天，林下放养 90 天，总计 150 天出栏。存活率 90%，出栏 11.7 万只，公母平均体重 2.2 kg，直接养殖成本为每千克 22 元，公司按每千克 30 元保价回收；总产值 772.2 万元，合作社和农户经济效益 205.92 万元。

社会效益： 香鸡 3 号为广西大发养殖有限公司培育的青脚系杂交优质肉鸡品种，公母鸡 150 日龄出栏体重分别在 2.25 ~ 2.5 kg 和 1.5 ~ 1.9 kg，综合生产性能较好，深受西南地区专业养殖户欢迎，适宜专业化规模养殖，其销售渠道主要为鲜活鸡批发零售和线上电商平台消费。由贵州省农业科学院畜牧兽医研究所专家团队提供技术支撑、贵州黔宝土鸡养殖有限公司组织生产经营和销售、合作社和农户负责养殖，经鸡林下生态养殖规范化技术的应用与指导，提高了出栏率，保障了鸡肉品质和卫生质量安全控制，通过公司保价回收销售，保障了养殖户的经济利益，激发了农户的养殖积极性，助推了规模化发展进程。该示范点成为 2018 年和 2019 年黔东南州林下鸡扶贫产业发展现场大会观摩点。

划定鸡放牧区域

在林地边缘 1.5 ~ 2 m 进深处安装围栏

脱温鸡圈舍过渡养殖 30 天

林下放养 90 天

三、林下蛋肉兼用优质鸡生态养殖实例

时间： 2017 年 10 月至 2019 年 12 月。

地点： 黔东南州丹寨县龙泉镇高跃村。

品种： 广西大发香鸡 3 号。

规模： 2.5 万只；合作社 1 万只，农户 1.5 万只（每户 200 ~ 500 只）。

组织生产方式： 公司 + 合作社 + 农户。

实施单位： 贵州黔宝土鸡养殖有限公司。

产值与效益： 由公司提供 30 日龄脱温鸡苗给合作社和贫困农户，圈舍过渡饲养 30 天，母鸡林下放养 240 天，总计 300 天出栏。出栏率 85%，出栏 2.125 万只，母鸡平均体重 1.8 kg，平均产蛋率 55%、每只鸡产蛋数 132 枚、饲料成本为 67.2 元；鸡蛋保价回收单价为每枚 0.85 元，老母鸡保价回收单价为每千克 44 元；总产值 406.7 万元，合作社和农户经济效益 149.18 万元。

社会效益： 丹寨县是贵州少有的富硒地区之一，具有良好的富硒资源优势，示范基地建设通过鸡富硒营养调控，鸡蛋有机硒含量每千克稳定在 0.32 mg，鸡肉有机硒含量每千克稳定在 0.356 mg，符合国家禽产品富硒含量标准，具有极高的经济价值和市场前景。林下蛋肉兼用优质鸡林下生态养殖模式的构建，对灵活开展优质鸡生产经营活动、规避肉鸡市场周期性价格波动风险和禽产品多元化开发与生产具有良好的示范作用。本模式由贵州省农业科学院畜牧兽医研究所专家团队制定规划方案和提供技术支撑，经鸡林下生态养殖生产规范化、标准化技术的应用与指导，公司带动合作社、农户参与养殖，产业扶贫效益显著。该示范点成为 2018 年和 2019 年黔东南州林下鸡扶贫产业发展现场大会观摩点。

产蛋期母鸡分群饲养

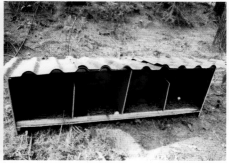

在放牧地建产蛋箱

第四节 林蜂生态养殖模式

一、蓝莓林下养殖中蜂模式实例

时间： 2015 年至 2020 年。

地点： 贵州省麻江县宣威镇。

规模： 累计引入 3.1 万群蜂，为 9.3 万亩蓝莓园提供授粉服务。

实施单位： 贵州省农业科学院现代农业发展研究所、麻江县农业农村局、麻江县科技服务中心、贵州省养蜂学会、贵州蓝莓协会。

产量与产值： 经蜜蜂授粉的蓝莓坐果率与结实率平均提高 35%，果实可溶性糖、维生素 C、总酚、平均单果重等指标显著提高，销售价提高 2 ~ 5 元 /kg，实现蓝莓亩产增加 10% ~ 30% 即 75 ~ 225 kg，经济效益 1 500 万 ~ 4 500 万元。同时，引入的 3.1 万群蜂生产优质蓝莓蜜，每群蜂取蜜 4 ~ 9 kg，共生产蓝莓蜜 186 000 kg，实现经济效益 1 488 万元。

社会效益： 蓝莓花朵的倒钟外形结构，不利于自花授粉和传粉昆虫的授粉，再加上蓝莓花期低温、阴雨天居多，蓝莓的坐果率低、甚至不坐果，曾极大地制约蓝莓产业的发展，2015 年起，贵州省农业科学院现代农业发展研究所经过多次筛选和尝试，成功引入华中型生态中蜂作为蓝莓授粉的新媒介，有效解决了蓝莓授粉难的问题，由此形成了中蜂为蓝莓授粉的一整套新型技术体系，在全省蓝莓种植县推广应用。经过连续六年的推广应用，该技术现已覆盖贵州省蓝莓核心种植区域，实践表明蜜蜂授粉效果良好，可实现果农、蜂农双丰收。2019 年贵州省麻江县已获中国养蜂学会授予"全国蜜蜂蓝莓授粉试验示范基地"称号，成为国内首个商品蓝

中蜂为蓝莓授粉　麻江县中蜂蓝莓授粉示范基地　　　2020 年麻江县乌卡坪蓝莓生态园放蜂场景

莓蜜生产基地，当地所生产的蓝莓蜜呈浅琥珀色，结晶洁白细腻，气味芳香、口感香甜、微酸，深受消费者喜爱。2020年麻江县倾力打造万群中蜂蓝莓授粉基地，拟将蓝莓蜜打造成为贵州地理标识产品。

二、枇杷林下养殖中蜂模式实例

时间：2016年10月至2020年12月。

地点：贵州省开阳县南江乡。

规模：常年授粉采蜜、蜂群约8 000群，枇杷种植面积1.1万亩。

实施单位：贵州省农业科学院现代农业发展研究所、贵州省开阳县南江乡人民政府。

中蜂为枇杷授粉　　　　　　　　　转地蜂群为枇杷授粉场景

　　产量与产值：据当地政府部门统计，南江乡枇杷种植面积 1.1 万亩，亩产枇杷约 750 kg，亩产值 9 000 ~ 12 000 元；枇杷蜜、粉丰富，每年花期吸引云南、四川、湖南等省外蜂农前来放蜂，常年采蜜、授粉蜂群达 8 000 余群，枇杷花期产蜂蜜 5 ~ 10 kg/ 群，产值 1 000 ~ 2 000 元 / 群；

　　社会效益：采用蜂—枇杷种养模式，一方面可提高枇杷坐果率，减少畸形果，改善枇杷品质，减少农药使用量；另一方面可收获蜂蜜，繁殖越冬蜂，有效带动果农和蜂农增收，调动其积极性，促进当地枇杷产业和蜂产业发展。该模式吸引大量蜂农放蜂，从而带动运输业、餐饮业等相关产业的发展，具有较强的产业联动效应，是高效、立体、生态、可持续的种养模式。

2020 年开阳县南江乡春雷养殖场中蜂为枇杷授粉

参 考 文 献

班小重，万明长，张朝君，等，2008.野生果树八月瓜的资源收集与利用评价 [J].贵州农业科学，36（4）：17-18.

曾令祥，2017.药用植物病虫害 [M].贵阳：贵州科技出版社：61-64.

陈顺友，2009.畜禽养殖场规划设计与管理 [M].北京：中国农业出版社.

方金山，2012.虎奶菇人工栽培技术 [M].北京：金盾出版社.

方金山，周贵香，方婷，等，2013.食用菌林下高效种植新技术 [M].北京：金盾出版社.

贵州中药资源编委会，1992.贵州中药资源 [M].北京：中国医药科技出版社.

国家蜂产业技术体系，2016.中国现代农业产业可持续发展战略研究 [M].北京：中国农业出版社.

国家药典委员会，2020.中国药典（一部）[M].北京：中国医药科技出版社.

何顺志，徐文芳，2007.贵州中草药资源研究 [M].贵阳：贵州科技出版社：764.

黄年来，1993.中国食用菌百科 [M].北京：中国农业出版社.

林占熺，2013.菌草学 [M].北京：国家行政学院出版社.

陆科闵，王福荣，2006.苗族医学 [M].贵阳：贵州科技出版社：586-587.

吕作舟，2006.食用菌栽培学 [M].北京：高等教育出版社.

王波，甘炳成，2007.图说黑木耳高效栽培关键技术 [M].北京：金盾出版社.

吴明开，2019.白及生态种植技术研究 [M].北京：科学出版社.

吴兴亮，卯晓岚，图里古尔，等，2013.中国药用真菌 [M].北京：科学出版社：294.

肖培根，2001.新编中药志：第 1 卷 [M].北京：化学工业出版社：316-319.

胥雯，马靖艳，2020.黄精实用种植技术 [J].林业与生态（12）：38-39.

徐祖荫，2015. 中蜂饲养实战宝典 [M]. 北京：中国农业出版社 .

杨新美，1988. 中国食用菌栽培学 [M]. 北京：农业出版社 .

应建浙，赵继鼎，卯晓岚，等，1982. 食用蘑菇 [M]. 北京：科学出版社 .

袁崇文，刘智，袁玉清，等 . 中国天麻 [M]. 贵阳：贵州科技出版社 .

张明生，2013. 贵州主要中药材规范化种植技术 [M]. 北京：科学出版社 .

中国科学院中国植物志编委会，1999. 中国植物志 [M]. 北京：科学出版社 .

后　记

　　本书由贵州省农业科学院牵头组织相关专家学者历时近半年完成。系统总结了当前贵州省林下经济生态种养模式与技术，是巩固生态建设成效、开辟农民增收渠道、助力林下经济发展的最新成果；对全省着力实施"建立林下经济项目库、建设林下经济示范基地、完善利益联结机制、实施品牌战略、强化科技服务"五大行动，创新发展"农业＋林业"模式，发挥林下优势，实现"生态＋经济"双赢具有重要指导意义。

　　本书虽对贵州林下经济发展条件、产业概况、多种林下生态种养模式进行了较为详细的介绍，涵盖了林菌、林药、林茶、林果蔬、林花、竹笋、林草、林畜、林禽、林蜂等形式多样、内容复杂的模式与技术，并尽量体现实用性和可操作性，但由于笔者水平有限，加之时间仓促，本书中介绍的模式和技术仍有诸多不足，敬请广大读者批评指正！

　　本书在成稿过程中，得到了贵州大学丁贵杰教授、喻理飞教授及贵州省农业科学院专家对相关内容给予的斧正。

　　让我们真诚期待着贵州林下经济产业的大发展，继续为之做出不懈的努力。

编著者

2021 年 5 月